国家精品课程配套教材

 "十三五"江苏省高等学校重点教材

材 料 力 学
（第二版）

邓宗白 陶 阳 吴永端 编著

科学出版社
北 京

内 容 简 介

本书是"十三五"江苏省高等学校重点教材(编号:2018-1-147)。

本书编排紧凑、概念清楚、体系创新、面向工程,是一本编写特色鲜明、内容有新意的教材。本书通过概念群的分章讨论,既突出重点,又体现共性和个性的相互关系,有助于加强对材料力学的基本概念、基本理论和基本方法的理解,提高学生的工程素质和认识水平,培养综合全面的分析思考能力。

全书共 11 章,包括材料力学概述、材料的力学性能、受力杆件的内力、杆件的应力、杆件的变形和位移、简单超静定问题、应力分析和应变分析、杆件的组合变形、压杆的稳定性、动荷载与交变应力、杆件的强度与刚度设计。

本书适用于普通高等学校土木工程、建筑、水利、交通类等工科专业的材料力学课程本科教学,所需教学时数为 56~80 学时;也可作为高职高专与成人高校师生的选用教材及有关工程技术人员的参考书。

图书在版编目(CIP)数据

材料力学/邓宗白,陶阳,吴永端编著. —2 版. —北京:科学出版社,2021.8

(国家精品课程配套教材·"十三五"江苏省高等学校重点教材)

ISBN 978-7-03-070728-4

Ⅰ. ①材… Ⅱ. ①邓… ②陶… ③吴… Ⅲ. ①材料力学-高等学校-教材 Ⅳ. ①TB301

中国版本图书馆 CIP 数据核字(2021)第 234944 号

责任编辑:邓 静 / 责任校对:王 瑞
责任印制:张 伟 / 封面设计:迷底书装

科学出版社 出版
北京东黄城根北街 16 号
邮政编码:100717
http://www.sciencep.com
北京中石油彩色印刷有限责任公司 印刷
科学出版社发行 各地新华书店经销
*

2013 年 8 月第 一 版 开本:787×1092 1/16
2021 年 8 月第 二 版 印张:23 3/4
2022 年 12 月第九次印刷 字数:600 000

定价:79.00 元
(如有印装质量问题,我社负责调换)

第二版前言

本书的内容体系是以九个概念群为核心,注重强化基本概念的掌握、工程问题的建模能力与结合实际的应用能力,使教学更贴近工程,旨在加强学生综合应用基本理论和概念的能力、全面考察问题和分析问题的能力。

为更好地提高教学质量和教学效果,本书第二版按照高等学校理工科材料力学课程教学基本要求(A 类)的精神,参考土木类等专业对人才培养的要求并结合第一版的教学反馈,经分析研究后,进行了修订。主要有:

(1)将组合变形的应力分析单独编为第 8 章,强化组合变形的分析。

(2)在第 11 章杆件的强度与刚度设计中,增加了一节"基本变形的强度设计",体现了由浅入深、循序渐进的教学理念。

(3)对第 7 章的 7.7 节平面应变分析做了新的阐述,给出了相关公式推导的新方法,使教学更加简单明了。

(4)增加了部分具有土木类工程背景的题目,删减了部分机械类特征显著的题目,使本书的专业背景更加突出。

(5)增加了部分数字化资源,辅助读者理解相关知识。

第二版的修订工作由邓宗白和陶阳完成。限于编者的水平,书中难免存在不足之处,希望读者提出宝贵意见。具体意见请发至 lxcenter@163.com,衷心感谢。

编 者
2021 年 1 月

第一版前言

本书以教育部高等学校力学教学指导委员会新修订的课程基本要求为基准,结合国家精品课程的建设成果,总结 20 多年的教学实践,传承创新,博采众长,与时俱进,突出能力培养,相比传统的教材,在内容体系和方法上作了较大的调整。

《材料力学》的教学体系、编写风格和特点,世界各国有很大的不同。现在欧美的教材比较强调工程实用性,以前苏联的教材更侧重理论性和系统性。目前国内的教材开始注重博采国外优秀教材的长处,注重结合工程实际。但就体系而言,大多还是以基本变形和组合变形为主线。近年来,有的高校尝试对教学内容与体系进行改革。近几年出版的教材中,也有教材先讲内力再讲应力、应变,但感觉同类概念群的理念还不够十分明确。

从 20 世纪 80 年代起,我们开始探索新的教学方法和体系,即将相同概念组成概念群,结合工程实际和生活实际引出问题,以内力、应力、应变、位移和变形为主线,对基本变形和组合变形进行分析,并在此基础上就静载和动载及静定和超静定结构,作强度、刚度和稳定性方面的杆件综合设计,使教学更贴近工程。

本书在编写中注重巩固基本,结合工程,扩大应用,提高分析能力,减少授课时数。在此基础上,面向土木工程及相关专业,丰富工程实例,精选例题,深入浅出,简洁明了。本书在教学体系上做了较大的创新,主要特色有以下四点。

1. 构造九个同类概念群,既突出重点,又体现共性和个性的相互关系

九个概念群分别为:(1)基本概念群;(2)内力分析概念群;(3)杆件应力概念群;(4)变形和位移概念群;(5)超静定问题概念群;(6)应力应变分析概念群;(7)压杆稳定概念群;(8)动荷载概念群;(9)杆件安全设计概念群。相同概念一次讲透有利于基本概念、基本理论和基本方法的掌握,节约原体系多次分散重复的时间,强调同类概念群的分章研究;承前启后,相互呼应,反复巩固,综合思考。

2. 综合进行杆件的静动态设计与应用

改变传统的静态问题、动态问题及稳定问题分别阐述的方法,将杆件在静、动态下的强度、刚度及稳定性的综合设计与应用归结在一起,作为材料力学任务的最终归结,以提高学生结合工程综合分析问题的能力。

3. 工程特点鲜明

结合大量的工程实例,加强工程应用的阐述,增加具有工程背景的例题和习题。

4. 模块化教学,节省学时

本书采用模块化教学,深入浅出、留有余地,适应不同层次的教学需要。将知识面分为基本掌握和提高扩展两类,可增可减。对打“＊”号的内容视具体情况自由取舍,便于模块化教学。

本书编排紧凑、概念清楚、体系创新、面向工程,是一本编写特色鲜明、内容有新意的教材。

本书第 1、2、6、8、9、10 章由邓宗白编写,第 3、4、5、7 章和附录 A、B 由陶阳编写。吴永端教授对全书进行了最终审校。

限于作者的水平,书中难免存在不足之处,希望读者提出宝贵意见。具体意见请发至 lxcenter@nuaa.edu.cn,非常感谢。

作　者

2013 年 5 月

目　　录

第1章　材料力学概述 ……………………………………………………………… 1

　1.1　材料力学的性质和任务 …………………………………………………… 1

　1.2　材料力学的基本假设 ……………………………………………………… 1

　　1.2.1　变形固体的基本假设 ………………………………………………… 2

　　1.2.2　构件变形的基本假设 ………………………………………………… 2

　1.3　材料力学的研究对象 ……………………………………………………… 3

　1.4　杆件变形的形式 …………………………………………………………… 4

　1.5　外力及其分类 ……………………………………………………………… 6

　1.6　内力和应力 ………………………………………………………………… 7

　1.7　变形、位移和应变 ………………………………………………………… 8

　1.8　材料力学的研究方法 ……………………………………………………… 9

　复习思考题 …………………………………………………………………… 10

　习题 …………………………………………………………………………… 11

第2章　材料的力学性能 …………………………………………………………… 12

　2.1　低碳钢的拉伸力学性能 …………………………………………………… 12

　　2.1.1　拉伸曲线与应力-应变曲线 ………………………………………… 12

　　2.1.2　材料的力学性能 ……………………………………………………… 15

　2.2　其他塑性材料拉伸时的力学性能 ………………………………………… 16

　2.3　铸铁拉伸时的力学性能 …………………………………………………… 17

　2.4　低碳钢和铸铁的压缩试验 ………………………………………………… 17

　2.5　低碳钢和铸铁的扭转试验 ………………………………………………… 18

　　2.5.1　低碳钢扭转试验 ……………………………………………………… 18

　　2.5.2　铸铁扭转试验 ………………………………………………………… 19

　2.6　温度、时间及加载速率对材料力学性能的影响 ………………………… 20

　　2.6.1　短期静载下温度对材料力学性能的影响 …………………………… 20

　　2.6.2　高温下时间对材料力学性能的影响 ………………………………… 20

　　2.6.3　加载速率对材料力学性能的影响 …………………………………… 20

　复习思考题 …………………………………………………………………… 21

　习题 …………………………………………………………………………… 22

第3章　受力杆件的内力 …………………………………………………………… 24

　3.1　确定内力的截面法 ………………………………………………………… 24

　3.2　轴向受力杆件的内力 ……………………………………………………… 25

　　3.2.1　轴力的计算 …………………………………………………………… 25

　　3.2.2　轴力图 ………………………………………………………………… 27

　*3.3　轴向分布力集度与轴力的关系 ………………………………………… 29

　3.4　受扭杆件(轴)的内力 ……………………………………………………… 31

　　　　3.4.1　外力偶矩和扭矩的计算 ·· 32

　　　　3.4.2　扭矩图 ·· 32

　*3.5　分布力偶矩集度与扭矩的关系 ··· 34

　3.6　受弯杆件(梁)的内力 ·· 35

　　　　3.6.1　梁的剪力和弯矩 ·· 36

　　　　3.6.2　梁的剪力方程和弯矩方程·剪力图和弯矩图 ···················· 38

　3.7　横向分布力集度与剪力、弯矩的关系 ·· 41

　3.8　叠加原理求弯矩 ··· 46

　3.9　静定平面刚架和曲杆的内力 ··· 48

　3.10　组合变形时杆件的内力 ·· 50

　　　　3.10.1　拉伸(压缩)与弯曲 ·· 51

　　　　3.10.2　扭转和弯曲的组合 ·· 53

　复习思考题 ··· 56

　习题 ·· 57

第4章　杆件的应力 ·· 63

　4.1　轴向拉伸和压缩杆件的应力 ··· 63

　4.2　应力集中与圣维南(Saint-Venant)原理 ······································ 66

　4.3　扭转杆件的应力 ··· 67

　　　　4.3.1　圆轴扭转的应力 ·· 68

　　　　4.3.2　切应力互等定理 ·· 72

　　　　4.3.3　非圆截面扭转简介 ··· 73

　4.4　纯弯曲梁的应力 ··· 75

　　　　4.4.1　纯弯曲梁的正应力 ··· 76

　　　　4.4.2　形心主惯性矩 I_z 和抗弯截面系数 W_z 的计算 ···················· 79

　4.5　横力弯曲梁的应力 ·· 81

　　　　4.5.1　横力弯曲梁的正应力 ·· 81

　　　　4.5.2　横力弯曲梁的切应力 ·· 83

　*4.6　开口薄壁截面梁的切应力和弯曲中心 ······································ 91

　复习思考题 ··· 95

　习题 ·· 97

第5章　杆件的变形和位移 ·· 106

　5.1　杆的拉伸和压缩变形 ·· 106

　5.2　圆轴的扭转变形 ··· 110

　5.3　梁的弯曲变形 ··· 112

　　　　5.3.1　挠度和转角 ·· 112

　　　　5.3.2　挠曲线近似微分方程 ·· 113

　　　　5.3.3　积分法求弯曲变形 ··· 114

　　　　5.3.4　叠加法求弯曲变形 ··· 119

　5.4　能量法求杆件的位移 ·· 123

5.4.1　能量法概述和应变能计算 ……………………………… 123

5.4.2　功的互等定理和位移互等定理 …………………………… 127

5.4.3　莫尔定理及图乘法 ………………………………………… 128

复习思考题 ……………………………………………………………… 135

习题 ……………………………………………………………………… 138

第 6 章　简单超静定问题 ……………………………………………… 145

6.1　超静定问题 ………………………………………………………… 145

6.2　变形比较法解简单超静定问题 …………………………………… 147

6.2.1　拉伸(压缩)超静定问题 ………………………………… 147

6.2.2　扭转超静定问题 …………………………………………… 154

*6.2.3　薄壁杆件的自由扭转 ……………………………………… 156

6.2.4　弯曲超静定问题 …………………………………………… 160

6.3　能量法解超静定问题 ……………………………………………… 162

6.3.1　莫尔定理解超静定问题 …………………………………… 162

6.3.2　图乘法解超静定问题 ……………………………………… 165

6.3.3　力法解超静定问题 ………………………………………… 166

6.4　对称和反对称特性的应用 ………………………………………… 170

复习思考题 ……………………………………………………………… 174

习题 ……………………………………………………………………… 175

第 7 章　应力分析和应变分析 ………………………………………… 180

7.1　应力状态的概念 …………………………………………………… 180

7.2　平面应力状态分析的解析法 ……………………………………… 182

7.2.1　应力分量和方向角的符号规定 …………………………… 182

7.2.2　任意方向面上的应力 ……………………………………… 183

7.2.3　主应力与最大切应力 ……………………………………… 184

7.3　平面应力状态分析的图解法——应力圆 ………………………… 187

7.3.1　应力圆(莫尔圆)方程 …………………………………… 187

7.3.2　应力圆的画法 ……………………………………………… 187

7.3.3　应力圆上的点与单元体面上的应力的对应关系 ………… 188

7.3.4　应力圆的应用 ……………………………………………… 188

7.4　三向应力状态 ……………………………………………………… 192

7.5　复杂应力状态下的应力应变关系 ………………………………… 193

7.5.1　广义胡克定律 ……………………………………………… 193

7.5.2　体积胡克定律 ……………………………………………… 195

7.6　复杂应力状态的应变能密度 ……………………………………… 198

*7.7　平面应变分析 ……………………………………………………… 200

7.7.1　任意方向的应变 …………………………………………… 200

7.7.2　主应变的数值与方向 ……………………………………… 202

7.7.3　应变的测量与应力计算 …………………………………… 203

　　复习思考题 ………………………………………………………………………… 204
　　习题 …………………………………………………………………………………… 207

第 8 章　杆件的组合变形 ……………………………………………………………… 212
　8.1　斜弯曲 …………………………………………………………………………… 212
　8.2　拉伸(压缩)和弯曲的组合变形 ………………………………………………… 216
　　　8.2.1　横向力和轴向力共同作用 …………………………………………… 216
　　　8.2.2　偏心压缩与截面核心 ………………………………………………… 218
　8.3　弯曲和扭转的组合变形 ………………………………………………………… 222
　8.4　拉伸(压缩)和扭转的组合变形 ………………………………………………… 225
　8.5　拉伸(压缩)、扭转和弯曲的组合变形 ………………………………………… 226
　　复习思考题 ………………………………………………………………………… 229
　　习题 …………………………………………………………………………………… 230

第 9 章　压杆的稳定性 ………………………………………………………………… 235
　9.1　两类稳定性问题 ………………………………………………………………… 235
　9.2　细长压杆的临界压力 …………………………………………………………… 237
　　　9.2.1　两端铰支细长压杆的临界压力 ……………………………………… 237
　　　9.2.2　其他支座下细长压杆的临界压力 …………………………………… 239
　9.3　压杆的临界应力和经验公式 …………………………………………………… 243
　　　9.3.1　临界应力 ………………………………………………………………… 243
　　　9.3.2　欧拉公式的适用范围 …………………………………………………… 244
　　　9.3.3　临界应力的经验公式 …………………………………………………… 244
　　复习思考题 ………………………………………………………………………… 249
　　习题 …………………………………………………………………………………… 250

第 10 章　动荷载与交变应力 ………………………………………………………… 254
　10.1　构件变速运动时的应力与变形 ……………………………………………… 254
　　　10.1.1　构件匀加速平移时的应力与变形 ………………………………… 254
　　　10.1.2　构件定轴转动时的应力与变形 …………………………………… 255
　10.2　冲击荷载作用下构件的应力与变形 ………………………………………… 258
　　　10.2.1　垂直冲击 ……………………………………………………………… 259
　　　10.2.2　水平冲击 ……………………………………………………………… 264
　　　10.2.3　突然制动引起的冲击 ………………………………………………… 265
　　　10.2.4　降低冲击影响的措施 ………………………………………………… 268
　10.3　交变应力和疲劳强度 ………………………………………………………… 269
　　　10.3.1　交变应力和疲劳破坏特征 ………………………………………… 269
　　　10.3.2　材料的疲劳试验与持久极限 ……………………………………… 271
　　　10.3.3　构件的持久极限及影响因素 ……………………………………… 273
　　　10.3.4　提高构件疲劳强度的措施 ………………………………………… 274

复习思考题·· 275

习题··· 275

第 11 章　杆件的失效准则与安全设计 ·· 282

11.1　杆件的失效与设计的基本思想··· 282

11.2　基本变形的强度设计··· 283

11.2.1　强度条件和许用应力·· 283

11.2.2　拉压杆的强度设计··· 284

11.2.3　圆轴扭转的强度设计·· 287

11.2.4　梁弯曲的强度设计··· 288

11.2.5　连接件强度的工程计算··· 292

11.3　强度理论的概念··· 296

11.4　常用的四种强度理论··· 296

11.4.1　最大拉应力理论(第一强度理论)·································· 296

11.4.2　最大伸长线应变理论(第二强度理论)··························· 297

11.4.3　最大切应力理论(第三强度理论)·································· 297

11.4.4　畸变能密度理论(第四强度理论)·································· 298

11.4.5　相当应力··· 299

11.5　组合变形或复杂应力状态下的强度设计································· 301

11.6　刚度设计··· 306

11.7　压杆稳定设计··· 308

*11.8　疲劳强度设计简介·· 311

11.9　杆件综合设计应用·· 311

11.10　提高杆件强度、刚度和稳定性的一些措施··························· 320

11.10.1　选用合理的截面形状·· 320

11.10.2　合理安排杆件的受力情况·· 322

11.10.3　合理选用材料·· 323

复习思考题·· 323

习题··· 325

附录 A　截面的几何性质 ·· 336

A.1　静矩和形心的位置·· 336

A.2　惯性矩、极惯性矩、惯性积、惯性半径······························· 338

A.3　惯性矩和惯性积的平行移轴公式·组合截面的惯性矩和惯性积··· 340

A.4　惯性矩和惯性积的转轴公式·主惯性轴和主惯性矩················· 342

习题··· 347

附录 B　型钢表 ··· 349

习题答案 ··· 361

参考文献 ··· 370

第1章　材料力学概述

组成结构或机械的零部件,如建筑物的梁和柱、旋转机械的轴等,常统称为**构件**。制造构件的工程材料种类繁多,但一般都是**固体**。在力作用下,固体会发生尺寸和形状的变化,这种变化称为**变形**。因此,构件一般都是**变形固体**。材料力学就是研究变形固体在力作用下的变形规律和构件能否安全工作的一门科学。

1.1　材料力学的性质和任务

材料力学研究的构件可看成是由一根杆件或由几根杆件组成的结构。构件在力的作用下会发生变形过大甚至发生断裂破坏而失效。为了使制造的工程构件能够正常工作,构件的设计必须满足下面三个基本要求:

(1) **强度**　构件不发生破坏(断裂或失效),即具备足够的抵抗破坏的能力。

(2) **刚度**　构件不产生过大的变形(不超出工程上的许可范围),即具备足够的抵抗变形的能力。

(3) **稳定性**　构件在微小的干扰下,不会改变原有的平衡状态,即具备足够的保持原有平衡状态的能力。

强度、刚度、稳定性是构件设计必须满足的条件,随不同工况、不同结构,三个方面会有所侧重或兼而有之。显然,改变构件的形状和尺寸、选用优质材料等措施,可以提高构件安全工作的能力。但若片面追求构件的承载能力和安全性,不恰当地改变构件形状和尺寸或选用优质材料,将会增加构件的重量和制造成本。所以安全性与经济性常常是矛盾的。材料力学就是要合理地解决这对矛盾。

材料力学的任务可概括为:①研究构件的受力、变形和失效的规律;②为设计既经济又安全的构件,提供强度、刚度和稳定性方面的基本理论和计算方法。任务的前者是后者的理论基础,后者则是前者的工程应用。

材料力学还在基本概念、基本理论和基本方法方面为变形固体力学、实验力学、机械设计和结构设计等课程奠定基础,是机械、结构类专业必备的基础知识。

闸门杆稳定

1.2　材料力学的基本假设

理论力学是讨论物体在力作用下整体产生的运动规律,称为**外效应**,因此将研究对象视为刚体,在刚体内部各质点之间保持相对位置不变,所以物体受力过程中其形状和尺寸都不改变(即不变形)。

材料力学研究的是变形固体,在力作用下,物体内部各质点间的位置发生改变,产生**内力**,引起物体尺寸和形状的改变,即**变形**,这称为**内效应**。因此,即使构件由于约束不允许有总体上的刚性移动,但未被约束的部分仍将有空间位置上的变化,这就是变形固体具有的特点。

1.2.1 变形固体的基本假设

变形固体有多方面的属性,在不同的研究领域,侧重面各异。在材料力学的研究中,对变形固体作出如下假设:

(1) **连续性假设** 认为物质毫无空隙地充满着固体的整个几何空间。实际上变形固体是由许多晶粒结构组成的,且具有不同程度的空隙(包括缺陷、夹杂等),但它与构件尺寸相比极为微小,可忽略不计,故认为材料在整个几何空间里是密实的,其某些力学量可以用坐标的连续函数来表示。

(2) **均匀性假设** 认为从变形固体内取出的任意一小部分,不论其位置如何都具有完全相同的力学性能。实际上,各晶粒结构的性质不尽相同,晶粒交界处的晶界物质和晶粒本身的性质也不相同,晶粒排列也不规则,但由于晶粒尺寸远小于构件材料的尺寸,材料的力学性能是无数晶粒力学性能的统计平均值,因此可以认为变形固体各部分的力学性能是均匀的。

从构件任意部位取出的一部分或微小单元体块(称为**单元体**),其力学性能都和整体相同。显然,通过材料试样的实验获得的力学性能,可应用于该材料制成的任何构件的任一部分或单元体。

(3) **各向同性假设** 认为变形固体在各个方向的力学性能都是相同的,具备这种属性的材料称为各向同性材料。金属的单个晶粒是各向异性的,但由于材料是由无数多的晶粒所组成的,且晶粒的排列是杂乱无章的,这样,金属材料在各个方向的性质就接近相同了。除金属外,玻璃、工程塑料等亦为典型的各向同性材料。

至于由增强纤维和基体材料制成的复合材料等,其抗力性能是有方向性的,称为各向异性材料,不在本书的讨论范围之内。

1.2.2 构件变形的基本假设

构件受力将产生变形,其大小与所受的力有关。在材料力学中,所研究的问题一般仅限于构件变形的大小远小于其原始尺寸的情况,这通常称为**小变形条件**。在此基础上,为了简化分析计算,材料力学提出**小变形假设**,主要包含两个内容:

(1) **原尺寸原理** 研究构件的平衡和运动时,忽略构件的变形,按构件变形前的原始尺寸和形状分析计算。

在图 1.1 中,简易吊车受力产生变形,由初始的 A 点移动到 A' 点处,但研究构件的平衡关系时,仍采用变形前的原始形状和尺寸,如图 1.1(b)所示。

(2) **线性化原理** 研究构件的位移和变形的几何关系时,构件的位移常常是一弧线,为简化分析计算,以一直线(弦线或切线)代替,简称**以直代曲**。

例如图 1.1(a)中,研究 A 点的位移时,设想将两杆在 A 点处拆开,AB 杆沿轴线伸长到 A_1 处,AC 杆沿轴线缩短到 A_2 处,由于变形后两杆仍应铰接在一起,则分别以 B、C 为圆心,以 $\overline{BA_1}$ 和 $\overline{CA_2}$ 为半径作圆弧,相交于 A' 点,即变形后的位置。从 A' 点分别向 $\overline{BA_1}$ 和 $\overline{CA_2}$ 引垂线相交于 A_1' 点和 A_2' 点,在小变形情况下,弧线 $\overparen{A'A_1}$ 与 $\overparen{A'A_2}$ 可分别用其弦线 $\overline{A'A_1'}$ 和 $\overline{A'A_2'}$ 替代,则杆 BA 的伸长近似为 $\overline{AA_1'}$,杆 CA 的缩短近似为 $\overline{AA_2'}$。

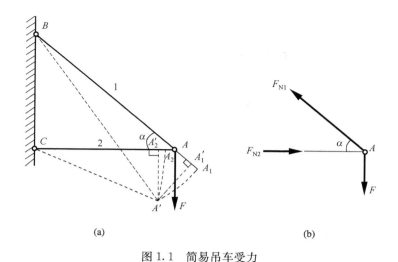

图 1.1　简易吊车受力

在研究变形的数学关系时,当出现高次幂、非线性情况,则略去高次幂项,近似成线性问题去处理。这些近似包括:$\sin\Delta\theta\approx\Delta\theta,\cos\Delta\theta\approx1,\tan\Delta\theta\approx\Delta\theta,(1+\Delta)^n\approx1+n\Delta$ 等。

在利用一次幂近似关系时,如:$l+\Delta l\approx l,\theta+\Delta\theta\approx\theta$ 等,要特别注意,有些情况可以,但有些情况是不行的,要仔细判断是否为高级微量,例如,$(l+\Delta l)\cos(\theta+\Delta\theta)-l\cos\theta$ 就不等于零,因为

$$(l+\Delta l)\cos(\theta+\Delta\theta)-l\cos\theta=(l+\Delta l)(\cos\theta\cos\Delta\theta-\sin\theta\sin\Delta\theta)-l\cos\theta$$
$$=(l+\Delta l)(\cos\theta-\Delta\theta\sin\theta)-l\cos\theta=\Delta l\cos\theta-l\Delta\theta\sin\theta\neq0$$

综上所述,在材料力学中是将材料抽象为连续、均匀和各向同性的变形固体,且在线弹性范围和小变形条件下进行研究。

1.3　材料力学的研究对象

在工程结构和机械中,构件的形状是多种多样的,按其几何特征,大致可分为杆件、板、壳和块体。

一个方向的尺寸远大于其他两个方向尺寸的构件,称为**杆件**。这是工程实际中最常见、最基本的构件,例如桁架中的杆、建筑物的梁、高架桥的桥墩柱和车轮的轴等都可看作杆件。

杆件的两个主要几何因素是横截面和轴线。垂直于杆件长度方向的截面,称为**横截面**。横截面形心的连线,称为**轴线**。显然,杆件的轴线与其横截面是相互垂直的(图 1.2)。

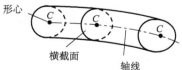

图 1.2　杆件的几何特征

轴线为直线的杆件,称为**直杆**;轴线为曲线的杆件,称为**曲杆**。

若杆件横截面的尺寸都相同时,称为**等截面杆**(图 1.3(a));否则为**变截面杆**(图 1.3(b))。

工程实际中,最常见的杆件是等截面直杆,简称**等直杆**。等直杆的分析计算原理一般可近似地用于曲率较小的曲杆和横截面无显著变化的变截面杆。

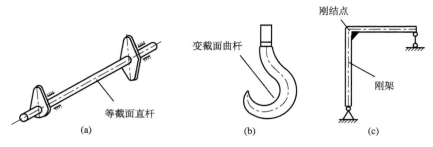

图 1.3　构件示意图

若杆件的轴线为折线,通常是由几段直线组成的折线,且在折点处是刚性固结,这类结构称为**刚架**;由于折点刚性固结,在受力后不产生变形,故称之为**刚结点**(图 1.3(c))。

一个方向的尺寸远小于其他两个方向尺寸的构件,称为**板**。平分板厚度的几何面,称为板的中面,中面为平面的板,称为**板**(或**平板**);中面为曲面的板,称为**壳**(图 1.4(a)、(b))。板和壳在现代建筑、石油化工设备、压力容器、飞机和船舶等领域都有广泛的应用。

三个方向的尺寸在同一量级的构件,称为**块体**(图 1.4(c))。

材料力学的主要研究对象是等截面直杆,也不同程度地涉及一些其他构件。

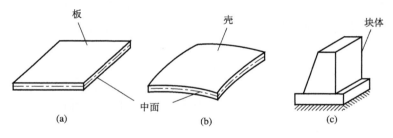

图 1.4　板、壳与块体

1.4　杆件变形的形式

杆件是变形固体,在不同的受力情况下,将产生各种不同的变形,归结起来可分为基本变形和组合变形两大类:基本变形主要包括轴向拉伸或压缩、扭转、弯曲和剪切四种;组合变形是由两种或两种以上基本变形组合而成。

1. 轴向拉伸或压缩

当作用于杆件上的外力可简化为一对沿杆轴线方向的作用力时,杆件的长度将沿轴线方向发生伸长或缩短(图 1.5(a)),这类变形称为轴向拉伸或轴向压缩。

以承受轴向拉伸或轴向压缩变形为主的杆件,称为**杆**。如桁架杆、吊杆、活塞杆及悬索桥和斜拉桥的钢缆(图 1.6)等。

2. 扭转

当一对大小相等、方向相反、作用面与直杆轴线垂直的外力偶作用时,直杆任意相邻的两个横截面将绕轴线做相对转动(图 1.5(b)),这类变形称为**扭转**。

以承受扭转变形为主的杆件,称为**轴**。如电动机的主轴、汽车的传动轴、发动机的曲轴等。

3. 弯曲

当杆件的外力(或外力偶)作用于杆轴线所在的纵向平面内时,杆的轴线将发生曲率变化(图 1.5(c)),这类变形称为**弯曲**。

以承受弯曲变形为主的杆件,称为**梁**。如房屋的大梁、厂房中的行车大梁(图 1.6)、桥梁的桥面板梁(图 1.7)等。

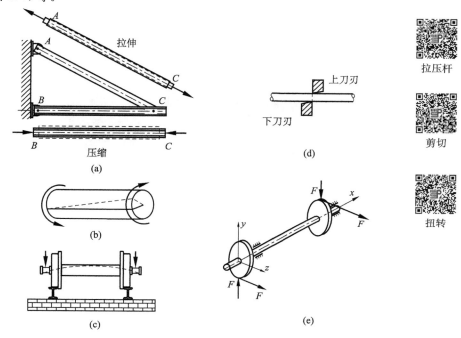

图 1.5　基本变形与组合变形

图 1.6　梁式起重机

图 1.7　江阴第二长江大桥

4. 剪切

当杆件受到大小相等、方向相反、作用线相互平行且相距很近的一对横向力作用时,横截面沿力作用方向发生相对错动(图 1.5(d)),这类变形称为**剪切**。机械或结构中的连接件,如铆钉、螺栓、键等都将产生剪切变形。

5. 组合变形

当杆件产生的变形中包含任意两种或两种以上的基本变形时,称为**组合变形**(图 1.5(e)),譬如公路上的指示牌在风载和自重的作用下,其立柱产生压缩、弯曲和扭转的组合变形(图 1.8);旋转机械中的传动轴常产生弯扭组合变形;建筑物中的柱常受到偏心压缩的作用等。

图 1.8　公路指示牌

1.5　外力及其分类

结构或机械是由多个构件组装而成的,它们相互制约或相互传递机械作用。当取其某一部分作为研究对象时,可设想将它从周边物体中分离取出,并用力代替周边物体对它的作用。其中来自研究对象外部的作用力(矩),称为**荷载**;限制研究对象自由运动的反作用力(矩),称为**约束力**。前者是**主动力**,后者是**被动力**。

荷载的分类有不同的形式。若以在构件上的作用方式,可分为连续分布于物体内部各点的**体积力**(如物体的自重和惯性力)和作用于物体表面的**表面力**,表面力按其分布方式又可分为分布荷载和集中荷载。

1. 分布荷载

连续分布在构件表面的荷载,称为**分布荷载**。如压力容器里的压力、飞行器受到的气动力、船体和坝体受到的水压力、桥梁和建筑物受到的风力等。

当分布荷载沿杆件的轴线均匀分布时,称为**均布荷载**,如钢板对轧辊的作用力等。

2. 集中荷载

当荷载作用的面积远小于构件的表面尺寸,或荷载的作用范围远小于构件的轴线长度,可视为荷载作用在一个几何点上,称为**集中荷载**,如火车车轮对钢轨的压力和起吊重物对吊索的作用力等。

按其随时间的变化情况,可分为静荷载和动荷载两大类。

1. 静荷载

杆件受到的荷载由零逐渐增大到某一固定值而保持不变,或变动甚微,这称为**静荷载**。如起重机以极缓慢的速度吊装重物时所受到的力、建筑物对基础的压力等。

2. 动荷载

杆件受到的荷载,若随时间成周期变化的,称为**交变荷载**,如旋转齿轮受到的啮合力;若在瞬时间发生突然变化的,称为**冲击荷载**,如汽锤和冲床工作时引起的冲击力。当杆件上有很大的质量,在高速运动时产生的惯性力,称为**惯性荷载**,例如行车大梁和起重机受到高速吊装的重物影响、传动轴受到高速旋转的飞轮作用。以上所有随时间呈显著地变化的荷载,统称为**动荷载**。

构件在动荷载作用下的破坏特征、力学表现和行为都与静荷载作用时有所不同,分析方法也不完全一样,但后者是前者的基础。

1.6　内力和应力

1. 内力

物体在外力作用下产生变形,其内部各质点之间因相对位置改变而引起相互作用力,即内力。由于不受外力作用时,物体的各质点之间也存在相互作用力,所以内力是各质点之间相互作用力的变化量,是因相对位置改变而引起的附加部分。

由于假设物体是均匀连续的可变形固体,因此在物体的任何一截面上,内力是一个分布力系,向截面形心处简化可得分布内力系的主矢和主矩,称为截面上的内力,简称**内力**。在直角坐标系中,主矢和主矩可分解为三个力和三个力矩。

2. 应力

一般情况下,杆件受外力作用,各截面上的内力是不相同的,即使内力相同由于截面尺寸不同,在截面内某一点处的强弱程度也不同。为此,引入某一截面上分布内力在某一点处的集度——**应力**的概念。

设在杆件的任一横截面上有内力用主矢 F 和主矩 M 表示,在该截面的点 a 处,取一微面积为 ΔA,其上作用的分布内力的合力为 ΔF 和 ΔM。n 是该面积 ΔA 的外法线。当 ΔA 无限趋近于 a 点而接近于零时,ΔM 也逐渐趋近于零,只有 ΔF 作用在 ΔA 上(图 1.9(a)),则 ΔF 与 ΔA 的比值为

$$p_\mathrm{m} = \frac{\Delta F}{\Delta A}$$

p_m 称为 ΔA 微面积上的**平均应力**。取 $\Delta F/\Delta A$ 的极限值,得

$$p_a = \lim_{\Delta A \to 0} \frac{\Delta F}{\Delta A} = \frac{\mathrm{d}F}{\mathrm{d}A} \tag{1.1}$$

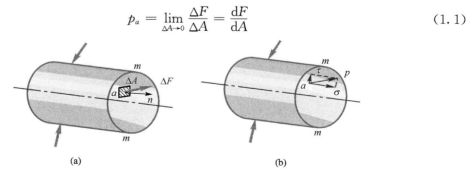

图 1.9　点的应力

称为点 a 的**总应力**,将 p_a 向截面的法向和切向分解,用 σ_a 和 τ_a 表示 a 点的**正应力和切应力**(图 1.9(b))。这两个应力分量分别与材料的两大类破坏失效现象(拉断和剪切错动)相对应。

在国际单位制中,应力的量纲是 $ML^{-1}T^{-2}$,单位用帕斯卡 Pa($1Pa=1N/m^2$),简称帕,由于这个单位太小,常用 MPa($1MPa=10^6Pa$)和 GPa($1GPa=10^3MPa=10^9Pa$)表示。

1.7　变形、位移和应变

杆件是变形固体,受力后各质点的位置发生的改变,称为**位移**;杆件尺寸和形状的改变,称为**变形**。位移是针对物体的位置而言,变形是针对物体的尺寸和形状而言。

变形固体具有均匀、连续和各向同性的特点,从杆件上任意取出一个微六面体,当微分六面体的边长趋于无限小时称为**单元体**。以平面问题为例,设从杆件内部任意一点取出单元体 $abcd$,受力变形后位移到新的位置 $a'b'c'd'$(图 1.10(a)),它包含刚体位移和变形体位移两部分。由于支座约束,除去刚体位移(刚体移动和转动),留下图 1.10(b)所示的变形体位移,它包含单元体长度的改变和相邻两边夹角的改变。

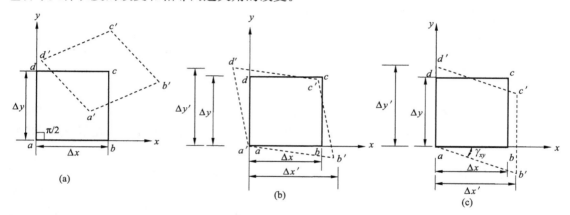

图 1.10　单元体的位移与应变

设单元体 $abcd$ 未变形前的原边长为 Δx、Δy,变形后单元体 $a'b'c'd'$ 的投影边长为 $\Delta x'$、$\Delta y'$,则 x 边变形后的伸长为 $\Delta u=\Delta x'-\Delta x$,$y$ 边变形后为 $\Delta v=\Delta y'-\Delta y$。称 Δu 和 Δv 是该单元体的**线位移**。线位移的单位是毫米或米(mm 或 m)。定义

$$\varepsilon_{xm}=\frac{\Delta u}{\Delta x}$$

为 Δx 上各点的**平均线应变**,为了描述 a 点处的变形程度,令 $\Delta x \to 0$,平均线应变 $\frac{\Delta u}{\Delta x}$ 的极限值为

$$\varepsilon_x=\lim_{\Delta x \to 0}\frac{\Delta u}{\Delta x}=\frac{\partial u}{\partial x} \tag{1.2}$$

ε_x 称为点 a 在 x 方向的**线应变**(亦称**正应变**)。同理可得点 a 在 y 方向的应变为

$$\varepsilon_y=\lim_{\Delta y \to 0}\frac{\Delta v}{\Delta y}=\frac{\partial v}{\partial y} \tag{1.3}$$

若为空间问题可得 z 方向的位移为 Δw,同样可得

$$\varepsilon_z = \lim_{\Delta z \to 0} \frac{\Delta w}{\Delta z} = \frac{\partial w}{\partial z} \tag{1.4}$$

线应变以伸长时为正值,称为**拉应变**;反之压缩时为负值,称为**压应变**。

单元体除边长改变外,相邻两边的夹角也由 $\frac{\pi}{2}$ 变为 $\frac{\pi}{2} + (\angle ba'b' + \angle da'd')$,见图 1.10(b)。为了清楚表达夹角的改变量,可将 $a'd'$ 边与 ad 边重合,见图 1.10(c),得单元体的角位移增量为 $\gamma_{xy} = \angle ba'b' + \angle da'd' = \angle b'ab$,它表示单元体 ab 边相对于 ad 边的夹角变化量。角位移的单位是弧度(rad),当 b 点和 d 点无限趋近于 a 点时,夹角变化的极限值为

$$\gamma_{xy} = \lim_{\substack{\Delta x \to 0 \\ \Delta y \to 0}} \left(\angle dab' - \frac{\pi}{2} \right) = \lim_{\substack{\Delta x \to 0 \\ \Delta y \to 0}} (\angle bab' + \angle dad') \tag{1.5}$$

γ_{xy} 称为 a 点在 xy 平面内的**切应变**(亦称**角应变**)。若为空间问题,同理可得 yz 平面和 zx 平面内 a 点的切应变分别为 γ_{yz} 和 γ_{zx}。使单元体夹角由 $\frac{\pi}{2}$ 增大的切应变为正,反之为负。

由于应变都是变形的相对改变量,故线应变和切应变都是量纲为一的量,切应变常用弧度表示。由于位移量一般是杆件尺寸的千分之一,甚至万分之一,故应变量是很微小的,常用 $\varepsilon = 10^{-6}$ 或微应变表示。

1.8　材料力学的研究方法

材料力学研究的是外力在杆件中引起的内效应。描述内效应的参量有内力(将在第 3 章讨论)、应力和应变(将在第 4 章讨论)、变形和位移(将在第 5 章讨论)等。内力、应力是力学量,变形、位移和应变是几何量。不同的材料由于物性不同,其力学性能及抵抗变形的能力也会有差异。如何确定杆件内效应的参量,一般是从静力学关系、几何关系和物理关系三个方面进行分析。

1. 静力学关系

杆件在静止和直线运动状态时,其荷载、约束力和内力之间,必然满足静力学关系。它包含两种情况:

(1) 若杆件在外力作用下处于平衡状态,则无论是整体还是从中任意取出的任一部分,甚至是从中取出的一个单元体,都必然满足**静力平衡方程**。简言之:整体若平衡,局部亦平衡。

(2) 任一截面上,连续分布的内力系和截面的主矢主矩(内力)之间,必然满足**力系的简化**关系。

对于静定结构,根据静力平衡方程可以确定杆件的约束反力和截面上的内力,但不一定能确定截面上的应力。因为应力的量纲与力的量纲不同,应力之间、应力与力之间没有平衡关系,应力必须乘以它所作用的面积,使其量纲与力的量纲一致才能列静力平衡方程。但是,若应力的分布规律未知,仍无法通过静力学关系确定截面上的应力,这种情况可简称为**应力超静定问题**。

对于超静定结构,未知力的数目超过平衡方程数,未知力无法确定。由于未知力可能为外力、内力或兼而有之,因此亦可分为**外力超静定问题**、**内力超静定问题**和**混合超静定问题**。

所以很多情况下仅靠静力学关系不能确定杆件的内力和应力,必须要研究杆件的变形规律以得到应力的分布规律和补充方程。

2. 几何关系

杆件和结构在荷载作用下会产生变形和位移,在没有失效或破坏前,它们将保持完整性和连续性。杆件或结构各部分的变形必须协调,必须满足几何相容关系,据此可建立变形协调方程,也称几何相容方程,或简称**几何方程**。该方程表述了杆件变形的规律或位移之间的关系。

3. 物理关系

就变形固体而言,其变形(或位移)与力(或其他产生变形的因素)之间具有确定的物理关系,将物理关系代入几何方程,就可得应力的分布规律或补充方程。将其与静力学方程联立,即可解出全部未知量。

综合考虑几何、物理和静力学三个方面的关系,确定杆件横截面上的内力或应力的方法,就是材料力学研究问题的基本方法。

材料力学有时也利用能量的形式来处理内效应问题,把外力功与材料变形过程中所储存的应变能相联系,利用能量守恒得到能量方程,它是上述三个方面的综合体。所以,采用能量方程和以上提出的基本方法,实际上是等效的。用能量方程求解,能简便地得到问题的解或近似解,此方法称为能量法。

复习思考题

1-1 材料力学对变形固体作了哪些假设? 对材料力学研究问题起到什么作用?

1-2 材料力学的任务是什么? 举工程实例、生活实例说明强度、刚度、稳定性的概念。

1-3 举例说明杆件的基本变形及其变形特征。

1-4 有位移是否一定有应变? 有应变是否一定有位移?

1-5 杆件的几何特征是什么? 指出杆件轴线与横截面的相互关系。

1-6 常见的荷载有几种? 典型的支座有几种? 相应的支反力是什么?

1-7 区分下列概念:

(1)大变形和小变形;　　　　　　(2)杆的横截面和纵向平面;

(3)各向同性和各向异性;　　　　(4)均匀性和非均匀性;

(5)集中力和分布力;　　　　　　(6)杆、板、壳;

(7)静荷载和动荷载;　　　　　　(8)位移和应变。

1-8 分析图 1.11 所示钢筋混凝土梁中的钢筋主要承受什么力,梁将如何变形?

1-9 宿舍楼房的阳台用悬臂梁支撑如图 1.12 所示,分析钢筋配置的位置是否正确,后果如何?

图 1.11　复习思考题 1-8 图　　　　图 1.12　复习思考题 1-9 图

1-10　举例说明什么情况下有位移就有变形？什么情况下有位移不一定有变形？

1-11　有变形一定有应变，没有变形就没有应变，这个结论对吗？

习　　题

1.1　图 1.13 所示三角形薄板因受外力作用而变形，角点 B 垂直向上的位移为 0.03mm，但 AB 和 BC 仍保持为直线。试求沿 OB 的平均应变，并求 AB 和 BC 两边在 B 点的角度改变量。

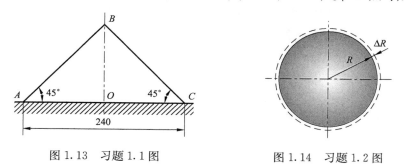

图 1.13　习题 1.1 图　　　　　　图 1.14　习题 1.2 图

1.2　图 1.14 所示圆形薄板的半径为 R，变形后 R 的增量为 ΔR。若 $R = 80\text{mm}$，$\Delta R = 3 \times 10^{-3}\text{mm}$，试求沿半径方向和外圆周方向的平均应变。

第 2 章　材料的力学性能

材料在外力作用下表现出的变形和破坏等方面的特征,称为材料的**力学性能**(亦称**机械性能**)。其主要是指材料的宏观性能,如弹性性能、塑性性能、强度、硬度和韧性等。其中弹性性能、塑性性能和强度,通常都是根据国家标准(简称国标)试验方法,对不同材料制成的标准试样,在材料试验机上分别进行拉伸、压缩和扭转试验而测到的。

对于常用的金属材料,一般选用铸铁和低碳钢作为代表,其破坏形式可归纳为**脆性断裂**和**塑性屈服**。前者变形量很小,破坏前无任何征兆就突然断裂,后者破坏前有明显的变形量。以铸铁为代表的一类材料,通常称为**脆性材料**;以低碳钢为代表的一类材料,通常称为**塑性材料**。

根据试验得到的一系列力学性能指标对材料的力学分析计算、工程设计、材料选用和新材料开发以及建立失效准则都有重要的作用。下面分别叙述各种材料的拉伸试验、压缩试验和扭转试验及材料的力学性能。

2.1　低碳钢的拉伸力学性能

2.1.1　拉伸曲线与应力-应变曲线

为了使测试的力学性能在国际、国内都能通用(即能互相对照和引用),国标 GB/T 228.1—2010《金属材料室温拉伸试验方法》对影响力学性能测试的因素均作了统一规定。材料应加工成标准拉伸试样,由工作部分、过渡部分和夹持部分组成(图 2.1)。拉伸试样通常为圆截面或矩形截面的比例试样,试样的原始标矩 l_0 与横截面原始面积 A_0(或直径 d_0)有一定的比例规定,即

$$l_0 = 10\,d_0 \quad 和 \quad l_0 = 5\,d_0 \quad (对圆截面试样)$$

或

$$l_0 = 11.3\sqrt{A_0} \quad 和 \quad l_0 = 5.65\sqrt{A_0} \quad (对矩形截面试样)$$

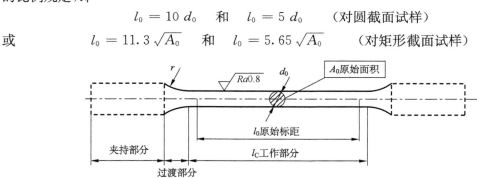

图 2.1　标准试样

将试样装夹在试验机的夹头上进行常温静态力拉伸试验(图 2.2(a)),通过传感器可把试样所受的拉力 F 和试样伸长量 Δl 实时地绘出一条 $F\text{-}\Delta l$ 曲线,称为拉伸曲线(图 2.2(b))。该曲线可分为以下四个阶段。

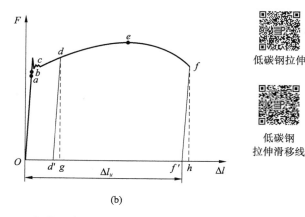

低碳钢拉伸

低碳钢
拉伸滑移线

(a)　　　　　　　　　　(b)

图 2.2　拉伸试验

1. 弹性阶段

在这个阶段,试样受力 F 作用后,在规定的标距 l_0 上产生伸长变形 Δl,但当力卸去后变形全部消失,曲线回到 O 点。这种当作用力除去后能全消失的变形,称为**弹性变形**。

在 Oa 段,F 与 Δl 成比例关系,Oa 为直线,此时弹性变形与作用力之间服从线性规律,这称为**线弹性变形**;此阶段为**线弹性变形阶段**,这时,材料称为是线弹性的。

在 ab 段,F 与 Δl 不再成比例关系,ab 为一小段曲线,但变形仍是弹性变形,仍为弹性变形阶段。

由于 a、b 两点非常接近,一般工程上并不严格区分。

当拉力 F 超过 b 点后卸载,试样的一部分变形随之消失,这是弹性变形;还有一部分变形不能消失而残留在构件内部,故称之为**塑性变形**或**残余变形**。所以,过了弹性阶段,试样的变形包含弹性变形和塑性变形两部分。

2. 屈服阶段

过了弹性阶段,随着力的增大,突然间材料似乎暂时失去了抵抗变形的能力,力先是突然下降,然后在小范围内上下波动,而试样的伸长变形却显著增加,这一现象称为**屈服**。在屈服阶段中,由于排除初始瞬时效应后的最低点 c 较为稳定,该点称为**下屈服点**。

若试样表面经过抛光,会发现此时试样表面有与轴线大致成 45°夹角的条纹(图 2.3),这是由于其内部晶格沿最大切应力面发生相对滑移而形成的,这些条纹称为**滑移线**。

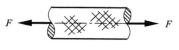

图 2.3　滑移线

由于在屈服阶段会产生明显的塑性变形,这将影响构件的正常工作,工程上将这个现象称为屈服失效。

3. 强化阶段

屈服阶段以后,材料又恢复了抵抗变形的能力,要使试样继续变形必须增加荷载,这种现象称为材料的**强化**。此时,力与变形之间已不成正比,具有非线性的变形特征。

若在强化阶段的某一点 d 将荷载卸掉,曲线会沿着与原弹性阶段相平行的斜直线 dd' 回到 d' 点,说明弹性变形部分 $d'g$ 被恢复,而留有一部分塑性变形 Od'。若重新加载,曲线仍会沿着卸载线上升,与开始卸力点 d 汇合,然后继续上升直至荷载最大的 e 点。这说明,材料经卸载再加载后,弹性变形阶段升高了,塑性变形的范围缩小了,由 Of' 降低至 $d'f'$,这一现象称为材料的**冷作硬化**。

工程上利用这一特点进行冷加工,可提高产品在弹性变形范围所受的力,但降低了塑性变形的能力。例如冷轧钢板或冷拔钢丝都能提高弹性变形范围,改善其强度,但由于降低了塑性,故易发生脆性断裂。如欲恢复其原有性能,可进行退火处理。

4. 局部变形阶段

过了最高点 e 之后,会发现试样某处横向尺寸急剧缩小,该处表面温度升高,形成**颈缩现象**。颈缩时,变形主要集中在该处附近形成局部变形(图 2.4)。由于受力面积迅速减少,虽然外力随之降低,但该截面上的应力迅速增大,最后在颈缩处被拉断。

低碳钢试样的断口呈杯状,四周一圈为与轴线成45°倾角的斜截面(图 2.5),该截面上切应力最大,表明周边是剪切破坏。中心部分呈粗糙平面,这是因为颈缩变形使得中心部分为三向拉伸状态,这个区域是拉伸断裂。一般说,断口中心的粗糙平面越小,材料的塑性越好。

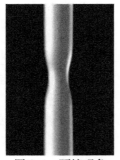　　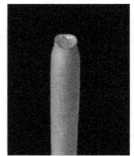

　　图 2.4　颈缩现象　　　　　图 2.5　低碳钢拉伸破坏的断口

拉伸曲线与试样的几何尺寸有关,为了消除试样几何尺寸的影响,将拉力 F 除以横截面的原始面积 A_0,为应力 $\sigma = \dfrac{F}{A_0}$;将伸长量 Δl 除以试样的原始标矩 l_0,为应变 $\varepsilon = \dfrac{\Delta l}{l_0}$;得出**应力-应变曲线**或 $\sigma\text{-}\varepsilon$ 曲线(图 2.6)。应力-应变曲线是确定材料力学性能的主要依据。

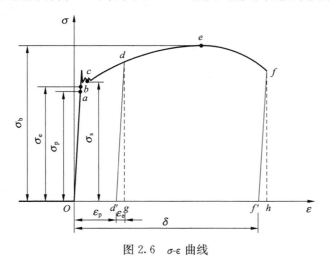

　　　图 2.6　$\sigma\text{-}\varepsilon$ 曲线　　　　　　　图 2.7　真实应力-应变曲线

　　由于纵坐标 σ 与试样横截面的原始面积有关,而试样在超过屈服阶段以后,横截面面积显著缩小,所以 σ 不能表示横截面上的真实应力,是名义应力;横坐标 ε 与试样的原始标距有关,在超过屈服阶段以后,试样的标距长度显著增加, ε 也不能表示试样的真实应变,为名义应变;因此,实际上 σ-ε 曲线不是材料真实的应力-应变曲线,是名义应力-应变曲线。材料真实的应力-应变曲线见图 2.7,反映出试样横截面上的应力实际上是一直在增加的,直至试样断裂。

2.1.2　材料的力学性能

　　根据 σ-ε 曲线(图 2.6)可以得到材料的一系列力学性能。

1. 强度指标

a 点是线弹性阶段的最高点, a 点的应力 σ_p,称为**比例极限**。

b 点是弹性阶段的最高点, b 点的应力 σ_e,称为**弹性极限**。

c 点是下屈服点,数值稳定, c 点的应力 σ_s,称为**屈服极限**。

e 点是荷载最大点, e 点的应力 σ_b,称为**强度极限**或**抗拉强度**。

2. 弹性模量

在线弹性阶段曲线呈斜直线,应力 σ 和应变 ε 成正比,即

$$\sigma = E\varepsilon \tag{2.1}$$

这就是单向受力时的**胡克定律**,比例常数 E 与材料有关,称为材料的**弹性模量**。 E 的量纲与 σ 的量纲相同。

3. 泊松比

当试样沿其轴向产生伸长变形(用纵向应变 ε 表示)时,横向要缩短(用横向应变 ε' 表示)。将横向应变 ε' 与纵向应变 ε 的比值的绝对值,称为材料的**泊松比**,用 μ 表示为

$$\mu = \left| \frac{\varepsilon'}{\varepsilon} \right| \tag{2.2}$$

由于横向应变 ε' 与纵向应变 ε 的符号通常是相反的,所以 ε' 和 ε 的关系可表示为

$$\varepsilon' = -\mu\varepsilon \tag{2.3}$$

μ 是量纲为一的量。 μ 值随材料不同而异,一般为 $0 \leqslant \mu \leqslant 0.5$。材料硬度较小, μ 值较大;材料硬度较大, μ 值较小。

4. 断后伸长率与断面收缩率

试样拉断后,测出试样的标距长度 l_u,显然它只代表试样的塑性伸长,试样的原始标距长为 l_0,则材料拉断后的伸长量为

$$\Delta l = l_u - l_0$$

它与原始标距 l_0 之比,称为材料的**断后伸长率**,即

$$\delta = \frac{\Delta l}{l_0} \times 100\% = \frac{l_u - l_0}{l_0} \times 100\% \tag{2.4}$$

断后伸长率是材料的塑性指标,其数值越大,塑性性能越好。

　　工程上通常按断后伸长率的大小把材料分成两大类:

　　(1) $\delta > 5\%$ 的材料称为塑性材料,如碳钢、黄铜、铝合金等;

　　(2) $\delta < 5\%$ 的材料称为脆性材料,如铸铁、陶瓷、玻璃、石料等。

　　在试样拉断时,其颈缩处的横截面面积也由原来的 A_0 缩减为 A_u,两者之差与原面积 A_0

的相对比值为

$$\psi = \frac{\Delta A}{A_0} \times 100\% = \frac{A_0 - A_u}{A_0} \times 100\% \tag{2.5}$$

称为材料的**断面收缩率**,也是材料的塑性指标。

断后伸长率和断面收缩率表示了材料抵抗塑性变形的能力,都是量纲为一的量。

5. 弹性应变与塑性应变

弹性变形产生的应变为 ε_e,称为**弹性应变**;塑性变形或残余变形产生的应变为 ε_p,称为**塑性应变**;一点处(如图 2.6 的 d 点处)的总应变为

$$\varepsilon = \varepsilon_e + \varepsilon_p \tag{2.6}$$

一般而言,塑性应变(或塑性变形)越大,材料的塑性性能越好。

另外,在应力应变曲线(或拉伸曲线)上,卸载后曲线下的面积也是衡量材料塑性的重要指标,面积越大,材料的塑性性能越好,反之亦然。由低碳钢应力应变曲线(图 2.6)可看出,断裂后曲线下的面积为 $Oabcef f'$;而经过冷作硬化的材料,断裂后曲线下的面积为 $dd'ef f'$。由此看出,经过冷作硬化,材料的塑性性能降低了。

2.2　其他塑性材料拉伸时的力学性能

工程上常用的塑性材料,除低碳钢外,还有中碳钢、某些高碳钢、合金钢、铝合金、青铜和黄铜等。它们拉伸的 σ-ε 曲线不一定存在明显的弹性阶段、屈服阶段、强化阶段和局部变形阶段四个阶段,一般只有其中的部分阶段。由图 2.8(a)可见,除 Q345 钢与 Q235 钢(低碳钢)相似外,其他塑性材料都没有明显的屈服平台阶段。

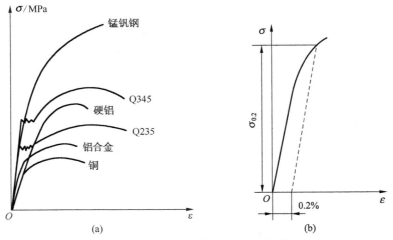

图 2.8　不同材料的应力-应变曲线

一般而言,对于有明显屈服平台的塑性材料,规定下屈服点处的应力为屈服极限 σ_s,对于无明显屈服平台的塑性材料,通常将产生塑性应变(或残余应变)$\varepsilon_p = 0.2\%$ 时的应力,规定为**条件屈服极限或名义屈服极限**,记为 $\sigma_{0.2}$(图 2.8(b))。

在各类碳钢中,通常含碳量愈高者,其屈服点和强度极限等强度指标也愈高,但其伸长率等塑性指标将降低。例如合金钢、工具钢、弹簧钢等高强度钢,就是屈服点较高而塑性性质较差。

2.3 铸铁拉伸时的力学性能

灰铸铁拉伸时的应力-应变是一段曲线,如图 2.9(a)所示,没有明显的直线段,也没有屈服平台和颈缩现象,拉断前的变形(应变)很小,断后的伸长率也很小,是典型的脆性材料。

虽然铸铁的 σ-ε 曲线没有明显的直线段,仍可近似认为,在较低应力段服从胡克定律,其弹性模量常用应力-应变曲线初始弹性范围内的弦线斜率或切线斜率来表示,分别称为**弦线模量或切线模量**,如图 2.9(a)所示。

铸铁拉伸时无屈服阶段和颈缩现象,抗拉强度 σ_b 是衡量其强度的唯一强度指标。由于铸铁等脆性材料的抗拉强度较低,一般不宜作为抗拉构件。

铸铁是脆性材料,拉伸破坏的断口沿横截面方向与试样的轴线垂直,断面平齐(图 2.9(b)),是典型的脆性拉伸破坏。

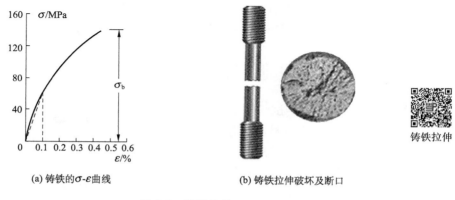

(a) 铸铁的σ-ε曲线   (b) 铸铁拉伸破坏及断口

铸铁拉伸

图 2.9 铸铁拉伸

2.4 低碳钢和铸铁的压缩试验

材料的压缩试验同样要按照有关国家标准试验方法进行,为了防止压弯,金属材料的压缩试样一般制成短而粗的圆柱体,长压缩试样的高度 h 和直径 d 之比约为 2.3~3.5 倍,短压缩试样的高度约为直径的 1~2 倍。混凝土、石料等材料的压缩试样,一般制成立方体。

图 2.10(a)表示低碳钢压缩时的 σ-ε 曲线。可以看出,在弹性阶段和屈服阶段,拉、压时的曲线重合。所以,拉、压时的比例极限、屈服极限和弹性模量基本相同。过了屈服阶段,试样越压越扁成鼓形,受压面积增大、抗压能力则增强,而不发生断裂,这是塑性好的材料压缩时的特点,因而测不出压缩时的压缩强度。由于低碳钢压缩时的主要性能与拉伸时相似,所以一般可不进行压缩试验。

图 2.10(b)所示为铸铁压缩时的 σ-ε 曲线,虚线是拉伸时的 σ-ε 曲线,无严格的直线段。压缩时的破坏面的法线与轴线的倾角为 45°~55°,是由相对错动造成的,破坏的原因一般认为是由该斜截面上切应力较大引起的。铸铁压缩强度极限 σ_{bc} 远大于拉伸强度极限 σ_{bt},为 3~4 倍。因此,常利用铸铁这一受力特点制造承压构件。

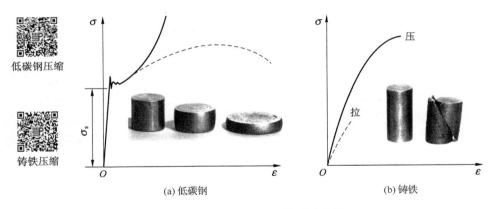

低碳钢压缩

铸铁压缩

(a) 低碳钢　　　　　　　　　　　　　(b) 铸铁

图 2.10　压缩试验曲线

综上所述得到结论：

（1）铸铁抗压不抗拉，低碳钢抗拉能力和抗压能力相近；

（2）铸铁压缩时切应力引起破坏失效，低碳钢拉伸时切应力引起屈服失效。

2.5　低碳钢和铸铁的扭转试验

　　材料的扭转试验是在扭转试验机上（图 2.11），按照国标 GB/T 10128—2007《金属材料室温扭转试验方法》进行，从而得到圆截面试样所受的扭矩 T 与扭转角 φ 之间的关系曲线，即**扭转曲线**或 T-φ **曲线**；消除试样尺寸的影响后，可得 τ-γ 曲线，如图 2.12(a)、(b)所示。

　　在初始的线弹性阶段，当不超过剪切比例极限时，切应力 τ 与切应变 γ 成正比，即

图 2.11　扭转试验机

$$\tau = G\gamma \tag{2.7}$$

这就是**剪切胡克定律**。式中的比例常数 G 与材料有关，称为材料的**剪切弹性模量**或**切变模量**。G 的量纲与 τ 相同。

2.5.1　低碳钢扭转试验

　　低碳钢扭转(T-φ)曲线（图 2.12(a)）与其拉伸(τ-γ)曲线有些地方相似，有弹性阶段、屈服阶段和强化阶段等，τ-γ 曲线上有扭转极限 τ_s、扭转强度极限 τ_b 等。

　　T-φ 曲线上的起始阶段 Oa 呈现为直线，表明试样在此阶段 T 与 φ 成比例关系，横截面上的切应力呈线性分布，如图 2.13(a)所示。随着扭矩 T 增加，试样横截面周边的切应力达到扭转屈服极限 τ_s，而此时横截面内部其余部分的切应力尚小于 τ_s，如图 2.13(a)所示。横截面内部仍是弹性的，试样仍具有承载能力。扭矩 T 继续增加，T-φ 曲线呈上升的趋势，T 与 φ 进入非线性关系。塑性区逐渐向中心扩展，在横截面上出现了一个环形塑性区，如图 2.13(b)所示。随着扭矩 T 的持续增加，塑性区渐渐的扩展到整个截面，如图 2.13(c)所示。扭矩 T 进一步增加，材料进入了强化阶段，当达到 T-φ 曲线最高点 c 时，试件被剪断，最大的扭矩为 T_b，横截面上的最大切应力为扭转强度极限 τ_b。

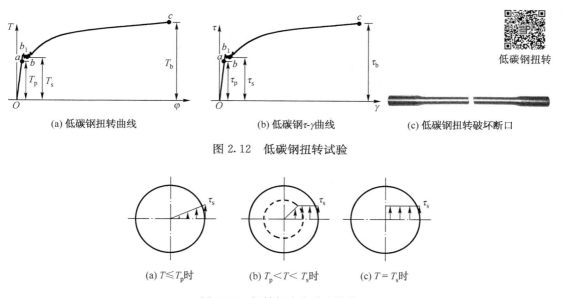

(a) 低碳钢扭转曲线　　　　　(b) 低碳钢 τ-γ 曲线　　　(c) 低碳钢扭转破坏断口

图 2.12　低碳钢扭转试验

(a) $T \leqslant T_p$ 时　　　　　(b) $T_p < T < T_s$ 时　　　　　(c) $T = T_s$ 时

图 2.13　扭转切应力分布规律

需要指出：

（1）由于在 τ-γ 曲线上计算扭转的屈服极限 τ_s 和强度极限 τ_b 时，仍以切应力线性分布公式为依据，故比真实的扭转屈服极限和强度极限要大一些。

（2）试样的表面状态对扭转试验有很大影响，高强度材料尤为明显，表面有刮伤或显微裂纹均会降低它的塑性。

（3）扭转破坏的断口在试样的横截面上（图 2.12(c)）。这是因为横截面上切应力（参见第7 章）最大造成的。

2.5.2　铸铁扭转试验

铸铁扭转的 T-φ 曲线（图 2.14(a)）与它的拉伸试验有些相似，弹性阶段的直线段不明显，没有屈服阶段，断裂时的扭转角很小，塑性变形也很小。曲线的最高点的最大扭矩为 T_b，相应的最大切应力为抗扭强度 τ_b。

断裂时断口是与试样轴线约成 45° 倾角的螺旋面（图 2.14(b)），原因是 45° 斜截面上的拉应力最大（参见例题 7.2），因而得出，脆性材料的扭转断裂是被拉坏的。

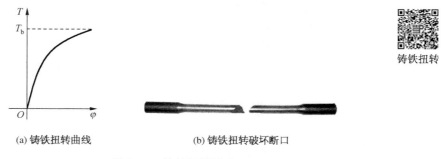

(a) 铸铁扭转曲线　　　　　　　(b) 铸铁扭转破坏断口

图 2.14　铸铁扭转试验

2.6　温度、时间及加载速率对材料力学性能的影响

2.6.1　短期静载下温度对材料力学性能的影响

试验表明,温度对材料的力学性能有很大的影响,材料在高温与低温下将表现出不同的力学性质,特别是在高温下,材料的力学性质不但与温度有关,还与时间有关。图 2.15 中给出了中碳钢材料在不同温度下,短期拉伸试验的结果。总的趋势是:**材料的强度和弹性指标随温度升高而降低,塑性指标随温度升高而增大。**

2.6.2　高温下时间对材料力学性能的影响

试验结果表明,高温下,长时间作用荷载对材料的力学性能有很大的影响,主要有以下两方面。

1. 蠕变现象

当环境高于某一温度,且应力超过某一限度,即使温度和应力均维持不再变化,变形将随着时间缓慢地增大,这种现象称为**蠕变**。蠕变变形是不可恢复的塑形变形,温度愈高,蠕变变形的速度愈快;在温度不变的情况下,应力愈大,蠕变变形的速度也愈快。一般来说,只有在高温下,金属材料才产生明显的蠕变现象,不同材料产生这种现象的温度也不同。

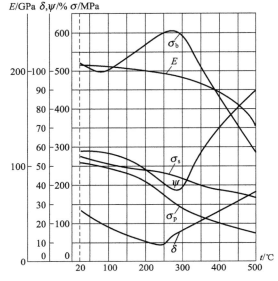

图 2.15　中碳钢材料在不同温度下,短期拉伸试验的结果

长期处于高温状态下的构件会因蠕变而引发事故。如汽轮机的叶片在转动时受到强大的离心力的作用,同时又长期处于高温之下,就有可能导致叶片的蠕变变形过大,以致与机壳相碰而造成严重事故。

2. 松弛现象

在高温下,为保持构件内有一恒定不变的、以弹性变形为主的总变形量,必须施加相应恒定的应力(或荷载)。可随着时间的增长,因蠕变而逐渐发展的塑性变形将逐步地替代弹性变形,从而使构件内的应力逐渐减小,这种现象称为**松弛**。

例如汽缸盖上的螺栓,为了使汽缸盖与缸体压紧,就必须拧紧螺母使螺栓产生一定的弹性变形,螺栓内也就有了一定的应力。当螺栓长期在高温下工作时,就会产生蠕变。螺栓总变形中的塑性变形部分不断增加,相应的弹性变形部分不断减少,使得螺栓内的应力不断降低。由于螺栓的应力松弛,使连接的紧密程度逐渐降低,若不进行定期拧紧,会引发汽缸漏气的现象。

2.6.3　加载速率对材料力学性能的影响

在不同的加载速率下,试件将以不同的变形速度 $d\varepsilon/dt$ 产生变形。如果变形速度太大,材

料的塑性变形过程将来不及进行,材料的断裂过程也将更加复杂,有些力学性能也会发生变化。所以说,加载速率将影响到有关的力学性能。

但材料的弹性变形不受变形速度的影响。这是因为材料内弹性波的传播速度远大于一般受力物体的变形速度,荷载引起的弹性变形能瞬时地传播至整个物体。试验结果证实:以不同的变形速度测试同一材料的弹性模量 E,其结果相差甚微。图 2.16 表明,随着变形速度的提高,材料的屈服极限 σ_s、强度极限 σ_b 也相应提高,但材料的塑性变化不大。对于低塑性材料,随着变形速度的提高,其塑性降低,脆性断裂的倾向增加。基本规律是:变形速度增加,强度提高,塑性降低。

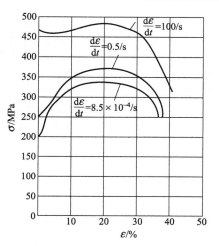

图 2.16　不同变形速度下低碳钢的应力-应变曲线

复习思考题

2-1　低碳钢试样拉伸至强化阶段时,在拉伸图上如何测量其弹性伸长量和塑性伸长量?当试样拉断后,又如何测量?

2-2　在低碳钢试样的拉伸图上,试样被拉断时的应力为什么反而比强度极限低?

2-3　拉伸试样的断后伸长率为 $\delta = \dfrac{l_1 - l}{l} \times 100\% = \dfrac{\Delta l}{l} \times 100\%$,试样的纵向线应变为 $\varepsilon = \dfrac{\Delta l}{l} = \dfrac{\Delta l}{l} \times 100\%$,可见两者的表达式相同。试问能否得出结论:试样的断后伸长率等于其纵向线应变。

2-4　试样上颈缩的位置与什么因素有关? 在 $\sigma\text{-}\varepsilon$ 曲线上颈缩现象是从哪个位置开始的?

2-5　试比较低碳钢和铸铁在拉伸、压缩和扭转时的破坏现象及原因。

2-6　材料的应力应变曲线如图 2.17 所示,在图上标出弹性应变 ε_e、塑性应变 ε_p,条件屈服应变 $\varepsilon_{0.2}$ 和条件屈服极限 $\sigma_{0.2}$ 的大致位置。

2-7　材料的弹性模量为 E,单向拉伸时,在图 2.18 所示应力应变曲线上得到某点的应变为 ε,则相应的应力为 $E\varepsilon$ 对吗?

2-8　三种材料的应变曲线如图 2.19 所示。试问哪种材料:(1)强度高? (2)弹性模量大? (3)塑性好?

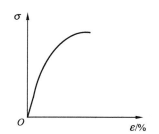

图 2.17　复习思考题 2-6 图

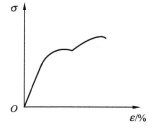

图 2.18　复习思考题 2-7 图

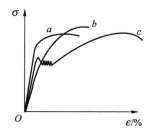

图 2.19　复习思考题 2-8 图

2-9　分析图 2.20 所示钢筋混凝土梁中的钢筋主要承受什么力,梁将如何变形? 分析哪种钢筋放置的位置是否正确,后果如何?

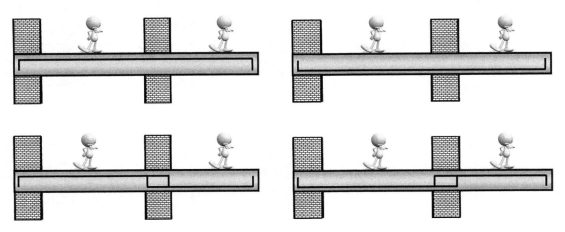

图 2.20　复习思考题 2-9 图

习　　题

2.1　图 2.21 所示为硬铝拉伸试样,$h=2\text{mm}$,$b=20\text{mm}$。试验段长度 $l_0=70\text{mm}$。在轴向拉力 $F_\text{P}=6\text{kN}$ 作用下,测得试验段伸长 $\Delta l_0=0.15\text{mm}$,板宽缩短 $\Delta b=0.014\text{mm}$。试计算硬铝的弹性模量 E 和泊松比 μ。

2.2　一拉伸试样,试验前直径 $d=10\text{mm}$,长度 $l=50\text{mm}$,断裂后颈缩处直径 $d_1=6.2\text{mm}$,长度 $l_1=58.3\text{mm}$。试求材料的断后伸长率 δ 和断面收缩率 ψ。

2.3　弹性模量 $E=200\text{GPa}$ 的试样,其应力-应变曲线如图 2.22 所示,A 点为屈服极限 $\sigma_\text{s}=240\text{MPa}$。当拉伸至 B 点时,在试样的标距中测得纵向线应变为 3×10^{-3},试求从 B 点卸载到应力为 140MPa 时,标距内的纵向线应变 ε。

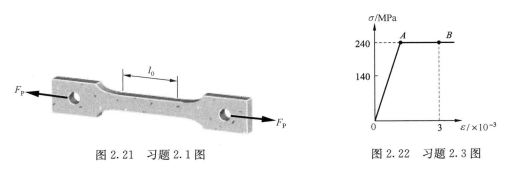

图 2.21　习题 2.1 图　　　　　　　　　图 2.22　习题 2.3 图

2.4　圆截面拉伸试样,测得标距段内的最小横截面直径为 $d=9.95\text{mm}$,下屈服点荷载 $F_\text{S}=22.5\text{kN}$,最大荷载 $F_\text{b}=32.2\text{kN}$,试求该材料的 σ_s 和 σ_b。

2.5　直径为 10.00mm 的圆截面钢试样做拉伸试验,标距原长 50.00mm,测得断后标距长度为 63.50mm,颈缩处最小直径为 6.55mm,试求该材料的伸长率 δ 与断面收缩率 ψ。

2.6　一钢试样，$E = 200\mathrm{GPa}$，比例极限 $\sigma_\mathrm{p} = 200\mathrm{MPa}$，直径 $d = 10\mathrm{mm}$，在标距 $l = 100\mathrm{mm}$ 长度上测得伸长量 $\Delta l = 0.05\mathrm{mm}$。试求该试件沿轴线方向的线应变 ε，所受拉力 F，横截面上的应力 σ。

2.7　对某金属材料进行拉伸试验时（图 2.23），测得其弹性模量 $E = 200\mathrm{GPa}$，若超过屈服极限后继续加载，当试件横截面上应力 $\sigma = 200\mathrm{MPa}$ 时，测得其轴向线应变 $\varepsilon = 3.5 \times 10^{-3}$，然后立即卸载至 $\sigma = 0$。计算该试件的轴向塑性线应变。

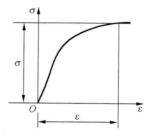

图 2.23　习题 2.7 图

第3章 受力杆件的内力

本章首先介绍受力杆件内力分析的截面法,在此基础上研究杆件在各种变形下横截面上的内力分量、计算方法和沿杆轴线的变化规律。

3.1 确定内力的截面法

图 3.1(a)、(b) 为同一等直杆在一个集中力 F 作用下的两种状态。当杆件视为刚体时,两者都处于相同的平衡状态。若视为变形固体,由于内效应不同,即内力不同,它们就是两种不同的变形状态,因此,要了解杆件的受力和变形,必须先研究杆件的内力。

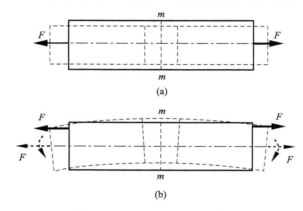

图 3.1 受一对拉力的不同效果

杆件在外力作用下,荷载与约束反力处于平衡状态。为了显示出杆件的内力,可假想用一个 $m\text{-}m$ 截面将平衡的杆件截成左、右两个部分(图 3.2(a))。任取其一(左段)为研究对象,将弃去部分(右段)对保留部分(左段)的作用力,用该截面上的内力代替(图 3.2(b)),它们必与保留部分的外力保持平衡。由于杆件是连续均匀的变形固体,在 $m\text{-}m$ 截面上的内力是连续分布的,根据力系简化理论,将截面上的分布内力向其形心简化得到内力主矢 F 和主矩 M(图 3.2(b))。根据作用与反作用定律,在弃去部分(右段)的同一截面 $m\text{-}m$ 上,必有大小相等、方向相反的反作用主矢 F' 和一个主矩 M'(图 3.2(c))。这就是确定内力的基本方法——**截面法**。

用截面法求内力可归纳为四个字:

(1) **截**:欲求某一截面的内力,则沿该截面将构件假想地截成两部分。

(2) **取**:取其中任意部分为研究对象,而弃去另一部分。

(3) **代**:用作用于截面上的内力,代替弃去部分对留下部分的作用力。

(4) **平**:建立平衡方程,即可求得截面上的内力。

工程上,常采用截面法确定杆件横截面上的内力,一般采用直角坐标系 $Oxyz$,取 x 轴与杆件的轴线重合,即 y、z 轴位于横截面的切线方向(图 3.2(d)),故 $m\text{-}m$ 截面上的内力向三个坐标轴投影,得到三个内力分量和三个内力偶分量。

沿横截面轴线 x 轴的法向力 F_N,使杆件沿轴向产生**伸长**(或**缩短**)变形,称为**轴力**,单位是牛顿或千牛(N 或 kN)。

沿横截面 y、z 轴的切向力 F_{S_y}、F_{S_z},使杆件分别在 xOy 面和 xOz 面上产生**剪切变形**,称为**剪力**,单位与轴力相同。

绕杆件 x 轴的力偶 T,引起杆件横截面间的**相对转动**,称为**扭矩**,单位是牛顿·米(N·m)或千牛·米(kN·m)。

绕杆件 y、z 轴的力偶 M_y 和 M_z,使杆件产生**弯曲变形**,称之为**弯矩**,单位与扭矩相同。

下面分别研究杆件在基本变形和组合变形时的内力以及内力沿杆件轴线的变化规律——**内力图**。

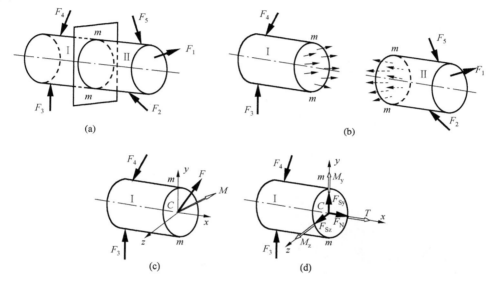

图 3.2　截面法求内力

3.2　轴向受力杆件的内力

轴向受力杆件在工程和日常生活中十分常见。如屋架的 BF、CF、CG、DG 各杆(图 3.3(a)、(b))、钢拉杆(图 3.3(b))、气缸的活塞杆(图 3.3(c)、(d))、千斤顶的支撑螺杆(图 3.3(e)、(f)),及悬索桥(图 3.3(g))、斜拉桥(图 3.3(h))上的杆或缆索等都是轴向受力杆件。其外力和变形的特点如下。

(1) 外力特点:外力的合力作用线与杆件的轴线重合。

(2) 变形特点:杆的主要变形是轴线方向的伸长或缩短。

3.2.1　轴力的计算

图 3.4(a)是轴向受力杆件的计算简图。在一对大小相等、方向相反的力 F 作用下处于平衡。为了确定内力,设将杆的任一横截面 m-m 截开,保留一段(图 3.4(b)的 I 段)为研究对象。由截面法可知该截面上的内力 F_{Nm},根据该段的平衡方程式

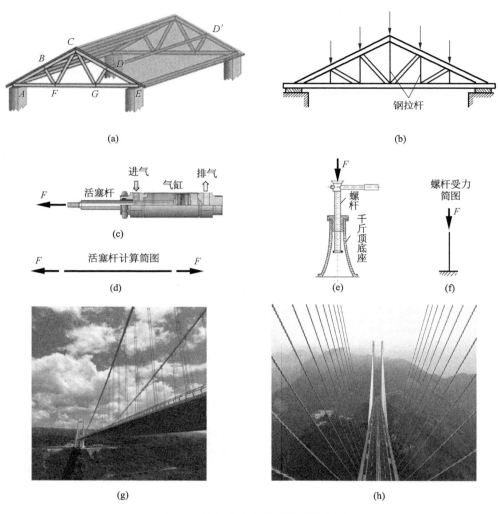

图 3.3　轴向受力构件及其计算简图

$$\sum F_x = 0, \quad F_{Nm} - F = 0$$

得
$$F_{Nm} = F$$

如果截开 $m\text{-}m$ 截面后,以图 3.4(c)所示的 Ⅱ 段为研究对象,可得
$$F'_{Nm} = F$$

　　所以,F_{Nm} 与 F'_{Nm} 是同一横截面 $m\text{-}m$ 上的内力,引起相同的变形,它们之间是作用力与反作用力的关系,通常统一用 F_{Nm} 表示。

　　对于图 3.5 所示压杆,由截面法同样可确定任一横截面 $m\text{-}m$ 上的内力。

　　由上可见,轴向受力杆件,不论拉杆还是压杆,内力均与杆的轴线重合,垂直于杆的横截面,这样的内力称为**轴力**。

　　轴力的正负号规定如下:当轴力的方向与所在横截面的外向法线一致时,称为**拉力**,为**正值**;当轴力的方向与所在横截面的外向法线相反时,称为**压力**,为**负值**。

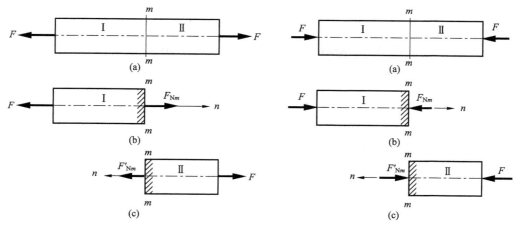

图 3.4 拉杆的截面法   图 3.5 压杆的截面法

3.2.2 轴力图

在工程上,有时杆件会受到多个轴向外力的作用,这时杆件在不同杆段的横截面上将产生不同的轴力。为了直观地反映出杆的各横截面上轴力沿杆长的变化规律,并找出最大轴力及其所在的横截面位置,通常需要画出**轴力图**。通常以平行于杆轴线的坐标轴为 x 轴,其上各点表示横截面的位置,以垂直于杆轴线的坐标轴为轴力 F_N,表示横截面上轴力的大小,画出的图线即为轴力图。对于水平杆件,轴力为正时画在横坐标 x 轴的上侧,轴力为负时画在横坐标 x 轴的下侧;对于垂直杆件,轴力可画在 x 轴的任意一侧,但需标明正负号。

【**例 3.1**】 图 3.6(a)所示的杆,在 A、B、C、D 四个截面各有一集中力作用,作杆的轴力图。

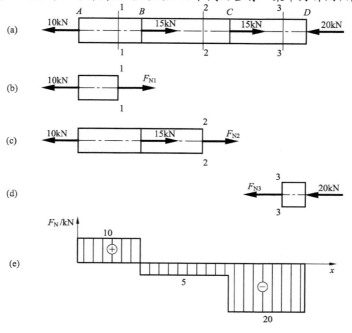

图 3.6 例 3.1 图

解:(1) 分段求轴力。

分别取 1-1 截面、2-2 截面和 3-3 截面,由分离体的平衡条件(见图 3.6(b)、(c)、(d))不难求出 AB、BC 和 CD 段杆的轴力分别为

$$F_{N1} = 10\text{kN}(拉力)$$
$$F_{N2} = -5\text{kN}(压力)$$
$$F_{N3} = -20\text{kN}(压力)$$

(2) 画轴力图。

杆的轴力图如图 3.6(e)所示。

【例 3.2】 图 3.7(a)所示等直杆,在 A、B、C 三个截面分别作用集中力,$F_1 = 20\text{kN}$,$F_2 = 30\text{kN}$,$F_3 = 10\text{kN}$,试绘制杆的轴力图。

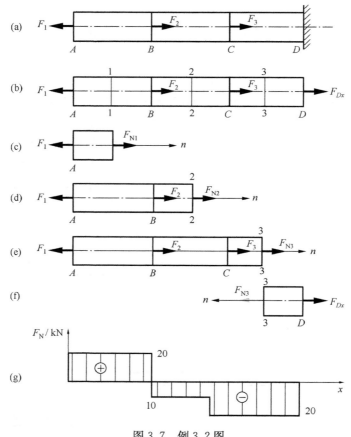

图 3.7 例 3.2 图

解:(1)确定约束力。

假设约束力 F_{Dx} 的方向如图 3.7(b)所示,由整体平衡方程 $\sum F_x = 0$,得约束力 F_{Dx} 为

$$F_{Dx} = F_1 - F_2 - F_3 = -20\text{kN}$$

当结果为负值时,表示假设的 F_{Dx} 方向与实际方向相反。

(2)分段求轴力。

杆件在四个集中力作用下,内力的变化可分为三段:AB、BC、CD,见图 3.7(b)。

用截面法沿 1-1 横截面截开，取左段为研究对象。F_{N1} 的方向采用正向假设，即假设 F_{N1} 为拉力，见图 3.7(c)。由平衡方程 $\sum F_x = 0$，得

$$F_{NI} = F_1 = 20kN（拉力）$$

同理，用截面法分别沿 2-2、3-3 横截面截开，取左段为研究对象。F_{N2}、F_{N3} 的方向均采用正向假设，见图 3.7(d)、(e)。则分别可得

$$F_{N2} = F_1 - F_2 = -10kN（压力）$$

$$F_{N3} = F_1 - F_2 - F_3 = -20kN（压力）$$

求 F_{N3} 时也可取右段为研究对象（图 3.7(f)），则有

$$F_{N3} = F_{Dx} = -20kN（压力）$$

得到的结果相同，但求解简单。

（3）画轴力图。

以 x 轴代表杆轴线，将轴力的正值画在上侧，负值画在下侧，得轴力图（图 3.7(g)）。最大轴力为 $|F_{Nmax}| = 20$ kN。

从轴力图可以看出：在没有集中力作用的杆段，轴力图为水平直线；在集中力作用的截面上，轴力图发生了突变，突变的值即为集中力的数值。

注意：

（1）杆件内力的大小和截面的形状无关。

（2）求内力时，外力不能沿作用线随意移动。因为材料力学中研究的对象是变形体，不是刚体，外力作用位置不同，引起的内力分布也不同，所以力的可传性原理的应用是有条件的。

（3）截面不能刚好截在外力作用点处，因为工程实际上并不存在几何意义上的点和线，而实际的力只可能作用于一定微小面积内。

*3.3 轴向分布力集度与轴力的关系

工程上，许多杆件都受到沿其轴线方向的分布力系作用。如考虑自重作用的杆、千斤顶的支撑螺杆和钻机的钻杆等。

设处于平衡状态的杆件，取其上一段，两端的轴力分别为 F_{NA} 和 F_{NB}，并沿杆段的轴线作用有分布集度为 $q(x)$ 的分布力。$q(x)$ 一般表示为单位长度上的力，其方向指向 x 轴的负向，单位是 kN/m。计算简图如图 3.8(a)。

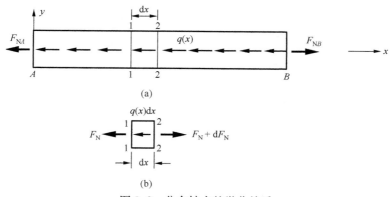

图 3.8 分布轴力的微分关系

设从杆段的 1-1 和 2-2 两截面之间取出一微段 $\mathrm{d}x$(图 3.8(b))。在微段的 1-1 和 2-2 两截面上的轴力分别为 F_{N} 和 $F_{\mathrm{N}}+\mathrm{d}F_{\mathrm{N}}$,取微段的平衡方程 $\sum F_x=0$,得

$$F_{\mathrm{N}}(x)+\mathrm{d}F_{\mathrm{N}}(x)-F_{\mathrm{N}}(x)-q(x)\mathrm{d}x=0$$

即

$$q(x)=\frac{\mathrm{d}F_{\mathrm{N}}(x)}{\mathrm{d}x} \tag{3.1}$$

它表明,轴向分布力的集度 $q(x)$ 是轴力 F_{N} 沿轴线 x 坐标的变化率,即轴向分布力的集度 $q(x)$ 等于轴力图在该截面位置处的斜率 $\dfrac{\mathrm{d}F_{\mathrm{N}}(x)}{\mathrm{d}x}$。

将式(3.1)两边各乘以 $\mathrm{d}x$,并沿杆段积分,得

$$\int_{F_{\mathrm{NA}}}^{F_{\mathrm{NB}}}\mathrm{d}F_{\mathrm{N}}(x)=F_{\mathrm{NB}}-F_{\mathrm{NA}}=\Delta F_{\mathrm{N}}=\int_{x_A}^{x_B}q(x)\mathrm{d}x$$

或

$$F_{\mathrm{NB}}-F_{\mathrm{NA}}=\int_{x_A}^{x_B}q(x)\mathrm{d}x \tag{3.2}$$

式(3.2)表示,受轴向分布力 $q(x)$ 作用的杆件,在其任意相邻两横截面之间的轴力增量 ΔF_{N} 等于该区间轴向分布力曲线 $q(x)$ 与 x 轴之间所围的面积。

【例 3.3】 由 Ⅰ 和 Ⅱ 两种不同材料制成的杆件,上端固定,垂直悬挂,如图 3.9(a)所示,设杆件 Ⅰ 材料的分布自重为 $q_{\mathrm{I}}=200\ \mathrm{N/m}$,Ⅱ 材料的分布自重为 $q_{\mathrm{II}}=150\ \mathrm{N/m}$,试绘该杆的轴力图,并用式(3.1)和式(3.2)来讨论所得的结果。

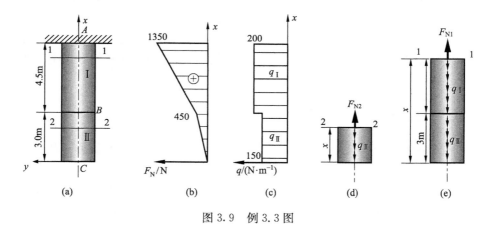

图 3.9　例 3.3 图

解:在杆件的任一截面 2-2 截取如图 3.9(d)所示一段为研究对象,由平衡方程式

$$\sum F_x=0,\quad F_{\mathrm{N2}}-q_{\mathrm{II}}x=0$$

得

$$F_{\mathrm{N2}}=q_{\mathrm{II}}x=150x(\mathrm{N})\quad(0\leqslant x\leqslant 3.0\mathrm{m})$$

可知,F_{N2} 是 x 的线性函数。

再取 1-1 截面为研究对象,如图 3.9(e)所示,由平衡方程式

$$\sum F_x=0,\quad F_{\mathrm{N1}}-q_{\mathrm{II}}\times 3.0-q_{\mathrm{I}}(x-3.0)=0$$

得

$$F_{\mathrm{N1}}=150\times 3.0+200(x-3.0)=200x-150(\mathrm{N})\quad(3.0\mathrm{m}\leqslant x\leqslant 7.5\mathrm{m})$$

可知,F_{N1} 也是 x 的线性函数。

轴力图随 x 成线性变化,如图 3.9(b)所示,其最大值在杆的顶部,为

$$F_{NA} = 200 \times 7.5 - 150 = 1350(\text{N})$$

根据式(3.1)和式(3.2)来讨论图 3.9(b)、(c)所得结果。

(1)斜率。

在杆件 Ⅱ 材料段的轴力图,其斜率为

$$\frac{\mathrm{d}F_N}{\mathrm{d}x} = \frac{450 - 0}{3.0}\text{N/m} = 150\text{N/m} = q_{\text{Ⅱ}}$$

在 Ⅰ 材料段,杆件轴力图的斜率为

$$\frac{\mathrm{d}F_N}{\mathrm{d}x} = \frac{1350 - 450}{4.5}\text{N/m} = 200\text{N/m} = q_{\text{Ⅰ}}$$

(2)轴力增量。根据式(3.2)可确定杆件 B、A 截面的轴力分别为

$$F_{NB} = \int_0^{3.0} q_{\text{Ⅰ}}\mathrm{d}x = 150\text{N/m} \times 3\text{m} = 450\text{N}$$

$$F_{NA} = F_{NB} + \int_{3.0}^{7.5} q_{\text{Ⅰ}}\mathrm{d}x = 450\text{N} + 200\text{N/m} \times 4.5\text{m} = 1350\text{N}$$

3.4　受扭杆件(轴)的内力

工程构件中,尤其是各种机械的传动轴,受力后主要发生扭转变形。例如发电机轴(图 3.10 (a))、汽车驾驶盘轴(图 3.10(b))、螺丝刀(图 3.10(c))、直升机桨叶的传动轴(图 3.10(d))和汽车的传动轴(图 3.10(e))等都是受扭杆件的实例,工程上习惯将主要承受扭转变形的杆件称为**轴**。

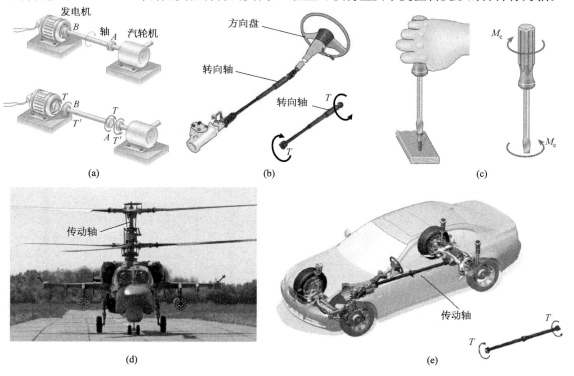

图 3.10　扭转构件及其计算简图

受力特点:在杆件两端垂直于杆轴线的平面内作用一对大小相等、方向相反的外力偶 M_e。

变形特点:横截面绕轴线发生相对转动,出现扭转变形。

若杆件横截面上只存在扭矩 T,则这种受力形式称为纯扭转。

3.4.1 外力偶矩和扭矩的计算

如图 3.11 的传动机构,通常外力偶矩 M_e 不直接给出,而通过轴的转速 n(转数/每分钟,r/min)和传递功率 P(千瓦,kW)换算得到

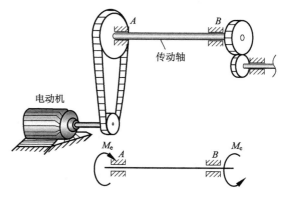

$$M_e = 9.549 \frac{P}{n} \quad (kN \cdot m) \qquad (3.3)$$

求扭转杆件的内力扭矩,同样采用截面法。

扭矩的正负号规定为:按右手螺旋法则,T 矢量离开截面为正,指向截面为负;或矢量与横截面外法线方向一致为正,反之为负。如图 3.12 所示。

以图 3.13(a)所示圆轴为例,假想地将圆轴沿 n-n 截面分成两部分,并取部分 Ⅰ 作为研究对象(图 3.13(b))。由部分 Ⅰ 的平衡方程 $\sum M_x = 0$,求出该截面的扭矩为

图 3.11 传动机构

$$T = M_e$$

扭矩 T 是 Ⅰ 和 Ⅱ 两部分在 n-n 截面上相互作用的分布内力系的合力偶矩。如果取部分 Ⅱ 作为研究对象(图 3.13(c)),仍然可以求得 n-n 截面上 $T = M_e$ 的结果,但扭矩 T 的方向与用部分 Ⅰ 求出的扭矩方向相反。

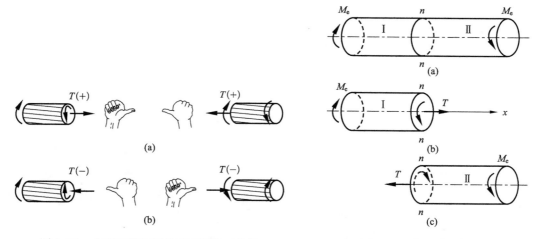

图 3.12 右手螺旋法则确定扭矩的正负号

图 3.13 截面法计算扭矩

3.4.2 扭矩图

若轴上受多个外力偶作用时,为了表示各横截面上的扭矩沿杆长的变化规律,并求出杆内的最大扭矩及所在截面的位置,与拉伸压缩问题中绘轴力图一样,也可用图线来表示各横截面

上扭矩沿轴线变化的情况。取一基线与杆轴线平行为坐标横轴,其上各点表示横截面的位置,以垂直于杆轴线的纵坐标表示横截面上的扭矩,正值画在横坐标轴的上方,负值画在横坐标轴的下方,这样画出的图线称为**扭矩图**。

【例 3.4】　如图 3.14(a)所示传动轴,主动轮 A 输入功率 $P_A = 500\text{kW}$,从动轮 B、C、D 输出功率分别为 $P_B = P_C = 150\text{kW}$,$P_D = 200\text{kW}$,轴的转速为 $n = 300$ r/min。试求:

（1）轴的扭矩图。（2）若主动轮 A 与从动轮 D 位置互换,结果如何。

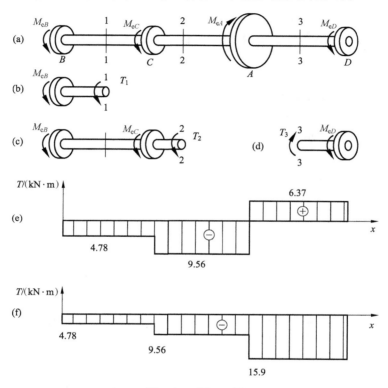

图 3.14　例 3.4 图

解:(1)作轴的扭矩图。

① 求外力偶矩。

$$M_{eA} = 9.549\,\frac{P_A}{n} = 9.549 \times \frac{500\text{kW}}{300\text{r/min}} = 15.9 \text{ kN·m}$$

$$M_{eB} = M_{eC} = 9.549\,\frac{P_B}{n} = 9.549 \times \frac{150\text{kW}}{300\text{r/min}} = 4.78\text{kN·m}$$

$$M_{eD} = 9.549\,\frac{P_D}{n} = 9.549 \times \frac{200\text{kW}}{300\text{r/min}} = 6.37\text{kN·m}$$

② 求各段扭矩。

仍采用截面法,并分别取图 3.14(b)、(c)、(d)所示杆段为研究对象。由平衡方程,可求得 1-1、2-2 和 3-3 截面的扭矩分别为

$$T_1 = -M_{eB} = -4.78\text{kN·m}$$

$$T_2 = -M_{eB} - M_{eC} = -9.56\text{kN·m}$$

$$T_3 = M_{eD} = 6.37\text{kN·m}$$

③ 画扭矩图。

扭矩图如图 3.14(e)所示。由图可见,该杆的最大扭矩发生在 AC 段,其值为
$$|T|_{max} = 9.56kN \cdot m$$

(2) 对上述传动轴,若将主动轮 A 与从动轮 D 位置互换,则轴的扭矩图如图 3.14(f)所示。这时,轴的最大扭矩 $|T_{max}| = 15.9kN \cdot m$,发生在 DA 段,大于互换前的最大扭矩。显然这种互换从受力的角度,是不合理的,使结构更危险。

*3.5 分布力偶矩集度与扭矩的关系

作用在轴上的外力偶矩有时并不是集中力偶矩,而是沿轴的轴线成某种规律分布的分布力偶矩,其集度用 $m(x)$ 表示。取一轴段,两端横截面上的扭矩分别为 T_A 和 T_B,整个轴段作用有分布力偶矩 $m(x)$,如图 3.15(a)所示。

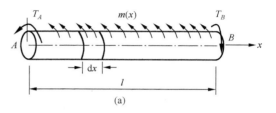

从轴段上取一微段 dx 如图 3.15(b),考虑其平衡,则有
$$\sum M_x = 0$$
$$T(x) + dT(x) - T(x) - m(x)dx = 0$$

得
$$m(x) = \frac{dT(x)}{dx} \quad (3.4)$$

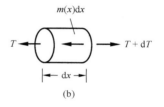

图 3.15 分布力偶矩的微分关系

式(3.4)表示:作用于轴上任一截面处的分布力偶矩集度 $m(x)$,等于该处扭矩图(图 3.15(c))的斜率。将上式两端各乘以 dx,并沿轴段积分,得
$$\int_{x_A}^{x_B} m(x)dx = \int_{T_A}^{T_B} dT(x)$$
$$= T_B - T_A = \Delta T \quad (3.5)$$

式(3.5)表明:受分布力偶矩 $m(x)$ 作用的轴,在其任意相邻两横截面上的扭矩增量 ΔT,等于该区间分布力偶矩集度曲线 $m(x)$ 与 x 轴之间所围的面积。

*【例 3.5】 长 L 的圆轴,一端自由、另一端固定,受到分布转矩 $m(x) = 2x$ 作用(图 3.16(a)、(c)),试确定 AB 轴的扭矩方程式,并绘扭矩图。

解法一:任取长度为 x 的轴段为研究对象(图 3.16(b)),由轴段的平衡可得 x 截面处的扭矩为
$$T = \int_0^x m(x)dx = \int_0^x 2xdx = x^2$$

扭矩图为二次抛物线,如图 3.16(d)所示。

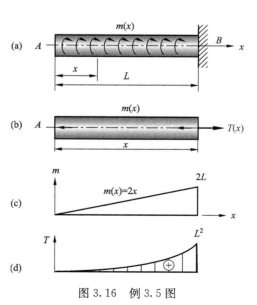

图 3.16 例 3.5 图

解法二:根据式(3.4),有

$$\frac{\mathrm{d}T}{\mathrm{d}x} = m(x) = 2x$$

即

$$\mathrm{d}T = m(x)\mathrm{d}x = 2x\mathrm{d}x$$

上式积分得扭矩方程式为

$$T = \int_0^x 2x\mathrm{d}x = x^2$$

3.6　受弯杆件(梁)的内力

当作用于杆件上的外力都位于同一平面内,且力的作用方向均垂直于杆件的轴线,这样的力称**横向力**。工程问题中,绝大部分受弯杆件的横截面都有一根对称轴,因而整个杆件有一个包含轴线的纵向对称面,如图 3.17 所示。当作用在杆件上的所有外力都在纵向对称面内时,弯曲变形后的轴线也将是位于这个对称面内的一条曲线,这种弯曲称为**对称弯曲**。对称弯曲时,由于梁变形后的轴线所在平面与外力所在平面重合,因此也是**平面弯曲**。

若梁不具有纵向对称面,或者梁虽然有纵向对称面,但外力并不作用在纵向对称面内,这种弯曲则统称为非对称弯曲。对称弯曲是弯曲问题中最基本、最常见的情况。

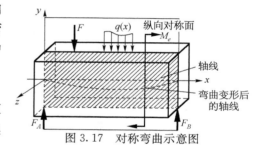

图 3.17　对称弯曲示意图

其受力和变形特点如下所述。

受力特点:作用在杆件上的所有外力和约束力均在纵向对称面内且垂直于轴线,其中包括集中力、分布力、集中力偶、分布力偶等。

变形特点:杆的轴线弯成一条在纵向对称面内的平面曲线。

以弯曲为主要变形的杆件称为**梁**,它是工程中最主要的受力杆件。桥梁的桥面板(图 3.18(a))、龙门吊的横梁(图 3.18(b))、举重杠铃的横杠(图 3.18(c))、汽车吊的吊臂(图 3.18(d))、风力发电机的叶片(图 3.18(e))和飞机的机翼(图 3.18(f))等,均以弯曲变形为主,因此都可以简化为梁。

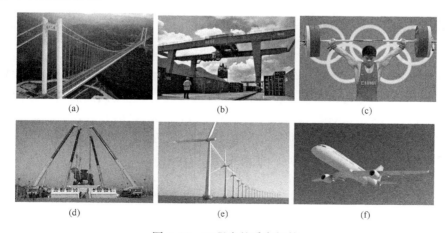

(a)　　　　　　　　(b)　　　　　　　　(c)

(d)　　　　　　　　(e)　　　　　　　　(f)

图 3.18　工程中的受弯杆件

在荷载作用下,约束反力和内力都可通过静力平衡方程求解的梁,称为**静定梁**。工程中常见的有以下三种基本形式的静定梁。

1. 简支梁

一端为固定铰支座,另一端为活动铰支座的梁,称为简支梁。如桥式起重机的行车大梁(图 3.19(a)、(b))等可简化为简支梁,行车大梁的轮子与轨道的约束可视为铰支座。

2. 悬臂梁

一端为固定端,另一端自由的梁,称为悬臂梁。如房屋的阳台(图 3.20(a)、(b))等可简化为悬臂梁,与墙体嵌固的一端可视为固定端。

3. 外伸梁

一端或两端外伸的简支梁均称为外伸梁。火车轮轴的车轮与铁轨的支承约束可视为铰支座,而轮轴外伸在车轮(约束支座)之外,所以火车轮轴可简化为两端外伸梁,如图 3.21(a)、(b)所示。

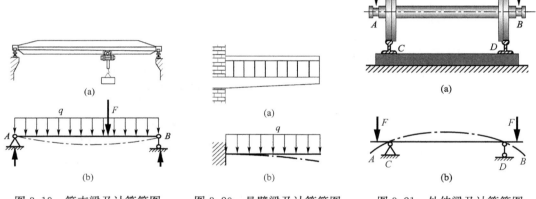

图 3.19　简支梁及计算简图　　　图 3.20　悬臂梁及计算简图　　　图 3.21　外伸梁及计算简图

在实际问题中,梁的支承究竟应当简化为哪种支座,需要根据具体情况进行分析。例如,房屋屋架中的 AE 杆(图 3.3(a)),工程上一般简化为两端简支梁,不简化为两端固支梁。简化为两端简支梁计算结果偏安全。

3.6.1　梁的剪力和弯矩

下面以图 3.22(a)所示简支梁为例,说明用截面法确定梁内力的方法。

设简支梁承受集中力 F(图 3.22(a)),已求得约束反力分别为 F_{RA} 和 F_{RB}。取 A 点为坐标轴 x 的原点,为计算坐标为 x 的任一横截面 $m-m$ 上的内力,应用截面法沿横截面 $m-m$ 假想地把梁截分为两段(图 3.22(b)、(c))。分析梁的左段(图 3.22(b)),因在这段梁上作用有向上的外力 F_{RA},为满足沿 y 轴方向力的平衡条件,故在横截面 $m-m$ 上必有一作用线与 F_{RA} 平行而指向相反的内力。设内力为 F_S,则由平衡方程

$$\sum F_Y = 0, \qquad F_{RA} - F_S = 0$$

可得
$$F_S = F_{RA} \tag{a}$$

F_S 称为**剪力**。由于外力 F_{RA} 与剪力 F_S 组成一力偶,因而,根据左段梁的平衡可知,横截面上

必有一与其相平衡的内力偶。设内力偶的矩为 M,则由平衡方程

$$\sum M_C = 0, \qquad M - F_{RA}\, x = 0$$

可得

$$M = F_{RA}\, x \qquad\qquad (b)$$

矩心 C 为横截面 $m\text{-}m$ 的形心。内力偶矩 M 称为**弯矩**。

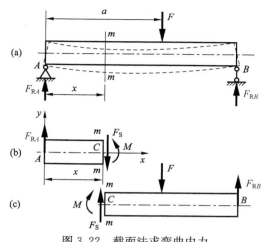

左段梁横截面 $m\text{-}m$ 上的剪力和弯矩,实际上是右段梁对左段梁的作用。根据作用与反作用原理可知,右段梁在同一横截面 $m\text{-}m$ 上的剪力和弯矩,在数值上应该分别与式(a)、(b)相等,但指向和转向相反(图 3.22(c))。若对右段梁列出平衡方程,所得结果必然相同,读者可自行验证。

图 3.22　截面法求弯曲内力

为使左、右两段梁上算得的同一横截面 $m\text{-}m$ 上的剪力和弯矩在正负号上也相同,根据梁段的变形情况,对剪力、弯矩的正负号加以规定。

当横截面上的剪力 F_S 对其所作用的梁内任意一点取矩为顺时针力矩时,该剪力 F_S 为正,反之为负,可表述为"顺正逆负"。正剪力产生顺时针剪切变形,反之亦然,如图 3.23(a)、(b)。

当横截面上的弯矩 M 使得其所作用的一段梁产生凹型变形时,该弯矩 M 为正,反之为负,简述为"凹正凸负",如图 3.23(c)、(d)。

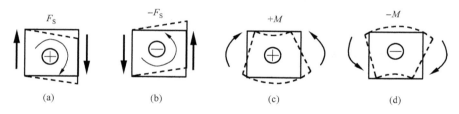

$$\text{(a)} \qquad\qquad \text{(b)} \qquad\qquad \text{(c)} \qquad\qquad \text{(d)}$$

图 3.23　剪力、弯矩正负号的规定

建议:求截面的剪力 F_S 和弯矩 M 时,均按正向假设(图 3.23(a)、(c))。这样求出的剪力为正号即表明该截面上的剪力为正的剪力,如为负号则表明为负的剪力;求出的弯矩为正号即表明该截面上的弯矩为正弯矩,如为负号则表明为负弯矩。

【例 3.6】　一简支梁受荷载如图 3.24 所示,已知 $F = 20\text{kN}$,$q = 10\text{kN/m}$,$M_e = 4\text{kN·m}$,求截面 1-1 ～ 截面 6-6 的剪力和弯矩。截面 1-1 表示 A 点右侧非常靠近 A 点的截面,截面 2-2 表示 F 力作用点的左侧非常靠近 F 力作用点的截面,余类推。

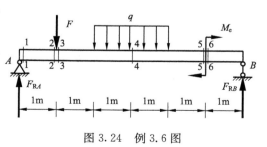

图 3.24　例 3.6 图

解:(1)求支座反力。

由平衡方程 $\sum M_A = 0$ 和 $\sum M_B = 0$,求得

$$F_{RA} = 26\text{kN}, \qquad F_{RB} = 14\text{kN}$$

（2）求各指定截面上的内力。

1-1 截面：$F_{S1} = F_{RA} = 26\text{kN}$

$M_1 = 0$

2-2 截面：$F_{S2} = F_{RA} = 26\text{kN}$

$M_2 = F_{RA} \cdot 1 = 26\text{kN·m}$

3-3 截面：$F_{S3} = F_{RA} - F = (26 - 20)\text{kN} = 6\text{kN}$

$M_3 = F_{RA} \cdot 1 = 26\text{kN·m}$

4-4 截面：$F_{S4} = F_{RA} - F - q \cdot 1 = (26 - 20 - 10)\text{kN} = -4\text{kN}$

$M_4 = F_{RA} \cdot 3 - F \cdot 2 - q \cdot 1 \cdot \dfrac{1}{2} = (78 - 40 - 5)\text{kN·m} = 33\text{kN·m}$

5-5 截面：$F_{S5} = F_{RA} - F - q \cdot 2 = (26 - 20 - 20)\text{kN} = -14\text{kN}$

$M_5 = F_{RA} \cdot 5 - F \cdot 4 - q \cdot 2 \cdot 2 = (130 - 80 - 40)\text{kN·m} = 10\text{kN·m}$

6-6 截面：$F_{S6} = F_{RA} - F - q \cdot 2 = (26 - 20 - 20)\text{kN} = -14\text{kN}$

$M_6 = F_{RA} \cdot 5 - F \cdot 4 - q \cdot 2 \cdot 2 + M_e = (130 - 80 - 40 + 4)\text{kN·m} = 14\text{kN·m}$

由计算可知，在集中力 F 作用点左侧和右侧截面的剪力有一突变，突变值为该集中力 F 的大小，但弯矩无变化；在集中力偶 M_e 作用点左侧和右侧截面的弯矩有一突变，突变值为该集中力偶矩 M_e 的大小，但剪力无变化，因为集中力偶的合力为零。

3.6.2　梁的剪力方程和弯矩方程·剪力图和弯矩图

一般来说，梁的不同横截面上的剪力和弯矩是不同的。为了表明梁的各横截面上剪力和弯矩的变化规律，可将横截面的位置用 x 表示，把横截面上的剪力和弯矩写成 x 的函数，即

$$F_S = F_S(x), \qquad M = M(x)$$

它们分别称为**剪力方程**和**弯矩方程**。

根据剪力方程和弯矩方程，可以画出剪力图和弯矩图，即以平行于梁轴线的坐标轴为横坐标轴，其上各点表示横截面的位置，以垂直于杆轴线的纵坐标表示横截面上的剪力或弯矩，画出的图线即为**剪力图**或**弯矩图**。正的剪力画在横坐标轴的上方，正的弯矩画在横坐标轴的下方（即正的弯矩画在梁的受拉一侧）。由剪力图和弯矩图可以看出梁的各横截面上剪力和弯矩的变化情况，同时可找出梁的最大剪力和最大弯矩以及它们所在的截面。

【例 3.7】　一简支梁受均布荷载作用，如图 3.25 所示。试列出剪力方程和弯矩方程，画剪力图和弯矩图。

解：（1）求支座反力。由平衡方程及对称性条件得到

$$F_{RA} = F_{RB} = \frac{ql}{2}$$

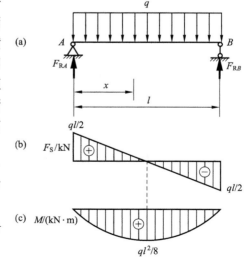

图 3.25　例 3.7 图

（2）列剪力方程和弯矩方程。将坐标原点取在梁的左端 A 点，距 A 点为 x 的任一横截面上的内力为

$$F_{\mathrm{S}}(x) = \frac{1}{2}ql - qx \qquad (0 < x < l) \qquad\qquad \text{(a)}$$

$$M(x) = \frac{1}{2}qlx - \frac{1}{2}qx^2 \qquad (0 \leqslant x \leqslant l) \qquad\qquad \text{(b)}$$

（3）画剪力图和弯矩图。由式（a）可见，剪力随 x 成线性变化，即剪力图是直线，求出两个截面的剪力后，即可画出该直线。

当 $x=0$ 时：　　　　　　　　　　　　　　　$F_{\mathrm{S}} = \frac{1}{2}ql$

当 $x=l$ 时：　　　　　　　　　　　　　　　$F_{\mathrm{S}} = -\frac{1}{2}ql$

剪力图如图 3.25(b) 所示。

由式（b）可见，弯矩是 x 的二次函数，即弯矩图是二次抛物线。求出三个截面的弯矩后，即可画出弯矩图。

当 $x=0$ 时：　　　　　　　　　　　$M=0$

当 $x=l$ 时：　　　　　　　　　　　$M=0$

由 $\dfrac{\mathrm{d}M(x)}{\mathrm{d}x}=0$，可得弯矩有极值的截面位置为 $x=\dfrac{l}{2}$，该截面的弯矩为

$$M = \frac{1}{8}ql^2$$

弯矩图如图 3.25(c) 所示。

由剪力图和弯矩图看出，在支座 A 的右侧截面上和支座 B 的左侧截面上，剪力的绝对值最大；在梁的中央截面上，弯矩值最大，它们分别为

$$F_{\mathrm{Smax}} = \frac{ql}{2}, \qquad M_{\max} = \frac{ql^2}{8}$$

画剪力图和弯矩图时，必须注明正、负号及一些主要截面的剪力值和弯矩值。

【例 3.8】　　一简支梁受一集中荷载作用，如图 3.26(a) 所示。试列出剪力方程和弯矩方程，并画剪力图和弯矩图。

解：（1）求支座反力。由平衡方程 $\sum M_A = 0$ 和 $\sum M_B = 0$，求得

$$F_{\mathrm{RA}} = \frac{Fb}{l}, \qquad F_{\mathrm{RB}} = \frac{Fa}{l}$$

（2）列剪力方程和弯矩方程。梁受集中荷载作用后，两段的剪力方程和弯矩方程不同，故应分段列出。

AC 段：

$$F_{\mathrm{S}}(x) = F_{\mathrm{RA}} = \frac{Fb}{l} \quad (0 < x < a) \qquad \text{(a)}$$

$$M(x) = F_{\mathrm{RA}}x = \frac{Fb}{l}x \quad (0 \leqslant x \leqslant a) \qquad \text{(b)}$$

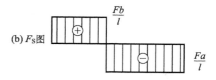

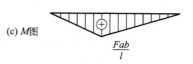

图 3.26　例 3.8 图

CB 段：

$$F_{S}(x) = F_{RA} - F = \frac{Fb}{l} - F = -\frac{Fa}{l} \quad (a < x < l) \tag{c}$$

$$M(x) = F_{RA}x - F(x-a) = \frac{Fb}{l}(l-x) \quad (a \leqslant x \leqslant l) \tag{d}$$

（3）画剪力图和弯矩图。由式（a）和式（c）画出剪力图如图 3.26（b）所示；由式（b）和式（d）画出弯矩图如图 3.26（c）所示。

由剪力图和弯矩图看出，集中力作用点 C 处，剪力图发生突变，弯矩图有尖角，$F_{SC左} = \frac{Fb}{l}$，$F_{SC右} = -\frac{Fa}{l}$，突变值为 F，等于该集中力的数值。

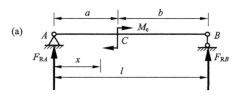

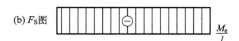

【例 3.9】 一简支梁在 C 处受一矩为 M_e 的集中力偶作用，如图 3.27（a）所示。试列出剪力方程和弯矩方程，并画剪力图和弯矩图。

解：（1）求支座反力。由平衡方程 $\sum M_A = 0$ 和 $\sum M_B = 0$，求得

$$F_{RA} = -\frac{M_e}{l}, \qquad F_{RB} = \frac{M_e}{l}$$

（2）列剪力方程和弯矩方程。

AC 段：

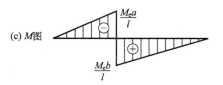

图 3.27 例 3.9 图

$$F_{S}(x) = F_{RA} = -\frac{M_e}{l} \quad (0 < x \leqslant a) \tag{a}$$

$$M(x) = F_{RA}x = -\frac{M_e}{l}x \quad (0 \leqslant x < a) \tag{b}$$

CB 段：

$$F_{S}(x) = F_{RA} = -\frac{M_e}{l} \quad (a \leqslant x < l) \tag{c}$$

$$M(x) = -\frac{M_e}{l}x + M_e = \frac{M_e}{l}(l-x) \quad (a < x \leqslant l) \tag{d}$$

（3）画剪力图和弯矩图。由式（a）～式（d）可画出剪力图和弯矩图，如图 3.27（b）、（c）所示。由图可见，剪力图是一条水平线，即全梁各截面上的剪力值均相等；弯矩图是两条平行的斜直线，在集中力偶作用点 C 处，弯矩发生突变，突变值等于该集中力偶的数值。

由以上各例题所求得的剪力图和弯矩图，可以归纳出如下的解题步骤：

1. 利用平衡方程求解支座反力

一般情况下，建立弯矩方程和剪力方程时取出的梁段总是包含支座的（悬臂段除外），因此需要先求解支座反力。

2. 分段建立剪力方程和弯矩方程

在梁上外力不连续处，即在集中力、集中力偶作用处和分布荷载开始或结束处，应该分段建立梁的弯矩方程。对于剪力方程，除去集中力偶作用处以外，也应分段列出。

3. 分段绘制剪力图和弯矩图

由剪力方程和弯矩方程分段绘制内力图。在梁上集中力作用处，剪力图有突变，其左、右两侧横截面上剪力的代数差，即等于集中力值，而在弯矩图上的相应处则形成一个尖角。与此相仿，梁上受集中力偶作用处，弯矩图有突变，其左、右两侧横截面上弯矩的代数差，即等于集中力偶值，但在剪力图上的相应处并无变化。

4. 标明极值位置

全梁的最大剪力和最大弯矩可能发生在全梁或各段梁的边界截面，或极值点的截面处。

3.7　横向分布力集度与剪力、弯矩的关系

由 3.6 节的例题可以看出，剪力图和弯矩图的变化有一定的规律性。事实上，剪力、弯矩和荷载集度之间存在一定的关系，它和分布力集度与轴力的关系式(3.1)、分布力偶矩集度与扭矩的关系式(3.4)，具有类似的关系。如果能够了解并掌握这些关系，将给我们的作图带来极大的方便，甚至不用列内力方程就可以画出内力图来。现在就来导出剪力、弯矩和荷载集度之间的关系，并学会利用这种关系快速画出剪力图和弯矩图。

设取梁受荷载集度为 $q(x)$ 作用的一段，从中取出任一微段 $\mathrm{d}x$ 处于平衡(图 3.28)，将 x 坐标与梁轴线重合，坐标原点设在 O 处，则微段 $\mathrm{d}x$ 的左、右两截面的内力分别为 $F_\mathrm{S}(x)$、$M(x)$ 和 $F_\mathrm{S}(x)+\mathrm{d}F_\mathrm{S}(x)$、$M(x)+\mathrm{d}M(x)$，根据微段的平衡方程

$$\sum F_y = 0, \qquad F_\mathrm{S}(x)+q(x)\mathrm{d}x-[F_\mathrm{S}(x)+\mathrm{d}F_\mathrm{S}(x)]=0 \tag{3.6}$$

$$\sum M_C = 0, \qquad M(x)+\mathrm{d}M(x)-q(x)\mathrm{d}x\frac{\mathrm{d}x}{2}-F_\mathrm{S}(x)\mathrm{d}x-M(x)=0 \tag{3.7}$$

略去高阶微量，可得

$$\frac{\mathrm{d}F_\mathrm{S}(x)}{\mathrm{d}x}=q(x) \tag{3.8}$$

$$\frac{\mathrm{d}M(x)}{\mathrm{d}x}=F_\mathrm{S}(x) \tag{3.9}$$

由上两式可得

$$\frac{\mathrm{d}^2M(x)}{\mathrm{d}x^2}=\frac{\mathrm{d}F_\mathrm{S}(x)}{\mathrm{d}x}=q(x) \tag{3.10}$$

式中，剪力 F_S 和弯矩 M 的正负号按图 3.23 的规定，分布外力集度 $q(x)$ 以向上为正。式(3.8)～式(3.10)表明了外力与弯曲内力之间的关系。根据导数的几何意义，上述微分关系反映了 $q(x)$ 分布曲线与 $F_\mathrm{S}(x)$ 图线和 $M(x)$ 图线的斜率变化规律及其间的对应关系。对应于梁的同一截面 x，它们有以下规律：

(1) 该截面 x 处的 $q(x)$ 值，等于 $F_\mathrm{S}(x)$ 图曲线在 x 处的斜率；

(2) 该截面 x 处的剪力 $F_\mathrm{S}(x)$，等于 $M(x)$ 图曲线在 x 处的斜率；

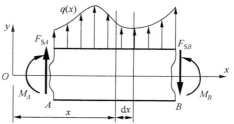

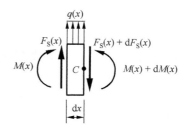

图 3.28　分布力的微分关系

（3）该截面 x 处的 $M(x)$ 图曲线的二阶导数，等于在 x 处的 $q(x)$ 值和 $m(x)$ 图曲线在该处斜率的代数和。

根据以上三条规律，从而确定了剪力图 $F_S(x)$ 曲线和弯矩图 $M(x)$ 曲线在各 x 截面的走向以及 $M(x)$ 曲线的凹凸方向。由式（3.9）和式（3.10），可以得出下面一些推论。

（1）梁的某段上如无分布荷载作用，即 $q(x)=0$，则在该段内，$F_S(x)=$ 常数。故剪力图为水平直线（图 3.26(b)），弯矩图为斜直线（图 3.26(c)）。弯矩图的倾斜方向，由剪力的正负决定。如剪力为正，则弯矩图下斜；如剪力为负，则弯矩图上斜。

（2）梁的某段上如有均布荷载作用，即 $q(x)=$ 常数，则在该段内 $F_S(x)$ 为 x 的线性函数，而 $M(x)$ 为 x 的二次函数。故该段内的剪力图为斜直线，其倾斜方向由 $q(x)$ 是向上作用还是向下作用决定（图 3.25(b)）。如 $q(x)$ 向上，则剪力图上斜；$q(x)$ 向下，则剪力图下斜。该段的弯矩图为二次抛物线（图 3.25(c)）。

（3）由式（3.10）可知，当分布荷载向上作用时，弯矩图向上凸起；当分布荷载向下作用时，弯矩图向下凸起，如图 3.29 所示。

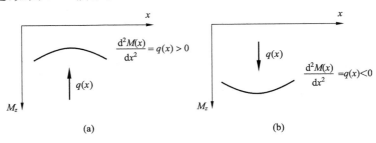

图 3.29　弯矩与分布荷载的关系

（4）由式（3.10）可知，在分布荷载作用的一段梁内，$F_S(x)=0$ 的截面上，弯矩具有极值，见例 3.7。

（5）如分布荷载集度随 x 成线性变化，则剪力图为二次曲线，弯矩图为三次曲线。

由式（3.8）和式（3.9），在 AB 区间，不难得到以下的积分关系：

$$F_{SB} - F_{SA} = \Delta F_{SBA} = \int_{x_A}^{x_B} q(x)\mathrm{d}x \tag{3.11}$$

上式表示，AB 区间剪力增量 ΔF_{SBA}，等于该区间 $q(x)$ 图与 x 轴之间所围的面积

$$M_B - M_A = \Delta M_{BA} = \int_{x_A}^{x_B} F_S(x)\mathrm{d}x \tag{3.12}$$

上式表示，AB 区间的弯矩增量 ΔM_{BA}，等于该区间 $F_S(x)$ 图与 x 轴之间所围面积。

利用上述规律，可以方便地画出剪力图和弯矩图，而不需列出剪力方程和弯矩方程。具体做法如下。

（1）求出支座反力（如果需要的话）。

（2）求出控制截面的内力值。即利用式（3.11）和式（3.13）由左至右求出支座处、集中荷载作用处、集中力偶作用处以及分布荷载变化处的截面的弯矩和剪力。注意在集中力作用处，左右两侧截面上的剪力有突变；在集中力偶作用处，左右两侧截面上的弯矩有突变。

（3）在控制截面之间，利用式（3.9）和式（3.10），可以确定剪力图和弯矩图的线型，最后得到剪力图和弯矩图。

（4）求出内力的极值和极值位置。如果梁上某段内有分布荷载作用，则需求出该段内剪力 $F_S=0$ 截面位置和弯矩的极值。

现将有关弯矩、剪力与荷载间的关系以及剪力图和弯矩图的一些特征汇总整理为表 3.1，以供参考。

表 3.1　在几种荷载下剪力图与弯矩图的特征

一段梁上的外力的情况	向下的均布荷载 q	无荷载	集中力 F C	集中力偶 M_e C
剪力图上的特征	向下方倾斜的直线 $\oplus$ 或 $\ominus$	水平直线，一般为 $\oplus$ 或 $\ominus$	在 C 处有突变 C F	在 C 处无变化 C
弯矩图上的特征	下凸的二次抛物线 或	一般为斜直线 或	在 C 处有尖角 或	在 C 处有突变 C M_e
最大弯矩所在截面的可能位置	在 $F_S=0$ 的截面		在剪力符号改变的截面	在紧靠 C 点的某一侧的截面
举例	例 3.7	例 3.8	例 3.8	例 3.9

【例 3.10】　画图 3.30(a)所示简支梁的剪力图和弯矩图。

解：（1）求支座反力。

由平衡方程 $\sum M_A=0$ 和 $\sum M_B=0$，求得

$$F_{RA}=\frac{7}{4}qa,\qquad F_{RB}=\frac{5}{4}qa$$

（2）画剪力图。

不需列剪力方程和弯矩方程，利用上述规律可直接画出剪力图和弯矩图。

在支反力 F_{RA} 的右侧截面上，剪力为 $\frac{7}{4}qa$，截面 A 到截面 C 之间的荷载为均布荷载，剪力图为斜直线，由式(3.11)得到截面 C 左侧的剪力为 $\frac{7}{4}qa-q\times a=\frac{3}{4}qa$，于是可确定这条斜直线。

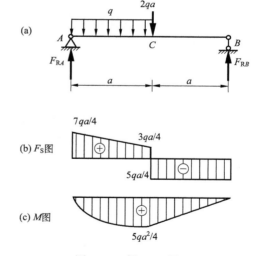

图 3.30　例 3.10 图

截面 C 处有一向下的集中力 $2qa$，剪力将发生向下的突变，变化的数值即等于 $2qa$。故截面 C 右侧的剪力为 $\frac{3}{4}qa-2qa=-\frac{5}{4}qa$。从截面 C 到截面 B 之间梁上无荷载，剪力图为水平线。

于是整个梁的剪力图即可全部画出。根据支反力 F_{RB} 也可确定其左侧截面上的剪力为 $-\frac{5}{4}qa$，这一般被用来作为对剪力图的校核。

（3）画弯矩图。

截面 A 上弯矩为零。从截面 A 到截面 C 之间梁上为均布荷载，弯矩图为抛物线。由式（3.13）求得

$$M_C = \frac{1}{2} \times \left(\frac{3}{4}qa + \frac{7}{4}qa \right) \times a = \frac{5}{4}qa^2 .$$

从截面 C 到截面 B 之间梁上无荷载，弯矩图为斜直线。算出截面 B 上弯矩为零，于是就决定了这条直线。也可用该段梁上剪力图的面积来决定这条斜直线。剪力图和弯矩图如图 3.30(b)、(c) 所示。

【例 3.11】　画图 3.31(a) 所示简支梁的剪力图和弯矩图。

解：（1）求支座反力。

由平衡方程 $\sum M_A = 0$ 和 $\sum M_B = 0$，求得

$$F_{RA} = 2qa , \qquad F_{RB} = 3qa .$$

（2）画剪力图。

在支反力 F_{RA} 的右侧截面上，剪力为 $2qa$，截面 A 到截面 C 之间梁上无荷载，剪力图为水平线。截面 C 处有一向下的集中力 qa，剪力图将发生向下的突变，故截面 C 右侧的剪力将变为 qa。截面 C 到截面 D 之间梁上无荷载，剪力图也为水平线。截面 D 的左侧截面和右侧截面剪力无变化，均为 qa。截面 D 到截面 B 之间梁上的荷载为均布荷载，剪力图为斜直线，截面 B 左侧的剪力为 $qa - q \times 4a = -3qa$，于是可确定这条斜直线，整个梁的剪力图即可全部画出。根据支反力 F_{RB} 可对该值作一校核。

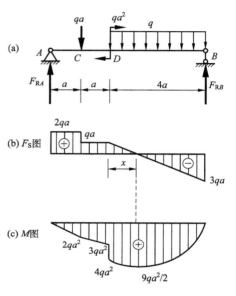

图 3.31　例 3.11 图

（3）画弯矩图。

截面 A 上弯矩为零。从截面 A 到截面 C 之间梁上无荷载，弯矩图为斜直线，算出截面 C 上的弯矩为 $2qa \times a = 2qa^2$。从截面 C 到截面 D 之间梁上也无荷载，弯矩图也是斜直线。算出截面 D 上的弯矩为 $2qa \times 2a - qa \times a = 3qa^2$。由于 AC 段和 CD 段上的剪力不相等，故这两段的弯矩图斜率也不同。截面 D 上有一顺时针方向集中力偶 qa^2，弯矩图突然变化，且变化的数值等于 qa^2。所以在截面 D 的右侧，$M = 3qa^2 + qa^2 = 4qa^2$。从 D 截面到 B 截面梁上为均布荷载，弯矩图为抛物线。该抛物线可这样决定：首先判断出 B 截面的弯矩为零，这样，抛物线两端的数值均已确定；其次，根据该段梁上均布荷载的方向判断出抛物线的凹凸方向为下凸；再次，在 DB 段内有一截面上的剪力 $F_S = 0$，在此截面上的弯矩有极值。可利用 DB 段内剪力图上的两个相似三角形求出该截面的位置为 $x = a$，如图 3.31(b) 所示。再利用截面一侧的外力计算出该截面的弯矩，也可用相应段剪力图（三角形）的面积来计算这一值。在本例中，该值为 $M_{max} = \frac{9}{2}qa^2$。最后，根据 DB 段上三个截面的弯矩值描绘出该段的弯矩图。

【例 3.12】　画出图 3.32(a)所示多跨静定梁的剪力图和弯矩图。

解：(1)分析各个部分的相互依赖关系。

此梁的组成顺序为先固定梁 AB，再固定梁 BC，通常把 AB 梁称为基础梁或主梁，BC 梁称为附属梁或次梁，其相互依赖关系如图 3.32(b)所示。

(2)计算各单跨梁的支座反力。

根据上述关系，将梁拆成单跨梁(图 3.32(c))进行计算，先附属部分后基本部分，按顺序依次进行，求得各个单跨梁的支座反力。

(3)画剪力图和弯矩图。

可分别画出各个单跨梁的剪力图和弯矩图，再将它们组合到一起，便得到整个多跨静定梁的剪力图和弯矩图，也可以整个多跨静定梁为对象直接画出其剪力图和弯矩图。下面用后种方法画图。

在固定端 A 的右侧截面上，剪力为 $2qa$，截面 A 到截面 D 之间梁上无荷载，剪力图为水平线。截面 D 处有一向下的集中力 qa，剪力图将发生向下的突变，故截面 D 右侧的剪力将变为 qa。截面 D 到截面 B 之间梁上无荷载，剪力图也为水平线。截面 B 的左侧截面和右侧截面剪力无变化，均为 qa。从截面 B 到截面 C 之间梁上的荷载为均布荷载，剪力图为斜直线，且截面 C 左侧的剪力为 $qa - q \times 2a = -qa$，于是可确定这条斜直线，整个梁的剪力图即可全部画出，如图 3.32(d)所示。

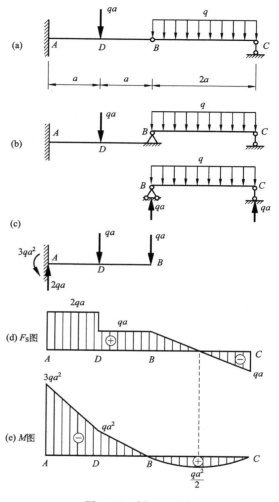

图 3.32　例 3.12 图

截面 A 上弯矩为 $-3qa^2$。从截面 A 到截面 D 之间梁上无荷载，弯矩图为斜直线，算出截面 D 上的弯矩为 $-3qa^2 + 2qa \times a = -qa^2$。从截面 D 到截面 B 之间梁上也无荷载，弯矩图也是斜直线。算出截面 B 上的弯矩为 $-3qa^2 + 2qa \times 2a - qa \times a = 0$。这也证明了在铰连接处弯矩为零。由于 AD 段和 DB 段上的剪力不相等，故这两段的弯矩图斜率也不同。从 B 截面到 C 截面梁上为均布荷载，弯矩图为抛物线。该抛物线可这样决定：首先判断出 C 截面的弯矩为零，这样，抛物线两端的数值均已确定；其次，根据该段梁上均布荷载的方向判断出抛物线的凹凸方向为下凸；再次，在 BC 段内中点截面上的剪力 $F_S = 0$，在此截面上的弯矩有极值，该值为 $M_{max} = \dfrac{1}{8}q(2a)^2 = \dfrac{1}{2}qa^2$。最后，根据 BC 段上三个截面的弯矩值描绘出该段的弯矩图。整个梁的弯矩图如图 3.32(e)所示。

【例3.13】　长度为 l 的书架横梁由一块对称地放置在两个支架上的木板构成,如图 3.33(a)所示。设书的重量可视为均布荷载 q,为使木板内的最大弯矩为最小,试求两支架的间距 a。

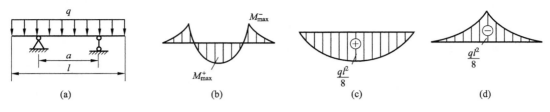

图 3.33　例 3.13 图

解:(1)最大弯矩为最小的条件。

设两支座的间距为 a,则木板的弯矩图如图 3.33(b)所示。木板内的最大正弯矩和最大负弯矩分别为

$$M_{\max}^{+} = \frac{ql}{2} \times \frac{a}{2} - \frac{ql^2}{8} \tag{a}$$

$$M_{\max}^{-} = -\frac{q}{2}\left(\frac{l-a}{2}\right)^2 \tag{b}$$

当间距 a 逐渐增大,则 $M_{\max}^{+}$ 随之增大,而 $M_{\max}^{-}$ 随之减小。在 $a \to l$ 的极限情况,其弯矩图如图 3.33(c)所示,即

$$M_{\max}^{+} \to \frac{ql^2}{8} \;; \qquad M_{\max}^{-} \to 0$$

反之,当间距 a 逐渐减小,则 $M_{\max}^{+}$ 随之减小,而 $M_{\max}^{-}$ 随之增大。在 $a \to 0$ 的极限情况,其弯矩图如图 3.33(d)所示,即

$$M_{\max}^{+} \to 0 \;; \qquad M_{\max}^{-} \to -\frac{ql^2}{8}$$

可见,为了使木板内的最大弯矩为最小,应有式(a)的最大正弯矩与式(b)的最大负弯矩的绝对值相等,即

$$M_{\max}^{+} = \left| M_{\max}^{-} \right| \tag{c}$$

(2)最大弯矩为最小时的间距。

由式(c)得

$$\frac{qla}{4} - \frac{ql^2}{8} = \frac{q}{8}(l-a)^2$$

$$a^2 - 4al + 2l^2 = 0$$

$$a = \frac{4l \pm \sqrt{(4l)^2 - 4(2l^2)}}{2} = (2 \pm \sqrt{2})l$$

所以两支座间距应为

$$a = (2 - \sqrt{2})l = 0.586l$$

3.8　叠加原理求弯矩

当梁在荷载作用下为微小变形时,其跨长的改变可略去不计,因而在求梁的支反力、剪力

和弯矩时,均可按其原始尺寸进行计算,而所得到的结果均与梁上荷载成线性关系。在这种情况下,当梁上受几项荷载共同作用时,某一横截面上的弯矩就等于梁在各项荷载单独作用下同一横截面上弯矩的代数和。于是可先分别画出每一种荷载单独作用下的弯矩图,然后将各个弯矩图叠加起来就得到总弯矩图。

【例 3.14】 试用叠加法作图 3.34(a)所示简支梁在均布荷载 q 和集中力偶 M_e 作用下的弯矩图。设 $M_e = \dfrac{1}{6}ql^2$。

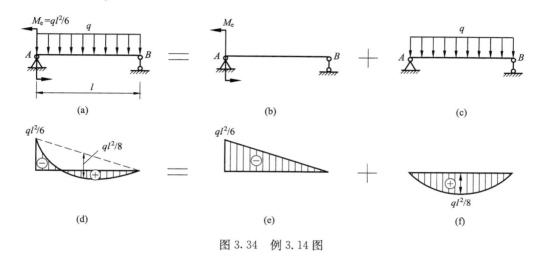

图 3.34 例 3.14 图

解:(1)先考虑梁上只有集中力偶 M_e 作用(图 3.34(b)),画出弯矩图如图 3.34(e)所示。

(2)再考虑梁上只有均布荷载 q 作用(图 3.34(c)),画出弯矩图如图 3.34(f)所示。

(3)将以上两个弯矩图中相同截面上的弯矩值相加,便得到总的弯矩图如图 3.34(d)所示。

在叠加弯矩图时,也可以图 3.34(e)的斜直线(即图 3.34(d)中的虚线)为基线,画出均布荷载下的弯矩图。于是两图的共同部分正负抵消,剩下的即为叠加后的弯矩图。必须注意,这里所说弯矩图的叠加,是指其纵坐标叠加。因此图 3.34(d)中的竖标 $ql^2/8$ 仍应沿竖向量取(而不是垂直于图中虚线方向)。

用叠加法画弯矩图,一般要求各荷载单独作用时梁的弯矩图可以比较方便地画出,且梁上所受荷载也不能太复杂。如果梁上荷载复杂,还是按荷载共同作用的情况画弯矩图比较方便。此外,在分布荷载作用的范围内,用叠加法不能直接求出最大弯矩。如果要求最大弯矩,还需用以前的方法。

【例 3.15】 简支梁 AB 受均布力集度 q 和集中力 $F = ql$ 作用(图 3.35(a)),试用叠加原理求 AB 梁中点的弯矩。

解:将作用在梁上的荷载分为 $F = ql(\uparrow)$ 和 $q(\downarrow)$ 单独作用时的情况(图 3.35(b)、(c)),再将图 3.35(c)的分布荷载分解为图 3.35(d)和图 3.35(e)两种荷载情况的叠加。由于图 3.35(b)为简支梁跨中受集中力,其跨中 C 处的弯矩为

$$M_C' = -\frac{ql}{2} \times \frac{l}{2} = -\frac{ql^2}{4}$$

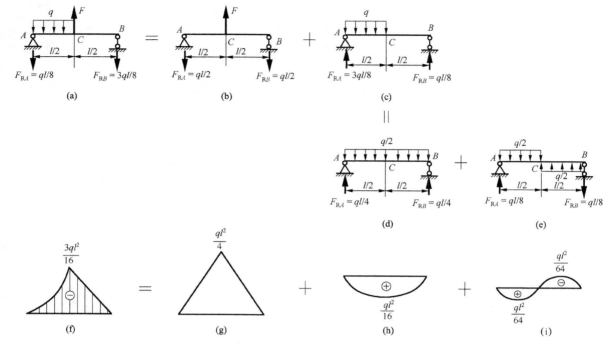

图 3.35　例 3.15 图

图 3.35(d)为简支梁受均布荷载,其跨中 C 处的弯矩为

$$M''_C = \frac{ql}{4} \times \frac{l}{2} - \frac{q}{2} \times \frac{l}{2} \times \frac{l}{4} = \frac{ql^2}{16}$$

图 3.35(e)为简支梁受反对称均布荷载,其跨中 C 处的弯矩为

$$M'''_C = 0$$

故图 3.35(a)中的简支梁在跨中 C 处的弯矩为上面三者叠加,即

$$M_C = M'_C + M''_C + M'''_C = -\frac{ql^2}{4} + \frac{ql^2}{16} + 0 = -\frac{3ql^2}{16}$$

　　熟练掌握简单荷载作用的弯矩图,巧妙利用叠加原理可以快速方便的解决一些复杂荷载作用的问题。

3.9　静定平面刚架和曲杆的内力

　　在土木工程中,静定平面刚架的使用十分普遍,它是由同一平面内的若干根杆件组成的结构。通常把水平的杆件称为梁,竖向的杆件称为柱,其特点是具有刚结点(全部或部分)。刚结点的特征是各杆端不能相对移动也不能相对移动,可以传递力也能传递力矩。静定平面刚架的内力通常有轴力、剪力和弯矩,其计算方法原则上和静定梁相同,通常需要先求出支座反力。为了不使内力符号发生混淆,规定在内力符号的右下角用两个脚标:前一个脚标表示该内力所属杆端,后一个脚标表示该杆段的另一端。如 AB 杆的 A 端截面弯矩用 M_{AB} 表示,B 端截面弯矩用 M_{BA} 表示。剪力和轴力也采用同样的方法。

　　内力及内力图的符号规定如下:

　　（1）轴力、剪力及轴力图、剪力图。轴力和剪力的正负号的规定与梁相同,轴力图和剪力图绘制在杆件的任一侧,但必须注明正负号。

　　（2）弯矩和弯矩图。弯矩一般规定内侧受拉为正,弯矩图画在杆件受拉的一侧,不注明正负号。

　　曲杆横截面上的内力情况及其内力图的绘制方法,与刚架的相类似。但曲杆的弯矩一般以曲率增大为正,弯矩图画在杆件受拉侧。

【例 3.16】　试作图 3.36(a)所示悬臂刚架的内力图。

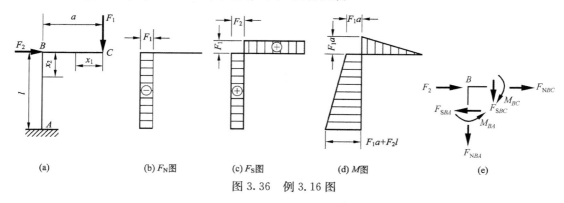

图 3.36　例 3.16 图

　　解:(1) 内力方程。悬臂刚架的计算与悬臂梁相似,可直接从自由端开始计算。下面分别列出杆件的内力方程。

　　CB 段:
$$F_N(x_1) = 0$$
$$F_S(x_1) = F_1$$
$$M(x_1) = -F_1 x_1 \quad (0 \leqslant x_1 \leqslant a)$$

　　BA 段:
$$F_N(x_2) = -F_1$$
$$F_S(x_2) = F_2$$
$$M(x_2) = -F_1 a - F_2 x_2 \quad (0 \leqslant x_2 < l) \qquad \text{(外侧受拉)}$$

　　（2）内力图。根据各段杆的内力方程,即可绘出轴力、剪力和弯矩图,如图 3.36(b)、(c)、(d)所示。

　　（3）刚节点的特点。根据平面刚架刚结点处的平衡关系可以得到一些有意义的结论。例如用截面法取刚结点 B 为研究对象,如图 3.29(e)所示,由
$$\sum M_B = 0, \quad M_{BC} = M_{BA}$$
可以得到,如刚结点处没有外力偶矩作用时,横梁的弯矩值和立柱的弯矩值相等。

　　同样还可以得到刚结点处横梁轴力与立柱剪力、横梁剪力与立柱轴力之间的平衡关系。如图 3.29 所示,即
$$\sum F_x = 0, \quad F_{NBC} + F_2 - F_{SBA} = 0$$
$$\sum F_y = 0, \quad F_{NBA} + F_{SBC} = 0$$

　　在大多数问题中,平面刚架以弯曲变形为主,因此确定弯矩的分布规律和绘制弯矩图是要重点掌握的。

【例 3.17】　图 3.37(a)所示一端固定的圆弧曲杆,半径为 R,自由端在其轴线平面内承受集中荷载 F_P 作用。试作曲梁的弯矩图。

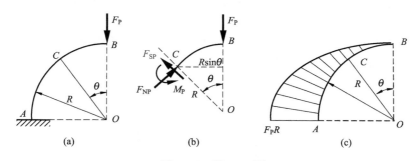

图 3.37　例 3.17 图

解:(1)弯矩方程。

对于环状曲杆,应用极坐标,取环的中心 O 为极点,以 OB 为极轴,并用 θ 表示横截面的位置(图 3.37(b)),则弯矩方程为

$$M_P(\theta) = -F_P R \sin\theta \qquad \left(0 \leqslant \theta \leqslant \frac{\pi}{2}\right)$$

(2)弯矩图。

在弯矩方程的适用范围内,对 θ 取不同值,算出各相应横截面上的弯矩。以曲杆的轴线为基线,将算出的弯矩分别标在与横截面相应的径向线上,连接这些点的光滑曲线即得曲杆的弯矩图(图 3.37(c))。与刚架类似,将弯矩图画在曲杆的受拉一侧,不标注正负号。

由弯矩图可知,最大弯矩在固定端的横截面上,其值为 $M_{max} = F_P R$。

3.10　组合变形时杆件的内力

工程实际中,杆件在外力作用下,有时会同时产生几种基本变形,它可能由一个外力引起,也可能由几个外力引起。如图 3.38(a)所示屋架上的檩条,它受到屋面传来的荷载 F 作用,将产生两个方向的平面弯曲;如图 3.38(b)所示的烟囱,在自重和水平风力作用下,将产生压缩和弯曲;如图 3.38(c)所示的厂房柱子,在偏心外力作用下,将产生偏心压缩(压缩和弯曲);如图 3.38(d)所示的传动轴,在皮带拉力作用下,将产生弯曲和扭转。这种同时发生两种或两种以上基本变形,且不能略去其中的任何一种,称为**组合变形**。

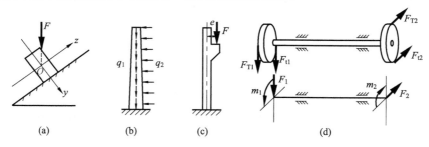

图 3.38　组合变形

对于组合变形下的构件,在线弹性、小变形条件下,可按照构件的原始形状和尺寸进行计算。因而,可先将荷载简化为符合基本变形外力作用条件的外力系,分别计算构件在每一种基本变形下的内力,然后按照叠加原理或等效力系来分析组合变形杆件的内力。

杆件组合变形时,有些时候由于各杆件的方位不同,承受的荷载也较为复杂,往往是空间结构的受力问题。在分析杆件内力时,应分段在 xy 面和 xz 面进行内力分析。

分析解题步骤为:

(1) 建立空间参考坐标系;

(2) 杆件分段;

(3) 将荷载向 xy 面和 xz 面投影;

(4) 分析每段杆件在 xy 面和 xz 面内的内力,并作内力图。

3.10.1　拉伸(压缩)与弯曲

1. 横向力和轴向力共同作用

当杆受轴向力和横向力共同作用时,将产生拉伸(压缩)和弯曲组合变形。如图 3.38(b)中的烟囱就是一个实例。如果杆的弯曲刚度很大,所产生的弯曲变形很小,则由轴向力所引起的附加弯矩很小,可以略去不计。因此分别计算由轴向力引起的轴力和由横向力引起的弯矩和剪力。

如图 3.39(a)所示梁,作用有轴向力 F 和集度为 q 的横向均匀荷载,内力方程为

$$F_N(x) = F, \qquad F_S(x) = q(l-x), \qquad M_z(x) = -\frac{q}{2}(l-x)^2$$

作出其轴力图、剪力图和弯矩图,如图 3.39(b)、(c)、(d)所示。

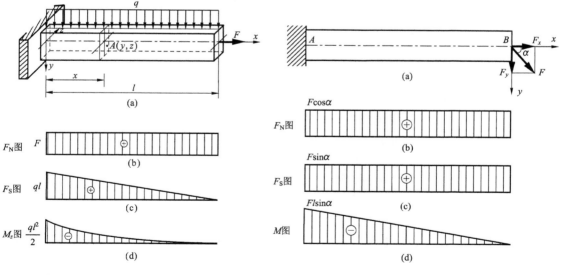

图 3.39　横向力与轴向力共同作用　　　　图 3.40　横向分力与轴向分力共同作用

如图 3.40(a)所示,梁具有纵向对称面,过杆端的截面形心处,作用一与杆轴线成 α 角的集中荷载 F。将荷载 F 沿着 x、y 轴分解为

$$F_x = F\cos\alpha, \qquad F_y = F\sin\alpha$$

F_x 产生轴向拉伸,F_y 产生平面弯曲。其内力方程为

$$F_N(x)=F_x=F\cos\alpha,\quad F_S(x)=F_y=F\sin\alpha,\quad M(x)=-F\sin\alpha(l-x)$$

作出其轴力图、剪力图和弯矩图,如图 3.40(b)、(c)、(d) 所示。

2. 偏心拉伸(压缩)

当杆受到与其轴线平行,但不与轴线重合的纵向外力作用时,杆将产生偏心拉伸(压缩)。图 3.38(c)所示的柱子,就是偏心压缩的一个实例。土木工程中常见的多为偏心压缩短柱。偏心压缩又可分为单偏和双偏两种情况,分别如图 3.41(a)、(b)所示。

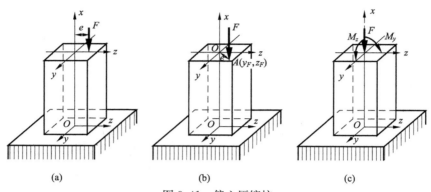

(a)   (b)   (c)

图 3.41 偏心压缩柱

图 3.41(b)所示下端固定的矩形截面杆,设在杆的上端截面的 $A(y_F,z_F)$ 点,作用一平行于杆轴线的 F 力。A 点到截面形心 C 的距离 e 称为偏心距。将 F 力向 C 点简化,得到通过杆轴线的压力 F 和力偶矩 $M=Fe$;再将力偶矩矢量沿 y 轴和 z 轴分解,可分别得到作用于 xOz 平面内的力偶矩 M_y 和作用于 xOy 平面内的力偶矩 M_z(图 3.41(c))。因此和作用在 A 点的 F 力等效的力系为

作用在杆端截面形心的轴向荷载　　　　　F
作用在 xOz 平面内力偶矩　　　　　$M_y=Fz_F$
作用在 xOy 平面内力偶矩　　　　　$M_z=Fy_F$

由此可知,轴向荷载 F 使杆件轴向受压,而 M_y 和 M_z 则引起弯曲。所以偏心压缩也是压缩和弯曲的组合,且各横截面上的内力都是相同的,即

轴力　　　　　　　　$F_N=F$
xOz 面内的弯矩　　　　$M_y=Fz_F$
xOy 面内的弯矩　　　　$M_z=Fy_F$

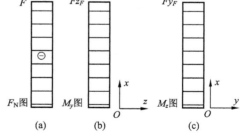

图 3.42 偏心压缩内力图

由此可作出矩形截面杆的内力图,如图 3.42(a)、(b)、(c)所示。

【例 3.18】　图 3.43(a)为托架结构,尺寸如图所示,在 B 端受集中力 F 作用。试分析 AB 梁的内力,并绘其内力图。

解: AB 梁计算简图为图 3.43(b),由平衡方程式 $\sum M_A=0$,$\sum F_x=0$,$\sum F_y=0$,求得

$$F_{NC}=\frac{2\sqrt{2}Fl}{\dfrac{h}{2}+e+l}$$

$$F_{Ax} = \frac{2Fl}{\dfrac{h}{2}+e+l}$$

$$F_{Ay} = \frac{F\left(l-\dfrac{h}{2}-e\right)}{\dfrac{h}{2}+e+l}$$

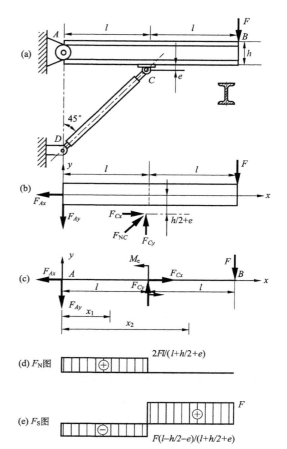

图 3.43　例 3.18 图

在分析 AB 梁的内力时,应将作用于 C 处的外力 F_{NC} 向 AB 梁的轴线简化(图 3.43(c))得

$$F_{Cx} = \frac{2Fl}{\dfrac{h}{2}+e+l}$$

$$F_{Cy} = \frac{2Fl}{\dfrac{h}{2}+e+l}$$

$$M_{e} = \frac{2Fl}{\dfrac{h}{2}+e+l} \cdot \left(\dfrac{h}{2}+e\right)$$

在梁的 AC 段的内力为

轴力:$F_{N}=F_{Ax}=\dfrac{2Fl}{\dfrac{h}{2}+e+l}$

剪力:$F_{S}=-F_{Ay}=-\dfrac{F\left(l-\dfrac{h}{2}-e\right)}{\dfrac{h}{2}+e+l}$

弯矩:$M=-F_{Ax}x_{1}$

$$=-\frac{F\left(l-\dfrac{h}{2}-e\right)}{\dfrac{h}{2}+e+l}x_{1}\ (l\leqslant x_{1}<l)$$

在 CB 段的内力为

剪力:$F_{S}=-F_{Ay}+F_{Cy}=F$

弯矩:$M=-F_{Ay}x_{2}-M_{e}+F_{Cy}(x_{2}-l)$　　　($l<x_{2}\leqslant 2l$)

梁 AB 的轴力图、剪力图和弯矩图,如图 3.43(d)、(e)、(f)所示。

3.10.2　扭转和弯曲的组合

扭转与弯曲的组合是机械工程中传动轴常发生的一种组合变形。现以图 3.44(a)所示的钢制直角曲拐中的圆杆 AB 为例,研究杆在弯曲和扭转组合变形下内力计算的方法。

首先将力 F 向 AB 杆 B 端截面形心简化,得到一横向力 F 及力偶矩 $M_{x}=Fa$,如图 3.44(b)所示。力 F 使 AB 杆弯曲,力偶矩 M_{x} 使 AB 杆扭转,故 AB 杆同时产生弯曲和扭转两种变形。主轴 AB 的内力方程为

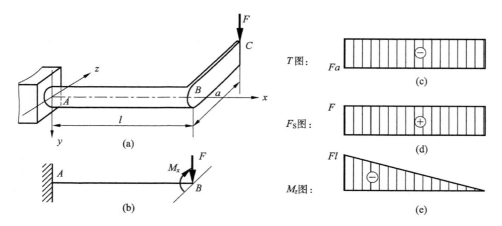

图 3.44　弯扭组合变形杆

$$F_{S}(x) = F, \quad M_z(x) = -F(l - x)$$
$$T(x) = -Fa \qquad (0 < x < l)$$

AB 杆的扭矩图、剪力图和弯矩图，如图 3.44(c)、(d)、(e)所示。由内力图可见，固定端截面 A 截面处弯矩最大，其弯矩和扭矩值分别为

$$M_z = Fl, \quad T = -Fa$$

【例 3.19】　图 3.45(a)为变速箱齿轮轴 AD 的示意图。试分析其内力并绘内力图。

解：将原作用于 C、D 齿轮边缘上的外力用等效力系平移到齿轮轴 AD 的轴线上，得计算简图(图 3.45(b))。根据平衡方程，有

$$T = -2.5F \times \frac{D_2}{2} = -2.5F \times \frac{2.8a}{2} = -3.5Fa$$

$$F_{Ay} = (0.8F \times 2a - F \times a)/10a = 0.06F$$

$$F_{Az} = (2F \times 2a + 2.5F \times a)/10a = 0.65F$$

$$F_{By} = (0.8F \times 8a + F \times 11a)/10a = 1.74F$$

$$F_{Bz} = (2.5F \times 11a - 2F \times 8a)/10a = 1.15F$$

做外力分别作用在 xy 和 xz 两个相互垂直的平面内的荷载图(图 3.45(c)、(f))和扭矩作用图(图 3.45(j))，得相应的剪力图 F_{Sy} 和 F_{Sz}(图 3.45(d)、(g))、弯矩图 M_z 和 M_y(图 3.45(e)、(h))以及扭矩图 T(图 3.45(k))。

在不同平面内作 M_z 和 M_y 弯矩图时，弯矩要画在受压面，符号可以不标注。在弯扭组合变形中剪力的影响较小，一般不考虑，可以不作剪力图。

由于齿轮轴是圆截面轴，常将各截面的 M_z 和 M_y 用合弯矩 $M = \sqrt{M_z^2 + M_y^2}$ 表示，见图 3.45(i)。实际上 $M(x)$ 一般不是一条平面曲线，而是一条空间曲线。

由图 3.45(i)、(k)可知，轴的危险截面为截面 C，在截面 C 上的合弯矩 M 和扭矩 T 分别为

$$M = \sqrt{M_y^2 + M_z^2} = \sqrt{(0.48Fa)^2 + (5.2Fa)^2} = 5.22Fa$$

$$T = 3.5Fa$$

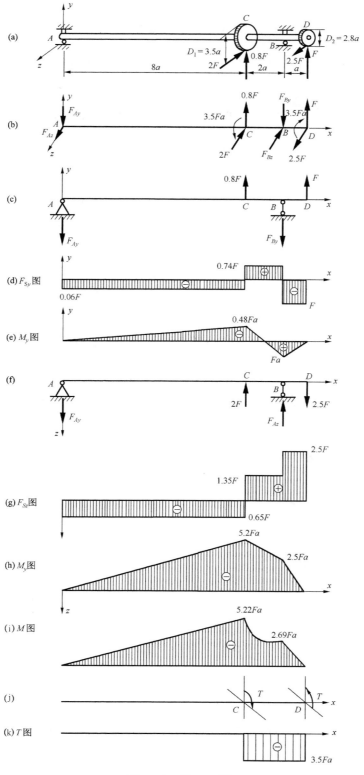

图 3.45 例 3.19 图

复习思考题

3-1 满足哪些条件,图 3.46 所示直杆才只承受轴向拉伸(压缩)。

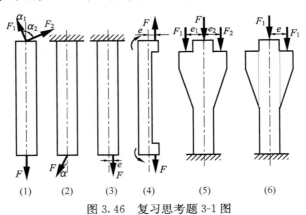

图 3.46 复习思考题 3-1 图

3-2 分析图 3.47 所示各杆件在指定截面上的内力。

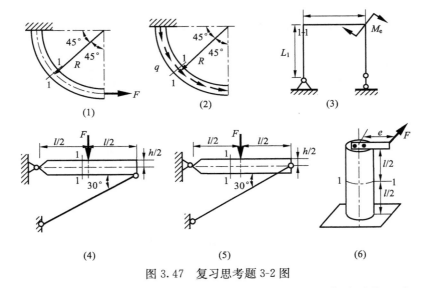

图 3.47 复习思考题 3-2 图

3-3 什么叫轴力、剪力、扭矩、弯矩? 其正负号如何确定? 正负号的物理意义是什么? 与理论力学中对力和力偶的正负号规则有何不同?

3-4 何谓截面法? 其步骤是什么? 截面法与理论力学中的截面法和节点法有何区别? 举例说明。

3-5 绘内力图有何规定?

3-6 用截面法能否求荷载作用点处的内力? 为什么?

3-7 理论力学中的力的可传性原理在确定杆件内力时可否应用? 在确定支座反力时可否应用?

3-8　区分下列概念和术语。

（1）扭矩和弯矩；

（2）集中力和分布力；

（3）集中力偶和分布力偶。

3-9　荷载的集度和内力的微分关系说明哪些概念？有何规律？代表什么几何意义？有何用途？

3-10　判断图 3.48 所示各悬臂梁是否属于平面弯曲？

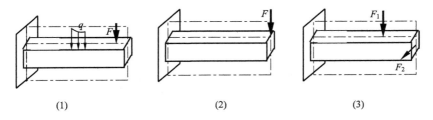

(1)　　　　　　　　　　　(2)　　　　　　　　　　　(3)

图 3.48　复习思考题 3-10 图

3-11　区分下列概念：对称弯曲、平面弯曲、纯弯曲、剪切弯曲。

3-12　用截面法确定内力时，所列平衡方程的坐标系应选在何处？如何规定截面上内力的正负号。

3-13　图 3.49 所示受均布荷载作用的悬臂梁 AB，试按以下方式列出梁的弯矩方程和剪力方程，并比较哪一种方式列出的内力方程最简单。

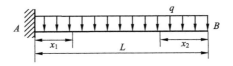

图 3.49　复习思考题 3-13 图

（1）取坐标 x_1，以左段梁为研究对象；

（2）取坐标 x_1，以右段梁为研究对象；

（3）取坐标 x_2，以左段梁为研究对象；

（4）取坐标 x_2，以右段梁为研究对象。

3-14　怎样解释在集中力作用处轴力图或剪力图会有突变？在集中力偶作用处扭矩图或弯矩图会有突变？

3-15　在所列内力方程的定义域时，何时用 $0 \leqslant x \leqslant L$；$0 < x < L$；$0 \leqslant x < L$；$0 < x \leqslant L$。

3-16　杆件的内力图代表什么意思？

习　　题

3.1　用截面法确定图 3.50 所示各结构在指定截面处的内力。

3.2　试作图 3.51 所示各圆杆的扭矩图。

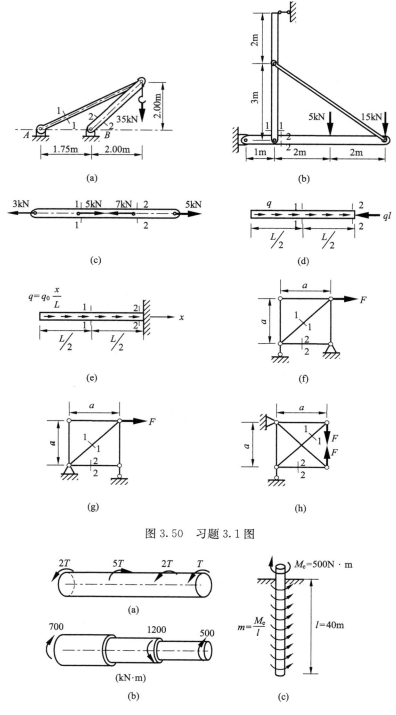

图 3.50　习题 3.1 图

图 3.51　习题 3.2 图

3.3　轴受转矩如图 3.52 所示,要使(b)图中轴 CD 段均布转矩 m_e 的合力矩与(a)图中轴上的集中力偶相同,求均布转矩 m_e,并比较两者扭矩图的差异。

* **3.4**　轴的分布转矩如图 3.53 所示,绘轴的扭矩图。

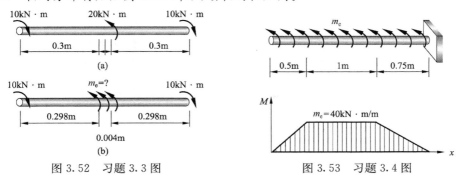

图 3.52　习题 3.3 图　　　　　　图 3.53　习题 3.4 图

3.5　求图 3.54 所示各梁指定截面上的内力。

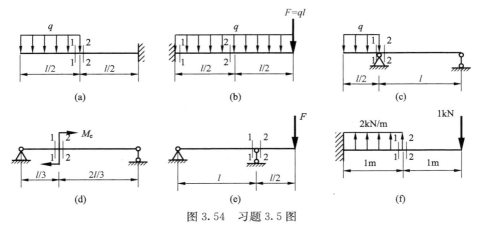

图 3.54　习题 3.5 图

3.6　列出图 3.55 所示各梁的内力方程,并绘内力图。

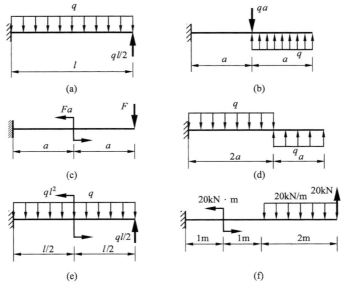

图 3.55　习题 3.6 图

3.7 利用剪力、弯矩和荷载集度的关系作图 3.56 所示各梁的剪力图和弯矩图。

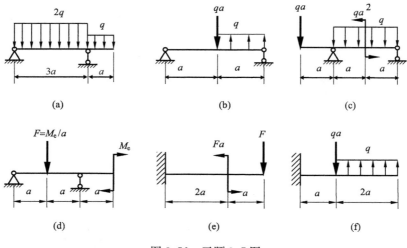

图 3.56 习题 3.7 图

3.8 用叠加法作图 3.57 所示各梁的弯矩图。

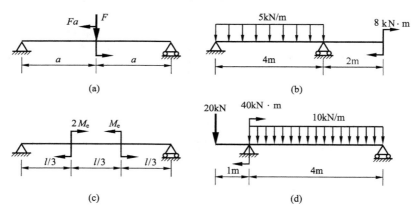

图 3.57 习题 3.8 图

3.9 作图 3.58 所示各构件的内力图。

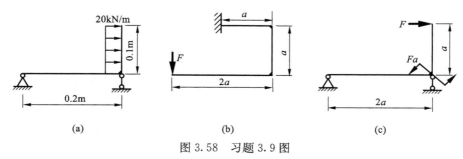

图 3.58 习题 3.9 图

3.10 图 3.59 所示在梁上行走的小车二轮的轮压为 F,轮距为 c,问小车行至何位置时梁内的弯矩最大,其值多少?

3.11　按图 3.60 所示方法吊运等截面重物。已知重物横截面面积 A，比重 γ，问钢绳至重物端的距离 a 为何值时，在重物自重作用下的弯矩最小？

3.12　半圆形拱受载如图 3.61 所示，确定弯矩为零的所在截面。

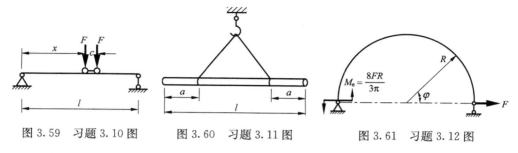

图 3.59　习题 3.10 图　　　　图 3.60　习题 3.11 图　　　　图 3.61　习题 3.12 图

3.13　作图 3.62 所示各梁的剪力图和弯矩图。

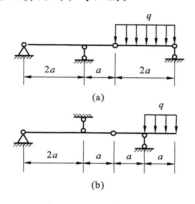

(a)

(b)

图 3.62　习题 3.13 图

3.14　外伸梁受载如图 3.63 所示，欲使 AB 中点的弯矩等于零时，需在 B 端加多大的集中力偶矩（将大小和方向标在图上）。

3.15　已知简支梁的弯矩图如图 3.64 所示，作出梁的荷载图和剪力图。

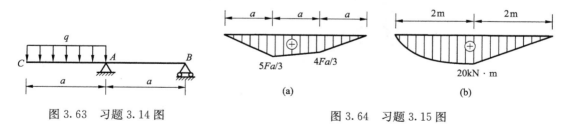

图 3.63　习题 3.14 图　　　　　　图 3.64　习题 3.15 图

3.16　作图 3.65 所示各杆件的内力图。

3.17　如图 3.66 所示传动轴 AB 由电动机带动，电动机传输的功率为 $P=63\mathrm{kW}$，电动机转速 $n=600\mathrm{r/min}$，皮带紧边和松边的张力分别为 F_N 和 $F'_\mathrm{N}=F_\mathrm{N}/2$，轴承 C、B 间的距离 $L=200\mathrm{mm}$，皮带轮直径 $D=300\ \mathrm{mm}$，作传动轴的内力图。

3.18　图 3.67 所示圆轴，其上有两个直径均为 D 的皮带轮 C 和 E，其中 C 轮皮带处于水平位置(oxz)，E 轮皮带位于铅垂位置(oxy)，两轮皮带张力均为 $F_1=2F_2$，作轴的内力图。

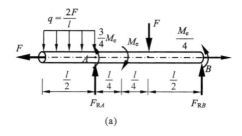

(a)

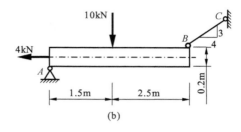

(b)

图 3.65　习题 3.16 图

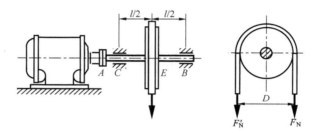

图 3.66　习题 3.17 图

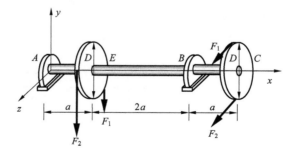

图 3.67　习题 3.18 图

第4章　杆件的应力

第3章主要介绍了构件在荷载作用下横截面上的内力计算和内力图的绘制。内力只是杆件横截面上分布内力系的合力,确定了杆件的内力以后,还不能判断杆件的承载能力。要判断杆件是否满足强度和刚度的要求,必须知道杆件横截面上应力的分布规律。

本章将讨论杆件在不同变形情况下的应力以及它们的分布规律,根据几何方面、物理方面和静力学方面的三个关系,得出杆件横截面上的应力计算公式,为今后对杆件的强度设计计算,确保杆件能正常工作,满足经济和安全的要求奠定基础。

4.1　轴向拉伸和压缩杆件的应力

轴向拉压杆件横截面上的内力是轴力,轴力的方向垂直于横截面,且通过横截面的形心,因此与轴力相对应的是垂直于横截面的正应力。正应力在截面上是怎样分布的呢? 应力是看不见的,但是变形是可见的,应力与变形是有关的。因此解决这一问题,首先通过实验观察拉压杆的变形规律,找出应变的变化规律,即确定变形的几何关系;其次,由应变规律找出应力的分布规律,也就是建立应力和应变之间的物理关系。最后由静力学方法得到横截面上正应力的计算公式。

1. 几何方面

取一橡胶等直杆作为实验模型,为了便于实验观察,可在其表面画上与轴线相平行的纵向线 c_1c_2、d_1d_2…以及与轴线垂直的横向线 a_1a_2、b_1b_2…,形成一系列方形的微网格(图 4.1(a))。然后在杆两端施加一对大小相等方向相反的轴向力 F。实验发现(图 4.1(b)),所有纵向线相互平行而伸长,横向线向两侧平移而缩短,方形微网格均变成大小相同的矩形网格。由外部得到的现象,可由表及里地对内部变形作如下假设:实验前原为平面的横截面,变形后仍保持为平面,且仍垂直于杆的轴线,称为拉(压)变形时的**平面假设**。

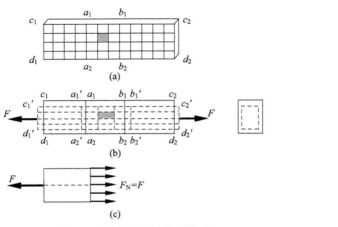

拉伸应力

图 4.1　轴向变形杆实验模型

由平面假设,杆件变形后两横截面将沿杆轴线作相对平移,也就是说,杆件在其任意两个横截面之间的所有纵向纤维(纵向线段)在轴向力 F 作用下的变形均匀且相互平行。这就是变形的几何关系。

2. 物理方面

若杆件变形是均匀的,相应的受力也必然是均匀的。由于各纵向线的线应变 ε 相同,所以杆件横截面上的正应力 σ 为均匀分布,如图 4.1(c)所示,即

$$\sigma = 常量$$

由材料的力学性能可知,在线弹性阶段,应力和应变成正比。即在线弹性阶段,杆件横截面上的正应力 σ 与线应变 ε 既均匀分布又满足胡克定律,有

$$\sigma = E\varepsilon \tag{4.1}$$

3. 静力学方面

由于杆件横截面上的正应力均匀分布,若以 A 表示杆的横截面面积,根据横截面上内力系的合力就是轴力 F_N,则横截面上的静力学关系为

$$\sum F_x = 0, \qquad F_N = F = \int_A \sigma \mathrm{d}A = \sigma A$$

由此可见,拉伸(压缩)杆件在横截面上的正应力为

$$\sigma = \frac{F_N}{A} \tag{4.2}$$

式中,F_N 为杆件的轴力,A 为杆的横截面面积。

符号规定:正应力的正负号与轴力的正负号相对应,即拉应力为正,压应力为负。由式(4.2)可见,正应力大小只与横截面面积有关,与横截面的形状无关。对于横截面沿杆长连续缓慢变化的变截面杆,其横截面上的正应力也可用式(4.2)作近似计算。

当等直杆受几个轴向外力作用时,由轴力图可求出其最大轴力 F_{Nmax},代入式(4.2)即得杆件内最大正应力为

$$\sigma_{max} = \frac{F_{Nmax}}{A} \tag{4.3}$$

【例 4.1】 一横截面为正方形的砖柱分上、下两段,其受力情况、各段横截面尺寸如图 4.2(a)所示,已知 $F=50\mathrm{kN}$,试求荷载引起的最大工作应力。

解: 首先作立柱的轴力图如图 4.2(b)所示。

由于砖柱为变截面杆,故须利用式(4.2)分段求出每段横截面上的正应力,再进行比较确定全柱的最大的工作应力。

上段:
$$\sigma_{上} = \frac{F_{N上}}{A_{上}} = \frac{-50 \times 10^3}{240 \times 240 \times 10^{-6}}\mathrm{N/m^2}$$
$$= -0.87 \times 10^6 \mathrm{Pa} = -0.87\mathrm{MPa}(压应力)$$

下段:
$$\sigma_{下} = \frac{F_{N下}}{A_{下}} = \frac{-150 \times 10^3}{370 \times 370 \times 10^{-6}}\mathrm{N/m^2}$$
$$= -1.1 \times 10^6 \mathrm{Pa} = -1.1\mathrm{MPa}(压应力)$$

由上述计算结果可见,砖柱的最大工作应力在柱的下段,其值为1.1 MPa,是压应力。

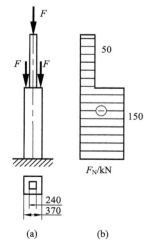

图 4.2　例 4.1 图

【例 4.2】　图 4.3(a)所示结构,试求杆件 AB、CB 的应力。已知 $F=20\mathrm{kN}$;斜杆 AB 为直径 20mm 的圆截面杆,水平杆 CB 为 15 mm $\times$15mm 的方截面杆。

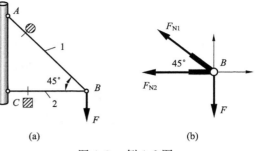

图 4.3　例 4.2 图

解:(1) 计算各杆件的轴力

设斜杆 AB 为 1 杆,水平杆 BC 为 2 杆,用截面法取节点 B 为研究对象(图 4.3(b)),得

$$\sum F_x = 0 \qquad F_{N1}\cos45° + F_{N2} = 0$$

$$\sum F_y = 0 \qquad F_{N1}\sin45° - F = 0$$

$$F_{N1} = 28.3\mathrm{kN}; \quad F_{N2} = -20\mathrm{kN}$$

(2) 计算各杆件的应力

$$\sigma_1 = \frac{F_{N1}}{A_1} = \frac{28.3 \times 10^3}{\frac{\pi}{4} \times 20^2 \times 10^{-6}}\mathrm{N/m^2} = 90 \times 10^6 \mathrm{Pa} = 90\mathrm{MPa}$$

$$\sigma_2 = \frac{F_{N2}}{A_2} = \frac{-20 \times 10^3}{15^2 \times 10^{-6}}\mathrm{N/m^2} = -89 \times 10^6 \mathrm{Pa} = -89\mathrm{MPa}$$

由此可见,AB 杆承受拉应力,应采用塑性材料制成的杆,如钢杆;BC 杆承受压应力,可采用脆性材料制成的杆,如木杆或铸铁杆。

*【例 4.3】　壁厚为 t,内径为 D,且 $t \leqslant \dfrac{D}{20}$ 的薄壁压力容器受内压强 p 作用(图 4.4(a)),试证明容器的轴向正应力和周向正应力之比为 $\dfrac{1}{2}$。

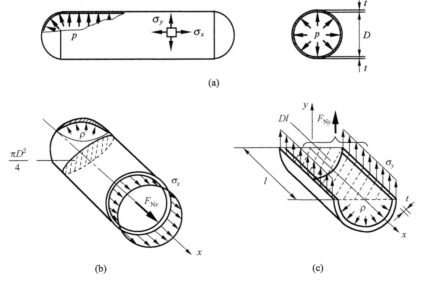

图 4.4　例 4.3 图

解：薄壁容器在化工、充压气瓶、飞机气密座舱、作动筒缸体中经常采用。由于容器壁薄，在筒壁上引起的应力认为是均匀分布。在筒的横截面和包含直径截出段的纵向截面上（图 4.4(b)、(c)）受到的内力分别为压强 p 乘以其所作用的相应投影面积，即

$$F_{\mathrm{N}x} = \frac{p\pi D^2}{4}, \qquad F_{\mathrm{N}y} = pDl$$

内力 $F_{\mathrm{N}x}$ 所作用的筒横截面面积为 $A_x = \pi Dt$，$F_{\mathrm{N}y}$ 所作用的筒截出段的纵向截面面积为 $A_y = 2tl$，从而得容器的轴向正应力 σ_x 和周向正应力 σ_y 为

$$\sigma_x = \frac{F_{\mathrm{N}x}}{A_x} = \frac{p\pi D^2}{4\pi Dt} = \frac{pD}{4t}$$

$$\sigma_y = \frac{F_{\mathrm{N}y}}{A_y} = \frac{pDl}{2tl} = \frac{pDl}{2t}$$

轴向正应力和周向正应力之比为

$$\frac{\sigma_x}{\sigma_y} = \frac{1}{2}$$

由于周向正应力是轴向正应力的二倍，所以在作爆破试验时，容器裂口都沿着轴线方向。

实际上，垂直于筒壁还受到内压强 p 的作用，产生径向应力，读者试分析径向应力沿壁厚是否均匀分布，与轴向和周向应力相比又如何？

4.2　应力集中与圣维南(Saint-Venant)原理

用橡胶直杆做实验，若试样两端用刚性夹板夹持，受力 F 压后，原划有一系列纵横线形成的网格，变形后形成均匀的网格（图 4.5(a)、(b)）。若试样两端无夹板夹持而将力 F 直接压在

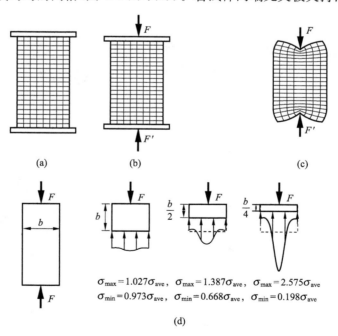

图 4.5　圣维南原理

试样上将出现图 4.5(c)所示的现象。在邻近集中力 F 作用点的附近,变形严重,极不均匀,应变和应力都很大,但在离开力作用面一定范围,变形又趋于均匀,应变和应力接近均匀分布,这一现象称为**圣维南**(Saint-Venant)**原理**。圣维南原理指出:不同的静力等效的外力系,只影响作用区域局部的应力分布,远离作用区域其影响可以不计。例如,在离开力作用面为板宽 b 的距离处,用式(4.2)计算该处的正应力,最大误差小于 2.7%。

因此,杆端外力的作用方式不同,只对杆端附近的应力分布有影响。离杆端愈近的横截面上,影响愈大(图 4.5(d));在离杆端距离大于横向尺寸的横截面上,应力趋于均匀分布,在这些截面上,可用式(4.2)计算正应力。一般拉压杆的横向尺寸远小于轴向尺寸,因此其计算正应力可不必考虑杆端外力作用方式的影响。

工程实际中,由于结构或功能上的需要,有些零件必须有切口、孔槽、螺纹、轴肩等,使零件尺寸或形状发生突变,实验和理论分析表明,该处的应力会急剧增大,这种现象称为**应力集中**,使该处应力比平均应力大 2~3 倍,所以一般情况应设法改善或避免。

例如图 4.6(a)所示为一受轴向拉伸的直杆,在轴线上开一小圆孔。在横截面 1-1 上,应力分布不均匀,靠近孔边的局部范围内应力很大,在离开孔边稍远处,应力明显降低(图 4.6(b))。在离开圆孔较远的 2-2 截面上,应力仍为均匀分布(图 4.6(c))。可见 1-1 截面上小圆孔附近处存在应力集中现象。

设发生在应力集中截面上的最大应力、平均应力分别为 σ_{max}、σ_0,则比值

$$\alpha = \frac{\sigma_{max}}{\sigma_0} \qquad (4.4)$$

称为应力集中系数,α 是大于 1 的数,它反映应力集中的程度。不同情况下的 α 值一般可在设计手册中查到。

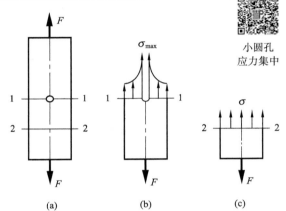

小圆孔
应力集中

图 4.6　孔口应力分布图

4.3　扭转杆件的应力

工程中受扭的杆件有两类。一类是圆截面杆件,常称为轴,如各种机械中常见的传动轴;另一类是非圆截面杆件,如在建筑、造船和航空结构中,常用的工字钢、槽钢等各种薄壁型材,以及曲柄连杆机构中的矩形截面曲柄等。

圆截面和非圆截面的扭转变形有很大区别,如图 4.7(a)、(b)所示。

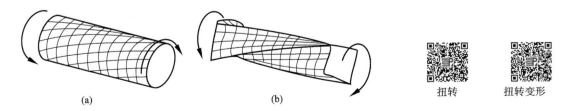

扭转　　　　扭转变形

图 4.7　扭转模型实验

下面重点研究圆轴的扭转问题,对非圆截面扭转只作简单介绍,且仅给出矩形截面自由扭转的有关结论。

为了研究圆轴扭转时的应力和应变,仍需要采用与讨论杆件的轴向拉压相同,仍需要从几何方面、物理方面和静力学方面三个方面进行分析。

4.3.1　圆轴扭转的应力

1. 几何方面

为了便于观察扭转变形的特征,取一橡胶圆直杆作为研究对象,在其表面画上圆周线和轴向线,它们所围成的小方格,可看成是从轴上所取单元体的表面(图 4.8)。当杆两端作用大小相等、方向相反的一对外力偶矩 M_e 后,在小变形条件下,可以观察到:

(1) 变形后所有圆周线的大小、形状和间距均未改变,只是绕杆的轴线作相对的转动;

(2) 所有的纵线都转过了同一角度 γ,因而所有的矩形网格(如 $abcd$)都变成了平行四边形(如 $a'b'c'd'$)。对应的圆周线在横截面平面内绕轴线 x 旋转了一个角度 φ,称**扭转角**,如图 4.8 所示。

因此可假设:变形前为平面的横截面,变形后仍为平面,并如同刚片一样绕杆轴旋转,横截面上任一半径始终保持为直线,且尺寸不变。这一假设称为**平面假设**。

根据平面假设,用截面法相邻为 $\mathrm{d}x$ 的两横截面 m-m 和 n-n 从轴中取出微段 $\mathrm{d}x$(图 4.9(a)、(b)),扭转变形后截面 n-n 相对于截面 m-m 作刚性转动,半径 O_2C 和 O_2D 都同向转动同一角度 $\mathrm{d}\varphi$ 到达新位置 O_2C' 和 O_2D',外表面纵向线 BC 和 AD 的倾斜角为 γ_R,而内层距轴心 O_1O_2 的半径 ρ 处的轴向线 FG 和 EH 的倾斜角为 γ_ρ,这就是切应变。由图 4.9(b)可见,γ_ρ 和 γ_R 与扭转角 $\mathrm{d}\varphi$ 的几何关系可写成

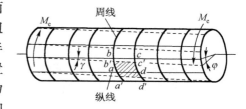

图 4.8　圆轴扭转模型实验

$$\gamma_\rho \approx \tan\gamma_\rho = \frac{GG'}{FG} = \rho \frac{\mathrm{d}\varphi}{\mathrm{d}x} \tag{4.5}$$

$$\gamma_R \approx \tan\gamma_R = \frac{CC'}{BC} = R \frac{\mathrm{d}\varphi}{\mathrm{d}x} \tag{4.6}$$

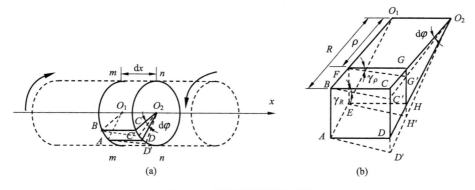

图 4.9　圆轴扭转微段变形

式(4.5)和式(4.6)两式说明了圆轴扭转变形时切应变沿半径方向的变化规律。基于刚性圆片的平面假设，横截面上各点处的扭转角均相等。扭转角 φ 仅为杆长 x 的函数，$\varphi = \varphi(x)$。式中的 $\dfrac{\mathrm{d}\varphi}{\mathrm{d}x}$ 表示相对扭转角 φ 沿杆长的变化率，对于给定的横截面，x 为一定值，$\dfrac{\mathrm{d}\varphi}{\mathrm{d}x}$ 是个常量。切应变 γ_ρ 与该处到圆心的距离 ρ 成正比，距圆心等距离的圆周线上所有各点的切应变都相等，圆心处的切应变必为零，在圆轴横截面周边上各点的切应变为最大，切应变所在平面与圆轴半径相垂直。

由于圆轴扭转时相邻两横截面间的距离不变，所以，圆轴的轴向尺寸不变，无轴向线应变；且横截面尺寸亦不变，故沿轴线方向无正应力。

2. 物理方面

切应变是由于矩形的两侧相对错动而引起的，发生在垂直于半径的平面内，所以与它对应的切应力的方向也垂直于半径。由剪切胡克定律，在弹性范围内，垂直圆轴半径上的切应力与该点的切应变成正比，即

$$\tau = G\gamma \tag{4.7}$$

由式(4.5)和式(4.7)可得横截面上任一点处的切应力为

$$\tau_\rho = G\gamma_\rho = G\rho\,\frac{\mathrm{d}\varphi}{\mathrm{d}x} \tag{4.8}$$

由此可知，横截面上各点处的切应力与 ρ 成正比，沿半径 ρ 成线性分布，半径相同的圆周上各点处的切应力相同，切应力的方向垂直于半径。如图 4.10 所示，实心圆杆横截面上的切应力分布规律，在圆杆周边上各点处的切应力具有相同的最大值，在圆心处切应力为零。

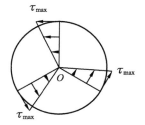

图 4.10　扭转圆杆横截面切应力分布图

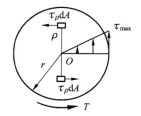

图 4.11　圆杆横截面应力的合成

3. 静力学方面

图 4.11 所示横截面上的扭矩 T，是由无数个微面积 $\mathrm{d}A$ 上的微内力 $\tau_\rho \mathrm{d}A$ 对圆心 O 点的力矩合成得到，即

$$T = \int_A \rho\tau_\rho \mathrm{d}A \tag{4.9}$$

式中，A 为横截面面积。将式(4.8)代入式(4.9)，得

$$T = \int_A \rho\tau_\rho \mathrm{d}A = G\,\frac{\mathrm{d}\varphi}{\mathrm{d}x}\int_A \rho^2 \mathrm{d}A = G\,\frac{\mathrm{d}\varphi}{\mathrm{d}x}I_\mathrm{p} \tag{4.10}$$

令

$$I_\mathrm{p} = \int_A \rho^2 \mathrm{d}A \tag{4.11}$$

I_P 定义为横截面面积对形心 O 的**极惯性矩**（简称**极惯矩**，或**截面的二次矩**），它是横截面

的形状与尺寸的几何量,量纲是长度的四次方,单位为米^{4}或毫米^4(m^{4}或mm^4),故式(4.11)可写为

$$\frac{\mathrm{d}\varphi}{\mathrm{d}x} = \frac{T}{GI_\mathrm{P}}   \tag{4.12}$$

将式(4.12)代入式(4.8),得到等直圆杆截面上任一点处的切应力公式

$$\tau_\rho = \frac{T\rho}{I_\mathrm{P}}   \tag{4.13}$$

横截面上最大的切应力发生在$\rho=r$处,其值为

$$\tau_{\max} = \frac{Tr}{I_\mathrm{P}}   \tag{4.14}$$

令

$$W_\mathrm{t} = \frac{I_\mathrm{P}}{\rho_{\max}} = \frac{I_\mathrm{P}}{r} = \frac{I_\mathrm{P}}{D/2}   \tag{4.15}$$

则

$$\tau_{\max} = \frac{T}{W_\mathrm{t}}   \tag{4.16}$$

式中,W_t定义为圆轴的**抗扭截面系数**,它与圆轴截面的几何尺寸有关,也是一个几何量,量纲是长度的三次方,单位是米^{3}或毫米^3(m^{3}或mm^3)。

利用式(4.13)和式(4.16)可以计算圆轴扭转横截面上任一点的切应力和最大切应力。应该指出,上述公式只适用于应力和应变满足胡克定律的等直圆轴或圆轴横截面沿轴线有缓慢改变的小锥度圆锥轴。

4. 极惯性矩 I_P 和抗扭截面系数 W_t 的计算

(1) 实心圆轴

对于直径为 D 的实心圆轴(图 4.12),可取薄圆环形作为横截面的微面积 $\mathrm{d}A=2\pi\rho\mathrm{d}\rho$,$\rho$ 为横截面上任一点到轴心的距离,则极惯性矩

$$I_\mathrm{P} = \int_A \rho^2 \mathrm{d}A = \int_0^{D/2} \rho^2 2\pi\rho\mathrm{d}\rho = \frac{\pi D^4}{32}   \tag{4.17}$$

再由式(4.15)求出

$$W_\mathrm{t} = \frac{I_\mathrm{P}}{D/2} = \frac{\pi D^3}{16}   \tag{4.18}$$

(2) 空心圆轴

对于外径为 D、内径为 d 的空心圆轴(图 4.13),令内、外径比为 $\alpha=\dfrac{d}{D}$,则

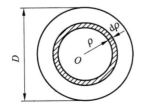
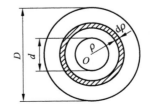

图 4.12 实心圆轴   图 4.13 空心圆轴

$$I_\mathrm{P} = \int_A \rho^2 \, \mathrm{d}A = \int_{d/2}^{D/2} 2\pi\rho^3 \, \mathrm{d}\rho = \frac{\pi D^4}{32}(1-\alpha^4) \tag{4.19}$$

$$W_\mathrm{t} = \frac{I_\mathrm{P}}{D/2} = \frac{\pi D^3}{16}(1-\alpha^4) \tag{4.20}$$

注意:对于空心圆截面,$I_\mathrm{P} = \dfrac{\pi}{32}(D^4-d^4)$,$W_\mathrm{t} \neq \dfrac{\pi}{16}(D^3-d^3)$。

5. 空心圆轴扭转的切应力分布

实心圆轴扭转时,切应力在横截面上的分布图如图 4.10 所示。对于空心圆轴,切应力分布如图 4.14(a)所示,其内、外径边缘的切应力分别为

$$\tau_{\min} = \frac{T\rho_{\min}}{I_\mathrm{P}} = \frac{Td/2}{\dfrac{\pi D^4}{32}(1-\alpha^4)} = \frac{16Td}{\pi D^4(1-\alpha^4)} \tag{4.21}$$

$$\tau_{\max} = \frac{T}{W_\mathrm{t}} = \frac{16T}{\pi D^3(1-\alpha^4)} \tag{4.22}$$

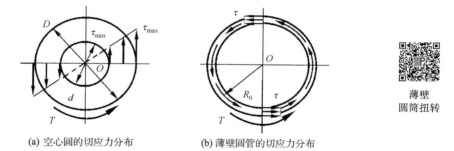

(a) 空心圆的切应力分布　　　　(b) 薄壁圆管的切应力分布

薄壁
圆筒扭转

图 4.14　圆轴扭转的切应力分布

如果空心圆轴的内外径尺寸相差很小,$d \approx D$,或 $\alpha = \dfrac{d}{D} \geqslant \dfrac{9}{10}$,称这样的空心圆轴为**薄壁圆管**。受扭后 $\tau_{\min} \approx \tau_{\max}$,或取内、外径边缘切应力的平均值 τ_m 计算薄壁圆管扭时的切应力,误差不超过 5%。由于壁厚 t 很薄,可认为扭转切应力在管壁上是均匀分布的。若取 R_0 代表薄壁圆管的平均半径,t 为壁厚,则

$$\int_A R_0 \tau \mathrm{d}A = \int_0^{2\pi R_0} R_0 \tau t \, \mathrm{d}s = 2\pi R_0^2 t \cdot \tau = T$$

故得薄壁圆管扭转时的切应力计算公式为

$$\tau = \frac{T}{2\pi R_0^2 t} \tag{4.23}$$

切应力分布如图 4.14(b)所示。

【例 4.4】　直径 $d=100\,\mathrm{mm}$ 的实心圆轴,两端受力偶矩 $M_\mathrm{e}=10\,\mathrm{kN \cdot m}$ 作用而扭转,求横截面上的最大切应力。若改用内、外直径比值为 0.5 的空心圆轴,且横截面面积和实心圆轴横截面面积相等,问最大切应力是多少?

解:圆轴各横截面上的扭矩均为 $T=10\,\mathrm{kN \cdot m}$。

（1）实心圆截面。

$$W_t = \frac{\pi d^3}{16} = \frac{3.14 \times 100^3 \times 10^{-9}}{16} \text{m}^3 = 1.96 \times 10^{-4} \text{m}^3$$

$$\tau_{max} = \frac{T}{W_t} = \frac{10 \times 10^3}{1.96 \times 10^{-4}} \text{N/m}^2 = 51 \times 10^6 \text{Pa} = 51.0 \text{MPa}$$

（2）空心圆轴。

令空心圆截面的内、外直径分别为 d_1、D。由面积相等及内、外径比值 $\alpha = \dfrac{d_1}{D} = 0.5$ 的条件，可求得空心圆截面的内、外直径。即有

$$\frac{1}{4} \pi d^2 = \frac{1}{4} \pi (D^2 - d_1^2) = \frac{1}{4} \pi D^2 (1 - \alpha^2)$$

根据上式可求得

$$d_1 = 57.5 \text{mm}, \quad D = 115 \text{mm}$$

$$W_t = \frac{\pi D^3}{16}(1 - \alpha^4) = \frac{3.14 \times 115^3 \times 10^{-9}}{16} \times (1 - 0.5^4) \text{m}^3 = 2.8 \times 10^{-4} \text{m}^3$$

$$\tau_{max} = \frac{T}{W_t} = \frac{10 \times 10^3}{2.8 \times 10^{-4}} \text{N/m}^2 = 35.7 \times 10^6 \text{Pa} = 35.7 \text{MPa}$$

计算结果表明，空心圆截面上的最大切应力比实心圆截面上的小。这是因为在面积相同的条件下，空心圆截面的 W_t 比实心圆截面的大。此外，扭转切应力在截面上的分布规律表明，实心圆截面中心部分的切应力很小，这部分面积上的微内力 $\tau_\rho \mathrm{d}A$ 离圆心近，力臂小，所以组成的扭矩也小，材料没有被充分利用。而空心圆截面的材料分布得离圆心较远，截面上各点的应力也较均匀，微内力对圆心的力臂大，在组成相同扭矩的情况下，最大切应力必然减小。

4.3.2　切应力互等定理

用相邻两个横截面和相邻两个纵向平面自薄壁圆管中取出一个单元体，如图 4.15(a)、(b)所示，它在三个方向的尺寸表示为 $\mathrm{d}x$、$\mathrm{d}y$ 和 t。单元体左、右两侧面即为薄壁圆管横截面的微面积，其上作用着大小相等、方向相反的切应力，可按式(4.23)计算，它们组成一个 $\tau t \mathrm{d}y \mathrm{d}x$ 的力偶矩。因为薄壁圆管原来是平衡的，从中取出的单元体也应该满足平衡条件，所以在单元体上、下两个纵向侧面上一定存在着大小相等、方向相反的切应力 τ'，而 $\tau' t \mathrm{d}x \mathrm{d}y$ 组成的力偶矩应与 $\tau t \mathrm{d}y \mathrm{d}x$ 相平衡，故由单元体的平衡条件 $\sum M_z = 0$，得

$$(\tau t \mathrm{d}y) \mathrm{d}x = (\tau' t \mathrm{d}x) \mathrm{d}y$$

即
$$\tau = \tau' \tag{4.24}$$

上式表明：在相互垂直的两个平面上，切应力必然成对出现，数值相等，方向都垂直于两个平面的交线，且共同指向或共同背离这一交线，这就是**切应力互等定理**。

在图 4.15(b)所示单元体的四个侧面上，只有切应力而无正应力，称为**纯剪切**。在纯剪切下，单元体的相对两侧面有微小的错动，使原来正交的棱边出现夹角，这就是**切应变** γ。

符号规定：材料力学中规定，单元体上的切应力对单元体内任一点形成的矩为顺时针转向时，该切应力定为正；反之，为负。按此规定，当横截面上的扭矩 T 为正时，该截面的切应力 τ 亦为正，见图 4.16。

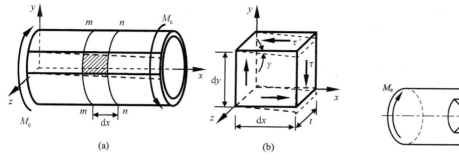

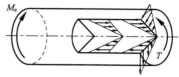

图 4.15　纯剪切单元体　　　　　　　图 4.16　纵截面切应力分布

切应力互等定理在应力分析中有很重要的作用。例如在圆杆扭转时,当已知横截面上的切应力及其分布规律后,由切应力互等定理便可知道纵截面上的切应力及其分布规律,如图 4.16所示。切应力互等定理除在扭转问题中成立外,在其他的变形情况下也同样成立。但须特别指出,这一定理只适用于一点处或在一点处所取的单元体。如果边长不是无限小的单元体或一点处两个不相正交的方向上,便不适用。切应力互等定理具有普遍性,若单元体的各面上还同时存在正应力时,也同样适用。

4.3.3　非圆截面扭转简介

工程中有些受扭杆件的截面是非圆截面的,如曲柄轴中的曲柄、机械中的摇臂等。非圆截面杆件受扭变形后,横截面不再保持为平面,发生**翘曲**(图 4.17)。此时,平截面假设不再成立,前面得到的圆轴扭转时的有关结论,也不再适用。

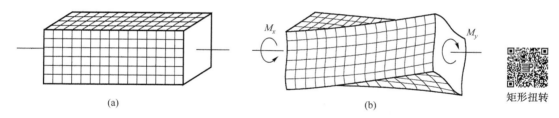

图 4.17　矩形截面杆扭转

非圆截面杆件的扭转可分为自由扭转和约束扭转。

当杆两端不受约束时,翘曲不受限制,纵向纤维的长度无变化,因此各横截面都有相同的**翘曲**,这称为**自由扭转**,横截面上只有切应力而无正应力。图 4.18(a)即表示工字钢的自由扭转。

如果受扭杆的一端有约束限制,则造成各横截面有不同程度的翘曲,这势必引起相邻两截面间纵向纤维的长度改变,此时,受扭杆的横截面上既有切应力,又有正应力,这种情况称为**约束扭转**。图 4.18(b)即为工字钢约束扭转的示意图。像工字钢、槽钢等薄壁杆件,约束扭转时横截面上的正应力往往是相当大的。但一些实体杆件,如截面为矩形或椭圆形的杆件,因约束扭转而引起的正应力很小,与自由扭转并无太大差别。

矩形截面杆扭转时,由于截面翘曲,无法用材料力学的方法分析杆的应力和变形。现在介绍由弹性力学分析所得到的一些主要结果。

(1)边缘的切应力平行于边界,凸角处无切应力。

矩形截面杆扭转时,横截面上沿截面周边、对角线及对称轴上的切应力分布情况如图 4.19(a)所示。由图可见,横截面周边上各点处的切应力平行于周边。这个事实可由切应力互等定理及杆表面无应力的情况得到证明。如图 4.19(b)所示的横截面上,在周边上任一点 A 处取一单元体,在单元体上若有任意方向的切应力,则必可分解成平行于周边的切应力 τ 和垂直于周边的切应力 τ'。由切应力互等定理可知,当 τ' 存在时,则单元体的左侧面上必有 τ'',但左侧面是杆的外表面,其上没有

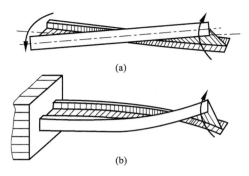

图 4.18 工字钢的自由扭转与约束扭转

切应力,故 $\tau''=0$,由此可知,$\tau'=0$,于是该点只有平行于周边的切应力 τ。用同样的方法可以证明凸角处无切应力存在。

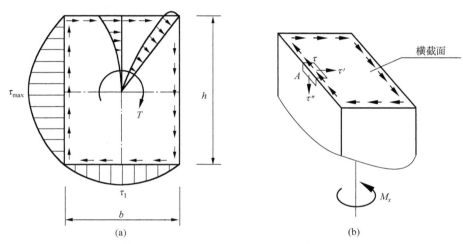

图 4.19 矩形截面杆横截面切应力分析

(2) 截面的最大切应力在长边中点处。

由图 4.19(a)还可看出,长边中点处的切应力是整个横截面上的最大切应力。短边中点的切应力 τ_1 是短边上的最大切应力。

切应力的计算公式为

$$\tau_{\max} = \frac{T}{\alpha b^2 h} \tag{4.25}$$

$$\tau_1 = \gamma \tau_{\max} \tag{4.26}$$

杆件两端的相对扭转角计算公式为

$$\varphi = \frac{Tl}{G\beta b^3 h} \tag{4.27}$$

式中,α、β、γ 均为与边长比值 h/b 有关的系数,列于表 4.1 中。

(3) 对于狭长矩形截面($\dfrac{h}{b} \geqslant 10$),由表 4.1 可知

$$\alpha = \beta \approx \frac{1}{3} m$$

表 4.1 矩形截面杆扭转时的系数 α、β、γ

h/b	α	β	γ	h/b	α	β	γ
1.00	0.208	0.141	1.000	4.00	0.282	0.281	0.745
1.20	0.219	0.166	0.930	5.00	0.291	0.291	0.744
1.50	0.231	0.196	0.858	6.00	0.299	0.299	0.743
1.75	0.239	0.214	0.820	8.00	0.307	0.307	0.743
2.00	0.246	0.229	0.796	10.00	0.313	0.313	0.743
2.50	0.258	0.249	0.767	∞	0.333	0.333	0.743
3.00	0.267	0.263	0.753				

于是

$$\begin{cases} W_t = \dfrac{1}{3} h b^2 \\ I_t = \dfrac{1}{3} h b^3 \end{cases} \tag{4.28}$$

式中,W_t 仍称为**抗扭截面系数**;I_t 称为截面的**相当极惯性矩**。截面上的切应力分布规律如图 4.20 所示。切应力沿长边变化不大,与中点的最大切应力十分接近,只是在靠近短边处才迅速减小。

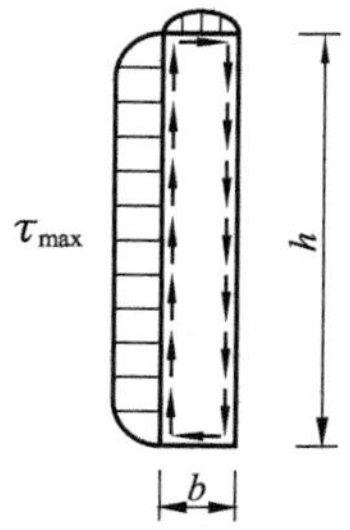

最大切应力和扭转角的计算公式为

$$\tau_{max} = \frac{T}{W_t} = \frac{3T}{h b^2} \tag{4.29}$$

$$\varphi = \frac{Tl}{GI_t} = \frac{3Tl}{Ghb^3} \tag{4.30}$$

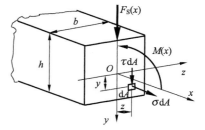

图 4.20 狭长矩形截面
扭转切应力分布

4.4 纯弯曲梁的应力

在第 3 章中已经讨论了梁在外力作用下引起的内力——剪力和弯距,以及这些内力沿梁轴线的变化规律——内力图。在一般情况下,剪力和弯矩分别作用在梁横截面的切向平面(Oyz)和梁的纵向平面(Oxy),由截面上分布内力系的合成关系可知,横截面上与正应力有关的法向内力元素 $\mathrm{d}F_N = \sigma \mathrm{d}A$ 合成为弯矩;而与切应力有关得切向内力元素 $\mathrm{d}F_S = \tau \mathrm{d}A$ 合成为剪力。所以在梁的横截面上一般是既有正应力,又有切应力(图 4.21)。首先研究梁在对称弯曲时横截面上的正应力。

以房屋建筑中常见的梁为例(图 4.22a),其计算简图、剪力图、弯矩图示如图 4.22(b)、(c)、(d)所示。由图可见,梁在 CD 段之间剪力为零,弯矩为常量,则该段梁的弯曲称为**纯弯曲**;在 AC 和 DB 段,既有剪力,又有弯矩,则该段梁的弯曲称为**横力弯曲**(或称**边剪切弯曲**)。

图 4.21 梁横截面上的内力和应力

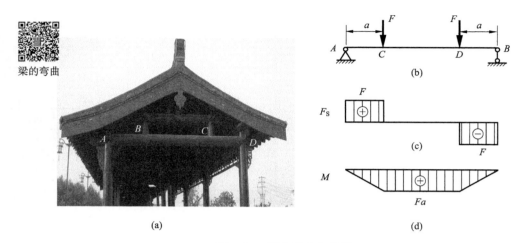

图 4.22　简支梁及内力图

4.4.1　纯弯曲梁的正应力

为简单起见,先研究只有弯曲正应力的纯弯曲梁段。

分析梁纯弯曲时的正应力,仍需综合分析几何变形、物理关系、静力平衡三个方面。

1. 几何方面

如果采用容易变形的材料,如橡胶、海绵等制成梁的模型,在其侧表面画上纵向线和横向线(图 4.23(a))。取 $\mathrm{d}x$ 微段,有纵向线 aa、bb 和横向线 mm、nn(图 4.23(b))。梁受纯弯曲变形后,可观察到以下变形现象(图 4.23(c))。

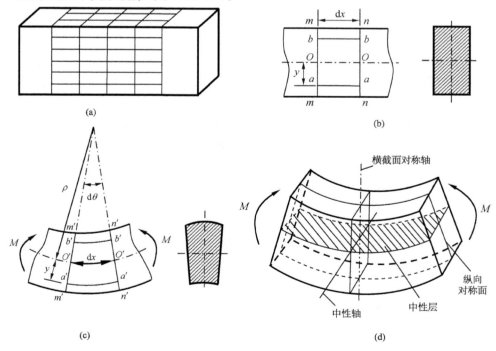

图 4.23　纯弯曲变形

（1）横向线 $m'm'$ 和 $n'n'$ 仍保持直线，但相对转动一个角度；

（2）纵向线 $a'a'$ 和 $b'b'$ 变为弧线，仍与变形后的横向线相垂直。变形后凸边纤维 $a'a'$ 长度增加，而凹边纤维 $b'b'$ 长度减小。

（3）在纵向线伸长区，梁的横截面宽度变小；缩短区的横截面宽度增大。与杆件拉伸（或压缩）时的横向变形相似。

通过实验观察，由表及里作如下假设：

（1）**平面假设**　梁的横截面在变形前后仍保持为平面，并仍与梁弯曲后的轴线垂直，只是绕横截面内的某一轴线转动一个角度。

（2）**单向受力假设**　设想梁的材料是由无数个纵向纤维层组成，纤维之间无挤压，弯曲变形时，仅沿纤维长度方向有拉伸或压缩变形，处于单向拉伸（压缩）受力变形状态。

根据以上假设，纯弯曲变形的梁纵向纤维之间无相对错动，始终与横截面垂直所以横截面上各点都无切应变，纤维在弯成凹边一侧有压缩变形，而在凸边一侧为伸长变形。考虑到变形的连续性和平面假设的存在，由压缩区向伸长区过渡时，中间必有一层纤维既不伸长，也不缩短，但由直线变为曲线，这一纤维层称为**中性层**；中性层与横截面的交线，称为**中性轴**（图 4.23(d)）。

当作用在梁上的荷载都在其纵向对称面内时，梁的轴线在该平面内弯成一条平面曲线，这就是**平面弯曲**。梁的整体变形对称于纵向对称面，中性轴必然垂直于截面的对称轴，所以，横截面都绕中性轴转动一个 $\mathrm{d}\theta$ 角度。

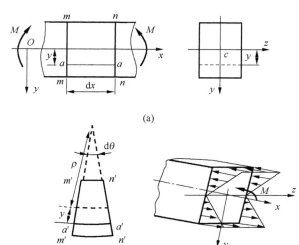

图 4.24　纯弯曲梁的应力应变分布

用相距为 $\mathrm{d}x$ 的 mm 和 nn 两横截面从梁中截取一微段，并取坐标系如图 4.24(a) 所示，其中 y 轴即为截面的对称轴，z 轴为中性轴，但其位置尚待确定。弯曲变形后，中性层的曲率半径设为 ρ，距中性层为 y 处的纵向纤维由 $aa = \mathrm{d}x$ 弯成 $a'a' = (\rho+y)\mathrm{d}\theta$，$\mathrm{d}\theta$ 是相邻两截面 mm 和 nn 的相对转角（图 4.24(b)）。所以，$\overline{aa}$ 的伸长位移为

$$\widehat{a'a'} - \overline{aa} = (\rho+y)\mathrm{d}\theta - \mathrm{d}x = (\rho+y)\mathrm{d}\theta - \rho\mathrm{d}\theta = y\mathrm{d}\theta$$

变形前后中性层内的纤维 oo 的长度不变

$$\overline{oo} = \mathrm{d}x = \widehat{o'o'} = \rho\mathrm{d}\theta$$

得纤维 aa 的线应变为

$$\varepsilon = \frac{(\rho+y)\mathrm{d}\theta - \mathrm{d}x}{\mathrm{d}x} = \frac{y\mathrm{d}\theta}{\rho\mathrm{d}\theta} = \frac{y}{\rho} \tag{4.31}$$

由此可见，纵向纤维的线应变 ε 与它到中性层的距离 y 成正比，即沿梁的高度线性变化。

2. 物理方面

基于纯弯曲时梁的纵向纤维处于单向拉(压)受力状态,当应力不超过材料的比例极限 σ_P,且材料的拉压弹性模量相同时,正应变与正应力服从拉(压)胡克定律,由式(4.1)得弯曲正应力为

$$\sigma = E\varepsilon = E\frac{y}{\rho} \tag{4.32}$$

式(4.32)表明,正应力 σ 与它到中性层的距离 y 成正比,与中性层的曲率半径 ρ 成反比,即正应力沿梁截面高度成直线规律变化,在中性轴上各点的正应力均为零(图 4.24(c))。由于曲率半径和中性轴的位置尚未确定,所以式(4.32)虽说明了正应力的变化规律,但还不能计算正应力的大小。

3. 静力学方面

横截面上各点的正应力 σ 与所在微面积 $\mathrm{d}A$ 的乘积组成微内力 $\sigma\mathrm{d}A$,形成了平行于轴线 x 轴的空间平行力系(图 4.25),其向坐标原点简化可得该横截面上的内力,轴力 F_N、弯矩 M_y 和 M_z 分别为

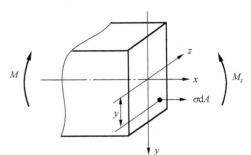

图 4.25　纯弯曲梁段

$$F_\mathrm{N} = \int_A \sigma\mathrm{d}A ; \quad M_y = \int_A z\sigma\mathrm{d}A ; \quad M_z = \int_A y\sigma\mathrm{d}A$$

由于纯弯曲梁的任一横截面上仅有绕 z 轴的弯矩 M,由截面法可知,横截面上的轴力 F_N 和弯矩 M_y 均为零,只有 M_z 不为零,即为横截面上的弯矩 M。

(1) $F_\mathrm{N} = \displaystyle\int_A \sigma\mathrm{d}A = 0 \tag{4.33}$

将式(4.32)代入上式,得到

$$\int_A \frac{E}{\rho} y\mathrm{d}A = 0$$

并注意到对横截面积分时,$\dfrac{E}{\rho} = $ 常量,从而有静矩

$$S_z = \int_A y\mathrm{d}A = 0 \tag{4.34}$$

此式表示横截面对中性轴(即 z 轴)的静矩等于零。因此,中性轴必定通过横截面的形心,这就确定了中性轴的位置。

(2) $M_y = \displaystyle\int_A z\sigma\mathrm{d}A = 0 \tag{4.35}$

将式(4.32)代入上式得

$$\frac{E}{\rho}\int_A yz\mathrm{d}A = \frac{E}{\rho}I_{yz} = 0$$

上式中的积分即为横截面对 y、z 轴的惯性积 I_{yz}。因为 $\dfrac{E}{\rho} = $ 常量,则有 $I_{yz} = 0$。由于 y 轴为对称轴,故这一条件必定满足。

(3) $M_z = \int_A y\sigma \mathrm{d}A = M$ $\qquad$ (4.36)

将式(4.32)代入上式,得

$$\frac{E}{\rho} \int_A y^2 \mathrm{d}A = M$$

定义 $\qquad I_z = \int_A y^2 \mathrm{d}A$ $\qquad$ (4.37)

为横截面对中性轴 z 的惯性矩 I_z,故上式可写为

$$\frac{1}{\rho} = \frac{M}{EI_z}$$ $\qquad$ (4.38)

上式反映了梁弯曲变形后的曲率半径 ρ 与弯矩 M 和 EI_z 的关系,是分析弯曲变形问题的一个重要公式。其中 EI_z 称为梁的**弯曲刚度**。

将式(4.38)代式(4.32),即得到梁的横截面上任一点处正应力的计算公式

$$\sigma = \frac{My}{I_z}$$ $\qquad$ (4.39)

式中,M 为横截面上的弯矩;I_z 为截面对中性轴 z 的惯性矩;y 为所求正应力的点到中性轴 z 的距离。

符号规定:弯曲正应力的正负号可直接根据梁弯曲时的凹凸情况来判定。以中性轴为界,梁凸出的一侧是拉应力;凹入的一侧为压应力。

由式(4.39)可知,梁横截面上离中性轴越远处,其正应力越大,当 $y = y_{max}$,即横截面离中性轴最远的边缘上各点处,正应力达最大值。当中性轴为横截面的对称轴时,最大拉应力和最大压应力的数值相等,横截面上的最大正应力为

$$\sigma_{max} = \frac{My_{max}}{I_z}$$ $\qquad$ (4.40)

引用记号 $\qquad W_z = \frac{I_z}{y_{max}}$ $\qquad$ (4.41)

称为**抗弯截面系数**,是与梁横截面的形状和尺寸相关的几何量,量纲是长度的三次方,单位是米^3 或毫米^3(m^3 或 mm^3)。则弯曲正应力的最大值也可表达为

$$\sigma_{max} = \frac{M}{W_z}$$ $\qquad$ (4.42)

由于 y、z 轴都过截面形心,且惯性积 $I_{yz} = 0$,所以这一对轴称为**形心主惯性轴**,由此求得的 I_z 称为**形心主惯性矩**。因此可得:对于实心或空心截面梁,不论横截面有无对称轴,只要外力作用于形心主惯性平面内,一定为平面弯曲,也就可利用式(4.39)计算梁弯曲时横截面上任一点的弯曲正应力,用式(4.40)或式(4.42)计算梁弯曲时的最大正应力。

4.4.2　形心主惯性矩 I_z 和抗弯截面系数 W_z 的计算

在利用以上公式计算弯曲应力时,需要知道截面的主形心惯性矩 I_z 和抗弯截面系数 W_z。

1. 矩形截面

设矩形截面的高为 h,宽为 b(图 4.26(a)),z 轴通过截面形心 C 并与截面宽度平行。取微面积 $\mathrm{d}A = b\mathrm{d}y$,由式(4.37)得形心主惯性矩为

$$I_z = \int_A y^2 \mathrm{d}A = \int_{-h/2}^{h/2} y^2 b\mathrm{d}y = \frac{by^3}{3}\Big|_{-h/2}^{h/2} = \frac{bh^3}{12}$$ $\qquad$ (4.43)

由式(4.41)得抗弯截面系数为

$$W_z = \frac{I_z}{y_{\max}} = \frac{bh^3/12}{h/2} = \frac{bh^2}{6} \tag{4.44}$$

类似可求得

$$I_y = \frac{hb^3}{12} \tag{4.45}$$

$$W_y = \frac{hb^2}{6} \tag{4.46}$$

2. 圆截面

设圆截面直径为 D(图 4.26(b)),z 轴过截面形心 C,取微面积 $\mathrm{d}A = \rho\mathrm{d}\theta\mathrm{d}\rho$,$y = \rho\sin\theta$,由式(4.37),形心得主惯性矩为

$$I_z = \int_A y^2 \mathrm{d}A = \int_0^{D/2}\int_0^{2\pi}(\rho\sin\theta)^2(\rho\mathrm{d}\theta\mathrm{d}\rho) = \frac{\pi D^4}{64} \tag{4.47}$$

由于圆截面的 $I_z = I_y = \frac{\pi D^4}{64}$,而 $\rho^2 = y^2 + z^2$,故有

$$I_P = I_y + I_z = \frac{\pi D^4}{32} \tag{4.48}$$

I_P 即为扭转时圆截面的极惯性矩。

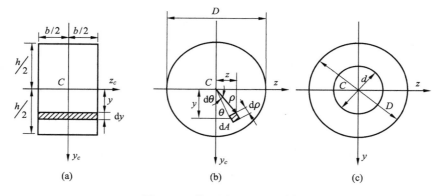

图 4.26 截面图形 I_z、W_z 计算

圆截面的抗弯系数为

$$W_z = \frac{I_z}{y_{\max}} = \frac{\pi D^4/64}{D/2} = \frac{\pi D^3}{32} \tag{4.49}$$

3. 空心圆截面

设空心圆截面的内、外直径为 d 与 D(图 4.26(c)),内外径比为 $\alpha = \dfrac{d}{D}$,z 轴过截面形心,则形心主惯性矩和抗弯截面系数分别为

$$I_z = \frac{\pi D^4}{64} - \frac{\pi d^4}{64} = \frac{\pi D^4}{64}(1 - \alpha^4) \tag{4.50}$$

$$W_z = \frac{I_z}{D/2} = \frac{\pi D^3}{32}(1 - \alpha^4) \tag{4.51}$$

4.5 横力弯曲梁的应力

纯弯曲条件下建立的弯曲正应力公式是在平面假设与单向受力假设的基础上得到的。在横力弯曲时,截面上既有弯矩又有剪力,因此梁的横截面上不仅有正应力,而且有切应力。由于切应力的存在,横截面会发生翘曲。此外,在与中性层平行的纵截面上,还有由横向力引起的挤压应力。因此,梁在纯弯曲时所作的平面假设和各纵向线段间互不挤压的假设都不成立。但分析结果表明,对于跨长与横截面高度之比 l/h 大于 5 的梁,横截面上的最大正应力按纯弯曲时的公式计算,其误差不超过 1%。而工程上常用的梁,其跨高比远大于 5。因此,用纯弯曲正应力公式(4.39)计算,可满足工程上的精度要求。

4.5.1 横力弯曲梁的正应力

横力弯曲时,弯矩随截面位置不同而变化,所以弯矩是 x 的函数,即 $M = M(x)$。对于等截面梁,危险截面一般都位于弯矩绝对值为最大的地方,$M(x) = |M|_{max}$,代入式(4.40)或式(4.42),得

$$\sigma_{max} = \frac{|M|_{max} y_{max}}{I_z} \tag{4.52}$$

或

$$\sigma_{max} = \frac{|M|_{max}}{W_z} \tag{4.53}$$

如果不是等截面梁,上两式可改写为

$$\sigma_{max} = \left|\frac{M}{I_z}\right|_{max} y_{max} \tag{4.54}$$

或

$$\sigma_{max} = \left|\frac{M}{W_z}\right|_{max} \tag{4.55}$$

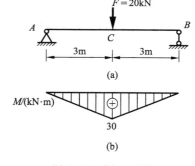

图 4.27 例 4.5 图

【例 4.5】 一简支梁及其所受荷载如图 4.27(a)所示。若分别采用截面面积相同的矩形截面、圆形截面和工字形截面,试求以上三种截面梁的最大拉应力。设矩形截面高为 140mm,宽为 100mm,面积为 14×10^3 mm^2。

解:首先作梁的弯矩图,如图 4.27(b)所示,该梁 C 截面的弯矩最大,$M_{max} = 30$kN・m,故全梁的最大拉应力发生在该截面的最下边缘处,现计算最大拉应力的数值。

(1)矩形截面。

$$W_{z1} = \frac{1}{6}bh^2 = \frac{1}{6} \times 100 \times 140^2 \, \text{mm}^3 = 3.27 \times 10^5 \, \text{mm}^3$$

$$\sigma_{max1} = \frac{M_{max}}{W_{z1}} = \frac{30 \times 10^3}{3.27 \times 10^5 \times 10^{-9}} \text{Pa} = 91.7 \times 10^6 \text{Pa} = 91.7 \text{MPa}$$

（2）圆形截面。

当圆形截面的面积和矩形截面的面积相同时，圆形截面的直径 d 为

$$d = \sqrt{\frac{4 \times 14 \times 10^3}{\pi}}\,\mathrm{mm} = 133.5\,\mathrm{mm}$$

$$W_{z2} = \frac{1}{32}\pi d^3 = \frac{\pi}{32} \times 133.5^3\,\mathrm{mm}^3 = 2.34 \times 10^5\,\mathrm{mm}^3$$

$$\sigma_{\max2} = \frac{M_{\max}}{W_{z2}} = \frac{30 \times 10^3}{2.34 \times 10^5 \times 10^{-9}}\,\mathrm{Pa} = 128.2 \times 10^6\,\mathrm{Pa} = 128.2\,\mathrm{MPa}$$

（3）工字形截面。

由附录 B 型钢表，选用 50c 工字钢，其截面面积为 $139\,\mathrm{cm}^2$，与矩形面积近似相等。其抗弯截面系数

$$W_{z3} = 2080\,\mathrm{cm}^3$$

$$\sigma_{\max3} = \frac{M_{\max}}{W_{z3}} = \frac{30 \times 10^3}{2080 \times 10^{-6}}\,\mathrm{Pa} = 14.4 \times 10^6\,\mathrm{Pa} = 14.4\,\mathrm{MPa}$$

以上计算结果表明，在承受相同荷载截面面积相同（即用料相同）的条件下，工字形截面梁所产生的最大拉应力最小，矩形次之，圆形最大。反过来说，使三种截面的梁所产生的最大拉应力相同时，工字梁所能承受的荷载最大。这是因为在面积相同的条件下，工字形截面的 W_z 最大。此外，弯曲正应力在截面上的分布规律表明，靠近中性轴部分的正应力很小，这部分面积上的微内力 $\sigma\mathrm{d}A$ 离中性轴近，力臂小，所以组成的力矩也小，材料没有被充分利用。工字形截面的材料分布离中性轴较远，在组成相同弯矩的情况下，最大正应力必然减小。因此工字形截面最为经济合理，矩形截面次之，圆形截面最差，但必须指出这仅是从用料这个角度来说的，实际工程中具体采用何种截面考虑的因素很多，如施工工艺、美观等。

【例 4.6】 一 T 形截面外伸梁及其所受荷载如图 4.28(a) 所示。试求最大的拉应力及最大的压应力。已知截面的惯性矩 $I_z = 186.6 \times 10^{-6}\,\mathrm{m}^4$。

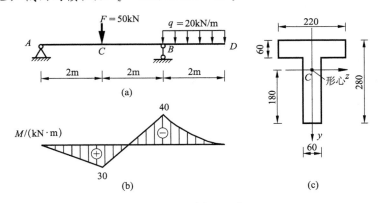

图 4.28　例 4.6 图

解： 首先作梁的弯矩图，如图 4.28(b) 所示，由图可见最大的正弯矩在 C 截面上，最大的负弯矩在 B 截面上，其值分别为

$$M_C = 30\,\mathrm{kN \cdot m}, \quad M_B = 40\,\mathrm{kN \cdot m}$$

虽然 B 截面弯矩的绝对值大于 C 截面弯矩，但该梁的截面不对称于中性轴，横截面上下边缘到中性轴的距离不相等，故需分别计算 B、C 截面的最大拉应力和最大压应力，然后进行比较。

（1）B 截面。

B 截面弯矩为负,该截面上边缘各点处产生最大拉应力,下边缘各点处产生最大压应力。其值分别为

$$\sigma_{max}^{+} = \frac{M_B y_t}{I_z} = \frac{40 \times 10^3 \times 100 \times 10^{-3}}{186.6 \times 10^{-6}} Pa = 21.4 \times 10^6 Pa = 21.4 MPa$$

$$\sigma_{max}^{-} = \frac{M_B y_c}{I_z} = \frac{40 \times 10^3 \times 180 \times 10^{-3}}{186.6 \times 10^{-6}} Pa = 38.6 \times 10^6 Pa = 38.6 MPa$$

（2）C 截面。

C 截面弯矩为正,该截面下边缘各点处产生最大拉应力,上边缘各点处产生最大压应力。其值分别为

$$\sigma_{max}^{+} = \frac{M_C y_t}{I_z} = \frac{30 \times 10^3 \times 180 \times 10^{-3}}{186.6 \times 10^{-6}} Pa = 28.9 \times 10^6 Pa = 28.9 MPa$$

$$\sigma_{max}^{-} = \frac{M_C y_c}{I_z} = \frac{30 \times 10^3 \times 100 \times 10^{-3}}{186.6 \times 10^{-6}} Pa = 16.1 \times 10^6 Pa = 16.1 MPa$$

由计算可知,全梁最大的拉应力为 28.9MPa,发生在 C 截面下边缘各点处,最大的压应力为 38.6MPa,发生在 B 截面下边缘各点处。

若将截面倒置,则最大的拉应力和压应力又为多少?读者可按此法计算,并分析何种放置方式的承载能力更大。

4.5.2　横力弯曲梁的切应力

梁弯曲变形时,一般以正应力作为强度计算的主要依据。但在跨度较小的短梁、跨高比 l/h $=2 \sim 5$ 的简支梁、腹板较薄的型材梁或横力作用在支座附近的梁,此时剪力的影响不可忽视,切应力可能达到很大值,甚至不比弯曲正应力逊色,因此必需计算剪力 F_S 引起的切应力。

由于梁的切应力与截面形状有关,故需就不同的截面形状分别研究。

1. 矩形截面梁

下面先以矩形截面梁为研究对象,说明分析弯曲切应力的基本方法,然后推广应用到其他截面形式。

在轴向拉压、扭转和纯弯曲问题中,求横截面上的应力时,都是首先由平面假设,得到应变的变化规律,再结合物理方面得到应力的分布规律,最后利用静力学方面得到应力公式。但分析梁在剪切弯曲下的切应力时,无法用简单的几何关系确定与切应力对应的切应变的变化规律。

设有图 4.29（a）、（c）所示矩形截面梁,横截面高为 h,宽为 b,在纵向对称面内受外力作用,引

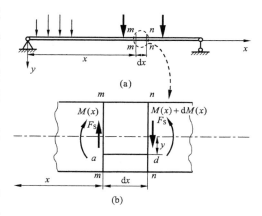

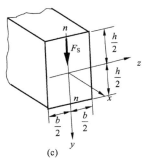

图 4.29　横力弯曲梁微段

起横力弯曲。对于狭长矩形截面,由于梁的侧边上无切应力,故横截面上侧边各点处的切应力必与侧边平行,而在对称弯曲的情况下,对称轴 y 处的切应力必沿着 y 方向,且狭长矩形截面上切应力沿截面宽度的变化不可能大。为了简化分析,对于矩形截面梁的切应力,可首先作出以下两个假设。

(1) 横截面上各点处的切应力平行于侧边。因为根据切应力互等定理,横截面两侧边上的切应力必平行于侧边。

(2) 切应力沿横截面宽度方向均匀分布。

对于非狭长矩形截面,在截面高度 h 大于宽度 b 的情况下,由上述假定得到的解与精确解相比,其误差在工程上常可以忽略。

图 4.30 画出了横截面上切应力沿宽度方向均匀分布的情况。

在图 4.29(a)所示梁内,沿轴线用相距 dx 的两个横截面 m-m 和 n-n 自梁中取出一个微段作为研究对象(图 4.29(b))。设在该两截面上均有剪力 $F_S(x)$,弯矩分别为 $M(x)$ 和 $M(x)+dM(x)$,因此这两个截面上的弯曲正应力也不相等,其分布如图 4.31(a)所示。

为了求出距中性轴为 y 处水平面上的切应力,假想沿水平面再将梁截开,取 $aa'dd'$ 平面下段这一部分进行分析,如图 4.31(b)所示。

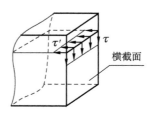

图 4.30 矩形截面横截面上的切应力沿宽度分布

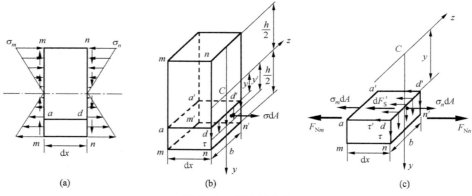

图 4.31 弯曲切应力

由于 $maa'm'$ 和 $ndd'n'$ 左右两截面上高度相同的点处的正应力不同,故该两截面上的由法向微内力 $\sigma_m dA$、$\sigma_n dA$ 合成的内力 F_{Nm} 和 F_{Nn} 不相等,且 $F_{Nm} < F_{Nn}$。但该部分处于平衡状态,故 $adda$ 截面上必存在切应力 τ',其切向内力 $dF_S' = \tau' b dx$。由切应力互等定理和以上对切应力分布所作假设,τ' 与 τ 是大小相等、方向相反、沿梁宽度 b 是均匀分布的。由图 4.31(c)可见,取出的作用在微分体各个面上的内力所组成的空间平行力系应满足以下平衡方程

$$F_{Nm} = \int_{A_1} \sigma_m dA = \int_{A_1} \frac{M(x) y_1}{I_z} dA = \frac{M(x)}{I_z} \int_{A_1} y_1 dA = \frac{M(x)}{I_z} S_z^*$$

$$F_{Nn} = \int_{A_1} \sigma_n dA = \int_{A_1} \frac{M(x) + dM(x)}{I_z} y_1 dA = \frac{M(x) + dM(x)}{I_z} \int_{A_1} y_1 dA = \frac{M(x) + dM(x)}{I_z} S_z^*$$

$$dF_S' = \tau' b dx$$

式中,$S_z^* = \int_{A_1} y_1 dA$ 是微段横截面面积 $A_1 = A_{mdd}$ 对中性轴 z 的静矩。

由 $\sum F_x = 0$，得

$$F_{Nn} - dF'_S = F_{Nm}$$

即

$$\frac{M(x) + dM(x)}{I_z} S_z^* - \tau'b\,dx - \frac{M(x)}{I_z} S_z^* = 0$$

化简后，得

$$\tau' = \frac{dM(x)}{dx} \cdot \frac{S_z^*}{I_z \cdot b} = \frac{F_S(x) S_z^*}{I_z b}$$

因此

$$\tau = \frac{F_S(x) S_z^*}{I_z b} \qquad (4.56)$$

式中，$F_S(x)$ 为横截面上的剪力；I_z 为整个梁横截面面积的主形心惯性矩；b 为切应力 τ 处横截面的宽度 dd；S_z^* 为距中性轴为 y 的横向线 dd' 以下部分面积 A_1 对中性轴的静距。

对于图 4.31(c)所示的矩形截面，取 $dA = b\,dy$，其静矩为

$$S_z^* = \int_{A_1} y_1\,dA = \int_y^{h/2} by_1\,dy = \frac{b}{2}\left(\frac{h^2}{4} - y^2\right)$$

所以，式(4.56)可写成

$$\tau = \frac{F_S(x)}{2I_z}\left(\frac{h^2}{4} - y^2\right) \qquad (4.57)$$

上式说明，弯曲切应力沿截面宽度均匀分布，而沿截面高度成抛物线分布。

$|y|_{max} = \pm\dfrac{h}{2}$ 处：　　　　　　　　$\tau = 0$

$y = 0$ 的中性轴处：　　　　　　$\tau_{max} = \tau_0 = \dfrac{F_S(x)h^2}{8I_z}$

由于 $I_z = \dfrac{bh^3}{12}$，代入上式，得

$$\tau_{max} = \frac{3}{2}\frac{F_S(x)}{bh} = 1.5\frac{F_S(x)}{A} = 1.5\tau_m \qquad (4.58)$$

可见矩形截面梁的最大切应力为该截面上平均切应力的 1.5 倍。

矩形截面梁的切应力是按抛物线变化的（图 4.32(b)）。截面不再保持平面，发生翘曲（图 4.32(c)），当剪力不随截面位置而变化时，$F_S(x) = F_S$ 为常量，则各横截面的翘曲程度相同，不影响纵向纤维长度的改变，所以不会改变弯曲正应力的分布和计算，式(4.39)仍然适用。

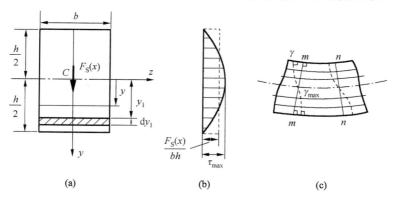

图 4.32　切应力和切应变

如果剪力不是常数,各截面的翘曲程度将不相同,引起纵向纤维长度的变化,但对细长梁的精确计算,其影响甚微,式(4.39)对弯曲正应力仍可使用。

2. 工字形截面梁

工字形截面由上、下翼缘及腹板构成(图4.33(a)),首先讨论腹板上的切应力。

(1)腹板。腹板是狭长矩形,故关于矩形截面梁切应力分布的两个假设完全适用。因此导出相同的切应力计算公式为

$$\tau = \frac{F_S S_z^*}{I_z d} \tag{4.59}$$

式中,d 为腹板厚度;I_z 为横截面对中性轴的惯性矩;S_z^* 为距中性轴为 y 的横线以外部分的面积 A^* 对中性轴的静矩。

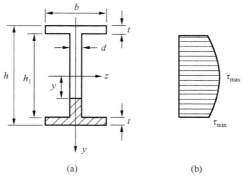

图 4.33 工字形截面梁弯曲切应力分布

由切应力公式(4.59)计算出腹板的切应力为

$$\tau = \frac{F_S S_z^*}{I_z d} = \frac{F_S}{I_z d}\left[\frac{b}{2}\left(\frac{h^2}{4} - \frac{h_1^2}{4}\right) + \frac{d}{2}\left(\frac{h_1^2}{4} - y^2\right)\right]$$

由上式可见,工字形截面梁腹板部分的切应力 τ 沿腹板高度按二次抛物线规律变化,其最大切应力发生在中性轴上,即 $y=0$ 处。腹板上的最小切应力在与翼缘交界处,即 $y=\pm\frac{h_1}{2}$ 处。由式(4.59),有

$$\text{当 } y=0 \text{ 时：} \qquad \tau_{\max} = \frac{F_S S_{z\max}^*}{I_z d} = \frac{F_S}{I_z d}\left(\frac{bh^2}{8} - \frac{bh_1^2}{8} + \frac{dh_1^2}{8}\right)$$

$$\text{当 } y=\pm\frac{h_1}{2} \text{ 时：} \qquad \tau_{\min} = \frac{F_S}{I_z t}\left(\frac{bh^2}{8} - \frac{bh_1^2}{8}\right)$$

从上两式可以看出,翼缘宽度 b 远远大于腹板宽度 t,因而 $\tau_{\max}$ 和 $\tau_{\min}$ 相差不大(图4.33(b)),工程上常忽略其差异,认为腹板的切应力大致是均匀分布的。根据计算,腹板上切应力所组成的剪力 $F_{S'}$ 约占横截面上总剪力 F_S 的95%左右,即腹板承担了绝大部分的剪力,所以通常近似地认为腹板上的剪力 $F_{S'} \approx F_S$,而腹板的切应力又可认为均匀分布,因此近似可得腹板的切应力为

$$\tau = \frac{F_S}{h_1 d} \tag{4.60}$$

对于热轧制工字钢,在计算横截面上的 $\tau_{\max}$ 时,式(4.59)中的 $\frac{I_z}{S_z^*}$ 就是型钢规格表中给出的比值 $\frac{I_x}{S_x}$。

（2）翼缘。翼缘上的竖直切应力很小，可不必计算。但是，在翼缘上存在着水平切应力 τ_1，如图 4.34 所示。也可仿照与矩形截面相同的分析方法，导出切应力 τ_1 公式为

$$\tau_1 = \frac{F_S S_z^*}{I_z t} \tag{4.61}$$

这一公式与式（4.59）的形式相同，式中 t 为翼缘的厚度，F_S 为横截面上的剪力，I_z 为整个横截面对中性轴 z 的惯性矩，S_z^* 为图 4.34 中阴影面积对中性轴 z 的面积矩。

$$S_z^* = t \times u \times \frac{1}{2}(h - t)$$

将 S_z^* 代入式（4.61），可得

$$\tau_1 = \frac{F_S S_z^*}{I_z t} = \frac{F_S(h - t)}{2I_z}u$$

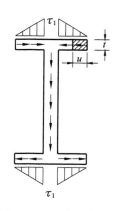

图 4.34　工字形截面梁
弯曲切应力流图

可看出水平切应力与 u 成正比。整个工字形截面上的切应力形成所谓的"切应力流"，如图 4.34 所示。

对工字形截面梁横截面上的切应力的分析和计算，同样适用于 T 形、槽形和箱形等截面梁。

3. 圆形截面梁

直径为 D 的圆截面梁，受剪力 $F_S(x)$ 作用，如图 4.35（a）所示。由切应力互等定理可知，在截面边缘上各点处切应力 τ 的方向必与圆周相切，在中性轴处切应力达到最大。根据式（4.56），首先计算中性轴处的静矩 S_z^* 为

$$S_z^* = A_1 \cdot \frac{2D}{3\pi} = \frac{\pi D^2}{8} \times \frac{2D}{3\pi} = \frac{D^3}{12}$$

而圆的主形心惯性矩为

$$I_z = \frac{\pi D^4}{64}$$

圆截面在中性轴处的宽度 $b = D$，最后得

$$\tau_{\max} = \frac{F_S(x)S_z^*}{I_z \cdot b} = \frac{4}{3}\frac{F_S(x)}{A} \approx 1.33\tau_m \tag{4.62}$$

最大弯曲切应力是圆截面梁上平均切应力的 1.33 倍。

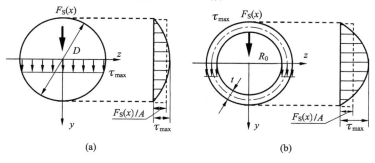

(a)　　　　　　　　　　(b)

图 4.35　圆截面梁弯曲切应力分布

4. 薄壁圆环截面梁

若为薄壁圆环截面梁,设壁厚 $t \ll$ 平均半径 R_0(图4.35(b)),在剪力 $F_S(x)$ 作用下,最大切应力仍在中性轴处。静矩和主形心惯性矩都可看成是外圆与内圆之差,即外径 $D=2R_0+t$、内径 $d=2R_0-t$,则

$$S_z^* = \frac{D^3}{12} - \frac{d^3}{12} = \frac{1}{12}\left[(2R_0+t)^3-(2R_0-t)^3\right] \approx 2R_0^2 t$$

$$I_z = \frac{\pi}{64}(D^4-d^4) = \frac{\pi}{64}\left[(2R_0+t)^4-(2R_0-t)^4\right] \approx \pi R_0^3 t$$

$$b = 2t$$

代入式(4.56),得

$$\tau_{\max} \approx \frac{F_S(x)2R_0^2 t}{\pi R_0^3 t 2t} = \frac{F_S(x)}{\pi R_0 t} = 2\frac{F_S(x)}{A} = 2\tau_{\mathrm{m}} \tag{4.63}$$

最大弯曲切应力是薄壁圆环截面梁上平均切应力的二倍。

【例4.7】 高、宽比为 h/b 的矩形截面简支梁,在跨中受集中力 F 作用,梁长 l(图4.36(a)),试求梁最大切应力 $\tau_{\max}$ 与最大正应力 $\sigma_{\max}$ 的比值。

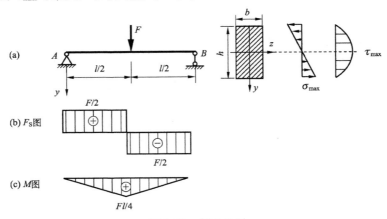

图4.36　例4.7图

解: 简支梁的剪力图和弯矩图见图4.36(b)、(c)。

按式(4.60)和式(4.55)求得最大切应力和最大正应力为

$$\tau_{\max} = \frac{3}{2}\frac{F_{S\max}}{A} = \frac{3}{2}\frac{F/2}{bh} = \frac{3}{4}\frac{F}{bh}$$

$$\sigma_{\max} = \frac{M_{\max}}{W_z} = \frac{Fl/4}{bh^2/6} = \frac{3}{2}\frac{Fl}{bh^2}$$

两种应力的比值为

$$\frac{\tau_{\max}}{\sigma_{\max}} = \frac{\dfrac{3}{4}\dfrac{F}{bh}}{\dfrac{3}{2}\dfrac{Fl}{bh^2}} = \frac{h}{2l}$$

由于多数梁为细长梁,$l \gg h$,所以切应力远小于正应力。对于一般细长的非薄壁梁,弯曲正应力往往是弯曲强度的主要因素。

【例 4.8】 图 4.37(a)所示为 56a 号工字钢梁,其截面简化后的尺寸见图 4.37(b),$F=$150kN。试求梁的最大切应力 τ_{max} 和同一截面腹板部分在 a 点(图 4.37(b))处的切应力 τ_a,并分析切应力沿腹板高度的变化规律。

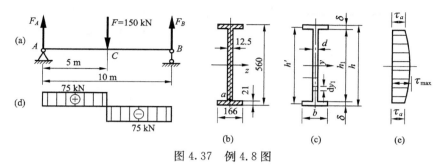

图 4.37 例 4.8 图

解:作梁的剪力图,如图 4.37(d)所示。由图可知,最大剪力为

$$F_{Smax} = 75kN$$

利用型钢规格表,查得 56a 号工字钢截面的 $\dfrac{I_z}{S^*_{zmax}}=47.73$cm。

将 F_{Smax},$\dfrac{I_z}{S^*_{zmax}}$ 的值和 $d=12.5$mm(图 4.37(b))代入式(4.59),得

$$\tau_{max} = \frac{F_{Smax}S^*_{zmax}}{I_z d} = \frac{F_{Smax}}{\dfrac{I_z}{S^*_{zmax}}d}$$

$$= \frac{75\times10^3\text{N}}{(47.73\times10^{-2}\text{m})(12.5\times10^{-3}\text{m})} = 12.6\times10^6\text{Pa} = 12.6\text{MPa}$$

为计算 τ_a,先求下翼缘截面面积对中性轴的静矩 S^*_{za}。根据图 4.37(b)所示尺寸可得

$$S^*_{za} = 166\text{mm}\times21\text{mm}\times\left(\frac{560\text{mm}}{2}-\frac{21\text{mm}}{2}\right) = 940\times10^3\text{mm}^3$$

由式(4.60)及已知值,得

$$\tau_a = \frac{F_{Smax}S^*_{za}}{I_z d} = \frac{(75\times10^3\text{N})(940\times10^{-6}\text{m}^3)}{(65586\times10^{-8}\text{m}^4)(12.5\times10^{-3}\text{m})}$$

$$= 8.6\times10^6\text{Pa} = 8.6\text{MPa}$$

至于切应力 τ 沿腹板高度的变化规律,因腹板壁厚 d 为常量,故与 S^*_z 的变化规律相同。现写出 S^*_z 的展开式,并取 $d\cdot dy_1$(图 4.37(c))为腹板部分的面积元素 dA,从而有

$$S^*_z = \frac{b\delta h'}{2}+\int_y^{\frac{h_1}{2}}y_1\cdot d\cdot dy_1 = \frac{b\delta h'}{2}+\frac{d}{2}\left(\frac{h_1^2}{4}-y^2\right)$$

上式表明,τ 沿腹板高度是按二次抛物线规律变化的(图 4.37(e))。

【例 4.9】 如图 4.38 所示倒 T 形外伸梁,已知 $q=3$kN/m,$F_1=12$kN,$F_2=18$kN,形心主惯性矩 $I_z=39800$cm⁴。(1)试求梁的最大拉应力和最大压应力及其所在的位置;(2)若该梁是由两个矩形截面的厚板条沿图示截面上的 ab 线(实际是一水平面)胶合而成,为了保证该梁的胶合连接强度,试确定水平接合面上的最大切应力。

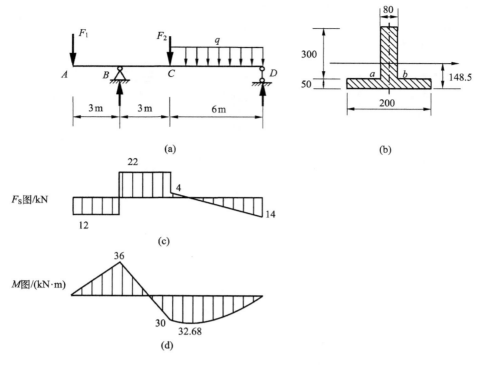

图 4.38　例 4.9 图

解:作梁的剪力图和弯矩图,如图 4.38(c)所示。由图可知

$$|M_{max}^-| = 36 \text{kN·m}; \qquad |M_{max}^+| = 32.68 \text{kN·m}; \qquad |F_{Smax}| = 22 \text{kN}$$

参照例 4.6 可知:最大拉应力发生在 B 截面上

$$\sigma^+ = \frac{36 \times 10^3 \text{Nm} \times (350 - 148.5) \times 10^{-3} \text{m}}{39800 \times 10^{-4} \text{m}^4} = 18.2 \text{MPa}$$

最大压应力发生在 $F_S = 0$ 的截面上

$$\sigma^- = \frac{32.68 \times 10^3 \text{Nm} \times (350 - 148.5) \times 10^{-3} \text{m}}{39800 \times 10^{-4} \text{m}^4} = 16.5 \text{MPa}$$

ab 线上最大切应力发生在 BC 段

$$S_z^* = 200 \times 50 \times (148.5 - 25) = 1235 \times 10^3 \text{mm}^3$$

代入公式

$$\tau = \frac{F_S S_z^*}{I_z b}$$

得到

$$\tau_{ab} = \frac{22 \times 10^3 \text{N} \times 1235 \times 10^3 \text{mm}^3}{39800 \times 10^4 \text{mm}^4 \times 80 \text{m}} = 0.85 \text{MPa}$$

【例 4.10】　直径为 $\phi 60$ 的实心圆杆,外伸部分钻有 $\phi 45$ 的内孔,受载如图 4.39(a)所示,求该杆的最大正应力和最大切应力。

解:(1) 求约束反力和内力。

由 $\sum M_B = 0$,得

$$F_{Ay} = \frac{5 \times 1 + 2 \times 0.2 - 3 \times 0.3}{1.4} \text{kN} = 3.21 \text{kN}$$

由 $\sum M_A = 0$，得

$$F_{By} = \frac{5 \times 0.4 + 2 \times 1.2 + 3 \times 1.7}{1.4}\text{kN} = 6.79\text{kN}$$

剪力图 F_S 和弯矩图 M 见图 4.39(b)、(c)，危险可能在 C、B 截面。

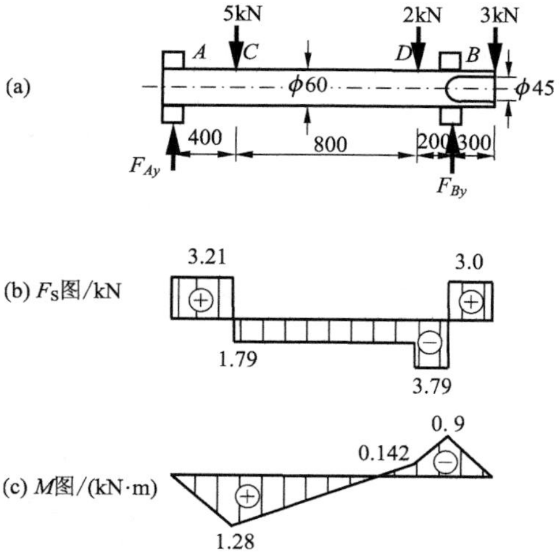

（2）求截面几何量和最大工作应力。

计算抗弯截面系数、主形心惯性矩、静矩分别为

$$W_{z,C} = \frac{\pi D^3}{32} = \frac{\pi (60)^3 \times 10^{-9}}{32}$$
$$= 21.2 \times 10^{-6}\text{m}^3 \quad (AB \text{ 段})$$

$$W_{z,B} = \frac{\pi D^3}{32}(1 - \alpha^4) = \frac{\pi (60)^3}{32}\left[1 - \left(\frac{45}{60}\right)^4\right] \times 10^{-9}$$
$$= 14.5 \times 10^{-6}\text{m}^3 \quad (BE \text{ 段})$$

$$I_{z,C} = \frac{\pi D^4}{64} = \frac{\pi (60)^4 \times 10^{-12}}{64}\text{m}^4 = 0.636 \times 10^{-6}\text{m}^4$$

图 4.39　例 4.10 图

$$I_{z,B} = \frac{\pi D^4}{64}(1 - \alpha^4) = \frac{\pi (60)^4}{64}\left[1 - \left(\frac{45}{60}\right)^4\right] \times 10^{-12}\text{m}^4 = 0.435 \times 10^{-6}\text{m}^4$$

$$S_{zC}^* = \frac{2D}{3\pi} \cdot \frac{\pi D^2}{8} = \frac{D^3}{12} = \frac{1}{12}(60)^3 \times 10^{-9}\text{m}^3 = 18 \times 10^{-6}\text{m}^3$$

$$S_{zB}^* = \frac{1}{12}(D^3 - d^3) = \frac{1}{12}(60^3 - 45^3) \times 10^{-9}\text{m}^3 = 10.4 \times 10^{-6}\text{m}^3$$

由式（4.42）和式（4.56），得最大工作应力为

$$\sigma_{C\max} = \frac{M_C}{W_{zC}} = \frac{1.28 \times 10^3\text{N} \cdot \text{m}}{21.2 \times 10^{-6}\text{m}} = 60.6\text{MPa}$$

$$\sigma_{B\max} = \frac{M_B}{W_{zB}} = \frac{0.9 \times 10^3\text{N} \cdot \text{m}}{14.5 \times 10^{-6}\text{m}} = 62.1\text{MPa}$$

$$\tau_{C\max} = \frac{F_{SC}S_{zC}^*}{I_{zC}d} = \frac{3.21 \times 10^3 \times 18 \times 10^{-6}}{0.636 \times 10^{-6} \times 60 \times 10^{-3}}\text{Pa} = 1.51\text{MPa}$$

$$\tau_{B\max} = \frac{3.79 \times 10^3 \times 18 \times 10^{-6}}{0.636 \times 10^{-6} \times 60 \times 10^{-3}}\text{Pa} = 1.79\text{MPa}$$

$$\tau'_{B\max} = \frac{3.0 \times 10^3 \times 10.4 \times 10^{-6}}{0.435 \times 10^{-6}(60 - 45)10^{-3}}\text{Pa} = 4.79\text{MPa}$$

比较以上计算结果，危险截面位于轴承 B 的右侧。对于实心圆截面的最大切应力也可按式（4.62）计算，结果相同。而 $\tau'_{B\max}$ 不能采用式（4.23）计算，由于它不符合薄壁条件。

*4.6　开口薄壁截面梁的切应力和弯曲中心

以上讨论的是当梁具有纵向对称平面，且横向力也作用在此平面内时的平面弯曲（图 4.40(a)）。如果将槽形梁转换 90°，而横向力仍然垂直向下（图 4.40(b)），这时就不再是平面弯曲，对于这种薄壁梁将会出现扭曲变形。理论分析和实验结果指出，横向力必须作用在平行于形心主惯性平面的某一特定平面内,才能保证梁只发生平面弯曲而不产生扭转。下面对开口薄壁截面梁进行分析。

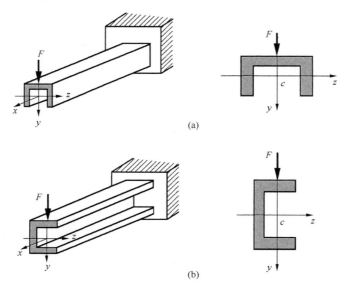

图 4.40　槽型截面梁

如图 4.41(a)所示一槽形截面梁,在竖向无纵向对称面。假想在任意横截面处截开,取其中一段分析。横截面上的弯曲正应力可应用对称弯曲正应力公式计算。而横截面上的切应力,不论是腹板还是翼缘,都是狭长矩形,可以采用矩形截面切应力的计算,即

$$\tau = \frac{F_S S_z^*}{I_z b}$$

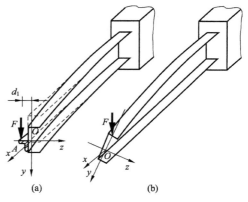

图 4.41　槽型截面梁

上式中的 b,对于腹板应取腹板的厚度 d;翼缘应取翼缘的厚度 δ。将相应的部分截面对中性轴的静矩 S_z^* 代入上式,即得到腹板和翼缘上的切应力(图 4.42(b))分别为

腹板部分: $$\tau = \frac{F_S}{I_z d}\left[b\delta\frac{h'}{2} + \frac{d}{2}\left(\frac{h_1^2}{4} - y^2\right)\right] \tag{4.64}$$

翼缘部分: $$\tau' = \frac{F_S h' u}{2 I_z} \tag{4.65}$$

可见,横截面上腹板和翼缘上的切应力形成了切应力流(图 4.42(b))。

考察横截面上的切应力所构成的切向分布内力系的合成。对于腹板部分,其合力 F_R(图 4.42(c)),由式(4.64)可得

$$F_R = \int_{-\frac{h_1}{2}}^{\frac{h_1}{2}} \tau(d\mathrm{d}y) = \frac{F_S}{I_z}\int_{-\frac{h_1}{2}}^{\frac{h_1}{2}}\left[\frac{b\delta h'}{2} + \frac{d}{2}\left(\frac{h_1^2}{4} - y^2\right)\right]\mathrm{d}y \tag{4.66}$$

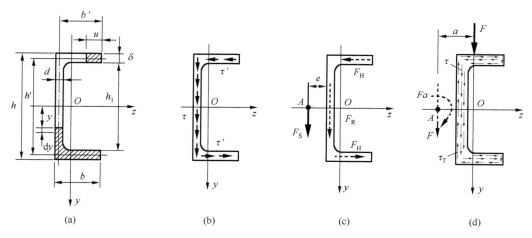

图 4.42　槽型截面梁弯曲中心

上式中的积分运算式与截面对中性轴 z 的惯性矩 I_z 的算式非常接近,故

$$F_R \approx F_S \tag{4.67}$$

对于翼缘部分,由式(4.65)可见,其切应力 τ' 沿翼缘长度呈线性规律变化,故其切向分布内力系的合力 F_H 为

$$F_H = \frac{1}{2}\tau'_{max}\delta b' = \frac{1}{2} \times \frac{F_S h' b'}{2I_z}\delta b' = \frac{F_S b'^2 h'\delta}{4I_z} \tag{4.68}$$

显然,腹板上切向合力 F_R 的作用线与腹板中线重合,而翼缘上切向合力 F_H 必沿翼缘中线,如图 4.42(c) 所示。

由以上分析可知,横截面上的剪力由一个 F_R 和两个 F_H 共三部分组成。由力系合成原理,上述三个组成部分的合力 F_S 的大小和方向均与 F_R 相同,但其作用线则与 F_R 相隔一段距离 e(图 4.42(c))。由静力学方法,对 A 点取矩得到

$$F_R \times e = F_H \times h'$$

联立式(4.67)和式(4.68),可得

$$e = \frac{F_H h'}{F_R} = \frac{h'}{F_S}\frac{F_S b'^2 h'\delta}{4I_z} = \frac{b'^2 h'^2 \delta}{4I_z} \tag{4.69}$$

只有当横向外力 F 与剪力 F_S 位于同一纵向平面时,即横向外力 F 平行于 y 轴且过 A 点时梁才只发生平面弯曲(图 4.41(a)),A 点称为开口薄壁截面的**弯曲中心**(亦称**剪切中心**,简称**弯心**)。

当横向外力 F 的作用线位于形心主惯性平面(xy 平面)内(图 4.41(b)),可将其简化为过弯曲中心 A 点的一个力 F 和一个力偶 Fa(图 4.42(d))。其中,力 F 由弯曲切应力 τ 合成,使梁发生平面弯曲;而力偶 Fa 则由扭转切应力 τ_T 合成,使梁发生扭转(图 4.41(b))

由此得到结论:当外力的作用线平行于形心主惯性轴并通过横截面的弯曲中心时,梁只产生平面弯曲。这就是梁产生平面弯曲的一般条件。

如横截面有两个对称轴,则两个对称轴的交点即为弯曲中心,即弯曲中心和截面的形心重合;如横截面只有一个对称轴,则弯曲中心必在此对称轴上。

表 4.2 中给出了一些常用截面的弯曲中心位置。由表中结果可见,对于由同一材料制成

的梁,弯曲中心的位置仅与横截面的几何特征有关,因弯曲中心仅取决于剪力作用线的位置,而与其方位及剪力的数值无关。

表 4.2　几种截面的弯曲中心位置

截面形状	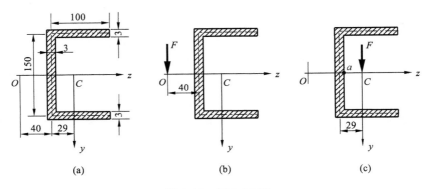
弯曲中心 A 的位置	$e=\dfrac{b'^2 h'^2 \delta}{4 I_z}$　　　　　　$e=r_0$　　　　　　在两个狭长矩形中线的交点处　　　　　　与形心重合

【例 4.11】 图 4.43(a)所示的槽形截面悬臂梁,自由端受横向集中力 $F=800\text{N}$ 作用。试求:(1)当 F 作用在弯心 O 处产生的最大切应力(图 4.43(b));(2)当 F 作用在形心 C 处产生的最大切应力(图 4.43(c))。

图 4.43　例 4.11 图

解:(1) F 作用在弯心 O,不产生扭转变形,只引起弯曲切应力,最大值在 $y=0$ 处。

$$I_z = \frac{3\times 15^3}{12}\times 10^{-12}\text{m}^4 + 2\left[\frac{100\times 3^3}{12}+100\times 3\times\left(\frac{150}{2}\right)^2\right]\times 10^{-12}\text{m}^4 = 4.22\times 10^{-6}\text{m}^4$$

$$S_z^* = \left[3\times\frac{150}{2}\times\frac{150}{4}+100\times 3\times\frac{150}{2}\right]\times 10^{-9}\text{m}^3 = 30.9\times 10^{-6}\text{m}^3$$

$$b = 3\times 10^{-3}\text{m}$$

$$F_S = F = 800\text{N}$$

$$\tau_{\max} = \frac{800\text{N}\times 30.9\times 10^{-6}\text{m}^3}{4.22\times 10^{-6}\text{m}^4\times 3\times 10^{-3}\text{m}} = 1.95\text{MPa}$$

(2) F 作用在形心 C,引起弯扭组合变形,横截面上既有弯曲切应力又有扭转切应力。

剪力　　$F_S = F = 800\text{ N}$

扭矩　　$T = F(40+29)\times 10^{-3} = 800\times 69\times 10^{-3}\text{N·m} = 55.2\text{ N·m}$

由弯曲引起的切应力即为 $\tau_{\max} = 1.95\text{MPa}$,由扭转引起的切应力按非圆截面扭转计算,看作是狭长矩形截面,高 $h = (2\times 100+150)\times 10^{-3}\text{m} = 0.35\text{m}$,宽 $\delta = 3\times 10^{-3}\text{m}$,由式(4.29)得

$$\tau_T = \frac{T}{\frac{1}{3}h\delta^2} = \frac{55.2\text{N·m}}{\frac{1}{3} \times 0.35 \times 3^2 \times 10^{-6}\text{m}^3} = 52.6\text{MPa}$$

由图 4.42(d)知,最大切应力在 a 处,此处弯曲切应力和扭转切应力方向相同,根据叠加原理求得最大切应力为

$$\tau_{max} = \tau_{max} + \tau_T = 1.95 + 52.6 = 54.6\text{MPa}$$

扭转切应力占总切应力的比例较大,不可忽视,说明弯心位置对薄壁开口截面是很重要的。

复习思考题

4-1 横截面为任意形状的等直杆如图 4.44 所示。已知横截面上的正应力为均匀分布,试证明拉力 F 的作用线必与杆轴重合。

4-2 试论述轴向拉压杆斜截面上的应力是均匀分布的,如图 4.45 所示。

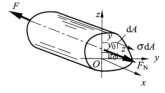

图 4.44 复习思考题 4-1 图

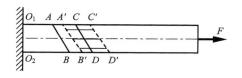

图 4.45 复习思考题 4-2 图

4-3 在一长纸条的中部,打出一个小圆孔和切出一横向裂缝,如图 4.46 所示。若小圆孔的直径 d 与裂缝的长度 a 相等,且均不超过纸条宽度 b 的1/10($d=a\leqslant\frac{b}{10}$)。小圆孔和裂缝均位于纸条宽

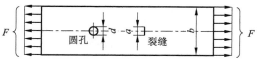

图 4.46 复习思考题 4-3 图

度的中间,然后,在纸条两端均匀受拉,试问纸条将从何处破裂,为什么?

4-4 说明以下公式在什么条件下是成立的。

$$\sigma = \frac{F_N}{A}, \sigma = \frac{M}{W}, \sigma = \frac{M_z \cdot y}{I_z}, \tau = \frac{F_s S_z^*}{I_z b},$$

$$\sigma = E\varepsilon, \tau = G\gamma$$

4-5 横截面的轴惯性矩与极惯性矩,抗扭截面系数与抗弯截面系数可否都采用叠加的方法进行计算?

4-6 判断图 4.47 所示截面应力分布图的正误。

4-7 如图 4.48(a)所示悬臂梁,其横截面分别由一块整料或锯成两块矩形拼接而成,如图 4.48(b)、(c)、(d)所示,试比较三者的承载能力,分别绘出它们的正应力分布图和切应力分布图。

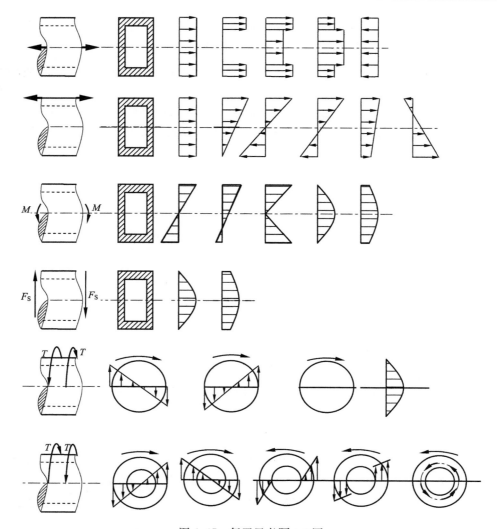

图 4.47　复习思考题 4-6 图

4-8　如图 4.49(a)所示悬臂梁均由方形截面制成,其一为正方形(图 4.49(b)),其二为上下边各切割一小块的方形(图 4.49(c)),它们在 Oxy 平面受到平面弯曲变形,试判断哪种截面上的最大正应力较大。

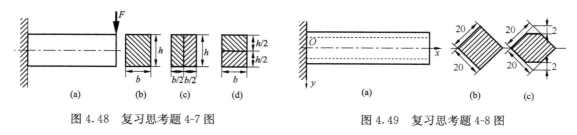

图 4.48　复习思考题 4-7 图　　　　　　　　图 4.49　复习思考题 4-8 图

4-9　图 4.50 所示悬臂梁的横截面没有对称轴,要使它产生平面弯曲,试问外力偶矩 M_e 应作用在什么平面上,并在截面图上大致标出平面位置。

4-10   试分析图 4.51(a)、(b) 所示各杆中的 AB、BC、CD 和图 4.51(c) 中的 ADE、BC 分别是哪几种基本变形的组合?

4-11   图 4.52 所示矩形截面梁(图 4.52(a))和圆形截面梁(图 4.52(b))均在主形心惯性平面 Oxy 和 Oxz 受弯矩 M_z 和 M_y 作用,如何确定截面危险点的应力。

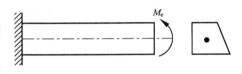

图 4.50   复习思考题 4-9 图

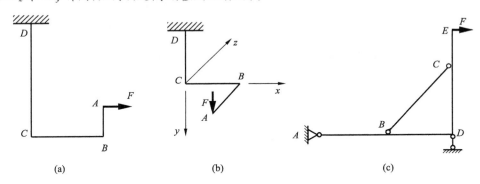

(a)   (b)   (c)

图 4.51   复习思考题 4-10 图

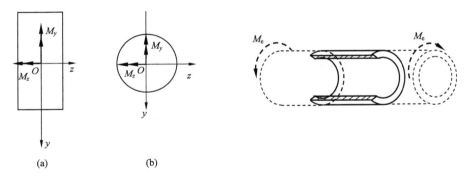

(a)   (b)

图 4.52   复习思考题 4-11 图   图 4.53   复习思考题 4-13 图

4-12   材料通过拉伸曲线得到 σ_p、σ_s 和 σ_b,试问这些强度指标在弯曲和压缩组合变形时能否应用? 扭转试验时,上述三个强度指标如何表示?

4-13   薄壁圆管受扭如图 4.53 所示。若从圆管取出图示实线部分为分离体,试画出该部分各纵横截面上的切应力分布图。

4-14   图 4.54 所示受扭圆轴,从其直径纵向面截取图示实线所示部分为分离体。试写出保持该分离体平衡的静力平衡方程表达式。

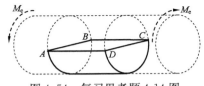

图 4.54   复习思考题 4-14 图

习   题

4.1   一根中间部分对称开槽的直杆如图 4.55 所示,已知材料的弹性模量 $E = 70\,\text{GPa}$。试求横截面 1-1 和 2-2 上的正应力和线应变。

4.2　连杆 BD 由两个矩形等截面（$A=12\times40\ mm^2$）钢杆组成,用直径 $d=10\ mm$ 的销钉连接,在图 4.56 所示条件下,当（1）$\alpha=0°$,（2）$\alpha=90°$时,分别求连杆所受的最大平均正应力。

4.3　作用在曲柄连杆机构上的力偶 $M_e=1.40kN\cdot m$,在图 4.57 所示位置下要求计算:（1）保持系统平衡在活塞上所施加的 F 力;（2）等截面连杆 BC（$A=465\ mm^2$）所受的正应力。

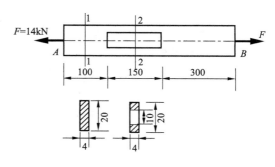

图 4.55　习题 4.1 图

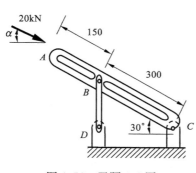

图 4.56　习题 4.2 图

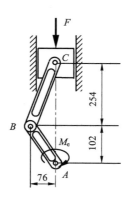

图 4.57　习题 4.3 图

4.4　已知图 4.58 所示结构的吊杆 BE 为矩形等截面杆（$A=12\times25\ mm^2$）,它受到的正应力为 $+90\ MPa$,试确定所受的 F 力。如假设三个 $F=4kN$;若等截面吊杆 BE 受到的正应力为 $+100\ MPa$,试求吊杆的横截面面积。

4.5　测力传感器如图 4.59 所示,在弹性元件上贴有应变片,通过应变的测量来确定传感器所传递的力 F。设弹性元件的弹性模量 $E=200\ GPa$,直径 $d=20\ mm$,测得的应变值 $\varepsilon=200\times10^{-6}$,试求外力 F。

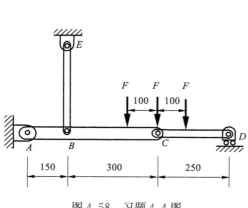

图 4.58　习题 4.4 图

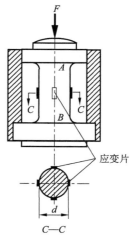

图 4.59　习题 4.5 图

4.6　电子秤的弹性元件由图 4.60 所示空心圆筒制成。元件材料的弹性模量 $E = 200$ GPa，当电子秤受到重物 $F = 20$ kN 作用后，求筒壁产生的轴向线应变 ε。

4.7　悬臂吊车如图 4.61 所示。钢杆 CD 在起吊重量为 F 时测得轴向线应变 $\varepsilon = 390 \times 10^{-6}$，已知钢的弹性模量 $E = 200$ GPa，试求重量 F。

4.8　杆系如图 4.62 所示。两杆的横截面面积均为 $A = 20$ mm²，材料的弹性模量均为 $E = 200$ GPa，试验测得杆 1 和杆 2 的轴向线应变分别为 $\varepsilon_1 = 400 \times 10^{-6}$ 和 $\varepsilon_2 = 200 \times 10^{-6}$。试求荷载 F 及其方位角 θ。

4.9　图 4.63 所示结构，AB 为刚梁，AC 为钢杆（$E_s = 200$ GPa），BD 为铜杆（$E_{bra} = 100$ GPa）。试求使刚梁 AB 保持水平时荷载 F 的作用位置。若此时 $F = 30$ kN，求 AC 和 BD 两杆的轴向正应力。

4.10　直径 $d = 10$mm 的圆截面直杆，在轴向拉力作用下，直径减小了 0.0025mm，材料的弹性模量 $E = 210$ GPa，泊松比 $\mu = 0.3$，试求轴向拉力 F。

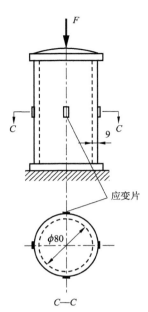

图 4.60　习题 4.6 图

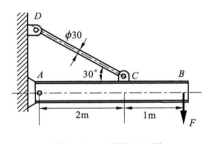

图 4.61　习题 4.7 图

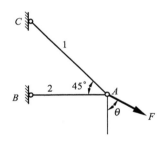

图 4.62　习题 4.8 图

4.11　直径为 $d = 10$mm、长为 1200mm 的钢环，绕为面积为 $A = 400$mm² 的方形截面钢杆 AC 的四周，形成平行四边形状，如图 4.64 所示。在钢环上下用直径为 12mm 的钢吊索 BG 和 DE 承受一对拉力 F。已知钢环和钢吊索允许承受的最大应力皆为 180MPa，方形钢杆 AC 允许承受的最大应力为 60MPa，试求图示结构所能承受的最大拉力 F。

4.12　如图 4.65 所示传动轴，已知 BC 段为空心圆截面，外径 $D = 140$mm，内径 $d = 110$mm，AB 和 CD 段均为实心圆截面，直径为 d_0，该轴允许承受的最大切应力为 65MPa，要求：(1) 计算 BC 段轴截面上的最大切应力和最小切应力；(2) 确定 AB 和 CD 段的直径 d_0。

4.13　一端固定、一端自由的钢圆轴，其几何尺寸及受力情况如图 4.66 所示，试求：轴的最大切应力。

4.14　图 4.67 所示锥形齿轮传动轴，转速 $n = 120$r/min，从 B 轴输入功率 $P = 60$ 马力，此功率的一半通过锥形齿轮传给垂直轴 C，另一半由水平轴 H 传走。已知 $D_1 = 600$mm，$D_2 = 240$mm，$d_1 = 100$mm，$d_2 = 80$mm，$d_3 = 60$mm，试求各轴内的最大切应力。

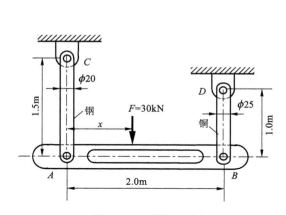

图 4.63 习题 4.9 图

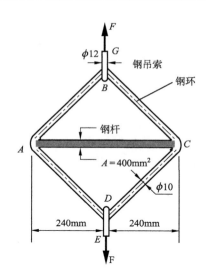

图 4.64 习题 4.11 图

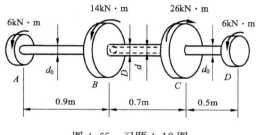

图 4.65 习题 4.12 图

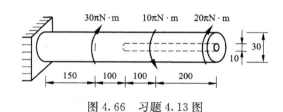

图 4.66 习题 4.13 图

4.15 如图 4.68 所示汽车驾驶盘,直径 $D_1 = 520$ mm,驾驶员每只手作用于盘上的最大切向力 $F = 200$N,转动轴材料的最大切应力不允许超过 50 MPa。试确定实心转动轴的直径。若改为 $d/D = 0.8$ 的空心圆轴,则其内、外径 d 和 D 各为多少? 并比较两者的重量。

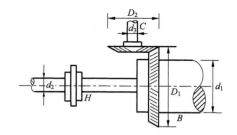

图 4.67 习题 4.14 图

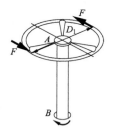

图 4.68 习题 4.15 图

4.16 如图 4.69 所示,用薄板卷成薄壁圆筒后,用一排直径为 d 的铆钉计 n 个固定。若圆筒直径为 D,壁厚为 δ,长为 L。假设每个铆钉横截面上受到均匀分布的切应力为 τ,试问圆筒所受的力偶矩 M_e 为多少?

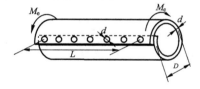

图 4.69 习题 4.16 图

4.17　方形截面和矩形截面两根扭杆尺寸如图 4.70 所示,已知两杆允许承受的最大切应力为 35 MPa,要求:(1)计算两杆各自所能承受的力偶 T;(2)当 $G=40$ GPa 时,在 T 作用下两杆在 B 端的扭转角。

4.18　图 4.71 所示(a)、(b)、(c)三根受扭铝杆均受到 $M_e=300$ N·m 作用,已知它们允许承受的最大切应力均为 60 MPa,试确定各根扭杆的截面尺寸 d。

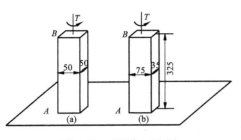

图 4.70　习题 4.17 图

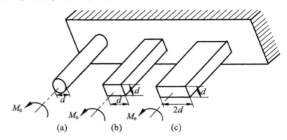

图 4.71　习题 4.18 图

4.19　把直径 $d=1$mm 的钢丝绕在直径为 2m 的卷筒上,试计算钢丝中产生的最大弯曲正应力。设 $E=200$GPa。

4.20　宽为 30mm,厚为 4mm 的钢带,绕装在一个半径为 R 的圆筒上,如图 4.72 所示。已知钢带的弹性模量 $E=200$GPa,比例极限 $\sigma_p=400$MPa。若要求钢带在绕装过程中应力不超过 σ_p,试问圆筒的最小半径 R 应为多大?

4.21　简支梁受均布荷载,如图 4.73 所示。若分别采用截面积相等的实心和空心圆截面,且 $D_1=40$ mm, $d_2/D_2=3/5$。试分别计算它们的最大正应力。

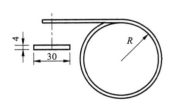

图 4.72　习题 4.20 图

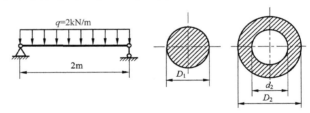

图 4.73　习题 4.21 图

4.22　简支梁如图 4.74 所示。试求 I-I 截面上 A、B 两点处的正应力。

4.23　一梁的矩形截面宽 100mm,高 200mm,如图 4.75 所示。在某一截面上最大弯曲正应力为 12MPa。试求该截面上所承受的弯矩。若挖去梁的中心部分(图中虚线内的部分),而最大应力不变,该截面上的弯矩要减小百分之几?

4.24　图 4.76 所示为一垂直对称面内受载梁的横截面,若截面上 A 点处的弯曲正应力为 60MPa,试求此横截面上所承受的弯矩。

4.25　固定在一起的三根截面为 25×100mm 的木构件组成一工字形截面木梁。若一截面上的弯矩为 8kN·m,求该截面上的最大弯曲正应力。

4.26　将两块 400×50mm 的翼缘板焊到一块 600×25mm 的腹板上,组成一工字梁。在平行于腹板的对称面内加载。试问翼缘将承受横截面上总弯矩的百分之几?

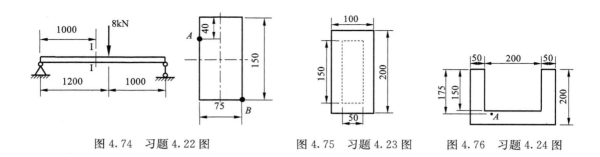

图 4.74　习题 4.22 图　　　　　图 4.75　习题 4.23 图　　　　　图 4.76　习题 4.24 图

4.27　矩形截面悬臂梁如图 4.77 所示。已知 $L = 4$ m，$\dfrac{b}{h} = \dfrac{2}{3}$，弯曲最大正应力为 10MPa，试求此梁横截面的高 h 和宽 b。

4.28　20a 工字钢梁的支承及受力情况如图 4.78 所示，若最大弯曲正应力不得超过 160 MPa，试求荷载 F 的最大值。

4.29　图 4.79 所示为一纯弯曲梁的截面，该截面上的最大拉应力和最大压应力之比为 $\dfrac{1}{4}$。试求水平翼缘的宽度 b

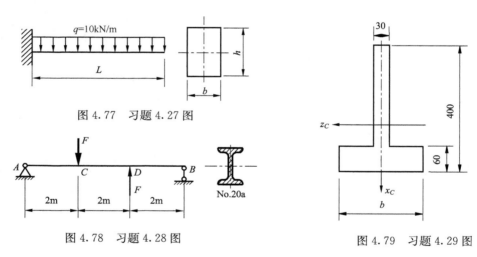

图 4.77　习题 4.27 图

图 4.78　习题 4.28 图　　　　　　　　图 4.79　习题 4.29 图

4.30　⊥形截面铸铁悬臂梁，尺寸及荷载如图 4.80 所示，若梁的最大拉应力不得超过 40 MPa，最大压应力不得超过 160 MPa，试计算荷载 F 的最大值。截面对形心轴 z_C 的惯性矩 $I_{z_C} = 1.018 \times 10^8 \text{mm}^4$，$h_1 = 96.4 \text{mm}$。

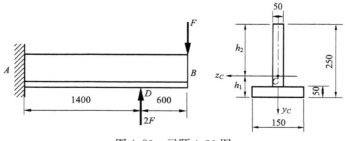

图 4.80　习题 4.30 图

4.31 图 4.81 所示为 20 号槽钢在纯弯曲变形时,测出 A、B 两点间长度的改变 $\Delta L = 27 \times 10^{-2}$ mm,$\delta = 5$ mm,材料的 $E = 200$GPa。试求梁横截面上的弯矩。

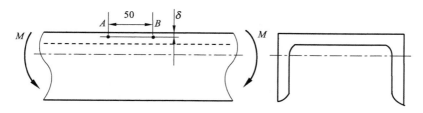

图 4.81 习题 4.31 图

4.32 图 4.82(a)及(c)所示梁的横截面分别如图 4.82(b)和(d)所示。试求:
(1) 梁内最大拉应力及其位置;(2) 梁内最大压应力及其位置。

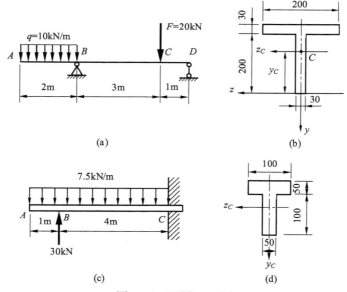

图 4.82 习题 4.32 图

4.33 图 4.83 所示梁的最大弯曲正应力不得超过 160 MPa,试分别选择矩形($h/b = 2$)、工字形、圆形及圆环形($D/d = 2$)四种截面,并比较其截面面积。

4.34 图 4.84 所示梁 AB 是由 16 号工字钢制成。B 处由圆截面钢杆支承,钢杆直径 $d = 20$mm,若杆及梁的最大正应力均不得超过 160MPa,试求均布荷载 q 的最大值。

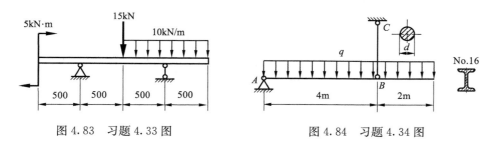

图 4.83 习题 4.33 图　　　　　图 4.84 习题 4.34 图

4.35　图 4.85 所示的矩形截面简支梁,$h=200$mm,$b=100$mm,$L=3$m,$F=6$kN,试求集中力偏左截面上 B 点的正应力 σ 及切应力 τ。

4.36　试计算在图 4.86 所示均布荷载作用下,圆截面简支梁内最大正应力和最大切应力,并指出它们各位于何处。

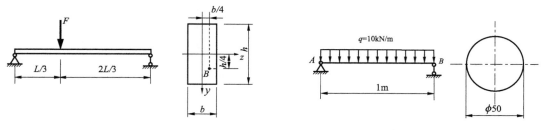

图 4.85　习题 4.35 图　　　　　　　　　　图 4.86　习题 4.36 图

4.37　试计算图 4.87 所示工字形截面梁内的最大正应力和最大切应力。

4.38　已知悬臂梁承受均布荷载 q,梁截面为矩形,其高为 h,宽为 b,梁的长度为 L,试证明 $\dfrac{\tau_{max}}{\sigma_{max}}=0.5\left(\dfrac{h}{L}\right)$。

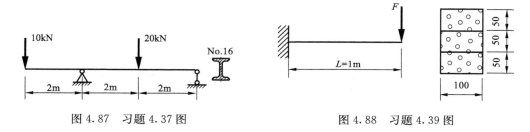

图 4.87　习题 4.37 图　　　　　　　　　　图 4.88　习题 4.39 图

4.39　由三根木条胶合而成的悬臂梁截面尺寸如图 4.88 所示。若胶合面上的最大切应力不得超过 0.34 MPa,木梁内的最大弯曲正应力和最大弯曲切应力分别不得超过 100MPa 和 1MPa。试求荷载 F 的最大值。

4.40　承受均布荷载的圆截面外伸梁如图 4.89 所示,欲使梁内的弯曲正应力最小,试求 x 值。

4.41　图 4.90 所示重量为 F 的独轮车要经过跳板 AB,支座 B 应置于何处,才能使跳板内的最大弯曲正应力为最小。

4.42　由图 4.91 所示直径为 D 的圆木中截锯出一矩形截面梁。为了使梁能承受尽可能大的弯矩,梁的高宽比应为若干。

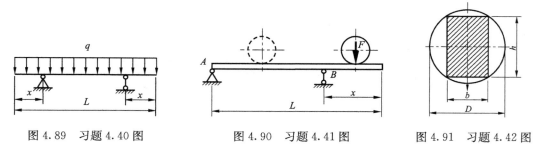

图 4.89　习题 4.40 图　　　　图 4.90　习题 4.41 图　　　　图 4.91　习题 4.42 图

4.43　受均布荷载的矩形截面简支梁如图 4.92 所示,其中 q、L、b 和 h 均为已知,试求梁弯曲变形后底边的总伸长。

4.44　T 形截面悬臂梁如图 4.93 所示,在荷载作用下测得顶面和底面纤维的应变分别为 ε_1、ε_2。h、I_z 和 E 均为已知,试求外载 M_e。

*4.45　某纯弯曲梁,其工字形截面是由两种材料所组成(图 4.94),试证明梁变形后轴线的曲率为

$$\frac{1}{\rho} = \frac{M_e}{E_1 I_{z1} + E_2 I_{z2}}$$

注:平面假设仍成立。

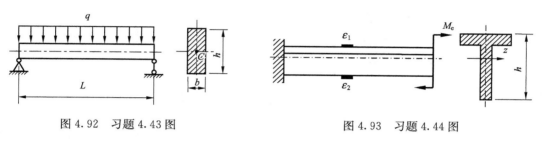

图 4.92　习题 4.43 图　　　　　　　　　　图 4.93　习题 4.44 图

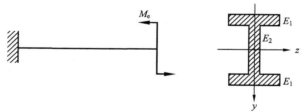

图 4.94　习题 4.45 图

第5章 杆件的变形和位移

杆件在外力作用下将发生位移和产生变形。位移是针对一个截面或一个点而言;变形是针对一段杆件而言,不同的内力引起不同的变形。变形的程度可用位移来度量,位移过大会影响机械、结构等正常的使用。例如桥梁或吊车梁,当结构所产生的竖向最大位移过大,则在机车通过时将发生很大的振动;在机械制造中,如机床变形过大会影响加工精度;抗震设计中对一般的框架结构要求层间相对位移不超过层高的 1/450,否则将影响填充墙的质量。所以在工程上对杆件的位移要有一定限制,即所谓的刚度条件。本章讨论杆件在弹性变形范围的位移计算,为今后分析超静定问题以及刚度计算奠定基础。

5.1 杆的拉伸和压缩变形

风力机
叶片运输

杆受到轴向外力拉伸或压缩时,主要在轴线方向产生伸长或缩短,同时横向尺寸也缩小或增大,即同时发生纵向(轴向)变形和横向变形。例如图 5.1 所示的矩形截面杆,长度为 l,边长为 $b \times h$。当受到轴向外力拉伸后,l 增至 l_1,b 和 h 分别缩小到 b_1 和 h_1。杆件的轴向变形(纵向变形)为

$$\Delta l = l_1 - l$$

横向变形为

$$\Delta b = b_1 - b$$
$$\Delta h = h_1 - h$$

式中,l、b、h 为杆件的原始几何尺寸;l_1、b_1、h_1 为杆件受力变形后的几何尺寸,如图 5.1 所示。

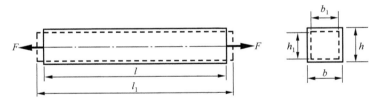

图 5.1 拉伸变形、位移

杆件在轴向荷载作用下,轴向和横向都处于均匀变形状态,轴向应变为

$$\varepsilon = \frac{\Delta l}{l}$$

而两个边长方向的横向应变分别为 $\frac{\Delta b}{b}$ 和 $\frac{\Delta h}{h}$,根据泊松比关系 $\varepsilon' = -\mu\varepsilon$,任何方向的横向应变均相等,故横向应变可表示为

$$\varepsilon' = \frac{\Delta b}{b} = \frac{\Delta h}{h}$$

根据胡克定律

$$\sigma = E\varepsilon$$

即

$$\frac{F_N}{A} = E\frac{\Delta l}{l}$$

可以得到轴向受力杆件的轴向位移为

$$\Delta l = \frac{F_N l}{EA} \tag{5.1}$$

上式表明,杆的轴向位移与轴力 F_N 及杆长 l 成正比,与 EA 成反比。E 为材料的**弹性模量**,由拉伸试验在弹性变形阶段测定。式中的 EA 称为杆的**拉伸(压缩)刚度**,它表示杆件抵抗轴向变形的能力。当 F_N 和 l 和不变时,EA 越大,则杆的轴向变形越小;EA 越小,则杆的轴向变形越大。当轴力 F_N 为正(拉力),变形也为正,杆件伸长;反之为负,杆件缩短。

当杆件受到多个轴向力作用,且每段的杆长、弹性模量、截面尺寸都不相同时,杆件两端的总位移可分段计算代数叠加而成,即

$$\Delta l = \sum_{i=1}^{n} \Delta l_i = \sum_{i=1}^{n} \frac{F_{Ni} l_i}{E_i A_i} \tag{5.2}$$

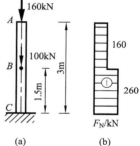

【例 5.1】　一木柱受力如图 5.2(a)所示,柱的横截面为边长 200mm 的正方形,材料可认为服从胡克定律,其弹性模量 $E =$ 10GPa,如不计柱的自重,试求木柱顶端 A 截面的位移。

图 5.2　例 5.1 图

解: 首先作立柱的轴力图,如图 5.2(b)所示。

因为木柱下端固定,故顶端 A 截面的位移 ΔA 就等于全杆的总缩短变形 Δl。由于木柱 AB 段和 BC 段的内力不同,故应利用式(5.1)分别计算各段的变形,然后求其代数和,求得全杆的总变形。

AB 段:

$$\Delta l_{AB} = \frac{F_{NAB} l_{AB}}{EA} = \left(\frac{-160 \times 10^3 \times 1.5}{10 \times 10^9 \times 200 \times 200 \times 10^{-6}}\right)\text{m} = -0.0006\text{m} = -0.6\text{mm}$$

BC 段:

$$\Delta l_{BC} = \frac{F_{NBC} l_{BC}}{EA} = \left(\frac{-260 \times 10^3 \times 1.5}{10 \times 10^9 \times 200 \times 200 \times 10^{-6}}\right)\text{m} = -0.000975\text{m} = -0.975\text{mm}$$

全杆的总变形为

$$\Delta l = \Delta l_{AB} + \Delta L_{BC} = (-0.6 - 0.975)\text{mm} = -1.575\text{mm}$$

可知,木柱顶端 A 截面的位移等于 1.575mm,方向向下。

【例 5.2】　求图 5.3(a)所示的等截面直杆由自重引起的杆的轴向变形。设该杆的横截面面积 A,材料的密度 ρ 和弹性模量 E 均已知。

解: 自重为体积力,对于均质材料的等截面杆,可将杆的自重简化为沿轴线作用的均布荷载,其集度 $q = \rho \times g \times A \times 1 = \rho g A$。

首先应用截面法,求得离杆顶端距离为 x 的横截面(图 5.3(b))上的轴力为

$$F_N(x) = -qx = -\rho g A x$$

并作出杆的轴力图如图 5.3(d)所示。

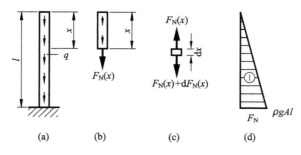

图 5.3　例 5.2 图

由于杆的各个横截面上的内力均不同。因此不能直接用式(5.1)计算变形。为此,先计算 $\mathrm{d}x$ 长的微段(图 5.3c)的变形 $\mathrm{d}(\Delta l)$。

$$\mathrm{d}(\Delta l) = \frac{F_{\mathrm{N}}(x)\mathrm{d}x}{EA}$$

杆的总变形可沿杆长 l 积分得到,即

$$\Delta l = \int_0^l \mathrm{d}(\Delta l) = \int_0^l \frac{F_{\mathrm{N}}(x)\mathrm{d}x}{EA} = -\int_0^l \frac{\rho g A x}{EA}\mathrm{d}x = \frac{\rho g A l^2}{2EA} = \frac{Wl}{2EA}$$

式中,$W = \rho g A l$ 为杆的总重。

由计算可知,直杆因自重引起的变形,在数值上等于将杆的总重的一半集中作用在杆端所产生的变形。

【例 5.3】　图 5.4 所示结构中 ABC 杆可视为刚性杆,BD 杆的横截面面积 $A = 400\mathrm{mm}^2$,材料的弹性模量 $E = 2.0 \times 10^5 \mathrm{MPa}$。试求 B 点的竖直位移 Δ_{By}。

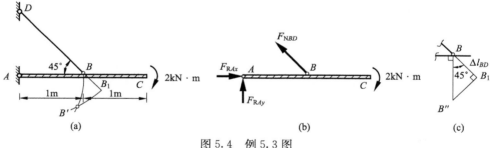

图 5.4　例 5.3 图

解：取刚性杆 ABC 为研究对象(图 5.4(b)),对 A 点应用力矩平衡方程可求得 BD 杆的轴力为

$$F_{\mathrm{N}BD} = \frac{m}{l_{AB} \cdot \sin 45°} = \frac{2}{1 \cdot \sin 45°}\mathrm{kN} = 2.83\mathrm{kN}$$

杆 BD 的变形为

$$\Delta l_{BD} = \frac{F_{\mathrm{N}BD} l_{BD}}{EA} = \frac{2.83 \times 10^3 \times \sqrt{2}}{2.0 \times 10^5 \times 10^6 \times 400 \times 10^{-6}}\mathrm{m} = 5 \times 10^{-5}\mathrm{m}$$

杆 BD 与刚性杆 ABC 在未受力之前 B 点铰结在一起,变形后还应铰结在一起,即满足变形的协调关系。变形后 B 点的新位置可由如下的方法确定:先假想地将两杆在 B 点处拆开,让 BD 杆自由变形,伸长 Δl 到 B_1 点,而杆 ABC 为刚性杆,不发生变形,故 AB 的长度不变,在分别以 A、D 为圆心,以 AB、DB_1 为半径作圆弧,它们的交点 B' 即为 B 点的新位置,如

图 5.4(a)所示。但因变形微小,故可过 B_1、B 点分别作杆 BD、ABC 的垂线以代替上述所作的圆弧,此两垂线的交点 B'' 即为 B 点的新位置,如图 5.4(c)所示。由图中的几何关系求得 B 点的竖直位移为

$$\Delta_{By} = \frac{\Delta l_{BD}}{\cos 45°} = \frac{5.0 \times 10^{-5}}{\cos 45°} \mathrm{m} = 7.07 \times 10^{-5} \mathrm{m} = 0.0707 \mathrm{mm}$$

*【例 5.4】　实心圆锥杆,大、小端直径分别为 D 和 d,受图 5.5 所示轴向力 F 作用,求杆的伸长。

解: 距小端 A 为 x 处的圆锥体半径为

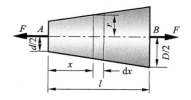

$$r = \frac{d}{2} + \frac{x}{l}\left(\frac{D-d}{2}\right)$$

$\mathrm{d}x$ 段圆锥体的伸长为

$$\mathrm{d}\delta = \frac{F\mathrm{d}x}{EA} = \frac{F\mathrm{d}x}{E\pi\left[\dfrac{d}{2} + \dfrac{x}{l}\left(\dfrac{D-d}{2}\right)\right]^2}$$

图 5.5　例 5.4 图

长 l 的圆锥体总伸长为

$$\Delta l = \int_0^l \mathrm{d}\delta = \int_0^l \frac{4F\mathrm{d}x}{E\pi\left[d + \dfrac{x}{l}(D-d)\right]^2} = \frac{4Fl}{E\pi dD}$$

*【例 5.5】　两根长度为 l 的水平杆 AC 和 BC 用铰链连接,如图 5.6(a)所示,设两杆的刚度均为 EA,当节点 C 处逐渐施加铅垂荷载 F(不计杆的自重),杆伸长符合胡克定律,试证明

$$\Delta_C = l\sqrt[3]{\frac{F}{EA}}$$

证: 以前曾根据小变形条件,按杆件(杆系)变形前的初始几何状态建立平衡方程。但在本例中,虽然变形仍很小,但若仍以两杆初始水平位置,将无法与铅垂荷载保持平衡,因为 A、B、C 三个铰在同一直线上。只有当荷载逐渐由零增加,使节点 C 产生微小位移 Δ_C 后,组成一受拉杆系(图 5.6(b))才能维持平衡(称为瞬时几何可变杆系)。

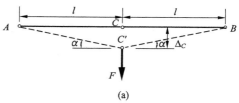

(a)

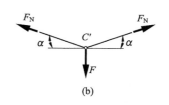

(b)

图 5.6　例 5.5 图

由 $\sum F_y = 0, 2F_N\sin\alpha - F = 0$ 得

$$F_N = \frac{F}{2\sin\alpha}$$

式中,$\sin\alpha = \dfrac{\Delta_C}{(1+\varepsilon)l} \approx \dfrac{\Delta_C}{l}$。所以

$$F_N = \frac{Fl}{2\Delta_C}$$

根据胡克定律,得杆 AC(或 BC)的伸长为

$$\Delta l = \varepsilon l = \frac{\sigma}{E}l = \frac{F_N l}{AE} = \frac{Fl^2}{2AE\Delta_C} \tag{a}$$

由图 5.6(a)所示的几何关系也可得

$$\Delta l = AC' - AC = \sqrt{l^2 + \Delta_C^2} - l = l\sqrt{1 + \left(\frac{\Delta_C}{l}\right)^2} - l$$

$$\approx l\left(1 + \frac{1}{2}\frac{\Delta_C^2}{l^2}\right) - l = \frac{\Delta_C^2}{2l} \tag{b}$$

显然,式(a)和式(b)是相等的,证得

$$\Delta_C = l\sqrt[3]{\frac{F}{EA}} \tag{c}$$

式(c)表明,节点 C 的铅垂位移 Δ_C 与荷载 F 之间不呈线性关系,这是由于杆系为瞬时几何可变杆系所引起。虽然材料和杆系均服从胡克定律,但其位移与荷载之间是非线性的。

5.2　圆轴的扭转变形

等直圆轴的扭转变形,是用两横截面绕杆轴相对转动的相对扭转角 φ 度量的。在第 4 章研究圆轴扭转应力时,得到相距 $\mathrm{d}x$ 的两横截面间的相对扭转角为

$$\mathrm{d}\varphi = \frac{T\mathrm{d}x}{GI_P} \tag{5.3}$$

因此,长为 l 的一段圆轴两端面间的相对扭转角 φ 为

$$\varphi = \int_l \mathrm{d}\varphi = \int_0^l \frac{T\mathrm{d}x}{GI_P} \tag{5.4}$$

当等直圆杆仅在两端受一对外力偶作用时,则所有横截面上的扭矩 T 均相同,且等于杆端的外力偶矩 M_e。此外,当 G 和 I_P 为常数时,则

$$\varphi = \frac{M_e l}{GI_P} \qquad 或 \qquad \varphi = \frac{Tl}{GI_P} \tag{5.5}$$

当圆轴沿轴长受到多个外力偶矩作用时,与轴向拉压变形相似,也可由叠加的方法得到两端的相对扭转角,即

$$\varphi = \sum_{i=1}^{n} \mathrm{d}\varphi_i = \sum_{i=1}^{n} \frac{T_i l_i}{G_i I_{Pi}} \tag{5.6}$$

式中,GI_P 称为圆杆的**扭转刚度**,它表示圆杆抵抗扭转变形的能力。GI_P 越大,则扭转角越小;GI_P 越小,则扭转角越大。扭转角的单位为弧度(rad)。

单位长度的扭转角用 φ' 表示

$$\varphi' = \frac{T}{GI_P} \tag{5.7}$$

φ' 单位为 rad/m。工程中 φ' 的单位常用单位为°/m。若把上式中的弧度换算成度,则式(5.7)可表示为

$$\varphi' = \frac{T}{GI_P} \times \frac{180}{\pi} (°/m) \tag{5.8}$$

　【例 5.6】　一圆轴 AC 受力如图 5.7(a)所示。AB 段为实心,直径为 50mm;BC 段为空心,外径为 50mm,内径为 35mm。试求 C 截面的扭转角。设 $G=80\mathrm{GPa}$。

　解:由截面法可求得 AB、BC 段扭矩分别为 $T_1 = -200\mathrm{N} \cdot \mathrm{m}$,$T_2 = 400\mathrm{N} \cdot \mathrm{m}$,作圆杆的

扭矩图,如图 5.7(b)所示。

AB、BC 段扭矩及极惯性矩不同,求 C 截面的扭转角,应分段考虑。

$$\varphi_{AB} = \frac{T_1 l_1}{G I_{P1}} = \left(\frac{-200 \times 400 \times 10^{-3}}{80 \times 10^9 \times \frac{\pi}{32} \times 50^4 \times 10^{-12}} \right) \text{rad} = -0.00163\text{rad}$$

$$\varphi_{BC} = \frac{T_2 l_2}{G I_{P2}} = \left(\frac{400 \times 400 \times 10^{-3}}{80 \times 10^9 \times \frac{\pi}{32} \times (50^4 - 35^4) \times 10^{-12}} \right) \text{rad} = 0.00429\text{rad}$$

$$\varphi_{AC} = \varphi_{AB} + \varphi_{BC} = -0.00163\text{rad} + 0.00429\text{rad} = 0.00266\text{rad}$$

由于 A 端固定,因此 C 截面的扭转角即为 C 端相对于 A 端的扭转角。

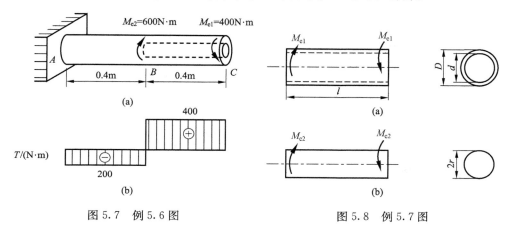

图 5.7　例 5.6 图　　　　　　　　　　图 5.8　例 5.7 图

【例 5.7】　材料和自重均相同的两根轴(图 5.8),其中图(a)为空心圆轴,内、外径之比 $\alpha = \dfrac{d}{D} = \dfrac{100\text{mm}}{150\text{mm}}$;图(b)为实心圆轴。两轴允许承受的最大切应力为 $\tau_{max} = 82\text{MPa}$,切变模量为 $G = 80\text{GPa}$,试求:(1)比较两轴所能承受的最大转矩 M_{emax};(2)比较两轴在它们各自所能承受的最大转矩下的单位长度扭转角 $\varphi'(°/\text{m})$。

解：(1)计算图 5.8(a)、(b)两轴所能承受的最大转矩。

计算空心轴和实心轴的极惯性矩分别为

$$I_{P1} = \frac{\pi D^4}{32} (1 - \alpha^4) = \frac{\pi (150)^4 \text{mm}^4}{32} (1 - 0.198) = 39.9 \times 10^6 \text{mm}^4$$

$$I_{P2} = \frac{\pi D^4}{32} = \frac{\pi (2r)^4}{32}$$

根据题意,图 5.8(a)、(b)两轴材料和自重相等,即两轴横截面面积应相等,$A_1 = A_2$,即

$$\frac{\pi D^2}{4} (1 - \alpha^2) = \frac{\pi (2r)^2}{4}$$

得

$$2r = \sqrt{D^2(1 - \alpha^2)} = \sqrt{150^2(1 - 0.667^2)} \ \text{mm} = 112\text{mm}$$

$$I_{P2} = \frac{\pi (2r)^4}{32} = \frac{\pi (112)^4 \text{mm}^4}{32} = 15.4 \times 10^6 \text{mm}^4$$

因此可确定两轴所能承受的最大转矩分别为

$$T_1 = M_{e1} = \frac{I_{P1}}{D/2}\tau_{max} = \frac{39.9 \times 10^6 \times 10^{-12}\,m^4}{\frac{150}{2} \times 10^{-3}\,m} \times 82 \times 10^6\,Pa = 43.6\,kN\cdot m$$

$$T_2 = M_{e2} = \frac{I_{P2}}{r}\tau_{max} = \frac{15.4 \times 10^6 \times 10^{-12}\,m^4}{\frac{112}{2} \times 10^{-3}\,m} \times 82 \times 10^6\,Pa = 22.6\,kN\cdot m$$

$$\frac{T_1}{T_2} = \frac{43.6}{22.6} = 1.93$$

（2）计算图 5.8(a)、(b)两轴的单位扭转角 φ'。将（1）计算结果代入式(5.8)，得

$$\varphi'_1 = \frac{T_1}{GI_{P1}} \times \frac{180°}{\pi} = \frac{43.6 \times 10^3\,N\cdot m \times 180°}{80 \times 10^9\,Pa \times 39.9 \times 10^{-6}\,m^4\pi} = 0.783°/m$$

$$\varphi'_2 = \frac{T_2}{GI_{P2}} \times \frac{180°}{\pi} = \frac{22.6 \times 10^3\,N\cdot m \times 180°}{80 \times 10^9\,Pa \times 15.4 \times 10^{-6}\,m^4\pi} = 1.05°/m$$

在自重相同的条件下，实心轴与空心轴的刚度比为 $\dfrac{\varphi'_2}{\varphi'_1} = \dfrac{1.05°/m}{0.783°/m} = 1.34$。

说明：在材料和自重相同的条件下，空心轴比实心轴变形小，抗变形能力强。

5.3　梁的弯曲变形

5.3.1　挠度和转角

梁受外力作用后将产生弯曲变形。梁的轴线由直线变为曲线，此曲线称为梁的**挠曲线**，一般是一条光滑连续的曲线。在平面弯曲情况下，梁的轴线在形心主惯性平面内弯成一条平面曲线，如图 5.9 所示（图中 xAy 平面为形心主惯性平面）。当材料在弹性范围时，挠曲线也称为弹性曲线。

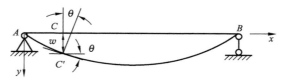

图 5.9　梁的挠度和转角

对于细长梁（跨高比较大的梁），一般可忽略剪力对其变形的影响，在弯曲过程中各横截面始终保持平面，且与梁的轴线正交。梁的变形后的弯曲程度可用曲率度量，产生的位移可用挠度和转角度量。

（1）**挠度**　梁的轴线上任一点 C 在垂直于 x 轴方向的位移 CC'，称为该点的挠度，用 w 表示（图 5.9）。实际上，梁轴线弯曲成曲线后，在 x 轴方向也将发生位移。但在小变形情况下，后者是二阶微量，可略去不计。

（2）**转角**　梁变形后，其任一横截面将绕中性轴转过一个角度，这一角度称为该截面的转角，用 θ 表示（图 5.9）。此角度等于挠曲线上该点的切线与 x 轴的夹角。

在图 5.9 所示坐标系中，挠曲线可用下式表示

$$w = w(x)$$

该式称为挠曲线方程或挠度方程。式中 x 为梁变形前轴线上任一点的横坐标，w 为该点的挠度。挠曲线上任一点的斜率为 $w' = \tan\theta$，在小变形情况下，$\tan\theta \approx \theta$，所以

$$\theta = w' = w'(x)$$

即挠曲线上任一点的斜率 w' 就等于该处横截面的转角。该式称为转角方程。

由此可见,只要确定了挠曲线方程,梁上任一点的挠度和任一横截面的转角均可确定。

注意:挠度和转角的正负号与所取坐标系有关。在图 5.9 所示的坐标系中,正值的挠度向下,负值的挠度向上;正值的转角为顺时针转向,负值的转角为逆时针转向。

5.3.2　挠曲线近似微分方程

梁的挠度和转角,与梁变形后的曲率有关。在横力弯曲的情况下,曲率既和梁的刚度相关,也和梁的剪力与弯矩有关。对于一般跨高比较大的梁,剪力对梁变形的影响很小,可以忽略,因此可以只考虑弯矩对梁变形的作用。利用第 4 章式(4.38)有

$$\frac{1}{\rho(x)} = \frac{M(x)}{EI_z} \tag{5.9}$$

式(5.9)表明,梁弯曲变形后的曲率 $\frac{1}{\rho}$ 与弯矩 M 成正比,与 EI_z 成反比。EI_z 称为梁的**抗弯刚度**,它表示梁抵抗弯曲变形的能力。如梁的弯曲刚度越大,则其曲率越小,即梁的弯曲程度越小。反之,梁的弯曲刚度越小,则其曲率越大,即梁的弯曲程度越大。

在数学中,平面曲线的曲率与曲线方程导数间的关系有

$$\frac{1}{\rho(x)} = \pm \frac{w''}{(1 + w'^2)^{3/2}} \tag{5.10}$$

由式(5.9)和式(5.10)两式得

$$\frac{M(x)}{EI_z} = \pm \frac{w''}{(1 + w'^2)^{3/2}}$$

式中,等式右边的正负号取决于坐标系的选择和弯矩的正负号规定。取图 5.9 所示的坐标系,则曲线凸向上时 w'' 为正值,凸向下时为负值。而按弯矩的正、负号的规定,负弯矩对应着正的 w'',正弯矩对应着负的 w'',分别如图 5.10(a)、(b)所示,故上式右边应取负号,即

$$\frac{M(x)}{EI_z} = -\frac{w''}{(1 + w'^2)^{3/2}} \tag{5.11}$$

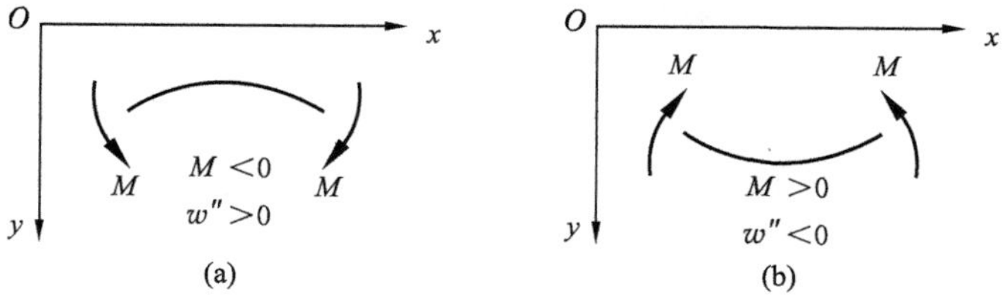

图 5.10　M、w'' 的正负号规定

由于梁的挠曲线是一条平坦的曲线,因此 $w' = \mathrm{d}w/\mathrm{d}x$ 是一个很小的量,w'^2 远远小于 1,可略去不计,故式(5.11)简化为

$$w'' = -\frac{M(x)}{EI_z} \tag{5.12}$$

上式中由于略去了剪力 F_S 的影响,并在 $(1 + w'^2)^{3/2}$ 中略去了 w'^2 项,故称为梁的挠曲线的近似微分方程。

5.3.3 积分法求弯曲变形

对于等截面梁,抗弯刚度 EI_z 为常量,式(5.12)写为

$$EI_z w'' = -M(x) \tag{5.13}$$

将梁的弯矩方程 $M(x)$ 代入上式,积分一次得转角方程

$$EI_z w' = EI_z \theta(x) = \int -M(x)\mathrm{d}x + C \tag{5.14}$$

再积分一次,得挠度方程

$$EI_z w(x) = \int\left[\int -M(x)\mathrm{d}x\right]\mathrm{d}x + Cx + D \tag{5.15}$$

式中 C 和 D 为积分常数。利用梁弯曲变形时,根据约束点处已知的挠度或转角来确定 C、D 的值。

图 5.11(a)所示的简支梁,边界条件是左、右两支座处的挠度 w_A 和 w_B 均应为零。图 5.11(b)所示的悬臂梁,边界条件是固定端处的挠度 w_A 和转角 θ_A 均应为零。

此外如果挠曲线为对称曲线,则在挠曲线的对称点处的转角也为零等,这些条件称为梁的**边界条件(约束条件)**。

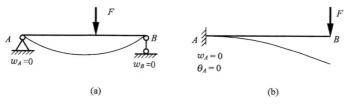

(a) (b)

图 5.11 边界条件

若由于梁上的荷载不连续等原因使得梁的弯矩方程需分段写出时,各段梁的挠曲线近似微分方程也就不同。而对各段梁的挠曲线近似微分方程积分时,各段挠曲线方程中都将出现两个积分常数。要确定这些积分常数,除利用支座处的约束条件外,还需利用相邻两段梁在交界处的**连续条件**。

如前所述,挠曲线除了在有中间铰处,应该是一条光滑连续曲线,不可能出现图 5.12(a)、(b)所示的不连续和不光滑的现象。在有中间铰处,转角可以出现不光滑,但挠度还是连续的(图 5.12(c))。

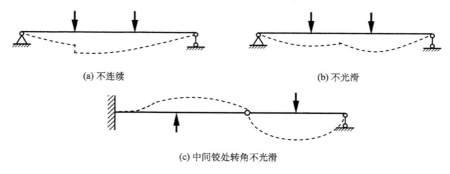

(a) 不连续 (b) 不光滑

(c) 中间铰处转角不光滑

图 5.12 不光滑、不连续示意图

【**例 5.8**】　铝合金矩形管梁,尺寸和受力如图
5.13 所示。已知铝合金的比例极限 σ_p =150MPa,管梁
允许承受的最大应力 σ_{max} =100MPa,弹性模量 E =
70GPa,求该梁所能承受的最大外力偶矩 M_e 和管
弯曲变形后的曲率半径 ρ 以及管梁底边弯曲变形
后的长度及伸长量。

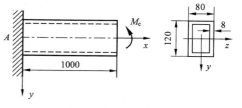

图 5.13　例 5.8 图

解： $\sigma_{max} < \sigma_p$ 仍在弹性变形范围,由 $\sigma_{max} = \dfrac{M_{max}}{W_z}$,则

$$M = M_e = W_z\sigma_{max} = 100 \times 10^6 W_z \tag{a}$$

$$W_z = \frac{I_z}{120 \times 10^{-3}\text{m}/2} = \frac{\frac{1}{12}\left[80 \times 120^3 - 64 \times 104^3\right] \times 10^{-12}\text{m}^4}{120 \times 10^{-3}\text{m}/2} = 92 \times 10^{-6}\text{m}^3 \tag{b}$$

将式(b)代入式(a),得

$$M = M_e = 92 \times 10^{-6}\text{m}^3 \times 100 \times 10^6\text{Pa} = 9200\text{N·m} = 9.20\text{kN·m}$$

由式 $\dfrac{1}{\rho} = \dfrac{M}{EI_z}$ 得梁弯曲变形后的曲率半径为

$$\rho = \frac{EI_z}{M} = \frac{70 \times 10^9\text{Pa} \times 5.52 \times 10^{-6}\text{m}^4}{9.2 \times 10^3\text{N·m}} = 42.0\text{m}$$

管梁底边 σ_{max} =100MPa,在纯弯条件下,底边的应变为常量

$$\varepsilon_{max} = \frac{\sigma_{max}}{E} = \frac{100 \times 10^6\text{Pa}}{70 \times 10^9\text{Pa}} = 1.43 \times 10^{-3}$$

则管梁底边的弯曲长度为

$$l_{AB} = l(1 + \varepsilon_{max}) = 1\text{m} \times (1 + 1.43 \times 10^{-3}) = 1.00143\text{m}$$

伸长量为 0.00143m,为原长的 1.43/1000。

【**例 5.9**】　例 5.8 中如果在悬臂管梁自由端受集中力 F,其他条件不变,则所能承受的最
大 F 力和管梁底边的弯曲长度为多少。

解： 将例 5.8 中的弯矩 $M_e = M$ 用 $M_{max} = Fl$ 代替,则

$$F_{max} = \frac{M_e}{l} = \frac{9.2\text{kN·m}}{1\text{m}} = 9.20\text{kN}$$

由于弯矩是变量, $M(x) = F(l - x)$,故

$$\sigma_{max}(x) = \frac{M(x)}{W_z} = \frac{9.20 \times 10^3(1 - x)}{92 \times 10^{-6}} = 0.1 \times 10^9(1 - x)$$

$$\varepsilon_{max}(x) = \frac{\sigma_{max}(x)}{E} = \frac{0.1 \times 10^9(1 - x)}{70 \times 10^9} = 0.00143(1 - x)$$

$$\Delta l_{AB} = \int_0^l \varepsilon_{max}(x) \cdot \text{d}x = \int_0^l 0.00143(1 - x)\text{d}x = 0.00143\left(l - \frac{l^2}{2}\right)\bigg|_0^l = 0.000714\text{m}$$

管梁底边弯曲后长度为

$$l_{AB} = l + \Delta l_{AB} = 1 + 0.000714\text{m} = 1.000714\text{m}$$

比纯弯曲时的伸长量要小,因为最大应变仅发生在固定端,而在自由端处为零。

【例 5.10】 一悬臂梁在自由端受集中力 F 作用,如图 5.14 所示,试求梁的转角方程和挠度方程,并求最大的转角和挠度。已知梁的抗弯刚度为 EI。

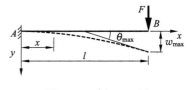

图 5.14　例 5.10 图

解:(1)建立图 5.14 所示坐标系。列出弯矩方程为

$$M(x) = -F(l-x)$$

(2)求转角及挠度方程。梁的挠度曲线近似微分方程为

$$EIw'' = -M(x) = F(l-x)$$

积分两次得到

$$EIw' = EI\theta = Flx - \frac{Fx^2}{2} + C \tag{a}$$

$$EIw = \frac{Flx^2}{2} - \frac{Fx^3}{2 \cdot 3} + Cx + D \tag{b}$$

将悬臂梁的边界条件 $\theta|_{x=0} = 0, w|_{x=0} = 0$ 代入(a)、(b)两式,得到积分常数 $C=0$ 和 $D=0$,再回代入(a)、(b)两式得到该梁的转角方程和挠度方程为

$$w' = \theta = \frac{Flx}{EI} - \frac{Fx^2}{2EI} \tag{c}$$

$$w = \frac{Flx^2}{2EI} - \frac{Fx^3}{6EI} \tag{d}$$

梁的挠曲线形状如图 5.14 所示。

(3)求最大的转角和挠度。

转角及挠度的最大值均发生在自由端 B 处,以 $x=l$ 代入(c)、(d)两式得到

$$\theta_{max} = \theta|_{x=l} = \frac{Fl^2}{2EI}$$

$$w_{max} = w|_{x=l} = \frac{Fl^3}{3EI}$$

θ_{max} 为正值,表明 B 截面顺时针转动;w_{max} 为正值,表明 B 点向下位移。

由此题可见,当以 x 为自变量对挠曲线近似微分方程进行积分时,所得转角方程和挠曲线方程中的积分常数是有其几何意义的:

$$C = EIw'|_{x=0} = EI\theta_0$$

$$D = EIw|_{x=0} = EIw_0$$

此例题所示的悬臂梁,$\theta_0 = 0, w_0 = 0$,因而也有 $C=0, D=0$。事实上,当以 x 为自变量时

$$EIw' = -\int M(x)\mathrm{d}x + C$$

$$EIw = -\int\left[\int[M(x)\mathrm{d}x]\mathrm{d}x + Cx + D\right.$$

两式中的积分在坐标原点处(即 $x=0$ 处)总是等于零,从而有

$$C = EIw'|_{x=0} = EI\theta_0$$

$$D = EIw|_{x=0} = EIw_0$$

请思考：试求图 5.15 所示等截面悬臂梁在所示坐标系中的挠曲线方程和转角方程。积分常数 C 和 D 等于零吗？

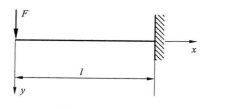

图 5.15　悬臂梁

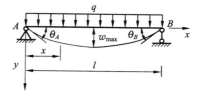

图 5.16　例 5.11 图

【例 5.11】　一简支梁受均布荷载 q 作用，如图 5.16 所示，试求梁的转角方程和挠度方程，并求最大的挠度和 A、B 截面的转角。已知梁的抗弯刚度为 EI。

解：（1）建立图 5.16 所示坐标系。列出弯矩方程为

$$M(x) = \frac{qlx}{2} - \frac{qx^2}{2}$$

（2）求转角及挠度方程。梁的挠度曲线近似微分方程为

$$EIw'' = -M(x) = -\frac{qlx}{2} + \frac{qx^2}{2}$$

积分两次得到

$$EIw' = EI\theta = -\frac{ql}{2} \cdot \frac{x^2}{2} + \frac{qx^3}{2 \cdot 3} + C \tag{a}$$

$$EIw = -\frac{ql}{2} \cdot \frac{x^3}{2 \cdot 3} + \frac{qx^4}{2 \cdot 3 \cdot 4} + Cx + D \tag{b}$$

将悬臂梁的边界条件 $w|_{x=0} = 0, w|_{x=l} = 0$ 代入式（a）和式（b），得到积分常数 $C = \frac{ql^2}{24}$ 和 $D = 0$，再回代入式（a）、（b）得到该梁的转角方程和挠度方程为

$$w' = \theta = -\frac{qlx^2}{4EI} + \frac{qx^3}{6EI} + \frac{ql^3}{24EI} \tag{c}$$

$$w = -\frac{qlx^3}{12EI} + \frac{qx^4}{24EI} + \frac{ql^3 x}{24EI} \tag{d}$$

梁的挠曲线形状如图 5.16 所示。

（3）求最大的挠度和 A、B 截面的转角。

由对称性可知，跨中挠度最大。以 $x = \frac{l}{2}$ 代入式（d）得到

$$w_{max} = w|_{x = \frac{l}{2}} = \frac{5ql^4}{384EI}$$

以 $x = 0$ 和 $x = l$ 代入式（c）得到 A、B 截面的转角

$$\theta_A = \theta|_{x=0} = \frac{ql^3}{24EI}$$

$$\theta_B = \theta|_{x=l} = -\frac{ql^3}{24EI}$$

【例 5.12】 一简支梁 AB 在 D 点受集中力 F 作用，如图 5.17 所示，试求梁的转角方程和挠度方程，并求最大的挠度。已知梁的抗弯刚度为 EI。

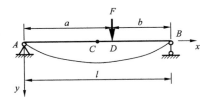

图 5.17　例 5.12 图

解：（1）建立图 5.17 所示坐标系，分段列出弯矩方程。

AD 段：$M_1(x) = \dfrac{Fb}{l}x \quad (0 \leqslant x \leqslant a)$

DB 段：$M_2(x) = \dfrac{Fb}{l}x - F(x-a) \quad (a \leqslant x \leqslant l)$

（2）根据梁的挠度曲线近似微分方程及变形条件求转角及挠度方程。

AD 段：
$$EIw_1'' = -M_1(x) = -\frac{Fb}{l}x$$

$$EIw_1' = EI\theta_1 = -\frac{Fb}{l}\frac{x^2}{2!} + C_1 \tag{a}$$

$$EIw_1 = -\frac{Fb}{l}\frac{x^3}{3!} + C_1 x + D_1 \tag{b}$$

DB 段：
$$EIw_2'' - M_2(x) = -\frac{Fb}{l}x + F(x-a)$$

$$EIw_2' = EI\theta_2 = -\frac{Fb}{l}\frac{x^2}{2!} + \frac{F(x-a)^2}{2!} + C_2 \tag{c}$$

$$EIw_2 = -\frac{Fb}{l}\frac{x^3}{3!} + \frac{F(x-a)^3}{3!} + C_2 x + D_2 \tag{d}$$

对于该段梁的挠曲线近似微分方程进行积分时，对含有 $(x-a)$ 的项是以 $(x-a)$ 作为自变量的，这样可使下面确定积分常数的工作得到简化。

式（a）～（d）中有四个积分常数，可由该梁四个变形条件确定。由梁的连续条件得到

$$\theta_1\big|_{x=a} = \theta_2\big|_{x=a}$$
$$w_1\big|_{x=a} = w_2\big|_{x=a}$$

由梁的约束条件得到

$$w_1\big|_{x=0} = 0$$
$$w_2\big|_{x=l} = 0$$

将边界条件代入式（a）～（d）可得到

$$D_1 = D_2 = 0; \quad C_1 = C_2 = \frac{Fb}{6l}(l^2 - b^2)$$

将积分常数再回代入式（a）～（d）得到该梁的转角方程和挠度方程为

AD 段：
$$w_1' = \theta_1 = \frac{Fb(l^2 - b^2)}{6EIl} - \frac{Fbx^2}{2EIl} \tag{e}$$

$$w_1 = \frac{Fb(l^2 - b^2)x}{6EIl} - \frac{Fbx^3}{6EIl} \tag{f}$$

DB 段：
$$w_2' = \theta_2 = \frac{Fb(l^2 - b^2)}{6EIl} - \frac{Fbx^2}{2EIl} + \frac{F(x-a)^2}{2EI} \tag{g}$$

$$w_2 = \frac{Fb(l^2 - b^2)x}{6EIl} - \frac{Fbx^3}{6EIl} + \frac{F(x-a)^3}{6EI} \tag{h}$$

　　梁的挠曲线形状如图 5.17 所示。当 $a > b$ 时,最大挠度发生在较长的 AD 段内,其位置由 $w'_1 = 0$ 的条件确定。由式(e),令 $w'_1 = 0$,得到

$$x_0 = \sqrt{\frac{l^2 - b^2}{3}} \tag{i}$$

　　将式(i)代入式(f),得到最大的挠度

$$w_{\max} = \frac{Fb}{9\sqrt{3}\,EIl}\sqrt{(l^2 - b^2)^3} \tag{j}$$

　　由式(i)可见,当 $b = l/2$ 时,即集中力 F 用于梁的中点时,$x_0 = l/2$,即最大挠度发生在梁的中点,此时显然有 $w_{\max} = w_C$,当集中力 F 向右移动时,最大挠度发生的位置将偏离梁的中点越远。在极端情况下,即集中力 F 靠近右端支座,即 $b \to 0$ 时,由式(i)有 $x_0 = \sqrt{l^2/3} = 0.577l$,即最大挠度的位置距梁的中点仅 $0.077l$。由式(j)有

$$w_{\max} = \frac{Fb(l^2 - b^2)^{3/2}}{9\sqrt{3}\,EIl} \approx \frac{Fbl^2}{9\sqrt{3}\,EI} = 0.0642\frac{Fbl^2}{EI}$$

　　将 $x = \dfrac{l}{2}$ 代入式(f),当 $b \to 0$ 时,可得中点 C 的挠度为

$$w_C = \frac{Fb}{48EIl}(3l^2 - 4b^2) \approx \frac{Fbl^2}{16EI} = 0.0625\frac{Fbl^2}{EI}$$

　　$w_{\max}$ 与 w_C 仅相差 3%,因此,受任意荷载作用的简支梁,只要挠曲线上无拐点,其最大挠度值都可采用梁跨中点的挠度值来代替,其计算精度可以满足工程计算要求。

5.3.4　叠加法求弯曲变形

　　当梁的变形微小,且梁的材料在线弹性范围内工作时,梁的挠度和转角均与梁上的荷载成线性关系。在此情况下,当梁上有若干个荷载作用时,梁的某个截面处的弯矩 M 等于每个荷载单独作用下该截面的弯矩 M_i 的代数和;梁的某个截面处的挠度和转角就等于每个荷载单独作用下该截面的挠度和转角的代数和,这就是计算梁的位移时的**叠加法**。

　　设梁受 n 个荷载作用,则任一截面上的弯矩 $M(x)$ 为每一个荷载引起的弯矩 $M_i(x)$ 的代数和,即

$$M(x) = \sum_{i=1}^{n} M_i(x) \tag{a}$$

当第 i 个荷载单独作用时,其挠曲线微分方程为

$$EI_z w''_i = -M_i(x) \tag{b}$$

当所有荷载共同作用时,梁的挠曲线微分方程为

$$EI_z w'' = -M(x) \tag{c}$$

将(a)式代入(c)式,并结合(b)式,得

$$EI_z w'' = -M(x) = -\sum_{i=1}^{n} M_i(x) = \sum_{i=1}^{n} EI_z w''_i = EI_z \sum_{i=1}^{n} w''_i \tag{5.16}$$

可见在同一段梁上,当荷载和位移呈线性关系时,梁的挠曲线就是各荷载分别作用下的挠曲线的代数和。显然,这可以推广到拉压变形和扭转变形的情况。工程中常用叠加法求梁的位移,表 5.1 列出了几种类型的梁在简单荷载作用下的转角和挠度。

表 5.1　简单荷载作用下梁的挠度和转角

序号	梁上荷载及弯矩图	挠曲线方程式	转角和挠度
1		$w = \dfrac{Mx^2}{2EI}$	$\theta_B = +\dfrac{ml}{EI}$ $w_B = +\dfrac{ml^2}{2EI}$
2		$w = \dfrac{Fx^2}{6EI}(3l-x)$	$\theta_B = +\dfrac{Fl^2}{2EI}$ $w_B = +\dfrac{Fl^3}{3EI}$
3		$w = +\dfrac{Fx^2}{6EI}(3a-x) \quad (0 \leqslant x \leqslant a)$ $w = +\dfrac{Fa^2}{6EI}(3x-a) \quad (a \leqslant x \leqslant l)$	$\theta_B = +\dfrac{Fa^2}{2EI}$ $w_B = +\dfrac{Fa^2}{6EI}(3l-a)$
4		$w = \dfrac{qx^2}{24EI}(6l^2 - 4lx + x^2)$	$\theta_B = +\dfrac{ql^3}{6EI}$ $w_B = +\dfrac{ql^4}{8EI}$
5		$w = \dfrac{q_0 l^4}{120EI}\left(-\dfrac{x^5}{l^5} + 5\dfrac{x^4}{l^4} - 10\dfrac{x^3}{l^3} + 10\dfrac{x^2}{l^2}\right)$	$\theta_B = +\dfrac{q_0 l^3}{24EI}$ $w_B = +\dfrac{q_0 l^4}{30EI}$
6		$w = \dfrac{m_A l^2}{6EI}\left(1-\dfrac{x}{l}\right)\left(2\dfrac{x}{l}-\dfrac{x^2}{l^2}\right)$	$\theta_A = +\dfrac{m_A l}{3EI}$ $\theta_B = -\dfrac{m_A l}{6EI}$ $w_C = +\dfrac{m_A l^2}{16EI}$ （C 点为 AB 跨的中点，下同）
7		$w = -\dfrac{mx}{6EIl}(l^2 - x^2 - 2b^2)$ $(0 \leqslant x \leqslant a)$ $w = \dfrac{m(l-x)}{6EIl}(x^2 - 2lx - 3a^2)$ $(a \leqslant x \leqslant l)$	$\theta_A = -\dfrac{m}{6EIl}(l^2 - 3b^2)$ $\theta_B = -\dfrac{m}{6EIl}(l^2 - 3a^2)$ $\theta_C = \dfrac{m}{6EIl}(3a^2 + 3b^2 - l^2)$
8		$w = \dfrac{qx}{24EI}(l^3 - 2lx + x^3)$	$\theta_A = +\dfrac{ql^3}{24EI} \qquad \theta_B = -\dfrac{ql^3}{24EI}$ $w_C = +\dfrac{5ql^4}{384EI}$

续表

序号	梁上荷载及弯矩图	挠曲线方程式	转角和挠度
9		$w=\dfrac{qb^2x}{24EIl}(2l^2-b^2-2x^2)$ $(0\leqslant x\leqslant a)$ $w=\dfrac{qb^2}{24EIl}\Big[(2l^2-b^2-2x^2)x+\dfrac{l}{b^2}(x-a)^4\Big]$ $(a\leqslant x\leqslant l)$	$\theta_A=\dfrac{qb^2}{24EIl}(2l^2-b^2)$ $\theta_B=-\dfrac{qb^2}{24EIl}(2l-b)^2$ $w_D=\dfrac{qb^2a}{24EIl}(2l^2-b^2-2a^2)$
10		$w=\dfrac{Fx}{48EI}(3l^2-4x^2)$ $\left(0\leqslant x\leqslant\dfrac{l}{2}\right)$	$\theta_A=+\dfrac{Fl^2}{16EI}\qquad\theta_B=-\dfrac{Fl^2}{16EI}$ $w_C=+\dfrac{Fl^3}{48EI}$
11		$w=+\dfrac{Fbx}{6EIl}(l^2-x^2-b^2)$ $(0\leqslant x\leqslant a)$ $w=+\dfrac{Fb}{6EIl}\Big[\dfrac{1}{b}(l-a)^3+(l^2-b^2)x-x^3\Big]$ $(a\leqslant x\leqslant l)$	当 $a>b$ 时 $\theta_A=+\dfrac{Fab(l+b)}{6EIl}$ $\theta_B=-\dfrac{Fab(l+a)}{6EIl}$ $w_C=+\dfrac{Fb(3l^2-4b^2)}{48EI}$

用叠加法求梁的位移时，可表达为

$$\theta(x)=\sum_{i=1}^{n}\theta_i(x)\tag{5.17}$$

$$w(x)=\sum_{i=1}^{n}w_i(x)\tag{5.18}$$

式中，$\theta_i(x)$ 和 $w_i(x)$ 代表同一个梁在同一位置 x 处的由荷载 i 引起的转角和挠度。

【例 5.13】　一简支梁及其所受荷载如图 5.18(a)所示。试用叠加法求梁中点的挠度 w_C 和梁左端截画的转角 θ_A。已知梁的抗弯刚度为 EI。

解：先分别求出集中荷载和均布荷载作用所引起的变形（图 5.18(b)、(c)），然后叠加，即得两种荷载共同作用下所引起的变形。由表 5.1 查得简支梁在 q 和 F 分别作用下的变形，叠加后得到。

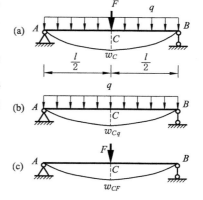

图 5.18　例 5.13 图

$$w_C=w_{Cq}+w_{CF}=\dfrac{5ql^4}{384EI}+\dfrac{Fl^3}{48EI}=\dfrac{5ql^4+8Fl^3}{384EI}$$

$$\theta_A=\theta_{Aq}+\theta_{AF}=\dfrac{ql^3}{24EI}+\dfrac{Fl^2}{16EI}=\dfrac{2ql^3+3Fl^2}{48EI}$$

【例 5.14】　一悬臂梁及其所受荷载如图 5.19 所示。试用叠加法求梁自由端的挠度 w_C 和转角 θ_C。已知梁的抗弯刚度为 EI。

解：悬臂梁 BC 段不受荷载作用，它仅随 AB 段的变形作刚性转动，只产生刚体位移。

自由端 C 点的变形根据 B 点的变形得到。由表 5.1 查得
悬臂梁在 q 作用下 B 点的变形

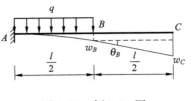

图 5.19　例 5.14 图

$$\theta_B = \frac{q\left(\frac{l}{2}\right)^3}{6EI} = \frac{ql^3}{48EI}$$

$$w_B = \frac{q\left(\frac{l}{2}\right)^4}{8EI} = \frac{ql^4}{128EI}$$

BC 段没有发生变形,故自由端 C 截面的转角与 B 截面转角相等,即

$$\theta_C = \theta_B = \frac{ql^3}{48EI}$$

C 截面的挠度 w_C 包含两部分,分别由 w_B 和 θ_B 引起,即

$$w_C = w_B + \theta_B \cdot \frac{l}{2}$$

$$= \frac{ql^4}{128EI} + \frac{ql^3}{48EI} \cdot \frac{l}{2} = \frac{7ql^4}{384EI}$$

【例 5.15】　一外伸梁及其所受荷载如
图 5.20(a)所示。试用叠加法求梁外伸端 C 点
的挠度 w_C 和转角 θ_C。已知,$F = ql$,梁的抗弯
刚度为 EI。

解: 在 F 力作用下,梁 ABC 产生弯曲变
形。C 截面的挠度和转角既与 BC 段的变形有
关,也与 AB 段的变形有关。因此,把 C 截面的
挠度和转角分解为两部分:BC 段自身弯曲变
形所引起的挠度与转角;AB 段弯曲变形引起
BC 段刚体位移所产生的挠度和转角。这两部
分分别计算后再予以叠加。

(1)BC 段自身弯曲变形引起 C 截面的挠
度 w_{c1} 和转角 θ_{c1}。先将 AB 段刚化(不变形),只
考虑 BC 段的变形,这样可将 AB 视为固定端,
BC 段成为悬臂梁。如图 5.20(b)、(c)所示,C
截面的挠度和转角可查表格 5.1 得

$$w_{c1} = \frac{F\left(\frac{l}{2}\right)^3}{3EI} = \frac{ql^3}{24EI} \ ;$$

$$\theta_{c1} = \frac{F\left(\frac{l}{2}\right)^2}{2EI} = \frac{ql^3}{8EI}$$

(2)AB 段弯曲变形引起 C 截面的挠度和
转角。首先,将 BC 段刚化,把原作用在 C 处的
集中力 F 平移到支座 B,根据力线平移定理附
加一集中力偶 $M = Fl/2$。如图 5.20(b)所示。

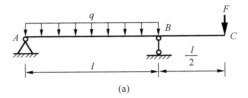

(a)

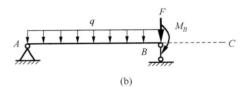

(b)

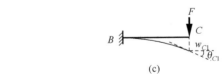

(c)

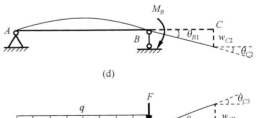

(d)

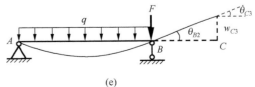

(e)

图 5.20　例 5.15 图

梁 AB 段的弯曲变形中支座 B 截面的转角 θ_{B1} 会引起 C 截面的挠度和转角,而支座 B 上的集中力 F 不会使 AB 段梁产生弯曲变形,在集中力偶 $M = Fl/2$ 作用下引起的 B 截面产生转角 θ_{B1},由表格 5.1 查得 $\theta_{B1} = \dfrac{Ml}{3EI} = \dfrac{ql^3}{6EI}$,由此带来 BC 段梁的刚性倾斜(图 5.20(d)),使 C 截面下垂的挠度和转角为

$$w_{C2} = \theta_{B1} \frac{l}{2} = \frac{ql^3}{6EI} \cdot \frac{l}{2} = \frac{ql^4}{12EI} ; \quad \theta_{C2} = \theta_{B1} = \frac{ql^3}{6EI}$$

其次,AB 段上的均布荷载 q 引起的弯曲变形也使得支座 B 截面产生转角 θ_{B2},同样会引起 C 截面的挠度和转角 w_{C3} 和 θ_{C3}(图 5.20(e)),由表格 5.1 查得 $\theta_{B2} = -\dfrac{ql^3}{24EI}$,由此带来 BC 段梁的刚性倾斜,使 C 截面的挠度和转角为

$$w_{C3} = \theta_{B2} \frac{l}{2} = -\frac{ql^3}{24EI} \cdot \frac{l}{2} = -\frac{ql^4}{48EI} ; \quad \theta_{C3} = \theta_{B2} = -\frac{ql^3}{24EI}$$

将三者叠加起来,得到梁 C 截面的总挠度 w_C 和总转角 θ_C 分别为

$$w_C = w_{C1} + w_{C2} + w_{C3} = \frac{ql^4}{24EI} + \frac{ql^4}{12EI} - \frac{ql^4}{48EI} = \frac{5ql^4}{48EI}$$

$$\theta_C = \theta_{C1} + \theta_{C2} + \theta_{C3} = \frac{ql^3}{8EI} + \frac{ql^3}{6EI} - \frac{ql^3}{24EI} = \frac{ql^3}{4EI}$$

此题的求解过程,实质上是先单独考虑梁的一部分变形效果,而让其他部分刚性化以求得某一指定处的位移,然后按照此法求出其余各部分变形在指定处引起的位移,最后把所得的结果叠加。

5.4　能量法求杆件的位移

在变形固体力学中,与能量有关的某些定理和原理,称为**能量原理**。应用能量原理求杆件的位移和应力或求解超静定问题的一般方法,称为**能量法**。由于能量法计算问题广泛、简便,又富有规范性,在分析复杂结构以及采用计算机编程计算中备受关注,也是计算力学的基础。限于篇幅,在此仅提供能量法最基本的内容。

5.4.1　能量法概述和应变能计算

在外力作用下,变形固体发生变形,荷载作用点沿荷载方向,随之产生位移。当荷载从零开始缓慢地增加到某一值时,相应发生的位移也从零开始增大到某一值。在变形过程中,由于荷载增加缓慢,可略去动能、热能或其他能量的损失,根据能量守恒定律,可以认为在弹性变形范围,荷载所做的功 W,全部转为**应变能** V_ε 储存于变形固体中,即

$$W = V_\varepsilon \tag{5.19}$$

当荷载缓慢解除时,应变能会逐步释放出来。例如拉弯的弓在回弹时能将箭射中箭靶;被拧紧的发条在放松时会带动齿轮转动等。

下面首先讨论杆件在基本变形时应变能的计算。

杆件的应变能可以用两种方法确定,一是根据功能原理,外力所做的功等于杆件内所储存的应变能;另一种方法是用单位体积里的应变能——**应变能密度** v_ε 对体积进行积分。

1. 轴向拉伸(压缩)杆件的应变能

由第 4 章可知,当变形固体服从胡克定律,杆件或杆系在小变形下不影响荷载的作用方向和位置,它们的内力、应力和位移等均与荷载成正比,这样的杆件(杆系)称**线弹性体**。

对于轴向受力杆,受力和变形如图 5.21(a)、(b)所示。荷载 F 在位移上所做的功 W,数值上等于储存在杆内的应变能 V_ε。

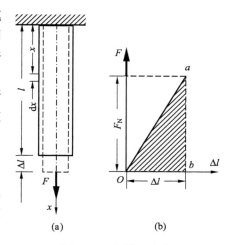

$$W = \frac{1}{2} F \Delta l \tag{5.20}$$

即图 5.21(b)所示的三角形 Oab 的面积。如果将 F 视为广义力,Δl 视为相应的广义位移,式(5.20)对于任意受力的线弹性体都能适用。

图 5.21　拉伸应变能

拉(压)杆的内力为 $F_N = F$,抗拉(压)刚度为 EA,杆长为 l,杆件的伸长(缩短)量为 $\Delta l = \dfrac{F_N l}{EA}$,则拉(压)杆的应变能为

$$V_\varepsilon = W = \frac{1}{2} F \Delta l = \frac{F_N^2 l}{2EA} \tag{5.21}$$

对于由 n 根杆组成的杆系,其应变能为

$$V_\varepsilon = \sum_{i=1}^{n} V_{\varepsilon i} = \sum_{i=1}^{n} \frac{F_{Ni}^2 l_i}{2E_i A_i} \tag{5.22}$$

当杆件所受轴力 F_N 不是常数,而是沿轴线 x 的变数,则 $F_N = F_N(x)$,在微段 $\mathrm{d}x$ 长的应变能为

$$\mathrm{d}V_\varepsilon = \frac{F_N^2(x)\,\mathrm{d}x}{2EA(x)}$$

杆长 l 的应变能为

$$V_\varepsilon = \int_l \frac{F_N^2(x)\,\mathrm{d}x}{2EA(x)} \tag{5.23}$$

式中,$A(x)$ 代表变截面杆在 x 处的面积。

应变能密度可表示为

$$v_\varepsilon = \frac{V_\varepsilon}{Al} = \frac{1}{2}\sigma\varepsilon \tag{5.24}$$

2. 扭转圆轴的应变能

对于受扭圆轴(图 5.22(a)),扭矩 $T = M_e$,扭转角 $\varphi = \dfrac{Tl}{GI_P}$。扭转力偶矩 M_e 所做的功 W 为图 5.22(b)中三角形 Oab 的面积,即

$$W = \frac{M_e \varphi}{2}$$

由式(5.21)可得圆轴扭转的应变能为

$$V_\varepsilon = W = \frac{M_e \varphi}{2} = \frac{T^2 l}{2GI_P} \tag{5.25}$$

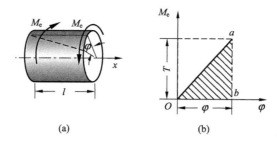

图 5.22　扭转应变能

类似地,当抗扭刚度分段变化的轴受多转矩作用时,相应的扭矩为 T_i、分段轴长为 l_i,分段抗扭刚度为 $G_i I_{Pi}$,那么该轴的应变能为

$$V_\varepsilon = \sum_{i=1}^{n} V_{\varepsilon i} = \sum_{i=1}^{n} \frac{T_i^2 l_i}{2 G_i I_{Pi}} \tag{5.26}$$

当扭矩和极惯性矩都是 x 的变量时,应变能为

$$V_\varepsilon = \int_l \frac{T(x)^2 \mathrm{d}x}{2 G_i I_{Pi}(x)} \tag{5.27}$$

对于非圆截面扭转,只需将以上各式的极惯性矩 I_P 换用非圆截面的 I_K 即可。

应变能密度为

$$v_\varepsilon = \frac{1}{2} \tau \gamma \tag{5.28}$$

3. 弯曲梁的应变能

受弯曲的梁(图 5.23(a)),其弯矩 $M = M_e$,两端截面的相对转角 $\theta = \dfrac{l}{\rho} = \dfrac{Ml}{EI_z}$。弯曲力偶矩 M_e 所做的功 W 为图 5.23(b)中三角形 Oab 的面积,即

$$W = \frac{1}{2} M_e \theta$$

根据式(5.21),得弯曲梁的应变能为

$$V_\varepsilon = W = \frac{1}{2} M_e \theta = \frac{M^2 l}{2 E I_z} \tag{5.29}$$

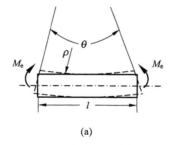
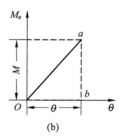

图 5.23　弯曲应变能

若梁为多荷载作用且抗弯刚度分段变化,相应的弯矩为 M_i,抗弯刚度为 $E_i I_{zi}$,则该梁的弯曲应变能为

$$V_\varepsilon = \sum_{i=1}^{n} \frac{M_i^2 l_i}{2 E_i I_{zi}} \tag{5.30}$$

如果 M 和 θ 都是 x 的函数,则应变能为

$$V_\varepsilon = \int_l \frac{M(x)^2 \mathrm{d}x}{2 E I_z(x)} \tag{5.31}$$

4. 剪力 F_S 引起的应变能

由于剪力 F_S 引起的切应变在各点都是变化的,可以通过应变能密度来考虑。

剪切应变能密度为

$$v_\varepsilon = \frac{1}{2}\tau\gamma \tag{5.32}$$

剪切胡克定律为

$$\tau = G\gamma \tag{a}$$

弯曲切应力为

$$\tau = \frac{F_S S_z^*}{I_z \cdot b} \tag{b}$$

将式（a）、（b）代入式（5.32），得剪切应变能密度为

$$v_\varepsilon = \frac{1}{2}\tau\gamma = \frac{\tau^2}{2G} = \frac{1}{2G}\left(\frac{F_S S_z^*}{I_z \cdot b}\right)^2 \tag{c}$$

将上式积分遍及整个梁的体积，得

$$V_\varepsilon = \int_V v_\varepsilon \mathrm{d}v = \int_l \left[\iint_A \frac{1}{2G}\left(\frac{F_S S_z^*}{I_z \cdot b}\right)^2 \mathrm{d}A\right]\mathrm{d}x$$

$$= \int \frac{F_S^2}{2G I_z^2}\left[\iint_A \frac{(S_z^*)^2}{b^2}\mathrm{d}A\right]\mathrm{d}x \tag{d}$$

令

$$k = \frac{A}{I_z^2}\int_A \frac{(S_z^*)^2}{b^2}\mathrm{d}A \tag{5.33}$$

称 k 为**剪切形状系数**，它与梁横截面的形状和尺寸有关。将式（5.33）代入式（d），得剪切应变能为

$$V_\varepsilon = \int_l \frac{k F_S^2}{2GA}\mathrm{d}x \tag{5.34}$$

剪切形状系数 k 见表 5.2。

对于一般细长梁，剪力的影响较小，剪切应变能可以忽略不计。

表 5.2　剪切形状系数 k

梁横截面形状	剪切形状系数 k
矩形	6/5＝1.2
圆形	10/9＝1.11
薄壁圆环	2
薄壁型材	2～5

5. 组合变形杆件的应变能

设杆件在微段 $\mathrm{d}x$ 所受内力的一般形式如图 5.24（a）所示。可以看出，轴力 $F_N(x)$ 只在轴向位移 $\delta(\Delta l)$ 上做功，扭矩 $T(x)$ 和弯矩 $M(x)$ 仅分别在各自引起的扭转角 $\mathrm{d}\varphi$、弯曲转角 $\mathrm{d}\theta$ 上做功（图 5.24（b）、（c）、（d））。它们相互独立，互不影响。所以，微段 $\mathrm{d}x$ 的应变能可取其代数和，即将式（5.23）、式（5.27）、式（5.31）相加，得

$$\mathrm{d}V_\varepsilon = \mathrm{d}W = \frac{F_N^2(x)\mathrm{d}x}{2EA} + \frac{T^2(x)\mathrm{d}x}{2GI_P} + \frac{M^2(x)\mathrm{d}x}{2EI_z}$$

而整个杆（杆系）的应变能为

$$V_\varepsilon = \int_l \frac{F_N^2(x)\mathrm{d}x}{2EA} + \int_l \frac{T^2(x)\mathrm{d}x}{2GI_P} + \int_l \frac{M^2(x)\mathrm{d}x}{2EI_z} \tag{5.35}$$

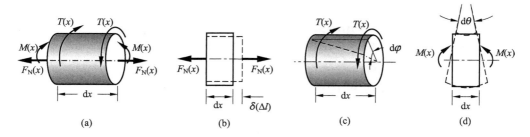

图 5.24　组合变形应变能

通过以上讨论,荷载做的功,可以统一写成

$$W = \frac{1}{2}(F \cdot \Delta) \tag{5.36}$$

式中,F 为广义力(力或力偶矩),Δ 为广义位移(线位移或角位移),即由广义力引起的相应广义位移。广义力与广义位移呈线性关系。

在组合变形下,功能原理也可写成统一形式

$$W = \sum_{i=1}^{n} (\frac{1}{2} F_i \Delta_i) = V_\varepsilon \tag{5.37}$$

上式表明:对于线弹性体在组合变形下,应变能等于每一广义力与其相应广义位移乘积的一半的总和。应变能与广义力的加载先后次序无关,仅取决于广义力和广义位移的最终值。

【例 5.16】　如图 5.25 所示杆系,试用能量法求结点 A 的位移 Δ_A。已知:荷载 $P = 100\text{kN}$,$\alpha = 30°$,$l = 2\text{m}$,杆径 $d = 25\text{mm}$,杆的材料的弹性模量为 $E = 210\text{GPa}$。

解:杆的应变能为

$$V_\varepsilon = 2 \times \frac{F_{N1}^2 l}{2EA} = \frac{\left(\dfrac{P}{2\cos\alpha}\right)^2 l}{EA}$$

$$= \frac{\left(\dfrac{100 \times 10^3 \text{N}}{2\cos30°}\right)^2 (2\text{m})}{(210 \times 10^9 \text{Pa})\left[\dfrac{\pi}{4}(25 \times 10^{-3}\text{m})^2\right]}$$

$$= 64.67\text{N·m} = 64.67\text{J}$$

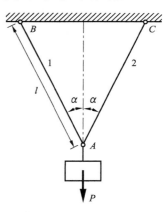

图 5.25　例 5.16 图

结点 A 的位移由

$$\frac{1}{2} P \Delta_A = V_\varepsilon$$

得到

$$\Delta_A = \frac{2V_\varepsilon}{P} = \frac{2 \times 64.67\text{N·m}}{100 \times 10^3 \text{N}}$$

$$= 1.293 \times 10^{-3}\text{m} = 1.293\text{mm}(\downarrow)$$

5.4.2　功的互等定理和位移互等定理

利用应变能法不仅可以求出杆件(杆系)受力后在某截面沿某方向的位移,还可导出在结构分析中有广泛应用价值的两个普遍定理——**功的互等定理和位移互等定理**。

图 5.26(a)、(b)代表同一线弹性简支梁的两种受力情况：图 5.26(a)所示为梁在 1 点处作用广义力 F_1 使梁弯曲变形，在 1 点处的相应广义位移为 Δ_{11}，而在该梁 2 点处的广义位移用 Δ_{21} 表示；图 5.26(b)所示为同一梁在 2 点作用另一广义力 F_2 而产生的变形曲线，2 点处的广义位移为 Δ_{22}，在 1 点处的广义位移为 Δ_{12}。在上面的位移符号 Δ 中引用了两个下标：其中第一个下标代表位移发生的位置；第二个下标代表引起该位移的广义力。

下面分两种加载次序分别研究力在位移过程中所做的功：

其一，先加 F_1 后加 F_2（图 5.26(c)）

$$W_1 = \frac{F_1 \Delta_{11}}{2} + \frac{F_2 \Delta_{22}}{2} + F_1 \Delta_{12} \tag{a}$$

其二，先加 F_2 后加 F_1（图 5.26(d)）

$$W_2 = \frac{F_2 \Delta_{22}}{2} + \frac{F_1 \Delta_{11}}{2} + F_2 \Delta_{21} \tag{b}$$

由于作用在弹性梁上的总功只取决于荷载的最终值，与加载先后次序无关，所以式(a)与式(b)两式是相等的，最后得

$$F_1 \Delta_{12} = F_2 \Delta_{21} \tag{5.38}$$

上式表明，F_1 在 F_2 所引起的位移 Δ_{12} 上所做之功，等于 F_2 在 F_1 所引起的位移 Δ_{21} 上所做之功。这一关系称为**功的互等定理**。

当 $F_1 = F_2$，由式(5.38)可知

$$\Delta_{12} = \Delta_{21} \tag{5.39}$$

式(5.39)说明，当 $F_1 = F_2$ 时，F_2 在点 1 沿 F_1 方向引起的位移 Δ_{12}，等于 F_1 在点 2 沿 F_2 方向引起的位移 Δ_{21}。这一关系称为**位移互等定理**。

在导出以上两个定理时，虽然以梁为例，但其结论对任何形式的杆件(杆系)都是适用的，故不失为一般性。另外，以上两个定理虽然是根据两个广义力和两个广义位移建立的，但也可推广为两组广义力和两组广义位移之间相应的关系。

为了便于应用应变能法计算杆件(杆系)的位移，下面引出一个重要定理——**莫尔定理**。

5.4.3 莫尔定理及图乘法

为了叙述方便，仍以梁为例推证莫尔定理，但其结论不失其一般性。

图 5.27(a)所示为任意梁受广义力 F_1、F_2、$\cdots$、F_n 作用，其挠曲线如图中所示，现计算该梁轴线上任一点 C 的挠度 w_C。

可以在同一梁的 C 点，沿所求位移 w_C 的方向，虚

图 5.26 互等定理

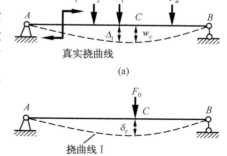

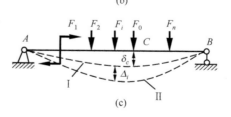

图 5.27 莫尔定理

加与 w_C 相对应的单位广义力 $F_0=1$，其挠曲线为图 5.27(b)所示虚线 Ⅰ，产生 C 点的虚挠度为 δ_C；然后在挠曲线 Ⅰ 的基础上，再加上原作用力系，其产生的真实广义位移分别为 Δ_1、Δ_2、$\cdots$、Δ_n。由于先加单位广义力为 $F_0=1$，后加真实广义力 F_1、F_2、$\cdots$、F_n，它们所做的总功为

$$W = \frac{1\times\delta_C}{2} + \sum_{i=1}^{n}\frac{F_i\Delta_i}{2} + 1\times w_C \tag{a}$$

因为挠曲线由 Ⅰ 位置移到 Ⅱ 位置时，单位广义力 $F_0=1$ 为常力做功，故上式第三项不用除 2。

下面再分析虚加的单位广义力 $F_0=1$ 和真实广义力 F_1、F_2、$\cdots$、F_n 同时作用时在梁内所储存的应变能。

设单位广义力在梁的 x 截面处的弯矩为 $\overline{M}(x)$，真实广义力在同一 x 截面处的弯矩为 $M(x)$。当它们同时作用时，在 x 截面处的弯矩，由叠加原理可得

$$M = \overline{M}(x) + M(x) \tag{b}$$

将式(b)代入式(5.31)，得梁在图 5.27(c)所示挠曲线 Ⅱ 时的应变能为

$$V_\varepsilon = \int_l \frac{M^2\,\mathrm{d}x}{2EI_z} = \int_l \frac{[\overline{M}(x)+M(x)]^2}{2EI_z}\mathrm{d}x$$

$$= \int_l \frac{\overline{M}^2(x)}{2EI_z}\mathrm{d}x + \int_l \frac{\overline{M}(x)M(x)}{EI_z}\mathrm{d}x + \int_l \frac{M^2(x)\,\mathrm{d}x}{2EI_z} \tag{c}$$

由于 $V_\varepsilon=W$，即

$$\int_l \frac{\overline{M}^2(x)\,\mathrm{d}x}{2EI_z} + \int_l \frac{\overline{M}(x)M(x)}{EI_z}\mathrm{d}x + \int_l \frac{M^2(x)}{2EI_z}\mathrm{d}x = \frac{1\times\delta_c}{2} + \sum_{i=1}^{n}\frac{F_i\Delta_{1i}}{2} + 1\times w_C \tag{d}$$

而

$$\int_l \frac{\overline{M}^2(x)}{2EI}\mathrm{d}x = \frac{1\times\delta_C}{2}, \quad \int_l \frac{M^2(x)}{2EI_z}\mathrm{d}x = \sum_{i=1}^{n}\frac{F_i\Delta_i}{2}$$

将以上关系式代入式(d)，得

$$w_C = \int_l \frac{\overline{M}(x)M(x)}{EI_z}\mathrm{d}x \tag{e}$$

既然单位广义力 F_0 可以代表一个力或是一个力偶矩，则相应的广义位移可以是线位移或角位移。所以，若要求该梁在 C 处的转角 θ_C，可在 C 处加一单位力偶矩 $M_0=1$，则

$$\theta_C = \int_l \frac{\overline{M}(x)M(x)}{EI_z}\mathrm{d}x \tag{f}$$

式中，$\overline{M}(x)$ 为单位力偶矩在梁上引起的弯矩方程；$M(x)$ 为真实荷载在梁上引起的弯矩方程。

综上所述，求线弹性变形梁位移可统一写成

$$\Delta_i = \int_l \frac{\overline{M}(x)M(x)}{EI_z}\mathrm{d}x \tag{5.40}$$

式中，Δ_i 为所要求的位移(挠度或转角)；$\overline{M}(x)$ 为 Δ_i 相对应的单位广义力(力或力偶矩)在梁上所引起的弯矩方程；$M(x)$ 为实际荷载作用在梁上所引起的弯矩方程

以此类推，同样可以证明，对于求轴的位移和杆系的位移，其计算式可分别写为

$$\varphi_i = \int_l \frac{\overline{T}(x)T(x)}{GI_P}\mathrm{d}x \tag{5.41}$$

$$\Delta_i = \sum_{j=1}^{n}\frac{\overline{F}_{Nj}F_{Nj}l_j}{E_jA_j} \tag{5.42}$$

式中，$\overline{T}(x)$ 为单位力偶矩引起轴的扭矩方程；$T(x)$ 为实际荷载引起轴的扭矩方程；GI_P 为圆轴的抗扭刚度，对于非圆截面轴，用 I_K 代替 I_P；$\overline{F}_{Nj}$ 为单位力引起第 j 根杆的轴力；F_{Nj} 为实际荷载引起第 j 根杆的轴力；E_jA_j 和 l_j 为第 j 根杆的抗拉(压)刚度和杆长。

对于组合变形的杆件(杆系)，类似以上诸式，可以写成一般表达式为

$$\Delta_i = \int_l \frac{\overline{M}(x)M(x)}{EI}\mathrm{d}x + \int_l \frac{\overline{T}(x)T(x)}{GI_P}\mathrm{d}x + \sum_{j=1}^{n} \frac{\overline{F}_{Nj}F_{Nj}l_j}{E_jA_j} + \int_l \frac{k\overline{F}_S F_S}{GA}\mathrm{d}x \qquad (5.43)$$

这种求位移的方法称为**莫尔定理**。因为是积分形式，也称为**莫尔积分法**。在公式推导时，以胡克定律为基础，所以只适用于线弹性杆件(杆系)。如梁为非线性弹性体，莫尔积分可写成

$$\Delta_i = \int_l \overline{M}(x)\mathrm{d}\theta + \int_l \overline{T}(x)\mathrm{d}\varphi + \int_l \overline{F}_N(x)\mathrm{d}\delta \qquad (5.44)$$

式中，$\overline{M}(x)$、$\overline{T}(x)$、$\overline{F}_N(x)$ 为单位广义力引起杆件(杆系)的内力方程；$M(x)$ 为实际荷载引起杆件(杆系)的弯矩方程，可以是 $M(x)$ 或 $M_z(x)$；$\mathrm{d}\theta$、$\mathrm{d}\varphi$、$\mathrm{d}\delta$ 为实际荷载引起杆件(杆系)的位移，其中 $\mathrm{d}\theta$ 可以是 $\mathrm{d}\theta_y$ 或 $\mathrm{d}\theta_z$；EI 为抗弯刚度可以是 EI_y 或 EI_z；GI_P 为抗扭刚度可以是圆轴，非圆轴用 GI_K 代替 GI_P；

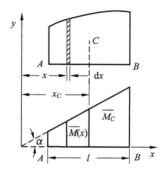

图 5.28　图乘法

对于等刚度杆件(杆系)，可以将刚度提到莫尔积分式中积分号的外面。以式(5.40)为例，只需计算积分

$$\int_l \overline{M}(x)M(x)\mathrm{d}x \qquad (5.45)$$

直杆在单位广义力作用下，其弯矩 $\overline{M}(x)$ 必为直线或折线方程，实际荷载作用下的 $M(x)$ 可为非直(折)线方程。在 AB 段，上述内力图如图 5.28 所示。在式(5.40)积分式中

$$\overline{M}(x) = x\tan\alpha$$

式中，α 为 $\overline{M}(x)$ 图的斜直线与 x 轴的夹角。则式(5.45)可写成

$$\int_l M(x)\overline{M}(x)\mathrm{d}x = \tan\alpha\int_l xM(x)\mathrm{d}x$$

而 $M(x)\mathrm{d}x$ 是 $M(x)$ 图中距原点 x 的微面积，$\int xM(x)\mathrm{d}x$ 是微面积对 y 轴的静矩。于是积分 $\int_l xM(x)\mathrm{d}x$ 就是 AB 段弯矩图 $M(x)$ 所围面积对 y 轴的静矩。用符号 $A_{\Omega AB}$ 表示 $M(x)$ 图的面积，x_C 代表该面积的形心 C 到 y 轴的垂直距离，则

$$\int xM(x)\mathrm{d}x = A_{\Omega AB}x_C$$

代入式(5.40)，得

$$\int \overline{M}(x)M(x)\mathrm{d}x = \tan\alpha\,\omega_{AB}x_C = A_{\Omega AB}\overline{M}_C \qquad (5.46)$$

式中，$\overline{M}_C$ 是 $\overline{M}(x)$ 图中与 $M(x)$ 图面积 $A_{\Omega AB}$ 的形心 C 所对应的纵坐标。将式(5.46)代入式(5.40)，可得等刚度直梁求位移的莫尔积分式为

$$\Delta = \int_l \frac{\overline{M}(x)M(x)}{EI}\mathrm{d}x = \frac{A_{\Omega AB}\overline{M}_C}{EI} \tag{5.47}$$

这就是利用内力图形将莫尔积分简化计算成图形互乘的**图乘法**。显然，对于直杆(杆系)，图乘法都是适用的。当单位力引起的内力图由折线组成时，可以将折线分成几个斜直线，分段使用图乘法计算，然后取其代数和。

利用图乘法求位移，要计算内力图的面积和形心位置。表 5.3 给出几种内力图常见图形的面积和形心备查，其中曲线顶点 d 是指其顶点切线与基线平行或重合的点。

表 5.3　内力图常见图形的面积及其形心位置

	矩形	直角三角形	一般三角形	二次抛物线	n 次抛物线
图形					
面积 ω	bh	$\dfrac{bh}{2}$	$\dfrac{lh}{2}$	$\dfrac{2}{3}lh$	$\dfrac{1}{n+1}lh$
形心 x_C	$\dfrac{b}{2}$	$\dfrac{b}{3}$	$\dfrac{l+a}{3}$	$\dfrac{5}{8}l$	$\dfrac{l}{n+2}$

【例 5.17】　等刚度 EI_z 简支梁 AB，在 A 支座处受外力偶矩 M_e 作用，如图 5.29(a)所示，已知 l、EI_z，试用莫尔定理和图乘法计算梁在 A 截面处的转角 θ_A。

解：(1)用莫尔定理计算，由

$$\Delta = \int_l \frac{\overline{M}(x)M(x)}{EI_z}\mathrm{d}x$$

根据平衡方程 $\sum M_B = 0$ 和 $\sum F_y = 0$，得支反力为

$$-F_{Ay} = F_{By} = \frac{M_e}{l}$$

梁在 M_e 作用下的弯矩方程为

$$M(x) = M_e - F_{Ay}x = M_e\left(1 - \frac{x}{l}\right)$$

为了求 θ_A，可在 A 截面作用与 θ_A 相对应的广义单位力 $M_0 = 1$，如图 5.29(c)所示，产生的弯矩方程为

$$\overline{M}(x) = \overline{F}_{Ay}x - M_0$$
$$= \frac{x}{l} - 1$$

代入式(5.40)，得

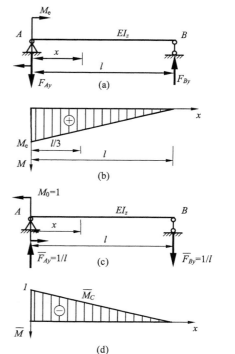

图 5.29　图乘法求梁位移

$$\theta_A = \int_l \frac{\overline{M}(x)M(x)\mathrm{d}x}{EI_z}$$

$$= \int_l \frac{\left(\frac{x}{l}-1\right)M_e\left(1-\frac{x}{l}\right)\mathrm{d}x}{EI_z} = -\int_0^l \frac{M_e\left(1-\frac{x}{l}\right)^2}{EI_z}\mathrm{d}x$$

$$= -\frac{M_e}{EI_z}\left[x - \frac{x^2}{l} + \frac{x^3}{3l^2}\right]_0^l = -\frac{M_e l}{3EI_z}$$

式中,负号表示,实际的转角与所加单位广义力的转向相反。

（2）用图乘法计算,由式(5.47)得

$$\theta_A = \frac{A_{\Omega AB} \cdot \overline{M}_C}{EI_z}$$

其中,由图 5.29(b)、(d)的 $M(x)$ 和 $\overline{M}(x)$ 图,得

$$A_{\Omega AB} = +\frac{M_e l}{2}, \quad \overline{M}_C = -\frac{2}{3}$$

故

$$\theta_A = -\frac{M_e l}{3EI_z}$$

负号表示 θ_A 的实际转向应与 $\overline{M}_e$ 的转向相反,即应为顺时针转向。

【例 5.18】 等刚度 EI 简支梁,在跨中受集中力 F 作用,如图 5.30(a)所示,已知 l, EI_z,求 θ_A。

解： 用图乘法,应在求 θ_A 的 A 截面处,作用单位力($\overline{M}_e$ =1),如图 5.30(c)所示,得弯矩图 $M(x)$ 和 $\overline{M}(x)$,如图 5.30(b)、(d)所示。$M(x)$ 图有两个斜率,可分成 AC 和 CB 两段。则

$$\theta_A = \frac{A_{\Omega AC}\overline{M}_{C1}}{EI_z} + \frac{A_{\Omega CB}\overline{M}_{C2}}{EI_z} = \frac{\frac{Fl}{4}\times\frac{l}{2}\times\frac{1}{2}\times\frac{2}{3}}{EI_z}$$

$$+ \frac{\frac{Fl}{4}\times\frac{l}{2}\times\frac{1}{2}\times\frac{1}{3}}{EI_z} = \frac{Fl^2}{16EI_z}$$

也可取整个 $M(x)$ 图的面积

$$A_{\Omega AB} = \frac{Fl}{4}\times l\times\frac{1}{2} = \frac{Fl^2}{8} \quad 和 \quad \overline{M}_C = \frac{1}{2}$$

则

$$\theta_A = \frac{A_{\Omega AB}\overline{M}_C}{EI_z} = \frac{Fl^2/8\times 1/2}{EI_z} = \frac{Fl^2}{16EI_z}$$

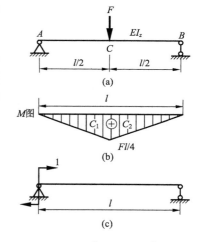

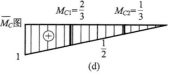

图 5.30 图乘法应用

【例 5.19】 图 5.31(a)所示为等刚度 EI 曲杆,轴线半径为 R,在曲杆两端 A、B 处作用一对大小相等方向相反的集中力 F。设截面形心离截面内侧边缘的距离 $y_C \geqslant \frac{R}{10}$,称为小曲率杆,可以不计曲率的影响,近似仍按直梁计算。试用能量法计算 A、B 两截面之间的相对转角 θ_{AB}。

解:用能量法解题时为了计算 A、B 两截面间的相对转角,需在该两截面加一对转向相反的单位力偶矩 $M_0=1$(图 5.31(b))。

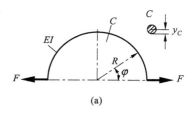

平面曲杆受力后,其横截面内一般有三个内力,即轴力、剪力和弯矩。对于小曲率杆影响曲杆变形的主要因素是弯矩,轴力、剪力常可忽略不计。

选坐标 φ 代表曲杆横截面的位置,可以求得荷载和单位力偶矩作用时,曲杆的弯矩方程分别为

$$M(\varphi)=-FR\sin\varphi$$

$$\overline{M}(\varphi)=-1$$

规定:使曲杆曲率增大的弯矩为正。

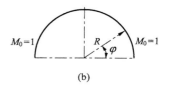

$\mathrm{d}x$ 用 $\mathrm{d}s=R\mathrm{d}\varphi$ 代替,于是得 A、B 两截面间的相对转角为

图 5.31　例 5.19 图

$$\theta_{AB}=\int_0^\pi\frac{\overline{M}(\varphi)M(\varphi)\mathrm{d}s}{EI}=\frac{1}{EI}\int_0^\pi(-1)(-FR\sin\varphi)R\mathrm{d}\varphi=\frac{2FR^2}{EI}$$

得到 θ_{AB} 为正值,表示 A、B 两截面的相对转角方向与假设所加单位力偶矩的相对转向一致。

【例 5.20】　等刚度 EI 的刚架受载如图 5.32(a)所示,试用图乘法计算截面 A 的转角 θ_A。

解:在截面 A 作用与 θ_A 相对应的单位力偶矩 $M_0=1$(图 5.32(b))。刚架的 M 图和 $\overline{M}$ 如图 5.32(c)、(d)所示,可分成三段。

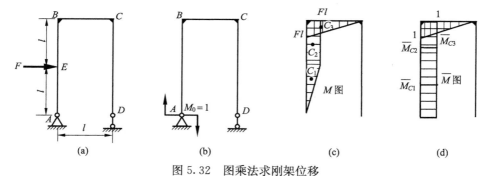

图 5.32　图乘法求刚架位移

$$A_{\Omega1}=\frac{Fl^2\cdot l}{2}=\frac{Fl^2}{2};\qquad\overline{M}_{C1}=1$$

$$A_{\Omega2}=Fl\cdot l=Fl^2;\qquad\overline{M}_{C2}=1$$

$$A_{\Omega3}=Fl\cdot\frac{l}{2}=\frac{Fl^2}{2};\qquad\overline{M}_{C3}=\frac{2}{3}$$

$$\theta_A=\sum\frac{A_{\Omega i}\overline{M}_{Ci}}{EI}=\frac{\dfrac{Fl^2}{2}\cdot1+Fl^2\cdot1+\dfrac{Fl^2}{2}\cdot\dfrac{2}{3}}{EI}=\frac{11Fl^2}{6EI}$$

【例 5.21】　用能量原理计算密圈螺旋压缩弹簧的轴向压缩位移 λ(图 5.33),已知弹簧圈的平均直径 D,簧丝直径 d,弹簧材料的切变模量 G,压力 F。

解:弹簧在压缩力 F 作用下,压缩位移为 λ,压缩力 F 所做的功为

$$W = \frac{1}{2}F\lambda$$

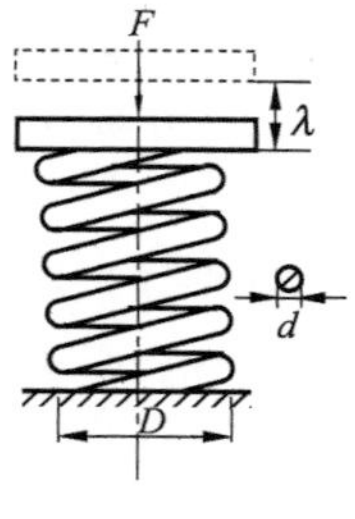

弹簧在压缩力 F 作用下,储存在弹簧内的应变能密度为

$$v_\varepsilon = \frac{1}{2}\tau\gamma = \frac{\tau^2}{2G}$$

其中

$$\tau = \frac{T\rho}{I_P} = \frac{\frac{1}{2}FD\rho}{\frac{\pi d^4}{32}} = \frac{16FD\rho}{\pi d^4}$$

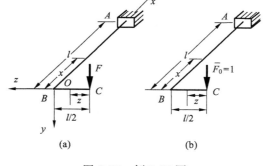

图 5.33　例 5.21 图

应变能密度为

$$v_\varepsilon = \frac{\tau^2}{2G} = \frac{128F^2D^2\rho^2}{G\pi^2 d^6}$$

弹簧总应变能为

$$V_\varepsilon = \int_v v_\varepsilon \mathrm{d}V$$

以 $\mathrm{d}A$ 为簧丝横截面的微面积, $\mathrm{d}s$ 为沿簧丝轴线的微长度, $\mathrm{d}V = \mathrm{d}A\mathrm{d}s = 2\pi\rho\mathrm{d}\rho\mathrm{d}s$,积分时, ρ 由 0 到 $d/2$, s 由 0 到簧丝长度 $l = n\pi D$, n 为弹簧圈数,代入总应变能式

$$V = \int_v v_\varepsilon \mathrm{d}V = \int_0^{d/2} \frac{128F^2D^2\rho^2}{G\pi^2 d^8} \cdot 2\pi\rho\mathrm{d}\rho \int_0^{n\pi D} \mathrm{d}s = \frac{4F^2D^3 n}{Gd^4}$$

根据能量守恒

$$\frac{F\lambda}{2} = W = V_\varepsilon = \frac{4F^2D^3 n}{Gd^4}$$

得

$$\lambda = \frac{8F^2D^3 n}{Gd^4}$$

令

$$C = \frac{Gd^4}{8D^3 n} = \frac{Gd^4}{64R^3 n}$$

则

$$\lambda = \frac{F}{C}$$

　　C 越大, λ 越小,所以 C 代表弹簧抵抗变形的能力,称为弹簧刚度。

　　要使弹簧有很高的柔性,起减振和缓冲作用,应使弹簧刚度 C 小些,即使簧丝直径 d 尽可能小,增加弹簧圈数 n 和加大簧圈平均直径 D。

　　【例 5.22】　圆截面刚架处于 Oxz 水平面内, A 端固定, C 端自由,受垂直向下的集中力 F 作用(图 5.34(a))。已知刚架的 E、G、I、I_p 和 l,试用能量法求 C 端的垂直位移 Δ_{Cy}。

图 5.34　例 5.22 图

　　解:在 C 截面沿 y 方向加一单位力 $\overline{F}_0 = 1$ (图 5.34(b)),刚架 CB 段受弯, BA 受弯扭,各段内力方程为

CB 段:　　　　　$M(z) = -Fz$;　　$\overline{M}(z) = -z$　　$(0 \leqslant z \leqslant l/2)$

BA 段:　　　　　$M(x) = -Fx$;　　$\overline{M}(x) = -x$　　$(0 \leqslant x \leqslant l)$

$$T(x) = -F\frac{l}{2};　　\overline{T}(x) = -\frac{l}{2}　　(0 \leqslant x \leqslant l)$$

C 截面的铅垂位移为

$$\Delta_{Cy} = \int_0^{l/2} \frac{\overline{M}(z)M(z)\mathrm{d}z}{EI} + \int_0^l \frac{\overline{M}(x)M(x)\mathrm{d}x}{EI} + \int_0^l \frac{\overline{T}(x)T(x)\mathrm{d}x}{GI_P}$$

$$= \int_0^{l/2} \frac{(-z)(-Fz)\mathrm{d}z}{EI} + \int_0^l \frac{(-x)(-Fx)\mathrm{d}x}{EI} + \int_0^l \frac{\left(-\frac{l}{2}\right)\left(-F\frac{l}{2}\right)\mathrm{d}x}{GI_P}$$

$$= \frac{3Fl^3}{8EI} + \frac{Fl^3}{4GI_P}(\downarrow)$$

对于圆截面

$$I_P = 2I$$

则 C 截面的铅垂位移为

$$\Delta_{Cy} = \frac{Fl^3}{8I}\left(\frac{3}{E} + \frac{1}{G}\right)(\downarrow)$$

如果采用叠加法和图乘法如何计算 Δ_{Cy}，请读者思考。

复习思考题

5-1 举例区分下列概念：

(1) 相对位移与绝对位移；

(2) 刚性位移与弹性位移；

(3) 拉(压)胡克定律与剪切胡克定律；

(4) 自由扭转与约束扭转；

(5) 圆轴扭转与非圆轴扭转；

(6) 力偶矩与转矩；弯矩与扭矩；

(7) 相对扭转角与单位扭转角；

(8) 扭角与转角；

(9) 轴惯性矩、主形心惯性矩与极惯性矩；

(10) 刚度与柔度；抗变形刚度与抗变形截面模量。

5-2 已知某材料的比例极限 $\sigma_p = 200\mathrm{MPa}$，$E = 200\mathrm{GPa}$，用该材料制成的拉杆和梁，其最大应变 $\varepsilon_{max} = 0.002$，则其对应的应力估计为多少？

5-3 有弹性变形的杆件，应力和应变是否成对出现？

5-4 比较圆截面扭转和矩形截面扭转在几何变形方面有何不同规律？从中得到哪些结论？

5-5 梁的挠曲线近似微分方程近似在何处？

5-6 写出图 5.35 所示各梁的边界条件、光滑连续条件，画出挠曲线的大致形态。

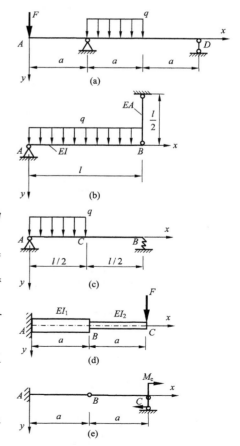

图 5.35 复习思考题 5-6 图

5-7 根据梁的变形与弯矩的关系,判断下列结论是否正确。

(1) 弯矩最大的截面,其转角最大,弯矩为零的截面,转角为零;

(2) 弯矩突变处的转角也有突变;

(3) 挠曲线在弯矩为零处的曲率必为零;

(4) 梁的最大挠度必产生于弯矩为最大的截面。

5-8 试考虑如何用叠加法较简便地求图 5.36 所示各梁 C 截面的挠度。

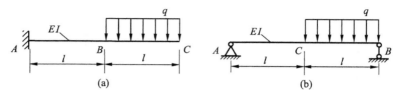

图 5.36　复习思考题 5-8 图

5-9 图 5.37 所示简支梁,(a)梁的约束条件和荷载均对称;(b)梁的约束条件是对称的而荷载为反对称。试比较两梁的约束反力、内力和挠曲线形状有何不同?

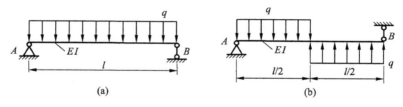

图 5.37　复习思考题 5-9 图

5-10 外力何时要向截面形心简化,何时向弯心简化。

5-11 试用图乘法求图 5.38 所示各梁 C 截面的位移 ω_C 和 θ_C。

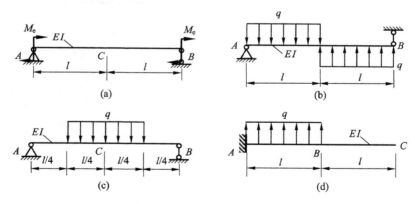

图 5.38　复习思考题 5-11 图

5-12 试用图乘法求图 5.39 所示各等刚度刚架 C 截面的位移和等刚度桁架 C 节点的位移。

5-13 已知图 5.40 所示梁在 C 截面处由 $F_1=2$kN 作用下使 B 截面的挠度为 2mm,则当 B 截面由 $F_2=4$kN 单独作用时,C 截面的挠度是多少?

5-14 图 5.41 所示梁在 $M_e=1$kN·m 单独作用时,C 截面的挠度为 3mm,则在 C 截面由 $F=1$kN 单独作用时,D 截面的转角是多少?

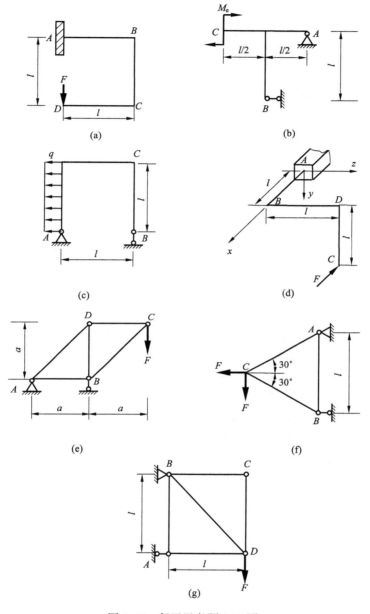

图 5.39　复习思考题 5-12 图

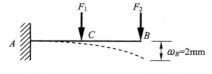

图 5.40　复习思考题 5-13 图

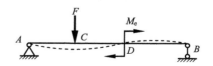

图 5.41　复习思考题 5-14 图

习　题

5.1　图 5.42 所示阶梯状钢杆,已知其弹性模量 $E=200\mathrm{GPa}$,试求杆横截面上的最大正应力和杆的总伸长。

5.2　刚梁 BDE 由两根连杆 AB 和 CD 支承,如图 5.43 所示。已知 AB 杆为铝杆($E_{\mathrm{Al}}=70\mathrm{GPa}$,$A_{\mathrm{Al}}=500\mathrm{mm}^2$),$CD$ 杆为钢杆($E_{\mathrm{S}}=200\mathrm{GPa}$,$A_{\mathrm{S}}=600\mathrm{mm}^2$),试求刚梁在 B、D、E 处的位移。

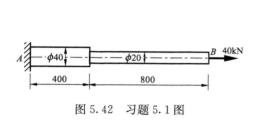

图 5.42　习题 5.1 图

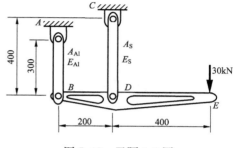

图 5.43　习题 5.2 图

5.3　直径 $d=10\mathrm{mm}$ 的圆截面直杆,在轴向拉力作用下,直径减小了 $0.0025\mathrm{mm}$,已知材料的弹性模量 $E=210\mathrm{GPa}$,泊松比 $\mu=0.3$,试求轴向拉力 F。

*5.4　在 AB 两点之间沿水平拉着一根直径 $d=1\mathrm{mm}$ 的冷拉钢丝,直到断裂都符合胡克定律。现在钢丝中点 C 作用一铅垂荷载 F,如图 5.44 所示。已知钢丝由此产生的线应变 $\varepsilon=0.0035$,材料的弹性模量 $E=210\mathrm{GPa}$。若不计钢丝自重,试求:(1)钢丝横截面上的应力;(2)钢丝在 C 处的垂直位移 δ;(3)所受的荷载 F。

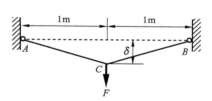

图 5.44　习题 5.4 图

5.5　阶梯圆轴受载如图 5.45 所示,已知 $G=80\mathrm{GPa}$,试计算:(1)该轴的最大切应力;(2)该轴 AD 两端的相对扭转角 φ_{AD}。

5.6　空心圆轴如图 5.46 所示,已知内径边缘的最小扭转切应力为 $70\mathrm{MPa}$,材料的 $G=80\mathrm{GPa}$,试求该轴 B 截面的扭转角 φ_{B} 和作用的力偶矩 M_{e}。

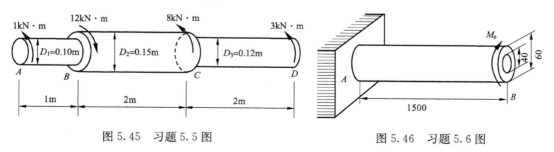

图 5.45　习题 5.5 图

图 5.46　习题 5.6 图

5.7　图 5.47 所示齿轮传动系统,已知 $r_A=2r_B$,在 E 端受力偶矩 M_{e} 作用,材料的切变弹性模量 G,试求轴在 E 端的扭转角 φ_{E}。

5.8　二根实心圆轴由齿轮啮合,如图 5.48 所示。已知轴的最大允许切应力为 55MPa,轴材料的切变弹性模量均为 $G＝80$GPa,试求(1)确定轴 AB 在 A 端所能承受的最大力偶矩 M_e;(2)在 M_e 作用下轴 AB 在 A 端的扭转角 φ_A。

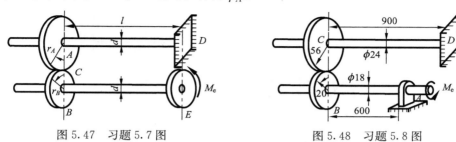

图 5.47　习题 5.7 图　　　　　　　图 5.48　习题 5.8 图

5.9　实心锥形圆轴,A 端直径 $2b$,B 端直径 $2a$,且 $b＝1.2a$,受力偶矩 M_e 作用,如图 5.49 所示。试求该轴的最大扭转角;若用轴的平均直径,按等截面圆轴计算,将引起多大的误差?

5.10　钢制手钻杆如图 5.50 所示。材料的切变弹性模量 $G＝80$GPa,手作用在扳手上的力为 $F＝22$N。试求钻杆的最大扭转切应力和扭转角。

5.11　上题的钻杆,被钻孔的板材厚度为 2mm,假设钻孔孔壁的摩擦阻力是均匀分布的。试求摩擦阻力及作用于钻杆上的均布力偶 m_e,并绘钻杆的扭矩图。

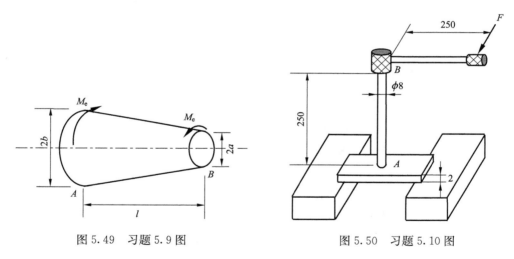

图 5.49　习题 5.9 图　　　　　　　图 5.50　习题 5.10 图

5.12　图 5.51 所示薄壁圆筒受均匀分布力偶矩 m_e 作用,已知圆筒直径 D、筒壁壁厚 δ、筒长 l 和材料切变弹性模量 G。试求 B 端的扭转角。

5.13　钻探机的功率为 $P＝10$kW,转速 $n＝180$r/min,钻杆钻入土层的深度 $l＝40$m,钻杆直径 $D＝40$mm,材料切变模量 $G＝80$GPa,如图 5.52 所示,设若土层对钻杆的阻力看成是均匀分布的力偶 m_e,试求分布力偶 m_e 和杆端 B 处的扭转角 φ_B。

5.14　空心铝管受 T 作用,如图 5.53 所示,已知该管端部的扭转角为 2°,铝材的 $G＝27$GPa,要求:(1)该铝管所受的力偶矩 M_e;(2)如果在相同 M_e 作用下,将铝管换成铝棒,横截面面积和杆长都与铝管相同,则其杆端的扭转角是多少?

5.15 电动机输入到钢轴 $ABCD$ 的力偶为 2.5kN·m，使钢轴等速旋转，如图 5.54 所示。已知钢的 $G=80\text{GPa}$，试求(1) AD 间的相对扭转角 φ_{AD}；(2)若将 B、C 所传递的力偶相互对换，其他条件不变，则 φ_{AD} 是多少？

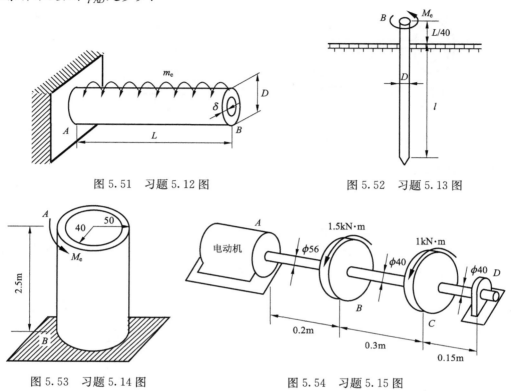

图 5.51　习题 5.12 图　　　　　　　图 5.52　习题 5.13 图

图 5.53　习题 5.14 图　　　　　图 5.54　习题 5.15 图

5.16 方形截面和矩形截面两根扭杆尺寸如图 5.55 所示，已知两杆允许承受的最大切应力为 35MPa，试求：(1)计算两杆各自所能承受的转矩 M_e；(2)当 $G=40\text{GPa}$ 时，在 M_e 作用下两杆在 B 端的扭转角 φ_B。

5.17 图 5.56 所示铝制悬臂梁，自由端作用一集中力偶，铝的弹性模量 $E=70\text{GPa}$。

(1)试求该梁挠曲线的曲率半径，并由曲率半径求该梁自由端的挠度。

(2)试用积分法求自由端的挠度，并与(1)所得结果进行比较。

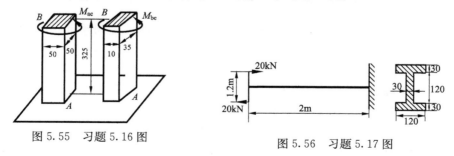

图 5.55　习题 5.16 图　　　　　图 5.56　习题 5.17 图

5.18 用积分法求图 5.57 所示各梁的转角方程、挠度方程以及指定截面(在各图下方括号内)的转角和挠度。并画出梁挠曲线的大致形状。梁抗弯刚度 EI 为常数。

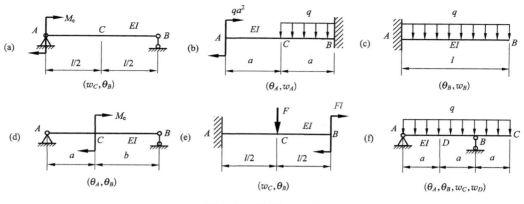

图 5.57　习题 5.18 图

5.19　图 5.58 所示简支梁,已知 $F=20\mathrm{kN}$, $E=200\mathrm{GPa}$。若该梁的最大弯曲正应力不得超过 160 MPa,最大挠度不得超过跨度的 $\dfrac{1}{400}$。试选择工字钢型号。

5.20　等截面简支梁 EI 已知且承受三角形分布荷载,如图 5.59 所示,试用积分法求该梁的转角方程、挠曲线方程以及 θ_A、θ_B,并求 $w_{\max}$ 及其所在截面位置。

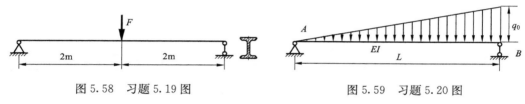

图 5.58　习题 5.19 图　　　　　　　　　　图 5.59　习题 5.20 图

5.21　图 5.60 所示梁的 B 截面置于弹簧上,弹簧刚度(即引起单位变形所需的力)为 K,试求 A 截面的挠度。EI 为已知常数。

5.22　一等截面悬臂梁承受两集中力作用如图 5.61 所示。试求:

(1) 最大挠度所在的截面位置。

(2) 荷载 F 作用处截面的挠度。

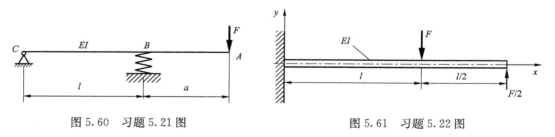

图 5.60　习题 5.21 图　　　　　　　　　　图 5.61　习题 5.22 图

5.23　用叠加法求图 5.62 所示各梁指定截面的转角和挠度。EI 为已知常数。

5.24　图 5.63 所示梁,EI 为已知常数,总长为 l。试问:

(1) 当支座安置在两端时($a=0$),梁的最大挠度 $w_{1\max}$ 为多少?

(2) 当支座安置在 $a=l/4$ 处,梁的最大挠度 $w_{2\max}$ 又为多少?并计算 $w_{1\max}$ 和 $w_{2\max}$ 的比值。

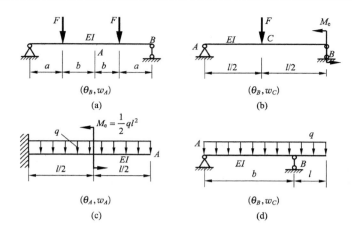

图 5.62 习题 5.23 图

5.25 图 5.64 所示结构承受均布荷载 q，试求截面 D 的挠度和转角。AB 杆的抗拉刚度 EA 和梁 BC 的抗弯刚度 EI 均为已知的常数。

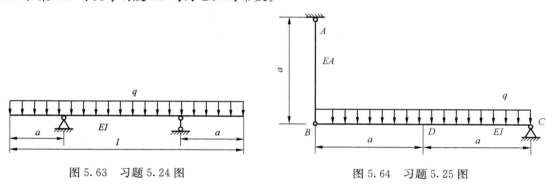

图 5.63 习题 5.24 图   图 5.64 习题 5.25 图

5.26 试求图 5.65 所示梁指定截面的转角和挠度。

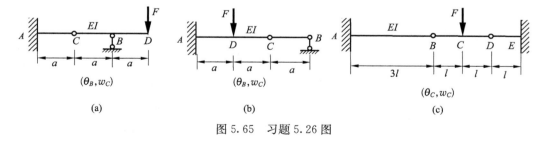

图 5.65 习题 5.26 图

5.27 试求图 5.66 所示结构 E 截面的挠度。梁和刚架的 EI 均为已知常数。

5.28 悬臂梁如图 5.67 所示。已知 $q=10\text{kN/m}$，$l=3\text{m}$，$E=200\text{GPa}$，若最大弯曲应力不得超过 120MPa，最大挠度不得超过 $\dfrac{l}{250}$。试选定矩形截面的最小尺寸。已知 $h=2b$。

5.29 钢轴如图 5.68 所示，已知 $E=200\text{GPa}$，左端轮上受力 $F=20\text{kN}$。若规定支座 B 处截面转角不得超过 0.5°，试选择此轴的最小直径。

5.30 若图 5.69 所示梁 A 截面的转角 $\theta_A=0$，求 a/b 比值。

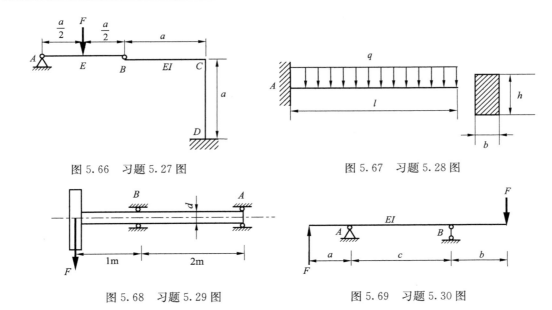

图 5.66 习题 5.27 图   图 5.67 习题 5.28 图

图 5.68 习题 5.29 图   图 5.69 习题 5.30 图

5.31 若图 5.70 所示梁 A 截面的挠度为零,试求 F 和 ql 间的关系。

5.32 若图 5.71 所示梁的挠曲线在 A 截面处为一拐点,试求比值 M_{e1}/M_{e2}。

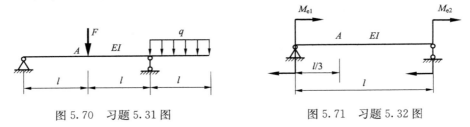

图 5.70 习题 5.31 图   图 5.71 习题 5.32 图

5.33 图 5.72 所示杆 AB 在 F_1 单独作用下,杆伸长 Δx,在 F_2 单独作用下,自由端的挠度为 Δy。试计算在 F_1、F_2 同时作用下杆的应变能。

5.34 等刚度悬臂梁如图 5.73 所示的初始挠度。在均布压力 q 作用下,梁的初始挠度消失成直线状,试用能量法确定该梁的初始挠度方程。

5.35 图 5.74 所示等刚度刚架受倾斜力 F 作用,若仅考虑受弯矩的影响,为使刚架在 C 截面的总位移恰好沿 F 力方向,用莫尔定理确定 F 力作用的倾斜角 α。

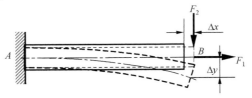

图 5.72 习题 5.33 图

* **5.36** 小曲率开口弹簧圈,开口处恰好闭合。在图 5.75 所示一对 F 力作用下,使开口处张开 $\Delta=d$(弹簧直径为 d),已知弹簧圈材料允许承受的最大应力 $\sigma_{max}=200\text{MPa}$,$E=200\text{GPa}$,求弹簧圈直径 d 与簧圈平均半径 R 之比 $\dfrac{d}{R}$ 的最大值。

* **5.37** 上题弹簧圈具有张开角 $\Delta\theta$,刚度 EI,证明在图 5.76 所示簧圈开口处的两边加一对力偶矩 $M_e=\dfrac{EI\,\Delta\theta}{2\pi R}$ 后,能使弹簧圈两开口截面处恰好闭合。

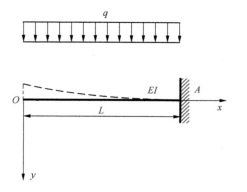

图 5.73　习题 5.34 图

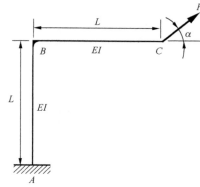

图 5.74　习题 5.35 图

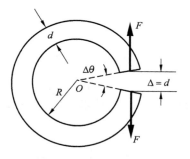

图 5.75　习题 5.36 图

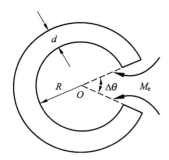

图 5.76　习题 5.37 图

第6章 简单超静定问题

工程中的承力结构,按静力学特性可分为静定结构和超静定结构。关于静定结构的问题前面已经做了许多讨论,但如何分析超静定结构的力学特性仍是亟待解决的问题,本章重点讨论简单超静定结构的问题,亦称简单超静定问题,为超静定结构的强度、刚度和稳定性的分析奠定基础。

6.1 超静定问题

1. 静定结构与超静定结构

若结构的全部约束反力和内力均可由静力学平衡方程确定,该结构称为**静定结构**。关于求解静定结构力学量的问题,称为**静定问题**。若结构的约束反力和内力不能仅仅根据静力学平衡方程确定,该结构称为**超静定结构**。关于求解超静定结构力学量的问题,称为**超静定问题**。

超静定结构在工程中广泛应用。以车床夹持被车削的工件为例(图 6.1(a)),其力学模型是悬臂梁,为静定结构(图 6.1(b))。但当工件过于细长,刚度比较差时,为提高加工精度,减少工件的变形,可以增加约束使用尾顶针(图 6.1(c)),其力学模型及计算简图如图 6.1(d)所示,这时存在 F_{Ax}、F_{Ay}、M_A、F_{By} 四个约束反力,而平面一般力系独立的静力学平衡方程式为三个,不能确定四个未知约束反力,这就成了超静定结构。增加的约束称为**多余约束**,相应的约束反力称为**多余约束反力**。

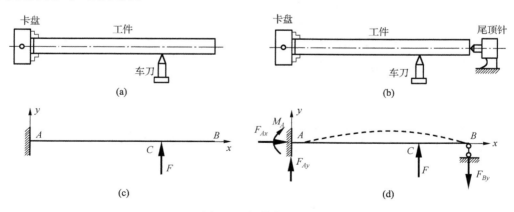

图 6.1 超静定系统 1

根据未知力的性质,超静定问题可分为三类:(1)结构存在多余约束,未知力为约束反力的问题,称为外力超静定问题;(2)结构的约束反力可通过静力平衡方程求得,但结构的内力无法确定,如图 6.2(a)、(b)的桁架和平面框架,称为内力超静定问题;(3)未知力中既包含多余约束反力又包含杆件内力的问题,称为混合超静定问题。

未知力的个数超过独立平衡方程数的数目,称为超静定次数。图 6.1(c)为一次外力超静定,图 6.2(a)为一次内力超静定,图 6.2(b)为三次内力超静定。

多余的约束反力或内力,习惯上称为**多余未知力**。由于未知力可能是力,也可能是力偶,所以这里的力实际上指的是**广义未知力**。

北盘江大桥

高铁站顶棚

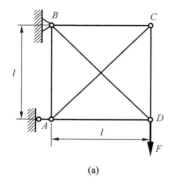

(a)

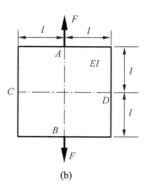

(b)

图 6.2　超静定系统 2

2. 静定基与相当系统

将超静定结构的多余约束去掉后得到的静定结构,称之为原系统的**静定基**。将已知的荷载和多余未知力作用在静定基上所得到的系统称为**基本系统**。当基本系统与原系统满足相同的静力平衡条件,且在解除约束处两者变形情况一致(满足相同的变形协调条件)时,基本系统与原系统完全相当,这称之为**相当系统**。

一个超静定系统的静定基(或相当系统)的选取不是唯一的。

以图 6.3(a)所示 A 端固定 B 端活动铰支座的一次超静定梁为例,在荷载 F 作用下,其挠曲线为图示虚线所示。图 6.3(b)、(c)、(d)均可作为原超静定梁的静定基。多余约束力用未知的广义力代替时,分别为 F_{By}、M_A 和 M_D,但 F_{By}、M_A 都是外力而 M_D 是内力。将这些待定的多余约束广义力与荷载 F 一起作用到所选择的相应静定基之后,就成为相应的基本系统。

虽然所选的基本系统和未知广义力可以各不相同。但当它的挠曲线与原超静定系统的挠曲线是完全一致,即在解除约束处两者变形完全相同时,该系统即为相当系统。也就是说,对于图 6.3(b),以 F_{By} 为广义力,则要求 B 支座处的挠度为零;对于图 6.3(c),以 M_A 为广义力,要求 A 支座处的转角为零;对于图 6.3(d),以 M_D 为广义力,要求在 D 处增加中间铰后,在一对大小相等、方向相反的 M_D 作用处,D 截面左右两侧相对转角为零。在解除约束处提出的附加要求是基于变形协调一致的原则,常称为**变形协调条件**(亦称**几何方程**)。

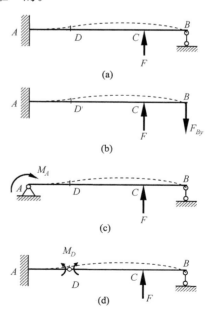

图 6.3　不同的相当系统

3. 变形比较法

如上所述,要使相当系统代替原超静定结构,应使两者除受力相同外变形也完全一致;在去掉多余约束后的相当系统上,在约束处的位移(广义位移)应符合原超静定结构在该处的约束条件,满足变形协调关系;对于简单的一次超静定系统常采用变形叠加法列出变形协调条件,再结合物理方程得到补充方程,与静力平衡方程一起即可求解,这称为**变形比较法**。

分析受力和变形时的基本原则是:(1)内力一般按真实方向假设。(2)变形与内力一致。如假设的轴力为拉,则变形应假设为伸长;同理,假设的弯曲变形与扭转变形也应与假设的弯矩和扭矩的一致,两者不能相矛盾。(3)内力无法确定真实方向时可任意假设,但变形必须满足与内力一致。

4. 超静定问题的分析步骤

处理超静定问题的核心,就是利用几何关系、物理关系和静力学关系,这三个基本关系进行分析求解。变形比较法求解超静定问题的一般步骤为:

(1)解除多余约束,选取静定基;

(2)建立静力学关系,列平衡方程;

(3)分析变形的几何关系,列变形协调方程;

(4)将物理关系代入变形协调方程中,化为以力为变量的补充方程;

(5)将平衡方程和补充方程联立,求解未知力。

对于有些简单超静定问题,可以不用解除多余约束,而是根据结构的变形特点建立变形协调关系,即几何方程;将物理方程引入几何方程形成补充方程;再将补充方程与平衡方程联立求解未知力。

对于 n 次超静定问题,需要建立 n 个几何关系,进而导出 n 个补充方程,以弥补静力平衡方程数的不足。另外,有些结构比较复杂,变形协调关系不易列出,这些情况下使用变形比较法求解比较困难。因而对于一些复杂的一次超静定问题和多次超静定问题,常利用能量原理进行求解,且以"力"作为基本未知量,故称为**力法**。

6.2　变形比较法解简单超静定问题

下面分别对不同基本变形下的超静定系统,阐明变形比较法的求解方法。

6.2.1　拉伸(压缩)超静定问题

求解超静定问题的关键是列变形协调方程,对于拉压超静定问题建立变形协调的方法主要有两种:(1)解除多余约束,选取静定基,建立变形协调关系。(2)不解除多余约束,直接根据原结构的变形特点建立变形协调关系。

1. 荷载作用下的超静定问题

存在多余约束的结构,在外荷载作用下,其约束反力和内力的确定,是一个超静定问题。根据其结构形式不同,一般可分为柱类问题、桁架类问题和刚架类问题。其解法各有特点,下面通过例题予以详解。

【例 6.1】　求图 6.4(a)所示等直杆 AB 上、下端的约束力,并求 C 截面的位移。杆的拉压刚度为 EA。

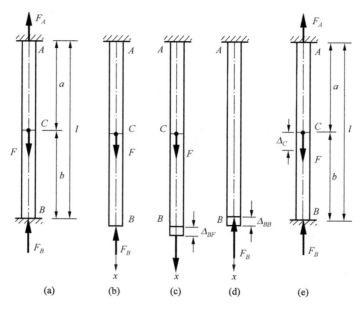

图 6.4　例 6.1 图

解: 本题是典型柱类超静定问题,采用解除多余约束的解题方法。

(1)有两个未知约束力 F_A、F_B (图 6.4(a)),但只有一个独立的平衡方程

$$F_A + F_B - F = 0$$

故为一次超静定问题。

(2)取固定端 B 为多余约束。相应的相当系统如图 6.4(b),它应满足变形协调关系

$$\Delta_{BF} + \Delta_{BB} = 0$$

如图 6.4(c)、(d)。

(3)补充方程为 $\dfrac{Fa}{EA} - \dfrac{F_B l}{EA} = 0$,由此求得

$$F_B = \frac{Fa}{l}$$

所得 F_B 为正值,表示 F_B 的指向与假设的指向相符,即向上。

(4)由平衡方程 $F_A + F_B - F = 0$,得

$$F_A = F - \frac{Fa}{l} = \frac{Fb}{l}$$

(5)利用相当系统求得

$$\Delta_C = \frac{F_A a}{EA} = \frac{\left(\dfrac{Fb}{l}\right)a}{EA} = \frac{Fab}{lEA}(\downarrow)$$

思考: 本题也可以采用不解除多余约束,直接列变形协调关系的方法。由图 6.4(e),设 C 点的位移为 Δ_C,则 AC 段的伸长 Δ_{BC} 应与 CB 段的缩短 Δ_{CB} 相等,即 $\Delta_{BC} = \Delta_{CB} = \Delta_C$。

【**例 6.2**】　设 1、2、3 三杆用铰连接如图 6.5(a)所示。已知 1、2 两杆间的夹角为 2α，两杆的长度、横截面面积及材料均相同，即 $l_1=l_2=l$，$A_1=A_2=A$，$E_1=E_2=E$；杆 3 的横截面面积为 A_3，其材料的弹性模量为 E_3，试求在沿铅垂方向的外力 F 作用下各杆的轴力。

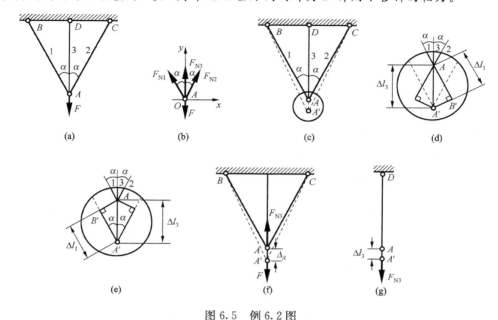

图 6.5　例 6.2 图

解：本题是典型桁架类超静定问题，采用直接列变形协调关系的解题方法。

(1)静力平衡方程。取结点 A，设三杆的轴力均为拉力，作受力如图 6.5(b)。由静力平衡方程得

$$\sum F_x = 0, \qquad F_{N1} = F_{N2} \tag{a}$$

$$\sum F_y = 0, \qquad F_{N1}\cos\alpha + F_{N2}\cos\alpha + F_{N3} - F = 0 \tag{b}$$

(2)补充方程。杆系共有三个汇交与 A 点的未知轴力，但平面汇交力系仅有 2 个独立的平衡方程，故为一次超静定，需寻求一个补充方程。

根据变形相容关系建立变形几何方程。由于三杆在下端连接于 A 点，故三杆在受力变形后，其下端仍应连接在一起，即 A' 点。由于问题在几何、物性及受力方面的对称性，且已假设三杆轴力均为拉力，故 A 点位移应铅垂向下，如图 6.5(c)所示。变形分析的方法为：

从变形后的点(A'点)向变形前的位置(如 1 杆的延长线 AB')引垂线(如 $A'B'$)构成变形三角形，如图 6.5(d)所示。

由于结构的对称性，1、2 两杆的受力相等，伸长量相等 $\Delta l_1 = \Delta l_2$。由图 6.5(d)所示的变形三角形，可得变形协调方程为

$$\Delta l_1 = \Delta l_3 \cos\alpha \tag{c}$$

在线弹性范围内，变形 Δl_1、Δl_3 与所求轴力 F_{N1}、F_{N3} 之间的物理关系式为

$$\Delta l_1 = \frac{F_{N1} l}{EA} \tag{d}$$

和

$$\Delta l_3 = \frac{F_{N3} l\cos\alpha}{E_3 A_3} \tag{e}$$

将物理关系式(d)、(e)代入变形几何相容方程式(c),得补充方程式为

$$F_{N1} = F_{N3} \frac{EA}{E_3 A_3} \cos^2 \alpha \qquad (f)$$

(3)各杆轴力。将补充方程式(f)与静力平衡方程式(a)、(b)联立求解,经整理后即得

$$F_{N1} = F_{N2} = \frac{F}{2\cos\alpha + \dfrac{E_3 A_3}{EA} \cos^2\alpha} \qquad (g)$$

$$F_{N3} = \frac{F}{1 + 2 \dfrac{EA}{E_3 A_3} \cos^3\alpha} \qquad (h)$$

思考:(1)关于变形分析还有另外一种方法,从变形前的点(A 点)向变形后的位置(如 1 杆的延长线 $B'A'$)引垂线(如 AB')构成变形三角形,如图 6.5(e)所示。在小变形情况下,$\angle AA'B'$ 仍可近似认为是 α。故有与式(c)相同的变形协调方程

$$\Delta l_1 = \Delta l_2 = \Delta l_3 \cos\alpha \qquad (i)$$

(2)本例中也可将杆 3 与杆 1、2 的结点 A 间的铰接视为多余约束,其多余未知力为一对分别作用于杆 3 和杆 1、2 结点 A 的力 F_{N3},相应的基本静定系如图 6.5(f)所示,其变形协调方程式为

$$\Delta_A = \Delta l_3 \qquad (j)$$

杆 1、2 的伸长量相等,且为

$$\Delta l_1 = \frac{F_{N1} l}{EA} = \frac{F - F_{N3}}{2\cos\alpha} \cdot \frac{l}{EA} \qquad (k)$$

参考式(i)可知

$$\Delta_A = \frac{\Delta l_1}{\cos\alpha} = \frac{F - F_{N3}}{2\cos^2\alpha} \cdot \frac{l}{EA} \qquad (l)$$

杆 3 的伸长 Δl_3 与 F_{N3} 的关系为(图 6.5(g))

$$\Delta l_3 = \frac{F_{N3} l \cos\alpha}{E_3 A_3} \qquad (m)$$

将式(l)、(m)代入式(j),可解得未知力 F_{N3} 及其他各杆的内力。

【例 6.3】 如图 6.6(a)所示结构,设横梁 AC 为刚性梁,杆 1、2、3 的材料相同且弹性模量均为 E,横截面面积 A 和长度 l 均相等,在 C 点作用垂直向下的力 F。试求各杆内力值。

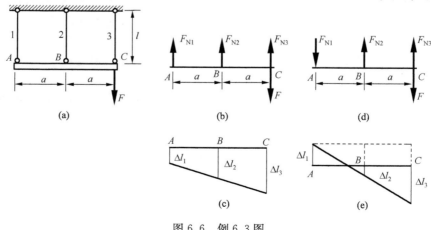

图 6.6　例 6.3 图

解： 本题是刚架类的超静定问题，采用直接列变形协调关系的解题方法。

（1）静力平衡方程。

设 1、2、3 杆的轴力分别为 F_{N1}、F_{N2} 和 F_{N3}，如图 6.6(b) 所示。由 AB 杆的平衡方程，得

$$\sum F_y = 0, \qquad F_{N1} + F_{N2} + F_{N3} = F \tag{a}$$

$$\sum M_c = 0, \qquad 2F_{N1} + F_{N2} = 0 \tag{b}$$

是一次超静定问题，需要一个补充方程。

（2）几何方程。

由于横梁 AB 是刚性杆，结构变形后，它仍为直杆，由图 6.6(c) 可得三根杆的伸长 Δl_1、Δl_2 和 Δl_3 应满足的变形协调关系为

$$\frac{\Delta l_3 - \Delta l_1}{\Delta l_2 - \Delta l_1} = 2$$

即

$$\Delta l_3 + \Delta l_1 = 2\Delta l_2 \tag{c}$$

（3）物理方程。

$$\Delta l_1 = \frac{F_{N1}l}{EA}, \qquad \Delta l_2 = \frac{F_{N2}l}{EA}, \qquad \Delta l_3 = \frac{F_{N3}l}{EA}$$

上式带入式(c)得补充方程为

$$F_{N3} + F_{N1} = 2F_{N2} \tag{d}$$

联立(a)、(b)、(d)三式，解得

$$F_{N1} = -\frac{F}{6} \text{（压）}, \quad F_{N2} = \frac{F}{3} \text{（拉）}, \quad F_{N3} = \frac{5F}{6} \text{（拉）}$$

本题的另一种解法： 由于杆 1 受压，假设变形关系如图 6.6(e) 所示的，变形协调方程为 $\Delta l_3 + \Delta l_1 = 2(\Delta l_2 + \Delta l_1)$，这时必须按图 6.6(d) 的受力关系列平衡方程，即假设杆 1 受压，这样得到的解是相同的，因为变形和内力是一致的。否则，如果将图 6.6(e) 的变形关系和图 6.6(b) 的平衡关系联立进行分析，得到的结果将是错误的。

【例 6.4】　在图 6.7 所示的结构中，设横梁 AB 为刚性梁，变形可以忽略，1、2 两杆的横截面面积相等、材料相同。试求 1、2 两杆的内力。

解：（1）静力平衡方程。

设 1、2 两杆的轴力分别为 F_{N1} 和 F_{N2}，由 AB 杆的平衡方程 $\sum M_A = 0$，得

$$3F - 2F_{N2}\cos\alpha - F_{N1} = 0 \tag{a}$$

（2）补充方程。

由于横梁 AB 是刚性杆，结构变形后，它仍为直杆，由图 6.7 中看出 1、2 两杆的伸长 Δl_1 和 Δl_2 应满足以下关系

$$\frac{\Delta l_2}{\cos\alpha} = 2\Delta l_1 \tag{b}$$

这就是变形协调方程

（3）由胡克定律得

$$\Delta l_1 = \frac{F_{N1}l}{EA}, \qquad \Delta l_2 = \frac{F_{N2}l}{EA\cos\alpha}$$

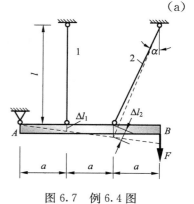

图 6.7　例 6.4 图

带入式(b)得

$$\frac{F_{N2}l}{EA\cos^2\alpha} = 2\frac{F_{N1}l}{EA} \tag{c}$$

由式(a)和式(c)解出

$$F_{N1} = \frac{3F}{4\cos^3\alpha + 1}, \quad F_{N2} = \frac{6F\cos^2\alpha}{4\cos^3\alpha + 1}$$

【例 6.5】 图 6.8 表示铜套筒中穿过一个钢螺栓,已知它们的抗拉(压)刚度分别为 $E_C A_C$ 和 $E_S A_S$。当螺母未拧紧时,两垫圈之间的距离为 l。若把螺母旋紧 1/5 圈,螺距为 h,求铜套筒和钢螺栓杆所受的压力。

解: 若把螺母旋紧 $h/5$,使螺栓受到拉力、套筒受到压力。用截面法将该连接装置假想切开,以 F_{NC} 和 F_{NS} 分别代表套筒的轴向压力和螺栓的轴向拉力。两个待定未知力,只有一个平衡方程

$$\sum F_x = 0, \quad F_{NC} - F_{NS} = 0$$

故为一次超静定系统,需要找出一个变形协调条件,建立一个补充方程,它们分别是

$$\Delta_S + \Delta_C = h/5$$

$$\frac{F_{NS}l}{E_S A_S} + \frac{F_{NC}l}{E_C A_C} = \frac{h}{5}$$

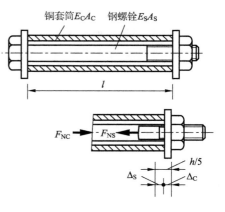

铜套筒 $E_C A_C$　　钢螺铨 $E_S A_S$

图 6.8　例 6.5 图

利用静力平衡方程,解得

$$F_{NC} = F_{NS} = \frac{hE_S E_C A_S A_C}{5l(E_S A_S + E_C A_C)}$$

套筒和螺栓所受到的应力分别为

$$\sigma_C = \frac{F_{NC}}{A_C} = \frac{hE_S E_C A_S}{5l(E_S A_S + E_C A_C)}$$

$$\sigma_S = \frac{F_{NS}}{A_S} = \frac{hE_S E_C A_C}{5l(E_S A_S + E_C A_C)}$$

2. 装配应力

构件加工制造时,尺寸存在微小误差是难以避免的。在静定结构中,这种误差仅引起结构几何形状的微小变化,不会引起内力。但在超静定结构中,由于多余约束,这种误差将产生内力,这种内力称为**装配内力**,与之相应的应力则称为**装配应力**。装配应力是结构在荷载作用之前已经存在的应力,与荷载大小无关,仅与误差有关。

【例 6.6】 两端用刚性块连接在一起的两根相同的钢杆 1、2(图 6.9(a)),其长度 $l = 200\text{mm}$,直径 $d = 10\text{mm}$。试求将长度为 200.11mm,亦即 $\Delta e = 0.11\text{mm}$ 的铜杆 3(图 6.9(b))装配在与杆 1 和杆 2 对称的位置后(图 6.9(c))各杆横截面上的应力。已知:铜杆 3 的横截面为 20mm × 30mm 的矩形,钢的弹性模量 $E = 210\text{GPa}$,铜的弹性模量 $E_3 = 100\text{GPa}$。

解: (1)如图 6.9(d)所示有三个未知的装配内力 F_{N1}、F_{N2} 和 F_{N3},但对于平行力系却只有二个独立的平衡方程,故为一次超静定问题。也许有人认为,根据对称关系可判明 $F_{N1} = F_{N2}$,

故未知内力只有二个,但要注意此时就只能利用一个独立的静力平衡方程

$$\sum F_x = 0, \quad F_{N3} - 2F_{N1} = 0$$

所以这仍然是一次超静定问题。

（2）变形相容条件（图 6.9(c)）为

$$\Delta l_1 + \Delta l_3 = \Delta e$$

这里的 Δl_3 是指杆 3 在装配后的缩短值,不带负号。

（3）利用物理关系得补充方程

$$\frac{F_{N1} l}{EA} + \frac{F_{N3} l}{E_3 A_3} = \Delta e$$

（4）将补充方程与平衡方程联立求解得

$$F_{N1} = F_{N2} = \frac{\Delta e EA}{l} \left[\frac{1}{1 + 2\dfrac{EA}{E_3 A_3}} \right]$$

$$F_{N3} = \frac{\Delta e E_3 A_3}{l} \left[\frac{1}{1 + \dfrac{E_3 A_3}{2EA}} \right]$$

所得结果为正,说明原先假定杆 1、2 的装配内力为拉力及杆 3 的装配内力为压力是正确的。

（5）各杆横截面上的装配应力分别为

$$\sigma_1 = \sigma_2 = \frac{F_{N1}}{A} = 74.53\text{MPa} \quad （拉应力）$$

$$\sigma_3 = \frac{F_{N3}}{A_3} = 19.51\text{MPa} \quad （压应力）$$

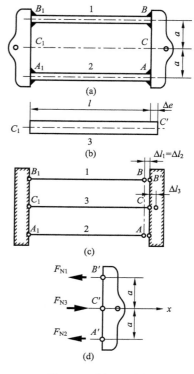

图 6.9　例 6.6 图

3. 温度应力

温度变化将引起物体的膨胀或收缩。当温度均匀变化时,在静定结构中,杆件可以自由变形,温度变形不会引起杆件的内力。但在超静定结构中,由于多余约束的存在,限制了杆件的温度变形,从而将在杆件中产生内力。这种内力称为**温度内力**,与之相应的应力则称为**温度应力**。在温度作用下,杆件的变形一般由两部分组成,一部分是温度变形;另一部分是由温度内力产生的弹性变形。

【例 6.7】长度为 l 的钢柱与铜管,置于两刚性平板之间（图 6.10(a)）,钢柱和铜管的抗拉（压）刚度各为 $E_S A_S$ 和 $E_C A_C$,线膨胀系数各为 α_S 和 α_C,在轴向压力 F 作用下,当钢柱和铜管同时受到升温 Δt 的影响,试导出荷载 F 仅由铜管承受时,至少增加的温度 Δt 为多少。

解:由于铜的线膨胀系数高于钢,即 $\alpha_C > \alpha_S$。设该装置底部 A 的位置相对固定,则在无刚板约束下,铜管

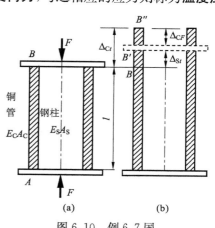

图 6.10　例 6.7 国

和钢柱由于升温 Δt 而自由膨胀的位移为 $\Delta_{Ct} > \Delta_{St}$，其中 $\Delta_{Ct} = \alpha_C \Delta t l$，$\Delta_{St} = \alpha_S \Delta t l$，在轴向压力 F 作用下，铜管压缩位移的临界值 Δ_{CF} 为接近钢柱的热膨胀位移 Δ_{St}。故变形协调条件由图 6.10(b) 得

$$\Delta_{Ct} - \Delta_{CF} = \Delta_{St}$$

于是，得补充方程为

$$\alpha_C \Delta t l - \frac{Fl}{E_C A_C} = \alpha_S \Delta t l$$

解得

$$\Delta t = \frac{F}{(\alpha_C - \alpha_S) E_C A_C}$$

6.2.2　扭转超静定问题

扭转超静定结构的多余约束往往是限制扭转变形，变形协调关系一般以扭转角为变量，未知力常为扭矩，求解的方法和步骤与拉（压）超静定系统是完全相仿的。

【例 6.8】 圆轴 AB 在 AC 段为实心圆轴，直径 $D = 20\text{mm}$，CB 段为空心圆轴，内外径分别为 $d = 16\text{mm}$ 和 $D = 20\text{mm}$。轴两端 A、B 为固定端，在实心和空心交界截面 C 处受力偶矩 $M_e = 120\text{N·m}$ 作用，如图 6.11(a)，已知轴的切变模量 $G = 80\text{GPa}$，试求该轴两端的约束反力。

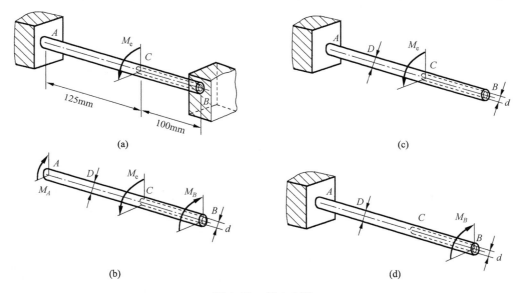

图 6.11　例 6.8 图

解：将轴两端约束用待求约束反力 M_A 和 M_B 代替（图 6.11(b)），由平衡方程 $\sum M_A = 0$ 得

$$M_e - M_A - M_B = 0 \tag{a}$$

为一次超静定系统，变形协调条件为

$$\varphi_{AB} = \varphi_{AC} + \varphi_{CB} = 0 \tag{b}$$

根据物理方程

$$\varphi_{AC} = \frac{M_A l_{AC}}{G I_{PAC}} \quad \text{和} \quad \varphi_{CB} = -\frac{M_B l_{CB}}{G I_{PCB}} \tag{c}$$

将式(c)代入式(b),得补充方程

$$\frac{M_A \times 125 \times 10^{-3}}{80 \times 10^9 \times \dfrac{\pi (20)^4 \times 10^{-12}}{32}} - \frac{M_B \times 100 \times 19^{-3}}{80 \times 10^9 \times \dfrac{\pi (20)^4}{32} \times 10^{-12} \left[1 - \left(\dfrac{16}{20}\right)^4\right]} = 0 \tag{d}$$

联立(a)、(d)两式,解得

$$M_A = 69\text{N} \cdot \text{m}, \quad M_B = 51\text{N} \cdot \text{m}$$

思考: 本题也可将 B 端作为多余约束解除,得到静定基(图 6.11(c)、(d)),A、B 两端的相对扭转角是由 M_e 产生的扭转角和 M_B 产生扭转角的叠加而成,变形协调关系为

$$\varphi_{AB} = \varphi_{AC} + \varphi_{AB} = 0 \tag{e}$$

物理方程为

$$\varphi_{AC} = \frac{M_e l_{AC}}{GI_{PAC}} \quad \text{和} \quad \varphi_{AB} = -\frac{M_B l_{AC}}{GI_{PAC}} - \frac{M_B l_{CB}}{GI_{PCB}} \tag{f}$$

联立(e)、(f)两式,可解得 M_B 和 M_A。

【例 6.9】 芯轴和套管用胶带牢固粘合在一起成为一受扭圆轴(图 6.12(a))。已知芯轴和套管的抗扭刚度分别为 $G_1 I_{P1}$ 和 $G_2 I_{P2}$,试求在外力偶 M_e 作用时,芯轴和套管的扭矩。

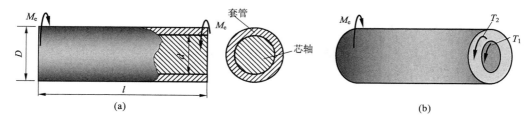

图 6.12　例 6.9 图

解: 由于 AB 轴由芯轴和套管两部分组成,在 M_e 作用下,每一部分承受的扭矩分别为 T_1 和 T_2(图 6.12(b)),但平衡方程仅有一个为

$$\sum M_x = 0, \quad T_1 + T_2 - M_e = 0$$

为一次超静定。变形协调条件为芯轴和套管的扭转角 φ_1 和 φ_2 应该相等,即

$$\varphi_1 = \varphi_2$$

补充方程为

$$\frac{T_1 l}{G_1 I_{P1}} = \frac{T_2 l}{G_2 I_{P2}}$$

解得

$$T_1 = \frac{G_1 I_{P1} M_e}{G_1 I_{P1} + G_2 I_{P2}}, \quad T_2 = \frac{G_2 I_{P2} M_e}{G_1 I_{P1} + G_2 I_{P2}}$$

【例 6.10】 图 6.13(a)为端部固定的实心圆轴和空心圆管,在 C 处用销钉连接。连接前因制造误差,轴与管的销孔位置偏差了 φ 角,已知轴和管的外径分别为 d 和 D,材料分别为钢 G_S 和铜 G_C,试求当轴和管强行连接装配后,实心圆轴和空心圆管的内力。

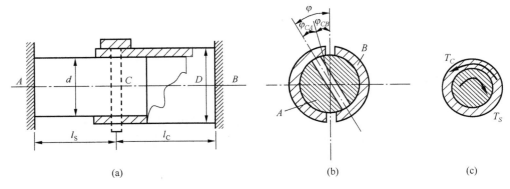

图 6.13　例 6.10 图

解：先将圆管扭转 φ 角后与圆轴装配，由于销孔的制造误差在强行装配后会引起附加的装配应力，组成一个受扭变形的超静定结构。圆轴和圆管装配后，轴承受的扭矩为 T_S，圆管承受的扭矩为 T_C，圆由平衡方程式 $\sum M_x = 0$，得

$$T_S = T_C \tag{a}$$

装配时变形如图 6.13(b) 所示，圆管逆时钟转动一个相对扭角 φ_{CB}，而圆轴顺时针转动一个相对扭角 φ_{CA}，其变形协调关系为

$$\varphi_{CA} + \varphi_{CB} = \varphi \tag{b}$$

由物理方程，得相对扭角分别为

$$\varphi_{CA} = \frac{T_S l_S}{G_S I_{PS}}, \qquad \varphi_{CB} = \frac{T_C l_C}{G_C I_{PC}} \tag{c}$$

将(c)式代入(b)式，得补充方程式。

$$\frac{T_S l_S}{G_S I_{PS}} + \frac{T_C l_C}{G_C I_{PC}} = \varphi \tag{d}$$

联立(a)、(d)，解得

$$T_S = T_C = \frac{\varphi}{\dfrac{l_S}{G_S I_{PS}} + \dfrac{l_C}{G_C I_{PC}}}$$

轴和管在强行装配后，引起了相应的装配应力

$$\tau_S = \frac{T_S}{W_{tS}} \quad \text{和} \quad \tau_C = \frac{T_C}{W_{tC}}$$

*6.2.3　薄壁杆件的自由扭转

土建工程上常采用一些薄壁截面的构件，如工字钢、槽钢等；也经常使用薄壁管状杆件。这类杆件的壁厚远小于横截面的其他两个尺寸（高和宽），称为薄壁杆件。若杆件的截面中线是一条不封闭的折线或曲线（图 6.14(a)），则称为**开口薄壁杆件**。若截面中线是一条封闭的折线或曲线（图 6.14(b)），则称为**闭口薄壁杆件**。本节只讨论开口和闭口薄壁杆件的自由扭转，而开口薄壁杆件的自由扭转问题实质上就是超静定问题。

1. 开口薄壁杆件的自由扭转

开口薄壁杆件，如槽钢、工字钢等，其横截面可以看作是由若干个狭长矩形组成的组合截面(图 6.14(a))。组合横截面上的总扭矩 T 为各个狭长矩形截面上切应力合成的扭矩 T_i 之和。如何确定总扭矩 T 和各个狭长矩形截面上的切应力 τ_i，可以从三个方面分析。

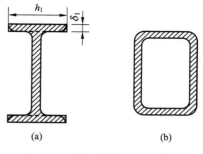

图 6.14　开口薄壁与闭口薄壁

(1) 静力学方面。

因为，整个截面上的扭矩应等于各组成部分上的扭矩之和，故有

$$T = T_1 + T_2 + \cdots + T_i + \cdots = \sum T_i \qquad \text{(a)}$$

(2) 几何方面。

当自由扭转时，假设横截面虽然有翘曲，但横截面的形状在其变形前平面上的投影保持不变；在变形过程中，横截面的投影只作刚性平面运动。因此整个横截面和组成截面的各部分的扭转角相等。若以 φ 表示整个截面的扭转角，$\varphi_1, \varphi_2, \cdots, \varphi_i, \cdots$ 分别代表各组成部分的扭转角，则

$$\varphi = \varphi_1 = \varphi_2 = \cdots = \varphi_i = \cdots \qquad \text{(b)}$$

(3) 物理方面。

由公式(4.30)，可得

$$\varphi_1 = \frac{T_1 l}{G \cdot \frac{1}{3} h_1 \delta_1^3}, \varphi_2 = \frac{T_2 l}{G \cdot \frac{1}{3} h_2 \delta_2^3}, \cdots, \varphi_i = \frac{T_i l}{G \cdot \frac{1}{3} h_i \delta_i^3}, \cdots \qquad \text{(c)}$$

由式(c)解出 $T_1, T_2, \cdots, T_i, \cdots$，代入式(a)，并由式(b)，得到

$$T = \varphi \cdot \frac{G}{l} \left(\frac{1}{3} h_1 \delta_1^3 + \frac{1}{3} h_2 \delta_2^3 + \cdots + \frac{1}{3} h_i \delta_i^3 + \cdots \right) = \varphi \cdot \frac{G}{l} \sum \frac{1}{3} h_i \delta_i^3 \qquad \text{(d)}$$

引用记号

$$I_t = \sum \frac{1}{3} h_i \delta_i^3 \qquad \text{(e)}$$

式(d)又可写成

$$\varphi = \frac{Tl}{GI_t} \qquad \text{(f)}$$

式中，GI_t 即为抗扭刚度。

在组成截面的任一狭长矩形上，长边各点的切应力可由式(4.29)计算

$$\tau_i = \frac{T_i}{\frac{1}{3} h_i \delta_i^2} \qquad \text{(g)}$$

由于 $\varphi_i = \varphi$，故由式(c)及式(f)得

$$\frac{T_i l}{G \cdot \frac{1}{3} h_i \delta_i^3} = \frac{Tl}{GI_t}$$

由此解出 T_i，代入式(g)得出

$$\tau_i = \frac{T_i \delta_i}{I_t} \qquad \text{(h)}$$

由式(h)知，当 δ_i 为最大时，切应力 τ_i 达到最大值。故 $\tau_{\max}$ 发生在宽度最大的狭长矩形的长边

上,且

$$\tau_{max} = \frac{T\delta_{max}}{I_t} \tag{6.1}$$

沿截面的边缘,切应力与边界相切,形成闭环流,方向与扭矩方向一致,如图 6.15(a)所示,因而在同一厚度线的两端,切应力方向相反。

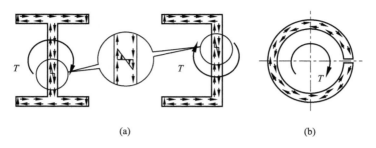

图 6.15　开口薄壁的切应力分布

计算槽钢、工字钢等开口薄壁杆件的 I_t 时,应对式(e)略加修正,这是因为在这些型钢截面上,各狭长矩形连接处有圆角,翼缘内侧有斜率,这就增加了杆件的抗扭刚度。修正公式是

$$I_t = \eta \cdot \sum \frac{1}{3} h_i \delta_i^3 \tag{i}$$

式中,η 为修正因数,对角钢 $\eta=1.00$,槽钢 $\eta=1.12$,T 字钢 $\eta=1.15$,工字钢 $\eta=1.20$。

中线为曲线的开口薄壁杆件(图 6.15(b)),计算时可将截面展直,作为狭长矩形截面处理。

2. 闭口薄壁杆件的自由扭转

工程上有一类薄壁截面的杆件,其横截面是只有内外两个边界的单孔闭口薄壁杆件(图 6.16(a))。壁厚 δ 沿截面中线可以是变化的,但与杆件的其他尺寸相比总是很小的,因此可以认为沿厚度 δ 切应力均匀分布。这样,沿截面中线每单位长度内的剪力就可以写成 $\tau\delta$,且 $\tau\delta$ 与截面中线相切。用两个相邻的横截面和两个任意纵向截面从杆中取出一部分 $abcd$(图 6.16(b))。若截面在 a 点的厚度为 δ_1,切应力为 τ_1;而在 d 点则分别是 δ_2 和 τ_2。根据切应力互等定理,在纵向面 ab 和 cd 上的剪力应分别为

$$F_{S1} = \tau_1 \delta_1 \Delta x$$
$$F_{S2} = \tau_2 \delta_2 \Delta x$$

自由扭转时,横截面上无正应力,bc 和 ad 两侧面上没有平行于杆件轴线的力。将作用于 $abcd$ 部分上的力向杆件轴线方向投影,由平衡方程可知

$$F_{S1} = F_{S2}$$

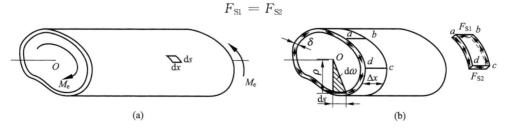

图 6.16　闭口薄壁杆件的自由扭转

把 F_{S1} 和 F_{S2} 代入上式,可知

$$\tau_1 \delta_1 = \tau_2 \delta_2$$

a 和 d 是横截面上的任意两点,这说明在横截面上的任意点,切应力与壁厚的乘积不变。若以 t 代表这一乘积,则

$$t = \tau \delta = 常量 \tag{6.2}$$

t 称为剪力流。沿截面中线取微分长度 ds,在中线长为 ds 的微分方程上剪力为 $\tau \delta ds = t ds$,它与截面中线相切。若对截面内的 O 点取矩即为截面上的扭矩,于是有

$$T = \int t\, ds \cdot \rho = t \int_s \rho\, ds$$

式中,ρ 为由 O 点到截面中线的切线的垂直距离,ρds 等于图中画阴影线的三角形面积 $d\omega$ 的 2 倍,所以积分 $\int_s \rho\, ds$ 是截面中线包围面积 ω 的 2 倍,即 $T = 2t\omega$

则

$$t = \frac{T}{2\omega} \tag{6.3}$$

上式表明 t 为常量,又 $t = \tau \delta$,故在 δ 最小处,切应力最大,即

$$\tau_{\max} = \frac{t}{\delta_{\min}} = \frac{T}{2\omega \delta_{\min}} \tag{6.4}$$

现在讨论闭口薄壁杆件自由扭转的变形。由式(6.3)求得横截面上一点处的切应力为

$$\tau = \frac{t}{\delta} = \frac{T}{2\omega \delta} \tag{6.5}$$

在自由扭转的情况下,横截面上的扭矩 T 与外加扭转力偶矩 M_e 相等。上式又可写成

$$\tau = \frac{M_e}{2\omega \delta}$$

由式(5.31),单位体积的应变能 v_ε 为

$$v_\varepsilon = \frac{1}{2}\tau\gamma = \frac{\tau^2}{2G} = \frac{M_e^2}{8G\omega^2\delta^2}$$

在杆件内取 $dV = \delta dx ds$ 的单元体,dV 内的应变能为

$$dV_\varepsilon = v_\varepsilon dV = \frac{M_e^2}{8G\omega^2\delta^2} dx ds$$

整个闭口薄壁杆件的应变能应为

$$V_\varepsilon = \int_l \left[\oint \frac{M_e^2}{8G\omega^2\delta} ds\right] dx = \frac{M_e^2 l}{8G\omega^2}\oint \frac{ds}{\delta}$$

外加扭转力偶矩在端截面的角位移(扭转角)上做功。在弹性范围内,外力偶矩 M_e 与扭转角 φ 成正比,它们的关系是一条斜直线。M_e 做功等于斜直线下的面积,即

$$W = \frac{1}{2} M_e \varphi$$

由 $V_\varepsilon = W$,便可求得

$$\varphi = \frac{M_e l}{4G\omega^2}\oint \frac{ds}{\delta} \tag{6.6}$$

若杆件的壁厚 δ 不变,上式化为

$$\varphi = \frac{M_e l S}{4G\omega^2\delta} \tag{6.7}$$

式中,$S = \oint ds$,是截面中线的长度。

【例 6.11】　截面为圆环形的开口和闭口薄壁杆件(图 6.17)。设两杆长度相同,且具有相同的平均直径 d 和壁厚 δ,截面上的扭矩 T 也相同。试比较两者的切应力和相对扭转角。

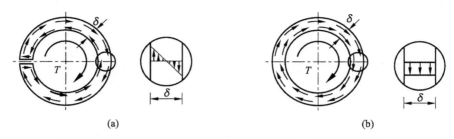

图 6.17　例 6.11 图

解:　(1)对于环形开口薄壁截面,在计算其应力和变形时,可以把环形展直,作为狭长矩形看待。这时 $h=\pi d$,则有

$$\tau_2 = \frac{T}{\frac{1}{3}h\delta^2} = \frac{T}{\frac{1}{3}\pi d\delta^2} = \frac{3T}{\pi d\delta^2}$$

$$\varphi_2 = \frac{Tl}{G\frac{1}{3}h\delta^3} = \frac{3Tl}{G\pi d\delta^3}$$

(2)对于环形闭口薄壁截面,可求得 $\omega = \frac{1}{4}\pi d^2$,$S=\pi d$,则根据式(6.6)和式(6.7)得

$$\tau_1 = \frac{T}{2\omega\delta} = \frac{2T}{\pi d^2\delta}$$

$$\varphi_1 = \frac{TSl}{4G\omega^2\delta} = \frac{4Tl}{G\pi d^3\delta}$$

(3)在 T 和 l 相同的情况下,两者应力和相对扭转角之比为

$$\frac{\tau_2}{\tau_1} = \frac{3d}{2\delta}$$

$$\frac{\varphi_2}{\varphi_1} = \frac{3}{4}\left(\frac{d}{\delta}\right)^2$$

由于薄壁杆件的 d 远大于 δ,所以开口薄壁杆件的应力和变形都远大于同样情况下的闭口薄壁杆件。

6.2.4　弯曲超静定问题

求解弯曲超静定问题,仍然是从静力学关系、几何关系和物理关系出发。其中,最关键的是如何解除约束选取静定基和列出变形协调条件(几何方程),选得好将给解题带来很大的方便。未知约束力求出以后,其余的支反力及杆件的内力、应力和变形、位移均可在相当系统上求得。

以图 6.18(a)所示的连续梁为例。在均布力 q 作用下,显然外力和梁的结构形式都与中间支座 C 是对称的。未知的约束反力为 F_{Ax}、F_{Ay}、F_{Cy} 和 F_{By} 共四个,而静力平衡方程仅为三个,故为一次超静定系统,需建立一个变形协调条件,得一个补充方程。具体步骤如下。

利用结构的对称性,取简支梁为静定基(图 6.18(b))。由于原系统的挠曲线在支座 C 处的挠度为零,如图 6.18(a)虚线所示。所以相当系统必须满足 C 点挠度为零的变形协调条件(图 6.18(c))。即

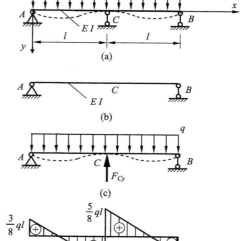

$$w_C = w_{C_q} - w_{C_F} = 0 \qquad (a)$$

通过查表 5.1,可以得到 q 和 F_{Cy} 在 C 点产生的挠度

$$w_{C_q} = \frac{5q(2l)^4}{384EI} = \frac{5ql^4}{24EI}(\downarrow)$$

$$w_{C_F} = \frac{F_{Cy}(2l)^3}{48EI} = \frac{F_{Cy}l^3}{6EI}(\uparrow)$$

将上两式代入(a)得到

$$w_C = \frac{5ql^4}{24EI} - \frac{F_{Cy}l^3}{6EI} = 0 \qquad (b)$$

解得多余约束力为

$$F_{Cy} = \frac{5}{4}ql$$

结果为正,表明假设 C 处的约束反力 $F_{Cy}(\uparrow)$ 的方向是正确的。

图 6.18　超静定梁

由静力平衡方程式,可得支座 A、B 处的支座反力为

$$\sum F_x = 0, \qquad F_{Ax} = 0 \qquad (c)$$

$$\sum M_A = 0, \qquad F_{By} = \frac{q(2l) \cdot l - F_{Cy}l}{2l} = \frac{3}{8}ql(\uparrow) \qquad (d)$$

$$\sum F_y = 0, \qquad F_{Ay} = 2ql - F_{Cy} - F_{By} = \frac{3}{8}ql(\uparrow) \qquad (e)$$

如果利用对称性,必然 $F_{Ay} = F_{By}$,即

$$F_{Ay} = F_{By} = \frac{2ql - F_{Cy}}{2} = \frac{3}{8}ql(\uparrow)$$

所有支座反力确定之后,就可画出超静定梁的剪力图和弯矩图(图 6.18(d)、(e))。

根据第 3 章关于剪力 F_S 和弯矩 M 的正负号规定,前者是反对称内力,后者是对称内力。所以在对称条件下剪力图是反对称的,而弯矩图是对称的。利用这一特性,今后在用能量法求解超静定系统时,会使计算大为简化。

如果图 6.18(a)的 C 支座不是刚性约束,而是具有刚度系数为 k 的弹性支承,变形协调条件应如何建立?显然,$w_C \neq 0$,而是 $w_C = \dfrac{F_{Cy}}{k}$,这时对结果有何影响,请读者思考。

【例 6.12】 长度为 l、抗弯刚度为 EI 的超静定梁 AB，在 C 截面处承受集中荷载 F，如图 6.19(a)所示。试作梁的弯矩图。

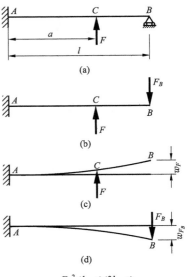

解：(1)设支座 B 为多余约束，相应的多余约束力为 F_B，选取图 6.19(b)所示的悬臂梁为基本系统。

(2)建立变形协调条件。比较基本系统和原结构，在支座 B 处应满足相同的变形条件，即

$$w_B = w_F + w_{F_B} = 0$$

(3)通过查表 5.1，可以得到

$$w_F = -\frac{Fa^2}{6EI}(3l-a) \quad , \quad w_{F_B} = \frac{F_B l^3}{3EI}$$

(4)代入变形协调方程式(a)，得补充方程为

$$w_B = -\frac{Fa^2}{6EI}(3l-a) + \frac{F_B l^3}{3EI} = 0$$

解得多余约束力为

$$F_B = \frac{Fa^2}{2l^3}(3l-a)$$

此结果为正，表明假设的 B 处的约束反力 $F_B(\downarrow)$ 的方向是正确的。

(5)作梁的弯矩图。可直接由图 6.19(b)作出梁的弯矩图，如图 6.19(e)所示。

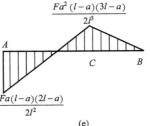

图 6.19 例 6.12 图

$$M_A = \frac{Fa(l-a)(2l-a)}{2l^2} \quad , \quad M_C = \frac{Fa^2(l-a)(3l-a)}{2l^3}$$

6.3 能量法解超静定问题

超静定问题的求解，关键在于找出变形协调条件，从而建立补充方程。第 5 章曾讨论了用能量法计算杆件(杆系)变形位移，可用莫尔积分求位移，对于直杆，利用图乘法代替积分运算更为简便。这一节讨论用能量法解超静定问题。

6.3.1 莫尔定理解超静定问题

图 6.20(a)所示为梁、桁架组合结构，由横梁 AB 和三根杆 1、2、3 组成，在梁跨中 C 处受铅垂集中力 F 作用，设梁的抗弯刚度为 EI，杆的抗拉(压)刚度均为 EA，且 $I = Al^2/6$，忽略轴向力对梁的影响，试确定该系统的内力。

结构仅内部存在一个多余约束，故为一次内力超静定系统。为了利用结构的对称性，选 3 杆为多余杆，则图 6.20(b)为其基本系统。将 3 杆在 m 截面处截开，在 m、m' 上代之以轴力 F_{N3}。由于 3 杆未截开前是连续杆，故 m 与 m' 不可能有相对位移，从而得变形协调条件为

$$\Delta mm' = 0$$

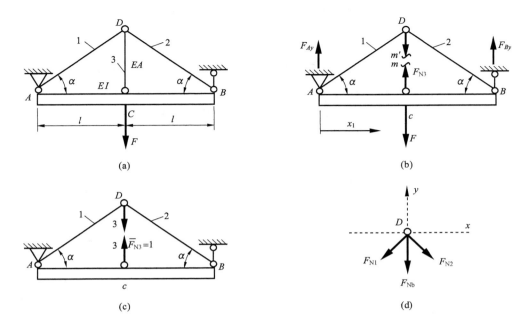

图 6.20　超静定组合系统

根据基本系统的受力,由系统对称性得到 A、B 处的约束反力

$$F_{Ay} = F_{By} = \frac{F}{2}(\uparrow)$$

由图 6.20(d)节点 D 的平衡,可求出杆 1 和 2 的轴力为

$$F_{N1} = F_{N2} = -\frac{F_{N3}}{2\sin\alpha}$$

在对称结构、对称力作用下梁的弯矩方程 AC 段和 CB 段也一定是对称的,只要列出 AC 段的弯矩方程,即

$$M(x) = F_{Ay}x - F_{N1}\sin\alpha \cdot x = \left(\frac{F}{2}x + \frac{F_{N3}}{2\sin\alpha}\sin\alpha \cdot x\right) = \frac{1}{2}(F + F_{N3})x \qquad (0 \leqslant x \leqslant l)$$

为求相对位移,需在 3 杆的 m、m' 截面加一对单位力 $\overline{F}_{N3} = 1$,如图 6.20(c)所示,得

$$\overline{F}_{N1} = \overline{F}_{N2} = -\frac{1}{2\sin\alpha}$$

$$\overline{M}(x) = \frac{1}{2}x \qquad (0 \leqslant x \leqslant l)$$

由莫尔积分式(5.46),得补充方程为

$$\begin{aligned}
\Delta mm' &= 2\int_0^l \frac{M(x)\overline{M}(x)}{EI}\mathrm{d}x + \frac{F_{N1}\overline{F}_{N1}}{EA}l_1 + \frac{F_{N2}\overline{F}_{N2}}{EA}l_2 + \frac{F_{N3}\overline{F}_{N3}}{EA}l_3 \\
&= \frac{2}{EI}\int_0^l \left[\frac{1}{2}(F + F_{N3})x \cdot \frac{-1}{2}x\right]\mathrm{d}x + \left[2\left(-\frac{F_{N3}}{2\sin\alpha}\right)\left(-\frac{1}{2\sin\alpha}\right)l_1 + F_{N3} \cdot 1 \cdot l_3\right]\frac{1}{EA} \\
&= \frac{1}{6EI}(F + F_{N3})l^3 + \frac{F_{N3}}{EA}l\left[\frac{1}{2\sin^2\alpha\cos\alpha} + \tan\alpha\right] \\
&= \frac{Fl}{EA} + \frac{F_{N3}l}{EA}\left[1 + \frac{1}{2\sin^2\alpha\cos\alpha} + \tan\alpha\right] = 0
\end{aligned}$$

得
$$F_{N3} = -\frac{F}{1 + \dfrac{1}{2\sin^2\alpha\cos\alpha} + \tan\alpha}$$

结果 F_{N3} 为负值，说明多余约束力原假设为拉力，实际为压力。多余约束力确定后，可进行应力、位移计算，解决强度和刚度计算问题。

【例 6.13】 图 6.21(a)所示结构，已知 E，A，l，$I = \dfrac{Al^2}{\sqrt{2}}$，当 AB 杆所能承受的最大应力为 $\sigma_{\max}$ 时，求结构允许承受的荷载 F。

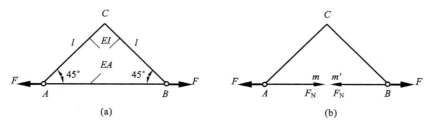

图 6.21　例 6.13 图

解： 图 6.21(a)所示结构是一次超静定系统。

设将 AB 杆作为多余约束，假想在 AB 杆的 m 截面将杆切开，用内力 F_N 代替该多余内力，则基本系统如图 6.21(b)所示，变形协调方程为 AB 杆在 m、m' 处的相对位移 $\Delta mm' = 0$。由式(5.43)和式(5.45)得

$$\Delta mm' = 2\int_0^l \frac{M(x)\overline{M}(x)\mathrm{d}x}{EI} + \frac{F_N \overline{F_N}\sqrt{2}\,l}{EA} = 0$$

其中

$$M(x) = (F_N - F)\sin45°\cdot x = (F_N - F)\frac{1}{\sqrt{2}}\cdot x$$

$$\overline{M}(x) = \overline{F_N}\sin45°\cdot x = 1 \times \sin45°\cdot x = \frac{1}{\sqrt{2}}\cdot x$$

$$\Delta mm' = 2\int_0^l \frac{(F_N - F)}{EI}\frac{1}{\sqrt{2}}x\cdot\frac{1}{\sqrt{2}}x\mathrm{d}x + \frac{F_N\cdot\sqrt{2}\,l}{EA} = 0$$

即

$$\int_0^l \frac{(F_N - F)}{EI}x^2\mathrm{d}x + \frac{F_N\cdot\sqrt{2}\,l}{EA} = \frac{(F_N - F)l^3}{\dfrac{3EAl^2}{\sqrt{2}}} + \frac{F_N\sqrt{2}\,l}{EA} = 0$$

解得
$$F_N = \frac{F}{4}$$

AB 杆的应力
$$\sigma = \frac{F_N}{A} = \frac{F}{4A} = \sigma_{\max}$$

则结构允许的承载力为
$$[F] = 4A\sigma_{\max}$$

6.3.2　图乘法解超静定问题

对于由直杆组成的系统,往往采用图乘法比较方便。

平面刚架的抗弯刚度为 EI,A 端固定,C 端为活动铰支座,受均布力 q 作用,如图 6.22(a)所示,试绘内力图,确定危险截面。

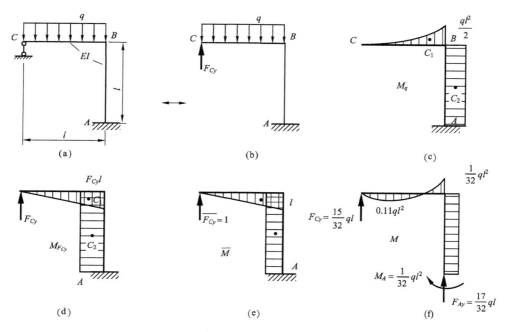

图 6.22　超静定刚架

这是一次外力超静定系统,设取图 6.22(b)为基本系统,为便于采用图乘法,将分布力引起的和待定多余约束 F_{Cy} 引起的弯矩图分别绘于图 6.22(c)、(d),一般可以不计剪力和轴力的影响。由单位广义力 F_{Cy} 引起的弯矩图为图 6.22(e)。变形协调条件为 $w_C=0$,由式(5.50),得图乘法表示的补充方程为

$$w_C=\sum \frac{A_\Omega \overline{M}_C}{EI}=\frac{1}{EI}\left[-\frac{ql^2}{2}\cdot l\cdot \frac{1}{3}\left(\frac{3}{4}l\right)+\left(-\frac{ql^2}{2}\cdot l\right)(l)+\frac{F_{Cy}l\cdot l}{2}\cdot\left(\frac{2}{3}l\right)+F_{Cy}l\cdot l\cdot l\right]$$

$$=\frac{1}{EI}\left[-\frac{ql^4}{8}-\frac{ql^4}{2}\right]+F_{Cy}\left[\frac{l^3}{3}+l^3\right]=0$$

解得
$$F_{Cy}=\frac{15ql}{32}(\uparrow)$$

正号表示假设 C 处的支反力 F_{Cy} 的方向是正确的。

由　　　　　　$\sum F_x=0,\qquad F_{Ax}=0$

$$\sum F_y=0,\qquad F_{Ay}=-\frac{15ql}{32}+ql=+\frac{17ql}{32}(\uparrow)$$

$$\sum M_A=0,\qquad M_A=\frac{ql^2}{2}-F_{Cy}l=\frac{ql^2}{2}-\frac{15ql^2}{32}=\frac{ql^2}{32}(\curvearrowright)$$

通过内力叠加,可得刚架的弯矩图(图 6.22(f))。

6.3.3　力法解超静定问题

从以上分析可见,无论是变形比较法还是能量法,解题思路是一致的,求位移的方法各有不同,但都是以"力"作为基本未知量。在力法中往往将补充方程写成普遍适用的标准形式,特别强调广义力和广义位移概念的应用。

现以图 6.23(a)所示等刚度小曲率杆为例,它是一次外力超静定系统,需建立一个补充方程。取支座 B 为多余约束 F_{By},如写成普遍形式,用 X_1 代替 F_{By},图 6.23(b)、(c)分别为静定基和基本系统。以 Δ_1 表示在 F 和 X_1 共同作用下基本系统在 B 截面沿 X_1 方向的位移,因为 B 为活动铰支座,它在 X_1 方向受到约束,位移为零,所以

$$\Delta_1 = 0 \tag{6.8}$$

它就是变形协调条件。要计算 Δ_1,可以分别算出基本系统在外力 F 和未知力 X_1 分别作用时的位移,各用 Δ_{1F} 和 Δ_{1X_1} 表示(图 6.23(d)、(e)),其中第一个脚标表示发生位移的地点和方向,第二个脚标表示引起该位移的因素。由叠加原理,得

$$\Delta_1 = \Delta_{1F} + \Delta_{1X_1}$$

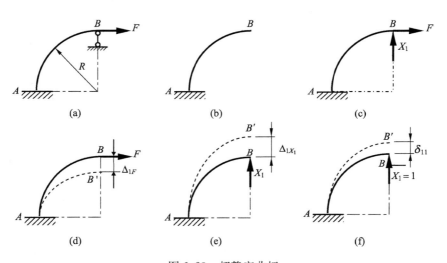

图 6.23　超静定曲杆

在计算 Δ_{1X_1} 时,可以在基本系统上沿 X_1 方向作用与 X_1 相对应的单位力 $\overline{X_1}=1$(图 6.23(f)),由此引起的位移记为 δ_{11}。对线弹性体,位移与力成正比,所以

$$\Delta_{1X_1} = \delta_{11} X_1$$

于是,由变形协调条件建立的补充方程可以写成统一的标准形式

$$\Delta_1 = \delta_{11} X_1 + \Delta_{1F} = 0 \tag{6.9}$$

系数 δ_{11} 和常数 Δ_{1F} 可由莫尔积分(对于直杆可用图乘法)求出,由式(6.8)就能求出未知力 X_1。

如果选用 A 端的支反力矩 M_A 作为多余未知力,仍然可用式(6.9)作为补充方程。此时 X_1 代表 M_A,δ_{11} 代表单位力矩作用在 A 处时沿 M_A 方向引起单位角位移,Δ_{1F} 表示在力 F 作用下在 A 处沿 M_A 方向引起的角位移。由于 A 为固定端,所以该处的转角 $\theta_A=0$,同样可用广义

位移 Δ_1 表示,即 $\Delta_1=0$。

由此可见,式(6.9)中的位移和力均可表示为广义位移和广义力,F 代表广义荷载,X_1 表示多余的广义约束力(外力或内力),式(6.9)即为力法的基本方程。

当超静定系统为 n 次时,不论是外力或内力,有 n 个多余约束力,即 $X_1,X_2,\cdots,X_n$,就应列出与式(6.9)类似的一组补充方程:

$$
\begin{cases}
\Delta_1 = \delta_{11}X_1 + \delta_{12}X_2 + \cdots + \delta_{1n}X_n + \Delta_{1F} = 0 \\
\Delta_2 = \delta_{21}X_1 + \delta_{22}X_2 + \cdots + \delta_{2n}X_n + \Delta_{2F} = 0 \\
\qquad\qquad\qquad \vdots \\
\Delta_n = \delta_{n1}X_1 + \delta_{n2}X_2 + \cdots + \delta_{nn}X_n + \Delta_{nF} = 0
\end{cases} \tag{6.10}
$$

式(6.10)中的每一个方程都具有相似的标准形式,称为**力法正则方程**。方程组中有 $n\times n$ 个系数 $\delta_{ij}(i=1,2,\cdots,n;j=1,2,\cdots,n)$,$n$ 个常数 $\Delta_{iF}(i=1,2,\cdots,n)$,$n$ 个待定的未知力 $X_i(i=1,2,\cdots,n)$,可联立求解。式(6.10)也可写成矩阵形式

$$
\begin{bmatrix}
\delta_{11} & \delta_{12} & \cdots & \delta_{1n} \\
\delta_{21} & \delta_{22} & \cdots & \delta_{2n} \\
\vdots & \vdots & \cdots & \vdots \\
\cdots & \cdots & \cdots & \cdots \\
\vdots & \vdots & \cdots & \vdots \\
\delta_{n1} & \delta_{n2} & \cdots & \delta_{nn}
\end{bmatrix}
\begin{bmatrix}
X_1 \\ X_2 \\ \vdots \\ \\ \vdots \\ X_n
\end{bmatrix}
+
\begin{bmatrix}
\Delta_{1F} \\ \Delta_{2F} \\ \vdots \\ \\ \vdots \\ \Delta_{nF}
\end{bmatrix}
= 0 \tag{6.11}
$$

由第 5 章位移互等定理式(5.42),可以证明:$\delta_{12}=\delta_{21}$,$\delta_{13}=\delta_{31}$,$\cdots$,$\delta_{n1}=\delta_{1n}$,即 $\delta_{ij}=\delta_{ji}(i=1,2,\cdots,n;j=1,2,\cdots,n)$。所以式(6.11)中的系数矩阵是对称矩阵。

【例 6.14】　两端固定的等刚度梁,受力如图 6.24(a)所示,试求:(1)危险截面的最大弯矩和最大剪力;(2)如果 $a=b=l/2$,又如何? (3)计算 $a=b=l/2$ 时,梁跨中的挠度 w_C。

解:(1)该梁共有六个待定的约束反力,而平衡方程只有三个,故为三次超静定。但是,在小变形条件下,当荷载垂直于轴线时,横截面沿梁轴线方向的位移极小,可忽略不计,这样由平衡方程,可以认为

$$
\sum F_x = 0, \qquad F_{Ax} = F_{Bx} = 0
$$

余下 F_{Ax}、F_{By}、M_A、M_B 四个约束反力。剩下的平衡方程只有两个,即

$$
\sum F_y = 0, \qquad F_{Ay} + F_{By} - F = 0
$$

$$
\sum M_A = 0, \qquad M_A - M_B + F_{By}l - Fa = 0
$$

如果取简支梁为静定基,M_A、M_B 作为多余约束反力,则图 6.24(b)为基本系统。与原系统相比较,应使 A、B 处的转角为零,得两个变形协调条件分别为

$$
\theta_A = \theta_{AF} - \theta_{AM_A} - \theta_{AM_B} = 0
$$

$$
\theta_B = \theta_{BF} - \theta_{BM_A} - \theta_{BM_B} = 0
$$

由叠加法,或查附录Ⅱ,得补充方程为

$$\frac{Fab(l+b)}{6EIl} - \frac{M_A l}{3EI} - \frac{M_B l}{6EI} = 0$$

$$-\frac{Fab(l+a)}{6EIl} + \frac{M_A l}{6EI} - \frac{M_B l}{3EI} = 0$$

联立求解,得

$$M_A = \frac{Fab^2}{l^2}(\curvearrowleft\ \curvearrowright)\ ,$$

$$M_B = \frac{Fa^2 b}{l^2}(\curvearrowleft\ \curvearrowright)$$

代入平衡方程,求得

$$F_{Ay} = \frac{Fb^2(l+2a)}{l^3}(\uparrow)\ ,$$

$$F_{By} = \frac{Fa^2(l+2b)}{l^3}(\uparrow)$$

求得的结果均为正值,说明原假设的约束反力的方向是正确的。据此可画出剪力图和弯矩图(图 6.24(c)、(d)),当 $a>b$ 时,危险截面在 B 截面的左侧,有

$$M_{max}=\frac{Fa^2 b}{l^2},F_{Smax}=\frac{-Fa^2(l+2b)}{l^3}$$

(2) 如果 $a=b=l/2$,是对称结构受对称荷载作用(图 6.24(e)), $F_{Ay}=F_{By}$, $M_A=M_B$,可得

$$F_{Ay} = F_{By} = \frac{F}{2}(\uparrow)$$

$$M_A = M_B =-\frac{Fl}{8}\ ,\qquad M_C = \frac{Fl}{8}$$

据此,作结构的剪力图和弯矩图(图 6.24(f)、(g))。

这种情况的另一种解法是:将梁在对称截面 C 切开,以悬臂梁作为静定基。利用对称关系,在对称截面的三个内力中,反对称内力 $F_S=0$,只有对称内力 F_N 和 M。在小变形条件下,沿梁水平方向位移可忽略不计,则 $F_N=0$。所以只剩下一个未知内力 M。

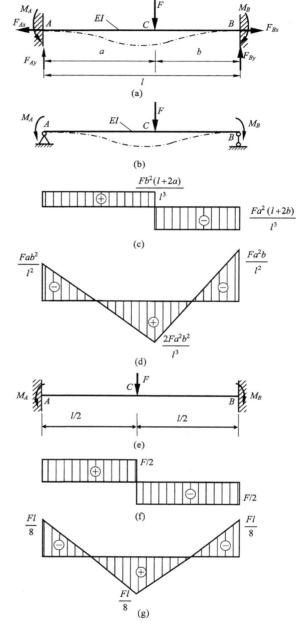

图 6.24　例 6.14 图之一

将荷载 F 分别分配在对称面的两边, C 和 C' 处各为 $F/2$(图 6.25(a)、(b))。现在采用力法来求解。用广义力 X_1 表示未知力,变形协调条件为在被切开的 C 截面处,转角 $\theta_C=0$。

一次超静定的力法正则方程为式(6.9)，即
$$\Delta_1 = \delta_{11}X_1 + \Delta_{1F} = 0$$
计算时只需取对称的一半来考虑。若用图乘法（图6.25(c)、(d)），则

$$EI\delta_{11} = 1 \times \frac{l}{2} \times 1 = \frac{l}{2}$$

$$EI\Delta_{1F} = -\frac{Fl}{4} \cdot \frac{l}{2} \cdot \frac{1}{2} \times 1 = -\frac{Fl^2}{16}$$

则
$$\frac{l}{2}X_1 - \frac{Fl^2}{16} = 0$$

解得
$$X_1 = \frac{Fl}{8}$$

$$M_A = X_1 - \frac{Fl}{4} = \frac{Fl}{8} - \frac{Fl}{4} = -\frac{Fl}{8}(\circlearrowleft)$$

由此画出相当系统的弯矩图，见图6.25(e)。对比原结构弯矩图（图6.24(g)），即为其一半。

（3）求 $a=b=l/2$ 时，C 截面的挠度。由于悬臂梁 AC 在 C 截面处，满足变性协调条件 $\theta_C=0$，所以悬臂梁 AC 是原结构的相当系统，原结构在 C 点的位移与相当系统悬臂梁 AC 在 C 点处的位移相同。

在相当系统上作用与位移相对应的广义力1，得 $\overline{M}'$（图6.25(f)），图乘法得 C 截面的挠度

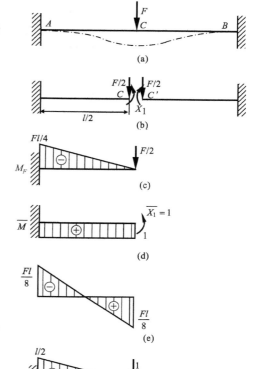

图6.25 例6.14图之二

$$w_C = \frac{A_{\Omega 1}\overline{M}_C}{EI} = \frac{1}{EI}\left(\frac{1}{2} \times \frac{Fl}{8} \times \frac{l}{4} \times \frac{5}{6} \times \frac{l}{2} - \frac{1}{2} \times \frac{Fl}{8} \times \frac{l}{4} \times \frac{1}{6} \times \frac{l}{2}\right) = \frac{Fl^3}{192EI}(\downarrow)$$

正号表示假设挠度的方向垂直向下是正确的。

【例6.15】 桁架如图6.26(a)所示，杆的刚度均为 EA，在 F 力作用下，求桁架内力。

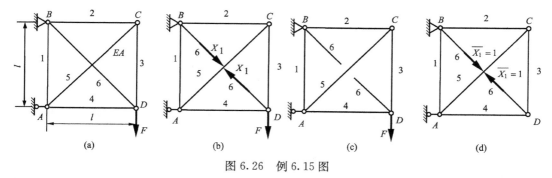

图6.26 例6.15图

解：这是一次内力超静定系统，用力法求解，一次超静定的力法正则方程为式(6.9)
$$\Delta_1 = \delta_{11}X_1 + \Delta_{1F} = 0$$
设将6杆作为多余杆，假想截开6杆作为静定基，代以未知力 X_1 为基本系统（图6.26

(b))。静定基在荷载 F 作用下(图 6.26(c)),各杆的内力 F_{Ni}^F,可见表 6.1。在静定基上施加一对单位力(图 6.26(d)),求得由单位力引起的各杆内力 $\bar{F}_{Ni}$,见表 6.1。

表 6.1　例 6.15 表

杆件编号	F_{Ni}^F	$\bar{F}_{Ni}$	l_i	$F_{Ni}^F \bar{F}_{Ni} l_i$	$\bar{F}_{Ni}\bar{F}_{Ni}l_i$	$F_{Ni}=\bar{F}_{Ni}X_1+F_{Ni}^F$
1	F	$-\dfrac{1}{\sqrt{2}}$	l	$-\dfrac{1}{\sqrt{2}}Fl$	$\dfrac{1}{2}l$	$0.396F$
2	F	$-\dfrac{1}{\sqrt{2}}$	l	$-\dfrac{1}{\sqrt{2}}Fl$	$\dfrac{1}{2}l$	$0.396F$
3	F	$-\dfrac{1}{\sqrt{2}}$	l	$-\dfrac{1}{\sqrt{2}}Fl$	$\dfrac{1}{2}l$	$0.396F$
4	0	$-\dfrac{1}{\sqrt{2}}$	l	0	$\dfrac{1}{2}l$	$-0.604F$
5	$-\sqrt{2}F$	1	$\sqrt{2}l$	$-Fl$	$\sqrt{2}l$	$-0.560F$
6	0	1	$\sqrt{2}l$	0	$\sqrt{2}l$	$0.854F$
$\sum$				$-\left(\dfrac{3}{\sqrt{2}}+2\right)Fl$	$2(1+\sqrt{2})l$	

由莫尔定理

$$\Delta_{1F}=\sum\frac{F_{Ni}^F\bar{F}_{Ni}l_i}{EA_i}=-\left(\frac{3}{\sqrt{2}}+2\right)\frac{Fl}{EA}$$

$$\delta_{11}=\sum\frac{\bar{F}_{Ni}\bar{F}_{Ni}l_i}{EA_i}=2(1+\sqrt{2})\frac{Fl}{EA}$$

代入式(6.9),解得

$$X_1=-\frac{\Delta_{1F}}{\delta_{11}}=\frac{\left(\dfrac{3}{\sqrt{2}}+2\right)Fl}{2(1+\sqrt{2})l}=\frac{4.121Fl}{4.828l}=0.854F$$

将各杆在荷载状态的 F_{Ni} 和单位力状态的 $\bar{F}_{Ni}$ 与 X_1 的乘积叠加起来,得原超静定系统各杆的内力

$$F_{Ni}=\bar{F}_{Ni}X_1+F_{Ni}^F$$

列在表 6.1 的最后一列。

6.4　对称和反对称特性的应用

在工程实际中,许多结构是对称的,合理利用结构的对称性和荷载的对称或反对称性,可使计算工作大为简化。

例如图 6.27(a)所示为两端固定的刚架结构,其几何条件、约束条件和刚度都与对称轴是对称的,称为对称结构。其特点是将结构绕对称轴折叠后,在对称轴两侧部分完全重合。作用在对称结构上的荷载可能是多种多样的,如果在该结构的对称位置作用的荷载,其大小、方向、性质完全相同,即与对称轴完全重合,则称为对称荷载(图 6.27(b));反之,若为反向重合则为反对称荷载(图 6.27(c))。

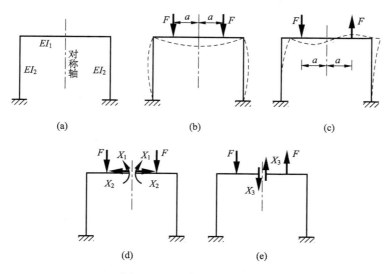

图 6.27　对称与反对称特性

对称结构在对称荷载作用下,其变形和内力分别将对称于对称轴;而在反对称荷载作用下,其变形和内力分别将反对称于对称轴(图 6.27(b)、(d)的虚线)。

结构和荷载的对称和反对称特性可归纳为:

(1) 变形特征。

对称结构,对称荷载,变形对称,在对称轴上的横截面只产生沿对称轴方向的竖向位移,不发生水平移动和转动。

对称结构,反对称荷载,变形反对称,在对称轴上的横截面发生水平移动和转动,没有沿对称轴方向的竖向位移。

(2)对称面上的内力。

对称结构,对称荷载,在对称面上只有对称内力(轴力 F_N、弯矩 M 等),无反对称内力(剪力 F_S、扭矩 T 等)。即 $F_N \neq 0, M \neq 0, F_S = 0, T = 0$。

对称结构,反对称荷载,在对称面上只有反对称内力(剪力 F_S、扭矩 T 等),无对称内力(轴力 F_N、弯矩 M 等)。即 $F_S \neq 0, T \neq 0, F_N = 0, M = 0$。

在图 6.27 所示平面超静定系统为三次外力超静定,为了不破坏结构的对称性,往往将系统在对称轴处切开,一般暴露出三个内力 F_N、F_S、M 作为多余未知力,使求外力超静定改变为求内力超静定。考虑到在内力分量中,轴力 F_N 和弯矩 M 是对称内力,而剪力 F_S 和扭矩 T 是反对称内力,因此在对称荷载作用下,在对称轴处切开的截面上,只有对称内力,而反对称内力 F_S 必为零(图 6.27(d));在反对称荷载作用下,对称轴处的截面上只有反对称内力,而对称内力 F_N、M 均为零(图 6.27(e))。这样就将三次超静定分别简化为二次超静定问题和一次超静定问题。

【例 6.16】 等刚度封闭框架受力如图 6.28(a)所示,处于平衡,作框架的弯矩图。

解: 这是三次内力超静定系统,但由于符合对称条件,在对称截面将它切开,反对称内力必为零,只存在两个对称内力 F_N 和 M,见图 6.28(b)。如用力法正则方程求解,可写成

$$\Delta_1 = \delta_{11} X_1 + \delta_{12} X_2 + \Delta_{1F} = 0$$
$$\Delta_2 = \delta_{12} X_1 + \delta_{22} X_2 + \Delta_{2F} = 0$$

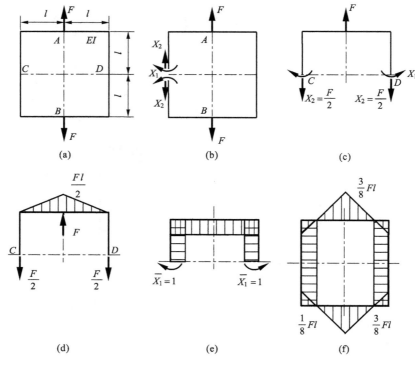

图 6.28　例 6.16 图

上式 X_1 代表截面 C 上的弯矩，X_2 代表该截面上的轴力。由于框架原来是封闭的，对称截面处假想切开的两个截面之间不可能有相对广义位移，从而得 $\Delta_1 = 0$，$\Delta_2 = 0$；两个力法方程可解两个未知数。

也可将框架截开取一半，如图 6.28(c)所示。由结构的双对称性，可确定轴力 $X_2 = F/2$，这样就只有一个未知力 X_1。

在 C、D 两截面加一对单位力，根据力法正则方程

$$\Delta_1 = \delta_{11} X_1 + \Delta_{1F} = 0$$

可求得未知力 X_1。上式表示截面 C、D 的相对转角为零（$\Delta_1 = 0$）；δ_{11} 和 Δ_{1F} 分别代表单位力 $X_1 = 1$ 状态下在基本系统上引起的单位相对转角和荷载状态在基本系统上引起的相对转角。

根据图 6.28(e)、(d)，由图乘法得

$$\delta_{11} = \sum \frac{\bar{A}_\Omega \overline{M}_C}{EI} = 2 \times \frac{1 \times l \times 1 + 1 \times l \times 1}{EI} = \frac{4l}{EI}$$

$$\Delta_{1F} = \sum \frac{\bar{A}_\Omega \overline{M}_C}{EI} = 2 \times \frac{\left(-\dfrac{Fl}{2}\right)\dfrac{l}{2} \times 1}{EI} = -\frac{Fl^2}{2EI}$$

解得

$$X_1 = -\frac{\Delta_{1F}}{\delta_{11}} = -\left(-\frac{Fl^2}{2EI}\right) \cdot \frac{EI}{4l} = \frac{Fl}{8}$$

结果 X_1 为正值，表示假设 $X_1 = M$ 的方向是正确的。将 $\overline{M}_1 = X_1$ 与 M_F 叠加，即得框架的弯矩图（图 6.28(f)），$|M|_{\max} = \dfrac{3}{8} Fa$。

【例 6.17】 两端固定的对称等刚度刚架,在 C 处受水平集中力 F 作用,如图 6.29(a)所示,绘刚架弯矩图。

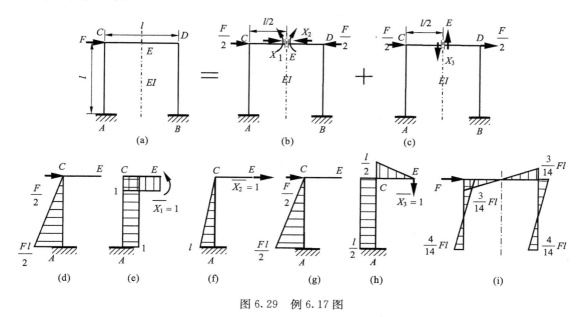

图 6.29 例 6.17 图

解: 这是一个三次超静定问题。但由于结构对称,荷载不对称,因此,为了充分发挥对称与反对称的作用,可将荷载分为对称与反对称荷载的叠加(图 6.29(b)、(c))。

由于对称结构在对称荷载作用下,对称截面上只有对称内力 $X_1=M$、$X_2=F_{NE}$,而反对称荷载作用下,对称截面上只有反对称内力 $X_3=F_S$。这样原问题就可变为一个对称问题和一个反对称问题的叠加。它们的变形协调条件分别为

$$\begin{cases} \Delta_1 = \delta_{11}X_1 + \delta_{12}X_2 + \Delta_{1F} = 0 \\ \Delta_2 = \delta_{21}X_1 + \delta_{22}X_2 + \Delta_{2F} = 0 \end{cases} \tag{a}$$

和

$$\Delta_3 = \delta_{33}X_3 + \Delta_{3F} = 0 \tag{b}$$

这样,比联立解三次方程组要方便得多。

先计算式(a)方程组的系数和常数,取基本系统的一半来考虑。由图 6.29(d)、(e)、(f)得

$$\delta_{11} = \frac{1}{EI}\left[1 \times \frac{l}{2} \times 1 + 1 \times l \times 1\right] = \frac{3}{2}\frac{l}{EI}$$

$$\delta_{22} = \frac{1}{EI}\left[l \times \frac{l}{2} \times \frac{2}{3}l\right] = \frac{l^3}{3EI}$$

$$\delta_{12} = \delta_{21} = \frac{1}{EI}\left[(1 \times l)\left(-\frac{l}{2}\right)\right] = -\frac{l^2}{2EI}$$

$$\Delta_{1F} = \frac{1}{EI}\left[\left(-\frac{Fl}{2} \times \frac{l}{2}\right)(1)\right] = -\frac{Fl^2}{4EI}$$

$$\Delta_{2F} = \frac{1}{EI}\left[\left(-\frac{Fl}{2} \times \frac{l}{2}\right)\left(-\frac{2}{3}l\right)\right] = \frac{Fl^3}{6EI}$$

代入式(a)得

$$\begin{cases} \dfrac{3}{2}lX_1 - \dfrac{l^2}{2}X_2 - \dfrac{Fl^2}{4} = 0 \\[2mm] -\dfrac{l^2}{2}X_1 + \dfrac{l^3}{3}X_2 + \dfrac{Fl^3}{6} = 0 \end{cases}$$

联立求解上式,得

$$\begin{cases} X_1 = 0 \\[2mm] X_2 = -\dfrac{1}{2}F \end{cases}$$

由上式求得的 X_1、X_2 可作对称荷载作用下的弯矩图,在不计轴向变形的情况下,显然弯矩为零。

计算式(b)方程组的系数和常数,取基本系统的一半来考虑。

$$\delta_{33} = \frac{1}{EI}\Big[\Big(-\frac{l}{2}\,\frac{l}{2}\times\frac{1}{2}\Big)\Big(-\frac{2}{3}\,\frac{l}{2}\Big) + \Big(-\frac{l}{2}l\Big)\Big(-\frac{l}{2}\Big)\Big] = \frac{7l^3}{24EI}$$

$$\Delta_{33} = \frac{1}{EI}\Big[\Big(-\frac{Fl}{2}\times l\cdot\frac{1}{2}\Big)\Big(-\frac{l}{2}\Big)\Big] = \frac{Fl^3}{8EI}$$

代入式(b),得

$$\frac{7l^3}{24}X_3 + \frac{Fl^3}{8} = 0$$

解得

$$X_3 = -\frac{3}{7}F$$

负号说明 X_3 的方向应向上。由于对称荷载的弯矩图为零,所以反对称荷载作用下的弯矩图即为原结构的弯矩图(图 6.29(i))。

复习思考题

6-1 判断下列结构是静定系统还是超静定系统。

(1) 螺栓连接机器(图 6.30(a));

(2) 阀门弹簧采用双层圆柱螺旋弹簧(图 6.30(b));

(3) 吊梁(图 6.30(c));

(4) 多杆汇交杆系(图 6.30(d)、(e))。

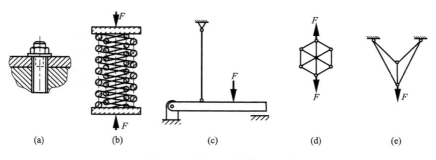

(a)　　　　(b)　　　　(c)　　　　(d)　　　　(e)

图 6.30　复习思考题 6-1 图

6-2　举实例说明存在装配应力或温度应力对工程结构的利弊。

6-3　静定与超静定系统的异同点。

6-4　给出图 6.31 所示各超静定系统的基本系统、变形协调条件和相当系统。

6-5　试用力法正则方程写出图 6.31 中诸超静定系统,说明每一符号的意义。

6-6　如何求解超静定系统某一截面的位移。

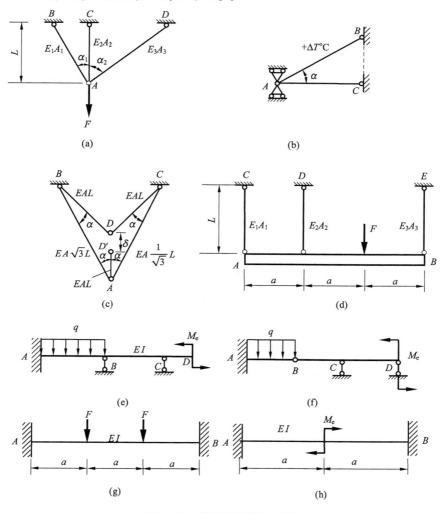

图 6.31　复习思考题 6-4 图

习　　题

6.1　直径 $d=9\,\mathrm{mm}$ 的黄铜杆 AB 安装在圆柱形黄铜容器 CD 的底部,已知容器横截面面积为 $A=300\,\mathrm{mm}^2$,在 C 处为固定支承。黄铜杆的 A 端装有塞子 E,其上受轴向荷载 F 作用,如图 6.32 所示。黄铜的 $E_{\mathrm{bra}}=85\,\mathrm{GPa}$,求当塞子 E 向下移动 1.2mm 时,所应施加在塞子顶上的轴向荷载 $F=?$

6.2 直径分别为 10mm 和 15mm 的 CE 和 DF 两根铝杆与刚性梁 $ABCD$ 连接如图 6.33 所示。已知铝的弹性模量 $E_{Al}=70$ GPa。试求:(1)在图示荷载作用下求两根铝杆所受的内力;(2)计算图示 A 点的位移。

6.3 图 6.34 所示刚梁 CE,在 E 处为固定铰链支座,C、D 处分别用直径为 $d=22$mm 的钢杆 CA 和直径为 $D=30$mm 的黄铜杆 DB 与地面相连,已知钢杆和黄铜杆的弹性模量分别为 $E_S=200$GPa,$E_{bra}=105$GPa,线膨胀系数为 $\alpha_S=12\times10^{-6}℃^{-1}$,$\alpha_{bra}=18.8\times10^{-6}℃^{-1}$。设该系统在 20℃时各杆均无应力。现仅 BD 黄铜杆升温到 50℃,试求该系统的温度应力。

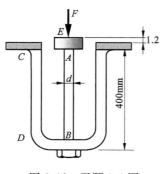

图 6.32 习题 6.1 图

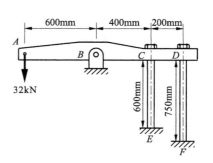

图 6.33 习题 6.2 图

6.4 图 6.35 所示水平安放的铝杆和不锈钢杆的端部在室温 20℃时有 0.5mm 的间隙。已知铝和不锈杆的弹性模量各为 $E_{Al}=70$GPa,$E_S=190$GPa;线膨胀系数各为 $\alpha_{Al}=23\times10^{-6}℃^{-1}$ 和 $\alpha_S=18\times10^{-6}℃^{-1}$;杆的横截面面积各为 $A_{Al}=2000$mm^2 和 $A_S=800$mm^2。当温度增加到 140℃时,试求:(1)铝杆内的轴向正应力;(2)铝杆相应的精确长度。

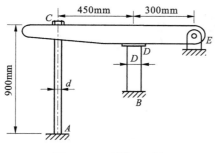

图 6.34 习题 6.3 图

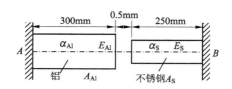

图 6.35 习题 6.4 图

6.5 在题 6.4 中,室温(20℃)下铝杆和不锈钢杆的端部仍有 0.5mm 的间隙。现若不锈钢杆产生 $\sigma_S=-150$ MPa 的轴向压应力。试问(1)温度升高了多少?(2)不锈钢杆相应的精确长度是多少?

6.6 刚度 EA 相同的六根杆件铰接成图 6.36 所示正方形系统 $ABCD$,BD 与 AC 两杆间无约束,在 AC 间受一对拉力 F 作用,求各杆内力。

6.7 由六根刚度 EA 相同的杆件铰接成图 6.37 所示桁架,求各杆的内力。

6.8 由六根刚度 EA 相同的杆件铰接如图 6.38 所示桁架,其中 BD 杆由于制造误差短了 $\delta(\delta\ll a)$。强行装配后,求各杆的内力。

6.9　两根实心圆轴Ⅰ和Ⅱ，其直径分别为 $d_1=60\text{mm}$ 和 $d_2=50\text{mm}$，轴两端固定，B 处用法兰盘相联系，如图 6.39 所示，法兰盘上受力偶矩 $M_e=4\text{kN}\cdot\text{m}$ 作用，轴的切变横量 $G=80\text{ GPa}$，试计算Ⅰ、Ⅱ两轴的最大切应力。

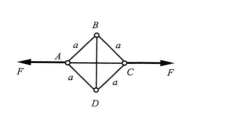
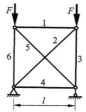

图 6.36　习题 6.6 图　　　　　　图6.37　习题 6.7 图

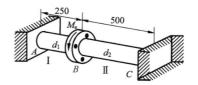

图 6.38　习题 6.8 图　　　　　　图 6.39　习题 6.9 图

6.10　题 6.9 中若将Ⅰ轴改用外径为 $D=60\text{mm}$，内径为 $d=40\text{mm}$ 的空心圆轴，其他条件不变，试计算Ⅰ、Ⅱ两轴的最大切应力。

6.11　钢轴和铝管在 B 端固定，A 端用一刚性盘将轴和管相连，如图 6.40 所示，无初应力。已知轴和管的切变模量分别为 $G_S=80\text{GPa}$ 和 $G_{Al}=27\text{GPa}$。钢轴允许承受的最大切应力 $\tau_{Smax}=120\text{ MPa}$，铝管允许承受的最大切应力 $\tau_{Almax}=70\text{ MPa}$，试确定在刚性盘 A 处所能施加的最大力偶矩 M_e。

6.12　图 6.41 所示两端直径各为 $d_1=40\text{mm}$，$d_2=80\text{mm}$，长为 $l=1\text{m}$ 的圆锥杆Ⅱ与外径为 $D=120\text{mm}$，中间具有相同圆锥形孔的空心圆杆Ⅰ紧密配合成组合轴，两杆接触面配合牢固不发生相对转动，设Ⅰ、Ⅱ两杆的切变模量比为 $\dfrac{G_1}{G_2}=\dfrac{1}{2}$。在 A、B 两端受一对力偶矩 $M_e=5\text{kN}\cdot\text{m}$ 作用，试求实心圆锥杆Ⅱ的最大切应力。

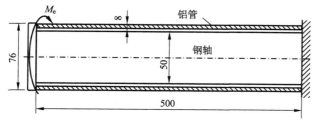
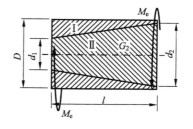

图 6.40　习题 6.11 图　　　　　　图 6.41　习题 6.12 图

6.13　试计算图 5.5 所示扭转超静定系统，钢杆和铜管由于销孔位置制造相差 $\varphi=2°$，当杆和管强行连接装配后，在杆和管内引起的最大切应力。已知铜管外径 $D=60\text{mm}$，钢杆直径 $d=40\text{mm}$，铜管长 $l_C=600\text{mm}$，钢杆长 $l_S=400\text{mm}$，铜和钢的切变模量分别为 $G_C=40\text{ GPa}$，$G_S=80\text{ GPa}$。

6.14 试求题 6.13 在杆和管装配前后各自产生的扭转角各为多少？

6.15 试确定图 6.42 所示梁的约束支反力，已知刚度 EI、EA 为常量，绘剪力图和弯矩图。

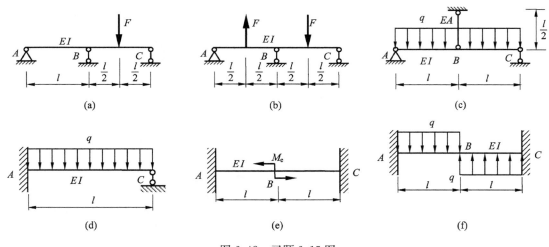

图 6.42　习题 6.15 图

6.16 图 6.43 所示匀质杆，单位长度重 W，放在水平刚性平台上，杆伸出平台外 AB 部分的长度为 a，试计算平台上杆拱起部分 BC 的长度 b。

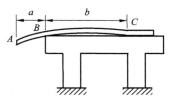

图 6.43　习题 6.16 图

6.17 图 6.44 所示 AB 梁两端固定，现在使 A 端相对于 B 端垂直向上移动 $\triangle$，试求端点的约束反力。

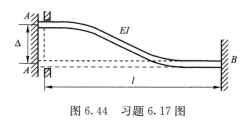

图 6.44　习题 6.17 图

6.18 求解图 6.45 所示刚架的约束反力并绘刚架弯矩图。

6.19 图 6.46 所示等刚度小曲率曲杆，已知 EI、q、R，试证明该曲杆在有足够稳定性的条件下，只有轴向压缩变形。

6.20 图 6.47 所示等刚度刚架梁，AB 段有可移动的吊车，承受荷载 F 作用，试问当吊车运行到何处，能使刚架受到的弯矩最大。

6.21 计算图 6.42(c)、(f)中 B 处的挠度和转角。

6.22 计算图 6.45(a)、(b)、(c)中 B 处的水平位移和转角。

6.23 计算图 6.45(h)、(i)A、B 之间相对位移。

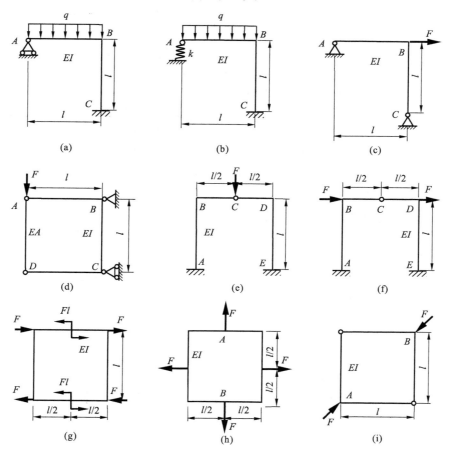

图 6.45　习题 6.18 图

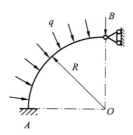

图 6.46　习题 6.19 图

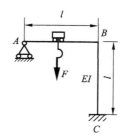

图 6.47　习题 6.20 图

第7章　应力分析和应变分析

在前面几章中,分别建立了应力和应变的概念,研究了杆件在不同变形条件下,横截面上任意一点的应力和应变。但不同材料在各种荷载作用下的破坏实验表明,杆件的破坏并不总是沿横截面发生。例如低碳钢和铸铁的拉伸实验,低碳钢拉伸时为什么在屈服阶段会出现 45°滑移线(图 2.3),铸铁拉伸的破坏是沿着与轴线大致垂直的横截面上发生断裂(图 2.9),同样在低碳钢和铸铁圆截面试样的扭转破坏实验中,它们的扭转切应力的分布规律相同,但所产生的断裂形式却完全不同,低碳钢试样沿着与轴线大致垂直的横截面断裂(图 2.12),而铸铁试样的断裂面相对于轴线是倾斜的,且大致成 45°夹角(图 2.14),当扭矩方向相反时,断裂面的角度也随之改变。所以,必须了解一点的应力和应变沿着不同方向的变化规律并结合杆件的材料作进一步的分析。也就是说,不仅要研究横截面上的应力,而且也要研究斜截面上的应力。

本章的任务在于研究一点的应力和应变沿各个方向变化情况,经过应力状态和应变状态的分析,可确定应力(应变)的危险方向和数值,为杆件的强度计算、刚度计算、实验应力分析和失效分析奠定基础。

7.1　应力状态的概念

应力有三个重要概念,即应力点的概念、面的概念和应力状态的概念。

同一物体内不同点的应力各不相同,此即**应力的点的概念**。如图 7.1 所示杆件的横截面上的正应力和切应力的分布图,沿截面高度上不同的点显然其应力值不相等。

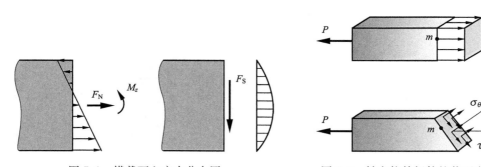

图 7.1　横截面上应力分布图　　　　图 7.2　轴向拉伸杆件的截面应力

过同一点的不同方向的截面上的应力各不相同,此即**应力的面的概念**。如图 7.2 所示轴向拉伸的杆件的横截面上只有正应力,而斜截面上的不仅有正应力,还有切应力。

所以应力必须指明是哪一点在哪一方向面上的应力。

过一点的不同方向面上的应力的集合,称为这一**点的应力状态**。同样,一点的应变沿各个方向的变化情况的集合,称为该点的**应变状态**。

为了描述一点的应力状态,通常是围绕该点取一个无限小的长方体,即单元体。因为单元体无限小,所以可认为其每个面上的应力都是均匀分布的,且相互平行的一对面上的应力对应相等。因此,单元体三对平行平面上的应力就代表通过所研究点的三个相互垂直截面上的应力。

当受力物体处于平衡状态时,从一点取出的单元体也是平衡的,单元体的任意一局部也必然是平衡的。当单元体三个面上的应力已知时,则其他任意截面上的应力都可通过截面法求出,该点的应力状态也就完全确定了。

一点的应力状态可用单元体的三个相互垂直平面上的应力来表示。因此,取单元体时,应尽量使其三对面上的应力容易确定。通常对于矩形截面(或工字钢等),三对面中的一对面取为杆件的横截面,另外两对为平行于杆件表面的纵截面。例如图 7.3(a)所示的简支梁,分析 S 截面上(图 7.3(b))各点的应力时,可取图 7.3(c)所示的单元体。

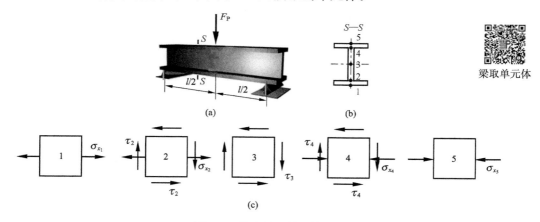

梁取单元体

图 7.3 简支梁和单元体

对于圆截面杆,单元体的一对面取为轴的横截面,另外两对平行面均为平行于杆轴线的纵截面。如图 7.4(a)所示的圆轴,可取图 7.4(b)所示的单元体。

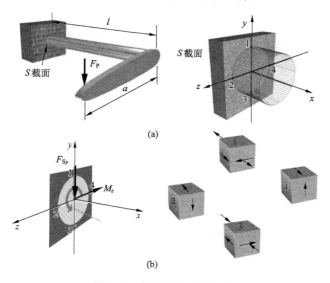

图 7.4 曲拐受力和单元体

　　由于构件受力的不同,应力状态是多种多样的。若某一点单元体某个面上,不存在切应力,这个面称为**主平面**。主平面上的正应力称为**主应力**。若在单元体的三对面上都不存在切应力,即单元体的三对面均为主平面,这样的单元体称为**主单元体**,且有三个主应力。

　　主应力记号规定为:一点处的三个主应力分别记作 σ_1、σ_2 和 σ_3,且 $\sigma_1 \geqslant \sigma_2 \geqslant \sigma_3$。三个主应力大小是按数轴大小排序的。例如某点处的三个主应力为 10MPa、－80MPa 和 0,则 $\sigma_1 =$ 10MPa、$\sigma_2 = 0$、$\sigma_3 = -80$MPa。

　　一点处的三个主应力中,若一个不为零,其余两个为零,这种情况称为**单向应力状态**;有两个主应力不为零,而另一个为零的情况称为**二向应力状态**;三个主应力都不为零的情况称**三向应力状态**。单向和二向应力状态合称为**平面应力状态**,三向应力状态称为**空间应力状态**。其于统称为**复杂应力状态**。只受切应力作用的状态称为纯剪切应力状态,它也是二向应力状态。单向应力状态和纯剪切应力状态称为简单应力状态。

　　在工程实际中,平面应力状态最为普遍,空间应力状态问题虽也大量存在,但需要用弹性力学的方法分析。所以本章主要研究平面应力状态的应力分析和应变分析,以及复杂应力状态下应力与应变的关系和变形能。

7.2　平面应力状态分析的解析法

7.2.1　应力分量和方向角的符号规定

　　如图 7.5(a)所示单元体,左、右两个方向面的外法线和 x 轴重合,称为 x 面,x 面上的正应力用 σ_x 表示,切应力表示为 τ_{xy},τ_{xy} 下标的含义为前一个表示**作用面的法线**,后一个表示**切应力的方向**;上、下两个方向面的外法线和 y 轴重合,称为 y 面,y 面上的正应力和切应力分别用 σ_y 和 τ_{yx} 表示,由切应力互等定理有 $\tau_{xy} = \tau_{yx}$。由于前后两个方向面上没有应力,所有的应力均在同一平面(xy 平面)内,故是平面应力状态,可以用图 7.5(b)所示的平面图形表示该单元体。

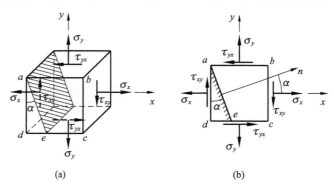

图 7.5　平面应力状态下的单元体

为了确定任意方向面上的正应力和切应力,需要首先对 α 角和应力分量规定符号。

　　(1) 正应力:拉为正,压为负。

　　(2) 切应力:使单元体顺时针方向转动为正;反之为负。

　　(3) α 角:由 x 正向逆时针转到截面的外法线 n 的正向的 α 角为正;反之为负,如图 7.5(b)所示。

7.2.2 任意方向面上的应力

为了确定平面应力状态中任意 α 方向面上的应力，可以应用截面法。如图 7.6 所示。假设沿 ae 面将单元体截开，取左部分进行研究，在 ae 面上一般作用有正应力和切应力，用 σ_α 及 τ_α 表示，并设 σ_α 及 τ_α 为正。设 ae 的面积为 dA，则 ad 和 de 的面积分别是 $dA\cos\alpha$ 和 $dA\sin\alpha$。取法向 n 轴和切向 t 轴为投影轴，写出该部分的平衡方程

$$\begin{cases} \sum F_n = 0 \\ \sigma_\alpha dA - (\sigma_x dA\cos\alpha)\cos\alpha + (\tau_{xy} dA\cos\alpha)\sin\alpha - (\sigma_y dA\sin\alpha)\sin\alpha + (\tau_{yx} dA\sin\alpha)\cos\alpha = 0 \\ \sum F_t = 0 \\ \tau_\alpha dA - (\sigma_x dA\cos\alpha)\sin\alpha - (\tau_{xy} dA\cos\alpha)\cos\alpha + (\sigma_y dA\sin\alpha)\cos\alpha + (\tau_{yx} dA\sin\alpha)\sin\alpha = 0 \end{cases}$$

由切应力互等定理可知，$\tau_{xy} = \tau_{yx}$，再对上式进行三角变换，得到

$$\sigma_\alpha = \frac{\sigma_x + \sigma_y}{2} + \frac{\sigma_x - \sigma_y}{2}\cos 2\alpha - \tau_{xy}\sin 2\alpha \tag{7.1}$$

$$\tau_\alpha = \frac{\sigma_x - \sigma_y}{2}\sin 2\alpha + \tau_{xy}\cos 2\alpha \tag{7.2}$$

式(7.1)和式(7.2)就是平面应力状态下求任意方向面上正应力和切应力的公式。

如果需要求与斜截面 ae 垂直的截面上的应力，只要将式(7.1)、(7.2)中的 α 用 $\alpha + 90°$ 代入，即可得到

$$\sigma_{\alpha+90°} = \frac{\sigma_x + \sigma_y}{2} - \frac{\sigma_x - \sigma_y}{2}\cos 2\alpha + \tau_{xy}\sin 2\alpha$$

$$\tau_{\alpha+90°} = -\frac{\sigma_x - \sigma_y}{2}\sin 2\alpha - \tau_{xy}\cos 2\alpha$$

由此可见

$$\begin{cases} \sigma_\alpha + \sigma_{\alpha+90°} = \sigma_x + \sigma_y = 常数 \\ \tau_{\alpha+90°} = -\tau_\alpha \end{cases} \tag{7.3}$$

即任意两个互相垂直的截面上的正应力之和为常数，也称为正应力的不变量，切应力服从切应力互等定理。

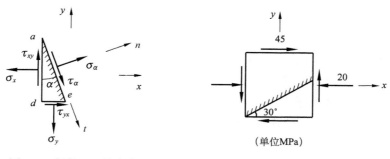

图 7.6 斜截面上的应力　　　　　图 7.7 例 7.1 图

【例 7.1】 求图 7.7 所示单元体中指定斜截面上的正应力和切应力。

解： 由图可得，$\sigma_x = -20\text{MPa}$，$\sigma_y = 0$，$\tau_{xy} = -45\text{MPa}$，$\alpha = -60°$，代入式(7.1)、式(7.2)可得

$$\sigma_\alpha = \frac{\sigma_x + \sigma_y}{2} + \frac{\sigma_x - \sigma_y}{2}\cos 2\alpha - \tau_{xy}\sin 2\alpha$$

$$= \frac{-20\text{MPa} + 0\text{MPa}}{2} + \frac{-20\text{MPa} - 0\text{MPa}}{2}\cos(-120°) - (-45\text{MPa})\sin(-120°)$$

$$= -10\text{MPa} + 10\text{MPa} \times \frac{1}{2} - 45\text{MPa} \times \frac{\sqrt{3}}{2} = -43.97\text{MPa}$$

$$\tau_\alpha = \frac{\sigma_x - \sigma_y}{2}\sin 2\alpha + \tau_{xy}\cos 2\alpha$$

$$= \frac{-20\text{MPa} - 0\text{MPa}}{2}\sin(-120°) - 45\text{MPacos}(-120°)$$

$$= 10\text{MPa} \times \frac{\sqrt{3}}{2} + 45\text{MPa} \times \frac{1}{2} = 31.16\text{MPa}$$

7.2.3　主应力与最大切应力

将式(7.1)对 α 取导数,得

$$\frac{\mathrm{d}\sigma_\alpha}{\mathrm{d}\alpha} = -2\left[\frac{\sigma_x - \sigma_y}{2}\sin 2\alpha + \tau_{xy}\cos 2\alpha\right] = -2\tau_\alpha$$

若 $\alpha = \alpha_0$ 时,能使导数 $\frac{\mathrm{d}\sigma_\alpha}{\mathrm{d}\alpha} = 0$,则在 α_0 所确定的截面上,正应力即为极大值或极小值,同时 $\tau_\alpha = 0$。以 α_0 代入上式,并令其等于零,得到

$$\frac{\sigma_x - \sigma_y}{2}\sin 2\alpha_0 + \tau_{xy}\cos 2\alpha_0 = 0$$

故得
$$\tan 2\alpha_0 = -\frac{2\tau_{xy}}{\sigma_x - \sigma_y} \tag{7.4}$$

由式(7.4)可以求出相差 $90°$ 的两个 α_0 角度,它们确定两个相互垂直的平面,由于任意两个互相垂直的截面上的正应力之和为常数,故其中一个是最大正应力所在的平面,另一个是最小正应力所在的平面,且切应力为零。因此这两个平面即为主平面,主平面上的正应力是主应力。主应力就是正应力的极值。

从式(7.4)中求出 $\sin 2\alpha_0$ 和 $\cos 2\alpha_0$,代入式(7.1),求得最大和最小的正应力为

$$\left.\begin{array}{c}\sigma_{\max}\\\sigma_{\min}\end{array}\right\} = \frac{\sigma_x + \sigma_y}{2} \pm \sqrt{\left(\frac{\sigma_x - \sigma_y}{2}\right)^2 + \tau_{xy}^2} \tag{7.5}$$

通常计算两个主应力时,都直接应用式(7.5),而不必将两个 α_0 值分别代入式(7.1),重复上述的计算步骤。联合使用式(7.4)和式(7.5)时,可先比较 σ_x 和 σ_y 的代数值。若 $\sigma_x \geqslant \sigma_y$,则式(7.4)计算出的 α_0 中绝对值较小的平面为 $\sigma_{\max}$ 所在的主平面,即最大主应力 $\sigma_{\max}$ 的方向靠近 x 轴;若 $\sigma_x < \sigma_y$,则式(7.4)计算出的 α_0 中绝对值较大的平面为 $\sigma_{\max}$ 所在的主平面,即最大主应力 $\sigma_{\max}$ 的方向靠近 y 轴。即所谓**大偏大来小偏小,夹角不比 45°大**。

同样的方法可以确定极值切应力以及它们所在的平面。将式(7.2)对 α 取导数,得

$$\frac{\mathrm{d}\tau_\alpha}{\mathrm{d}\alpha} = (\sigma_x - \sigma_y)\cos 2\alpha - 2\tau_{xy}\sin 2\alpha$$

若 $\alpha = \alpha_1$ 时,能使导数 $\frac{\mathrm{d}\tau_\alpha}{\mathrm{d}\alpha} = 0$,则在 α_1 所确定的截面上,切应力即为极大值或极小值。以 α_1 代入上式,并令其等于零,得到

$$(\sigma_x - \sigma_y)\cos2\alpha_1 - 2\tau_{xy}\sin2\alpha_1 = 0$$

由此得到

$$\tan2\alpha_1 = \frac{\sigma_x - \sigma_y}{2\tau_{xy}} \tag{7.6}$$

由式(7.6)可以解出两个 α_1 角度,它们相差 90°,从而可以确定两个相互垂直的平面,分别作用着切应力极大值和极小值。由式(7.6)解出 $\sin2\alpha_1$ 和 $\cos2\alpha_1$,代入式(7.2),求得切应力的极大和极小值为

$$\left.\begin{array}{c}\tau_{\max}\\\tau_{\min}\end{array}\right\} = \pm\sqrt{\left(\frac{\sigma_x - \sigma_y}{2}\right)^2 + \tau_{xy}^2} \tag{7.7}$$

将上式与式(7.5)比较,可得

$$\left.\begin{array}{c}\tau_{\max}\\\tau_{\min}\end{array}\right\} = \pm\frac{1}{2}(\sigma_{\max} - \sigma_{\min}) \tag{7.8}$$

切应力的极值,称为**主切应力**。主切应力所在的平面,称为**主剪平面**。

将 α_1 和 $\alpha_1 + 90°$ 代入式(7.1)可得

$$\sigma_{\alpha_1} = \sigma_{\alpha_1+90°} = \frac{1}{2}(\sigma_x + \sigma_y) = \frac{1}{2}(\sigma_{\max} + \sigma_{\min}) = \bar{\sigma} \tag{7.9}$$

其中 $\bar{\sigma}$ 称为平均正应力,即:主剪平面上的正应力为平均正应力。

比较式(7.4)和式(7.6)可见

$$\tan2\alpha_0 \cdot \tan2\alpha_1 = -1$$

所以有

$$2\alpha_1 = 2\alpha_0 \pm \frac{\pi}{2} \qquad \alpha_1 = \alpha_0 \pm \frac{\pi}{4}$$

即:主平面与主剪平面的夹角为 45°。

注意:式(7.5)和式(7.7)表示的虽然是 $x-y$ 坐标系下平面应力状态的主应力和切应力极值,但也适用于 z 方向为非零主应力面的情况。

【**例 7.2**】 讨论圆轴扭转时的应力状态,并分析铸铁试样受扭时的破坏现象。

解:圆轴扭转时,在横截面的边缘处切应力最大,其值为

$$\tau = \frac{T}{W_t}$$

如图 7.8(a)所示,在圆轴的外表面上取单元体 $ABCD$,单元体各面上的应力如图 7.8(b)所示

$$\sigma_x = \sigma_y = 0, \qquad \tau_{xy} = \tau$$

这是纯剪切应力状态。把上式代入主应力计算式(7.5),得

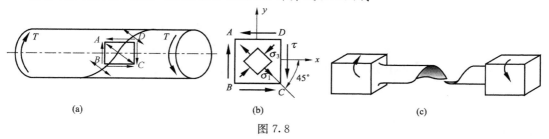

(a)   (b)   (c)

图 7.8

$$\left.\begin{array}{c}\sigma_{max}\\\sigma_{min}\end{array}\right\}=\frac{\sigma_x+\sigma_y}{2}\pm\sqrt{\left(\frac{\sigma_x-\sigma_y}{2}\right)^2+\tau_{xy}^2}=\pm\tau$$

由式(7.4)计算主应力方向

$$\tan2\alpha_0=-\frac{2\tau_{xy}}{\sigma_x-\sigma_y}=-\infty$$

故　　　　　　　　　　$\alpha_0=-45°$　　或　　$\alpha_0=-135°$

以上结果表明,因 $\sigma_x=\sigma_y$,由 $\alpha_0=-45°$ 所确定的主平面上的主应力为 σ_{max},而由 $\alpha_0=-135°$ 所确定的主平面上的主应力为 σ_{min}。即

$$\sigma_1=\sigma_{max}=\tau,\qquad\sigma_2=0,\qquad\sigma_3=\sigma_{min}=-\tau$$

所以,纯剪切应力状态下,两个主应力的绝对值相等,都等于切应力 τ,但一个是拉应力,一个是压应力。

　　　圆截面铸铁试样扭转时,表面各点 σ_{max} 所在的主平面连成倾角为 $45°$ 的螺旋面(图 7.8(a))。由于铸铁抗拉强度较低,试件将沿着这一螺旋面因拉伸而发生断裂破坏,如图 7.8(c)所示。在扭转粉笔时,也可以看到类似的断裂面。

　　　【例 7.3】　图 7.9(a)所示为一横力弯曲下的梁,已知截面 $m-m$ 上 A 点处的弯曲正应力和切应力分别为: $\sigma=-70MPa$, $\tau=50MPa$(图 7.9(b))。试确定 A 点处的主应力及主平面的方位,并讨论同一横截面上其他点的应力状态。

　　　解:把从 A 点处截取的单元体放大,如图 7.9(c)所示。单元体的上、下面上的正应力为零。为了使 $\sigma_x\geqslant\sigma_y$,可选 x 轴的方向铅垂向上,于是

$$\sigma_x=0,\qquad\sigma_y=-70MPa,\qquad\tau_{xy}=-50MPa$$

由式(7.4)计算主应力方向

$$\tan2\alpha_0=-\frac{2\tau_{xy}}{\sigma_x-\sigma_y}=-\frac{2(-50MPa)}{0-(-70MPa)}=1.429$$

即　　　　　　　　　　$\alpha_0=27.5°$　　或　　$117.5°$

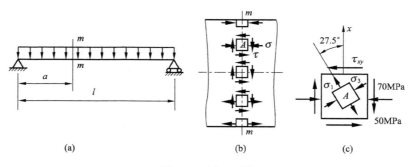

图 7.9　例 7.3 图

　　　从 x 轴按逆时针方向转过 $27.5°$,确定 σ_{max} 所在的主平面;以同一方向的转角 $117.5°$,确定 σ_{min} 所在的另一主平面。至于这两个主应力的大小,则由式(7.5)求出为

$$\left.\begin{array}{c}\sigma_{max}\\\sigma_{min}\end{array}\right\}=\frac{0+(-70MPa)}{2}\pm\sqrt{\left[\frac{0-(-70MPa)}{2}\right]^2+(-50MPa)^2}=\left\{\begin{array}{c}26\\-96\end{array}\right.MPa$$

即　　　　　　　　　　$\sigma_1=26MPa,\sigma_2=0,\sigma_3=-96MPa$

主应力及主平面的位置如图 7.9(c)所示。

在梁的横截面 m-m 上,其他点的应力状态都可用相同的方法进行分析。截面上、下边缘处的各点分别为单向压缩或拉伸,横截面即为它们的主平面。在中性轴上,各点的应力状态为纯剪切,主平面与梁轴线成 $45°$ 夹角。从上边缘到下边缘,各点的应力状态如图 7.9(b)所示。

在求出梁的横截面上一点主应力的方向后,把其中一个主应力的作用线延长与相邻横截面相交。求出交点处的主应力方向,再将其作用线延长与下一个相邻横截面相交。以此类推,将得到一条折线,它的极限将是一条曲线。在这样的曲线上,任一点的切线方向即代表该点主应力的方向。这种

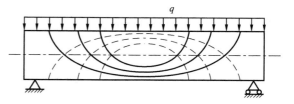

图 7.10　主应力迹线

曲线称为主应力迹线。经过每一点有两条相互垂直的主应力迹线。图 7.10 表示梁内的两组主应力迹线,虚线为主压应力迹线,实线为主拉应力迹线。在钢筋混凝土梁中,钢筋的作用是抵抗拉伸,所以应使钢筋尽可能地沿主拉应力迹线的方向放置。

7.3　平面应力状态分析的图解法——应力圆

7.3.1　应力圆(莫尔圆)方程

式(7.1)和式(7.2)中的角度 α 可以看成是一个参数。把含参数 α 的项都放在等号右边,即

$$\sigma_\alpha - \frac{\sigma_x + \sigma_y}{2} = \frac{\sigma_x - \sigma_y}{2}\cos2\alpha - \tau_{xy}\sin2\alpha$$

$$\tau_\alpha = \frac{\sigma_x - \sigma_y}{2}\sin2\alpha + \tau_{xy}\cos2\alpha \tag{7.10}$$

将上两式平方后相加,消去 α 得

$$\left(\sigma_\alpha - \frac{\sigma_x + \sigma_y}{2}\right)^2 + \tau_\alpha^2 = \left[\sqrt{\left(\frac{\sigma_x - \sigma_y}{2}\right)^2 + \tau_{xy}^2}\right]^2 \tag{7.11}$$

由解析几何可知,上式表示的是一个圆的方程,对比

$$\left(\sigma - \frac{\sigma_x + \sigma_y}{2}\right)^2 + \tau^2 = \left[\sqrt{\left(\frac{\sigma_x - \sigma_y}{2}\right)^2 + \tau_{xy}^2}\right]^2 \tag{7.12}$$

可以看出,σ_α 和 τ_α 是一个以 σ 为横坐标、τ 为纵坐标的圆的方程上的一个点,这个圆称为**应力圆**。应力圆的圆心的坐标为 $\left(\dfrac{\sigma_x + \sigma_y}{2}, 0\right)$,应力圆的半径为 $R = \sqrt{\left(\dfrac{\sigma_x - \sigma_y}{2}\right)^2 + \tau_{xy}{}^2}$。

应力圆最早是由德国学者 Mohr.O 于 1882 年首先提出的,故又称为**莫尔应力圆**,也可简称为**莫尔圆**。

7.3.2　应力圆的画法

以上分析结果表明,对于平面应力状态,只需根据应力分量 σ_x、σ_y 和 τ_{xy},即可确定圆心坐标和圆的半径,从而画出与给定的平面应力状态相对应的应力圆。

设一单元体及各面上的应力如图 7.11(a)所示。在 $\sigma-\tau$ 平面内,与 x 截面对应的点位于 $D_1(\sigma_x,\tau_{xy})$,与 y 截面对应的点位于 $D_2(\sigma_y,\tau_{yx})$。由于 $\tau_{xy}=-\tau_{yx}$,因此,直线 D_1D_2 与 σ 轴的交点 C 的坐标为 $\left(\dfrac{\sigma_x+\sigma_y}{2},0\right)$,即为应力圆的圆心。于是,以 C 为圆心,CD_1 或 CD_2 为半径作圆,即为相应的应力圆,如图 7.11(b)所示。

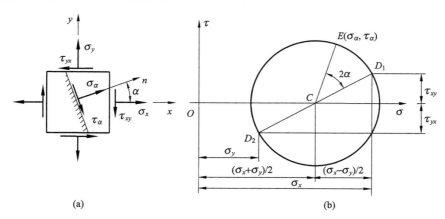

图 7.11　平面应力状态应力圆

7.3.3　应力圆上的点与单元体面上的应力的对应关系

可以证明,单元体内任意斜截面上的应力都对应着应力圆上的一个点,如图 7.11 所示。其对应关系可以归纳为以下四个关系:

(1) **点面对应**——应力圆上某一点的坐标值对应着单元体某一方向面上的正应力和切应力。

(2) **基准相当**——单元体上 x 轴是基准轴,那么对应的应力圆的 D_1 点就是基准点。

(3) **转向一致**——应力圆半径旋转方向与单元体方向面法线旋转方向一致。

(4) **角度成双**——应力圆半径转过的角度,等于单元体方向面法线旋转角度的两倍。

基于上述对应的关系,可以根据单元体两相互垂直面上的应力确定应力圆上对应直径的两端点,并由此确定圆心 C,进而画出应力圆,从而使应力圆的绘制过程简化。

7.3.4　应力圆的应用

1. 确定单元体任意方向面上的正应力和切应力

以图 7.12(a)所示的应力状态为例。为求单元体 α 面上的应力,首先确定以 x 面作为基准面,应力圆上 D 点对应于单元体的 x 面。由 x 轴逆时针转过 α 角到 n 法线,在应力圆上,从 D 点也按照逆时针方向沿圆周转到 E 点,且使 DE 弧所对应的圆心角为 2α,则 E 点的坐标就代表以 n 为法线的斜截面上的应力,如图 7.12(b)所示。E 点坐标证明如下:

$$\begin{cases} \overline{OF}=\overline{OC}+\overline{CE}\cos(2\alpha_0+2\alpha)=\overline{OC}+\overline{CE}\cos2\alpha_0\cos2\alpha-\overline{CE}\sin2\alpha_0\sin2\alpha \\ \overline{FE}=\overline{CE}\sin(2\alpha_0+2\alpha)=\overline{CE}\sin2\alpha_0\cos2\alpha+\overline{CE}\cos2\alpha_0\sin2\alpha \end{cases}$$

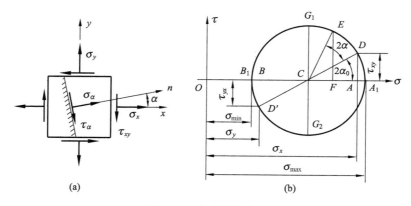

图 7.12　应力圆的应用

由于 $\overline{CE}$ 和 $\overline{CD}$ 同为应力圆的半径,可以互相代替,故有

$$\overline{CE}\cos2\alpha_0 = \overline{CD}\cos2\alpha_0 = \overline{CA} = \frac{\sigma_x - \sigma_y}{2}$$

$$\overline{CE}\sin2\alpha_0 = \overline{CD}\sin2\alpha_0 = \overline{AD} = \tau_{xy}$$

把以上结果和圆心坐标一起代入 E 点的坐标,即可求得

$$\overline{OF} = \frac{\sigma_x + \sigma_y}{2} + \frac{\sigma_x - \sigma_y}{2}\cos2\alpha - \tau_{xy}\sin2\alpha$$

$$\overline{FE} = \frac{\sigma_x - \sigma_y}{2}\sin2\alpha + \tau_{xy}\cos2\alpha$$

与式(7.1)和式(7.2)比较,可见

$$\overline{OF} = \sigma_\alpha \quad , \qquad \overline{FE} = \tau_\alpha$$

这就证明了 E 点的坐标代表法线倾角为 α 的斜截面上的应力。

2. 确定单元体的主应力与面内的最大切应力

由于应力圆上 A_1 点的横坐标大于圆上其他各点的横坐标,而纵坐标等于零,所以 A_1 点代表最大的主应力,即

$$\sigma_{\max} = \overline{OA_1} = \overline{OC} + \overline{CA_1} = \frac{\sigma_x + \sigma_y}{2} + \sqrt{\left(\frac{\sigma_x - \sigma_y}{2}\right)^2 + \tau_{xy}^2}$$

同理,B_1 点代表二向应力状态中最小的主应力,即

$$\sigma_{\min} = \overline{OB_1} = \overline{OC} - \overline{CB_1} = \frac{\sigma_x + \sigma_y}{2} - \sqrt{\left(\frac{\sigma_x - \sigma_y}{2}\right)^2 + \tau_{xy}^2}$$

以上公式和式(7.5)完全相同。

在应力圆上由 D 点到 A_1 点所对应的圆心角为顺时针转向的 $2\alpha_0$,在单元体中由 x 轴也按顺时针转向量取 α_0,这就确定了 σ_1 所在主平面的法线的位置。按照关于 α 的正负号规定,顺时针转向的 α_0 是负的,$\tan2\alpha_0$ 应为负值。又由图 7.11(b)看出

$$\tan2\alpha_0 = -\frac{\overline{AD}}{\overline{CA}} = -\frac{2\tau_{xy}}{\sigma_x - \sigma_y}$$

以上公式与式(7.4)相同。

应力圆上 G_1 和 G_2 两点的纵坐标分别是最大和最小值,分别代表切应力的极值。因为 $\overline{CG_1}$ 和 $\overline{CG_2}$ 都是应力圆的半径,故有

$$\left.\begin{array}{c}\tau_{\max}\\\tau_{\min}\end{array}\right\}=\pm\sqrt{\left(\frac{\sigma_x-\sigma_y}{2}\right)^2+\tau_{xy}^2}$$

这就是式(7.7)。又因为应力圆的半径也等于 $\pm\frac{1}{2}(\sigma_{\max}-\sigma_{\min})$,故又可写成

$$\left.\begin{array}{c}\tau_{\max}\\\tau_{\min}\end{array}\right\}=\pm\frac{1}{2}(\sigma_{\max}-\sigma_{\min})$$

这就是式(7.8)。上式和式(7.8)中的 $\sigma_{\max}$ 和 $\sigma_{\min}$,分别指平面应力状态中(即 xy 平面内)的最大和最小主应力,不包括垂直于 xy 平面方向的主应力。

在应力圆上,由 A_1 到 G_1 所对应的圆心角为逆时针转向的 $\frac{\pi}{2}$;在单元体内,由 $\sigma_{\max}$ 所在主平面的法线到 $\tau_{\max}$ 所在平面的法线应为逆时针转向的 $\frac{\pi}{4}$。

注意: 应力圆的主要功能不是作为图解法的工具用以量取某些量。而是通过应力圆的几何关系帮助读者导出一些基本公式,更重要的是作为一种分析问题的工具,用以解决一些难度较大的问题。

【**例 7.4**】 纯剪切应力状态的单元体如图 7.13(a)所示。试用应力圆法求主应力的大小和方向。

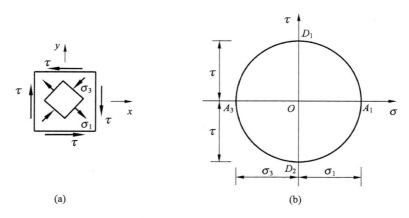

图 7.13 例 7.4 图

解: 在 σ-τ 坐标系中,按选定的比例尺,由坐标 $(0,\tau)$ 与 $(0,-\tau)$ 分别确定 D_1 点和 D_2 点,以线段 $\overline{D_1D_2}$ 为直径作圆,即得相应的应力圆,如图 7.13(b)所示。

因为起始半径 $\overline{OD_1}$ 顺时针旋转 $90°$ 至 $\overline{OA_1}$,故 σ_1 所在主平面的外法线和 x 轴成 $-45°$,σ_3 所在主平面的外法线和 x 轴成 $+45°$。由应力圆显然可见,$\sigma_1=\tau$,$\sigma_3=-\tau$。主应力单元体画在图 7.13(a)的原始单元体内。可见该单元体为二向应力状态。

【**例 7.5**】 对于图 7.14(a)中所示的平面应力状态,若要求面内的最大切应力 $\tau' \leqslant$ 85MPa,试求 τ_{xy} 的取值范围。图中应力的单位为 MPa。

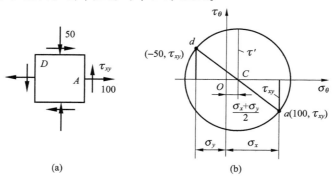

图 7.14 例 7.5 图

解: 首先建立 σ—τ 坐标系。根据单元体的 A、D 两个面上的正应力和切应力的值,在 σ—τ 坐标系中找到对应的点 a 和 d,确定圆心和半径,画出应力圆,如图 7.14(b)所示。根据图中的几何关系得到

$$\left(\sigma_x - \frac{\sigma_x + \sigma_y}{2}\right)^2 + \tau_{xy}^2 = \tau'^2$$

根据题意,并将 $\sigma_x = 100\text{MPa}$, $\sigma_y = -50\text{MPa}$, $\tau' \leqslant 85\text{MPa}$,代入上式后,得到

$$\tau_{xy}^2 \leqslant \left[(85 \times 10^6\text{Pa})^2 - \left(\frac{100 \times 10^6\text{Pa} + 50 \times 10^6\text{Pa}}{2}\right)^2\right]$$

由此解得 $\tau_{xy} \leqslant 40\text{MPa}$

【**例 7.6**】 已知平面应力状态下一点处两相交平面上的应力如图 7.15(a)所示。试求图中所示截面上的 σ 值。

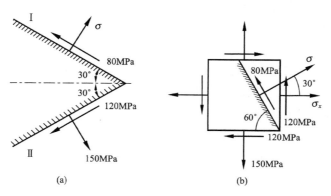

图 7.15 例 7.6 图

解: 取截面Ⅱ的法线为 y 坐标轴,令 $\sigma_y = 150\text{MPa}$,$\tau_{xy} = -120\text{MPa}$,则截面Ⅰ成为 $\alpha = 30°$ 的斜截面(图 7.15(b)),显然 $\tau_\alpha = -80\text{MPa}$。由式(7.2)

$$\tau_\alpha = \frac{\sigma_x - \sigma_y}{2}\sin 2\alpha + \tau_{xy}\cos 2\alpha$$

$$= \frac{\sigma_x - 150\text{MPa}}{2}\sin 60° - 120\text{MPa}\cos 60° = -80\text{MPa}$$

得 $\sigma_x = 103.8\text{MPa}$。代入式(7.1)得到

$$\sigma_\alpha = \frac{\sigma_x + \sigma_y}{2} + \frac{\sigma_x - \sigma_y}{2}\cos 2\alpha - \tau_{xy}\sin 2\alpha$$

$$= \frac{103.8\text{MPa} + 150\text{MPa}}{2} + \frac{103.8\text{MPa} - 150\text{MPa}}{2}\cos 60° + 120\text{MPa}\sin 60°$$

$$= 219.3\text{MPa}$$

注意： 由以上分析可知，无论解析法还是图解法，若已知一点的 σ_x、σ_y 和 τ_{xy}，即可确定该点任意方向上的正应力、切应力，及其主应力、主应力方向和最大切应力。如果已知一点的任意夹角面上的应力时，应先设法求出 σ_x、σ_y 和 τ_{xy}，然后再进行应力状态的分析。

7.4　三向应力状态

受力构件中一点处的三个主应力都不为零时，该点处于三向应力状态（图 7.16(a)）。本节采用假设已知某一个主平面及其主应力，分析与其垂直的应力状态的方法进行研究。

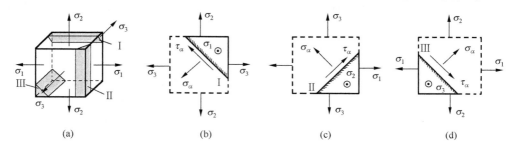

$$(a) \qquad (b) \qquad (c) \qquad (d)$$

图 7.16　三组平面内的最大切应力

1. 垂直于 σ_1 所在主平面的应力

若用与 σ_1 所在主平面垂直的任意方向面 I 从单元体中截出一部分，可以看出，与 σ_1 相关的力自相平衡，因而这一组方向面上的正应力和切应力都与 σ_1 无关。因此，在研究这一组方向面上的应力时，所研究的应力状态可视为图 7.16(b)所示的平面应力状态。由 σ_2 和 σ_3 可在 $\sigma\tau$ 直角坐标系中画出应力圆，如图 7.17 中的 A_2A_3 圆。

2. 垂直于 σ_2 所在主平面的应力

若用与 σ_2 所在主平面垂直的任意方向面 II 从单元体中截出一部分，正应力和切应力都与 σ_2 无关，所研究的应力状态可视为图 7.16(c)所示的平面应力状态，由 σ_1 和 σ_3 可画出应力圆 A_1A_3，如图 7.17 所示。

3. 垂直于 σ_3 所在主平面的应力

若用与 σ_3 所在主平面垂直的任意方向面 III 从单元体中截出一部分，正应力和切应力都与 σ_3 无关，相应地，所研究的应力状态可分别视为图 7.16(d)所示的平面应力状态，由 σ_1 和 σ_2 可画出应力圆 A_1A_2，如图 7.17 所示。

图 7.17 所示的三个应力圆即构成了对应于三向应力状态的三向应力圆。进一步的研究可以证明，图 7.18 所示单元体中，和三个主应力均不平行的任意方向面上的应力，可由图 7.17 所示阴影面中各点的坐标决定。

由图 7.17 的三向应力圆可以看到,一点处的最大正应力为主应力 σ_1,最小正应力为主应力 σ_3。

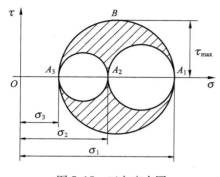

图 7.17　三向应力圆

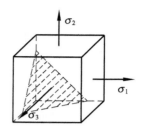

图 7.18　三向应力状态的任意方向面

由式(7.8)所确定的 $\tau_{\max}$,是在垂直于 xy 平面的一组方向面中的最大切应力,称之为面内最大切应力。对应于图 7.16 所示三种情况有三个面内最大切应力,分别为

$$\tau'_{\max} = \frac{\sigma_2 - \sigma_3}{2} \tag{7.13}$$

$$\tau''_{\max} = \frac{\sigma_1 - \sigma_3}{2} \tag{7.14}$$

$$\tau'''_{\max} = \frac{\sigma_1 - \sigma_2}{2} \tag{7.15}$$

一点应力状态中的**最大切应力**为上述三者中最大的,即

$$\tau_{\max} = \frac{\sigma_1 - \sigma_3}{2} \tag{7.16}$$

由三向应力圆也可以很清楚地看到,一点处的最大切应力是 B 点的纵坐标,其值即为上式所示结果。此最大切应力作用在与 σ_2 主平面垂直,并与 σ_1 和 σ_3 所在的主平面成 45°角的截面上,如图 7.19 中的阴影面。

如果将平面应力状态作为三向应力状态的特殊情况,那么当 $\sigma_1 > \sigma_2 > 0$,　$\sigma_3 = 0$ 时,按式(7.16)可得

$$\tau_{\max} = \frac{\sigma_1}{2} \tag{7.17}$$

图 7.19　三向应力状态的
最大切应力平面

这里所求得的最大切应力,显然大于由式(7.8)所得到的

$$\tau_{\max} = \frac{\sigma_{\max} - \sigma_{\min}}{2} = \frac{\sigma_1 - \sigma_2}{2}$$

这是因为在上式中,只考虑了与 σ_3 平面垂直的各截面上切应力的最大值,并非整个单元体中切应力的最大值。

7.5　复杂应力状态下的应力应变关系

7.5.1　广义胡克定律

在讨论单向拉伸或压缩时,已经介绍了各向同性材料在线弹性范围内,应力与应变的关系为

$$\sigma = E\varepsilon \quad 或 \quad \varepsilon = \frac{\sigma}{E} \tag{a}$$

这就是胡克定律。此外,轴向的变形还将引起横向尺寸的变化,横向应变 ε' 可表示为

$$\varepsilon' = -\mu\varepsilon = -\mu\frac{\sigma}{E} \tag{b}$$

对于纯剪切状态,实验结果表明,当切应力不超过剪切比例极限时,切应力和切应变之间的关系服从剪切胡克定律。即

$$\tau = G\gamma \quad 或 \quad \gamma = \frac{\tau}{G} \tag{c}$$

在一般情况下,描述一点的应力状态需要 9 个应力分量,如图 7.20(a)所示。考虑到切应力互等定理,τ_{xy} 和 τ_{yx},τ_{yz} 和 τ_{zy},τ_{zx} 和 τ_{xz} 都分别相等。这样,原来的 9 个应力分量中只有 6 个是独立的。这种普遍情况可以看作是三组单向应力和三组纯剪切的组合。

对于各向同性材料,当变形很小且在线弹性范围内时,线应变只与正应力有关,而与切应力无关;切应变只与切应力有关,而与正应力无关。这样,就可利用(a)、(b)、(c)三式求出各应力分量各自独立作用时对应的应变,然后再进行应变叠加。

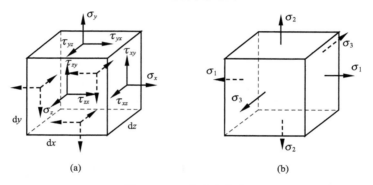

图 7.20　三向应力状态

由于 σ_x 的单独作用,在 x 方向引起的线应变为 $\frac{\sigma_x}{E}$;由于 σ_y 和 σ_z 的单独作用,在 x 方向引起的线应变则分别是 $-\mu\frac{\sigma_y}{E}$ 和 $-\mu\frac{\sigma_z}{E}$。三个切应力分量皆与 x 方向的线应变无关。叠加得

$$\varepsilon_x = \frac{\sigma_x}{E} - \mu\frac{\sigma_y}{E} - \mu\frac{\sigma_z}{E} = \frac{1}{E}[\sigma_x - \mu(\sigma_y + \sigma_z)]$$

同理,可以求出沿 y 和 z 方向的线应变 ε_y 和 ε_z。最后得到

$$\begin{cases} \varepsilon_x = \dfrac{1}{E}[\sigma_x - \mu(\sigma_y + \sigma_z)] \\[2mm] \varepsilon_y = \dfrac{1}{E}[\sigma_y - \mu(\sigma_z + \sigma_x)] \\[2mm] \varepsilon_z = \dfrac{1}{E}[\sigma_z - \mu(\sigma_x + \sigma_y)] \end{cases} \tag{7.18}$$

$$\gamma_{xy} = \frac{\tau_{xy}}{G} \quad , \quad \gamma_{yz} = \frac{\tau_{yz}}{G} \quad , \quad \gamma_{zx} = \frac{\tau_{zx}}{G} \tag{7.19}$$

式(7.18)和式(7.19)称为**广义胡克定律**。

当单元体的三个主应力已知时,如图 7.20(b)所示,这时广义胡克定律变为

$$\begin{cases} \varepsilon_1 = \dfrac{1}{E}[\sigma_1 - \mu(\sigma_2 + \sigma_3)] \\[2mm] \varepsilon_2 = \dfrac{1}{E}[\sigma_2 - \mu(\sigma_3 + \sigma_1)] \\[2mm] \varepsilon_3 = \dfrac{1}{E}[\sigma_3 - \mu(\sigma_1 + \sigma_2)] \end{cases} \tag{7.20}$$

$$\gamma_{xy} = 0 \quad , \qquad \gamma_{yz} = 0 \quad , \qquad \gamma_{zx} = 0$$

式中,ε_1、ε_2、ε_3 分别为沿主应力 σ_1、σ_2、σ_3 方向的应变,称为**主应变**。

对于平面应力状态($\sigma_z = 0$),广义胡克定律(7.18)简化为

$$\begin{cases} \varepsilon_x = \dfrac{1}{E}(\sigma_x - \mu\sigma_y) \\[2mm] \varepsilon_y = \dfrac{1}{E}(\sigma_y - \mu\sigma_x) \\[2mm] \varepsilon_z = -\mu\dfrac{1}{E}(\sigma_x + \sigma_y) \\[2mm] \gamma_{xy} = \dfrac{\tau_{xy}}{G} \end{cases} \tag{7.21}$$

7.5.2　体积胡克定律

设图 7.21(a)所示单元体为主应力单元体,边长分别为 $\mathrm{d}x$、$\mathrm{d}y$ 和 $\mathrm{d}z$。变形前六面体的体积为

$$V = \mathrm{d}x\mathrm{d}y\mathrm{d}z$$

变形后单元体的三个棱边分别变为

$$\mathrm{d}x + \varepsilon_1\mathrm{d}x = (1 + \varepsilon_1)\mathrm{d}x$$
$$\mathrm{d}y + \varepsilon_2\mathrm{d}y = (1 + \varepsilon_2)\mathrm{d}y$$
$$\mathrm{d}z + \varepsilon_3\mathrm{d}z = (1 + \varepsilon_3)\mathrm{d}z$$

变形后体积变为

$$V_1 = (1 + \varepsilon_1)(1 + \varepsilon_2)(1 + \varepsilon_3)\mathrm{d}x\mathrm{d}y\mathrm{d}z$$

展开上式,并略去含有高阶微量 $\varepsilon_1\varepsilon_2$,$\varepsilon_2\varepsilon_3$,$\varepsilon_3\varepsilon_1$,$\varepsilon_1\varepsilon_2\varepsilon_3$ 的各项,得

$$V_1 = (1 + \varepsilon_1 + \varepsilon_2 + \varepsilon_3)\mathrm{d}x\mathrm{d}y\mathrm{d}z$$

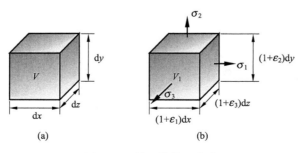

$$(a) \qquad\qquad\qquad (b)$$

图 7.21　单元体体积变化

单位体积的体积改变量为

$$\theta = \frac{V_1 - V}{V} = \varepsilon_1 + \varepsilon_2 + \varepsilon_3$$

θ 也称为体积应变。将式(7.20)代入上式，经整理后得出

$$\theta = \varepsilon_1 + \varepsilon_2 + \varepsilon_3 = \frac{1-2\mu}{E}(\sigma_1 + \sigma_2 + \sigma_3) \tag{7.22}$$

式(7.22)又可以写成以下形式

$$\theta = \frac{3(1-2\mu)}{E} \cdot \frac{\sigma_1 + \sigma_2 + \sigma_3}{3} = \frac{3(1-2\mu)}{E}\sigma_m = \frac{\sigma_m}{K} \tag{7.23}$$

式中

$$K = \frac{E}{3(1-2\mu)} \tag{7.24}$$

$$\sigma_m = \frac{\sigma_1 + \sigma_2 + \sigma_3}{3} \tag{7.25}$$

K 称为**体积弹性模量**，σ_m 是三个主应力的平均值。式(7.23)说明，单位体积的体积改变 θ 只与三个主应力之和有关，至于三个主应力之间的比例，对 θ 并无影响。所以，无论是作用三个不等的主应力，或是都代以它们的平均应力 σ_m，单位体积的体积改变量仍然是相同的。式(7.23)还表明，体积应变 θ 与平均应力 σ_m 成正比，此即**体积胡克定律**。

【例 7.7】　如图 7.22 所示，边长为 30mm 的正方形钢板 $ABCD$ 受到二向均匀拉应力作用。已知 $\sigma_x = 2\sigma_y = 80\text{MPa}$，钢的 $E = 200\text{GPa}$，$\mu = 0.3$。试计算方形钢板下列线段的位移：(1)AB 边；(2)BC 边；(3)对角线 AC。

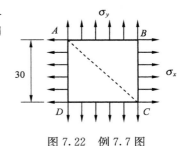

图 7.22　例 7.7 图

解：(1) 求 AB 边的位移。

$$\varepsilon_x = \frac{1}{E}(\sigma_x - \mu\sigma_y) = \frac{80\text{MPa} - 0.3 \times 40\text{MPa}}{200\text{MPa} \times 10^3}$$

$$= 340 \times 10^{-6}$$

$$\delta_{A/B} = \varepsilon_x \times 30 = 340 \times 10^{-6} \times 30\text{mm} = 10.2\mu\text{m}$$

(2) 求 BC 边的位移。

$$\varepsilon_y = \frac{1}{E}(\sigma_y - \mu\sigma_x) = \frac{40\text{MPa} - 0.3 \times 80\text{MPa}}{200\text{MPa} \times 10^3} = 80 \times 10^{-6}$$

$$\delta_{B/C} = \varepsilon_y \times 30 = 80 \times 10^{-6} \times 30\text{mm} = 2.4\mu\text{m}$$

(3) 求对角线 AC 的位移。

$$\sigma_{\mp 45°} = \frac{\sigma_x + \sigma_y}{2} - \frac{\sigma_x - \sigma_y}{2}\cos(\mp 90°)$$

$$= \frac{80\text{MPa} + 40\text{MPa}}{2} - \frac{80\text{MPa} - 40\text{MPa}}{2} \times 0 = 60\text{MPa}$$

$$\varepsilon_{-45°} = \frac{1}{E}(\sigma_{-45°} - \mu\sigma_{45°}) = \frac{\sigma_{-45°}(1-\mu)}{E} = \frac{60\text{MPa}(1-0.3)}{200\text{MPa} \times 10^3} = 210 \times 10^{-6}$$

$$\delta_{A/C} = \varepsilon_{-45°} \times \sqrt{2} \times 30 = 210 \times 10^{-6} \times \sqrt{2} \times 30\text{mm} = 8.91\mu\text{m}$$

【例7.8】　图7.23(a)所示圆轴,受一对外力偶矩作用,已知圆轴的直径为 d,材料的弹性常数 E、μ,现在圆轴表面 K 处与其轴线成 $45°$ 的方向上贴上应变片,并测得应变为 $\varepsilon_{45°}$。求圆轴所受的外力偶矩 T 的值。

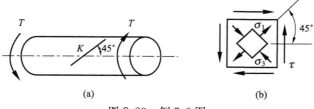

图7.23　例7.8图

解: 从圆轴表面 K 点处取出单元体,其应力状态为纯剪切状态,如图7.23(b)所示。切应力为

$$\tau = \frac{T}{W_t} = \frac{16T}{\pi d^3}$$

要求出 $45°$ 方向的应变,需先求出 $45°$ 方向的应力。$45°$ 方向为主应力方向,三个主应力分别为

$$\sigma_1 = \tau \ , \qquad \sigma_2 = 0 \ , \qquad \sigma_3 = -\tau$$

由广义胡克定律可知

$$\varepsilon_{45°} = \varepsilon_1 = \frac{1}{E}[\sigma_1 - \mu(\sigma_2 + \sigma_3)] = \frac{1+\mu}{E}\tau$$

将 $\tau = \dfrac{16T}{\pi d^3}$ 代入上式,得到

$$\varepsilon_{45°} = \frac{1+\mu}{E}\tau = \frac{1+\mu}{E} \cdot \frac{16T}{\pi d^3}$$

即

$$T = \frac{E\varepsilon_{45°}\pi d^3}{16(1+\mu)}$$

【例7.9】　边长 $a=0.1\text{m}$ 的铜立方块,无间隙地放入体积较大、不计变形的钢凹槽中,如图7.24(a)所示。已知铜的弹性模量 $E=100\text{GPa}$,泊松比 $\mu=0.34$。当受到合力 $F=300\text{kN}$ 的均布压力作用时,求该铜块的主应力、体积应变以及最大切应力。

解: (1)计算铜块的主应力。

铜块横截面上的压应力为

$$\sigma_y = -\frac{F}{A} = -\frac{300 \times 10^3 \text{N}}{(0.1\text{m})^2} = -30\text{MPa}$$

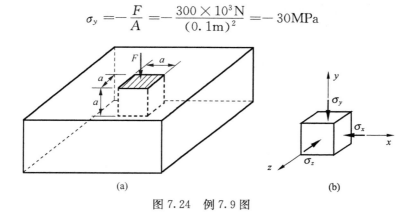

图7.24　例7.9图

铜块受到轴向压缩将产生膨胀,但是又受到刚性凹槽壁的阻碍,使得铜块在 x、z 方向的应变等于零。于是在铜块与槽壁接触面间将产生均匀的压应力 σ_x 和 σ_z,如图 7.24(b)所示。由广义胡克定律可得

$$\varepsilon_x = \frac{1}{E}[\sigma_x - \mu(\sigma_y + \sigma_z)] = 0$$

$$\varepsilon_z = \frac{1}{E}[\sigma_z - \mu(\sigma_y + \sigma_x)] = 0$$

联立以上两式可得

$$\sigma_x = \sigma_z = \frac{\mu(1+\mu)}{1-\mu^2}\sigma_y = \frac{0.34(1+0.34)}{1-0.34^2}(-30\text{MPa}) = -15.5\text{MPa}$$

按照主应力的排序,得到该铜块的主应力为

$$\sigma_1 = \sigma_2 = -15.5\text{MPa} \quad , \quad \sigma_3 = -30\text{MPa}$$

(2)计算体积应变。

将三个主应力代入式(7.23),可得铜块的体积应变为

$$\theta = \frac{3(1-2\mu)}{E} \cdot \frac{\sigma_1 + \sigma_2 + \sigma_3}{3} = \frac{3(1-2\times0.34)}{100\times10^9\text{Pa}} \cdot \frac{(-15.5-15.5-30)}{3}\times10^6\text{Pa}$$

$$= -1.95\times10^{-4}$$

(3)计算最大切应力。

将主应力代入式(7.16)可得

$$\tau_{\max} = \frac{1}{2}(\sigma_1 - \sigma_3) = \frac{1}{2}[-15.5\text{MPa} - (-30\text{MPa})] = 7.25\text{MPa}$$

综上所述,应用广义胡克定律可以解决两类问题:

1. 已知一点的线应变求该点的正应力

根据广义胡克定律的另一种形式,有

$$\begin{cases} \sigma_x = \dfrac{E}{(1+\mu)(1-2\mu)}[(1-\mu)\varepsilon_x + \mu(\varepsilon_y + \varepsilon_z)] \\[2mm] \sigma_y = \dfrac{E}{(1+\mu)(1-2\mu)}[(1-\mu)\varepsilon_y + \mu(\varepsilon_z + \varepsilon_x)] \\[2mm] \sigma_z = \dfrac{E}{(1+\mu)(1-2\mu)}[(1-\mu)\varepsilon_z + \mu(\varepsilon_x + \varepsilon_y)] \end{cases} \tag{7.26}$$

进而可以求出作用荷载,如例 7.8。

2. 平面应力状态下根据应力求任意方向的线应变或伸长量

根据平面应力状态下的广义胡克定律,可以通过 α 方向的正应力和 $\alpha+90°$ 方向上的正应力,确定 α 方向上的线应变或伸长量

$$\begin{cases} \varepsilon_\alpha = \dfrac{1}{E}[\sigma_\alpha - \mu\sigma_{\alpha+90°}] \\[2mm] \Delta l_\alpha = \varepsilon_\alpha \times l_\alpha \end{cases} \tag{7.27}$$

如例 7.7 即是。

7.6　复杂应力状态的应变能密度

在第 5 章应变能计算中,得到变形体的应变能密度为

$$v_{\varepsilon} = \frac{1}{2}\sigma\varepsilon \qquad 或 \qquad v_{\varepsilon} = \frac{1}{2}\tau\gamma$$

在复杂荷载作用下，变形体中的每一微小区域的应力状态也相应复杂，在静荷载情况下可不计其他形式的能量转变，外力所做的功仍然只转变为变形体的应变能，并且物体所具有的应变能也只是取决于它的最终状态，与到达该状态的路径无关。因此，在计算变形体的应变能时，可以取一个易于考虑的加载路径计算。比如，对于一个处于三向应力状态的单元体（图 7.25），可以假设三个主应力均以同一比例从零开始增加，到最终值结束。在应力与所产生的应变间保持线性关系的条件下，各主应力所产生的应变能密度为

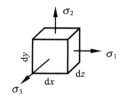

图 7.25　考虑单元体的体积变化

$$v_{\varepsilon} = \frac{1}{2}(\sigma_1\varepsilon_1 + \sigma_2\varepsilon_2 + \sigma_3\varepsilon_3) \tag{7.28}$$

将式(7.20)代入式(7.28)，可得

$$v_{\varepsilon} = \frac{1}{2E}\left[\sigma_1^2 + \sigma_2^2 + \sigma_3^2 - 2\mu(\sigma_1\sigma_2 + \sigma_2\sigma_3 + \sigma_3\sigma_1)\right] \tag{7.29}$$

先考虑一特殊情况，设该单元体三棱边 $dx=dy=dz$ 为一立方微体，且作用的三个主应力也都相等，那么由式(7.20)可知三个主应变也均相等，那么原正立方体形状不会改变。反之，如果三个主应力不等，单元体的形状将发生改变。为了得到普遍的一般规律，设单元体三个棱边分别为 dx、dy、dz。根据叠加原理（图 7.26），在图 7.26(c)的单元体上，令 $\sigma_{\mathrm{m}} = \dfrac{\sigma_1+\sigma_2+\sigma_3}{3}$，即三向主应力的平均值，此单元体只有体积改变，大小为整个单元体的体积应变。这样图 7.26(b)的单元体就仅有形状改变了，于是式(7.29)的应变能密度可表示为

$$v_{\varepsilon} = v_v + v_d \tag{7.30}$$

于是式(7.30)中的 v_v，由式(7.28)可表示为

$$v_v = \frac{3}{2}\sigma_{\mathrm{m}}\varepsilon_{\mathrm{m}} = \frac{3(1-2\mu)}{2E}\cdot\sigma_{\mathrm{m}}^2 = \frac{1-2\mu}{6E}(\sigma_1+\sigma_2+\sigma_3)^2 \tag{7.31}$$

其中 v_v 称为**体积改变能密度**。

而 $\varepsilon_{\mathrm{m}} = \dfrac{\varepsilon_1+\varepsilon_2+\varepsilon_3}{3}$ 称为三个主应变的平均值。

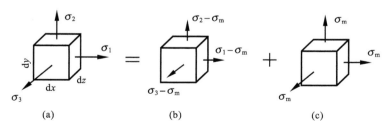

图 7.26　用叠加原理分析单元体

根据式(7.30)，除了 v_v，余下的是 v_d，v_d 称为**畸变能密度**，即

$$v_d = v_{\varepsilon} - v_v = \frac{1+\mu}{6E}\left[(\sigma_1-\sigma_2)^2 + (\sigma_2-\sigma_3)^2 + (\sigma_3-\sigma_1)^2\right] \tag{7.32}$$

有关研究表明,体积改变能密度将引起单元体体积的改变,使晶格之间分离,造成断裂破坏;畸变能密度则造成单元体形状的变化,引起晶格之间错动,产生屈服破坏。

【例 7.10】 已知纯剪切状态单元体,如图 7.27 所示。试利用应变能公式导出三个弹性常数 E、μ、G 之间的关系。

解: 由纯剪切时的应变能可知

$$v_\varepsilon = \frac{1}{2}\tau\gamma = \frac{\tau^2}{2G}$$

又由纯剪切时的主应力可知

$$\sigma_1 = \tau, \quad \sigma_2 = 0, \quad \sigma_3 = -\tau$$

则由式(7.29)得到

$$v_\varepsilon = \frac{1}{2E}\left[\sigma_1^2 + \sigma_2^2 + \sigma_3^2 - 2\mu(\sigma_1\sigma_2 + \sigma_2\sigma_3 + \sigma_3\sigma_1)\right]$$

$$= \frac{1}{2E}\left[\tau^2 + 0^2 + (-\tau)^2 - 2\mu(\tau\times 0 + 0\times(-\tau) + (-\tau)\times\tau)\right]$$

$$= \frac{1}{2E}\left[2\tau^2 + 2\mu\tau^2\right] = \frac{1+\mu}{E}\tau^2$$

比较上述两式,即可得到

$$G = \frac{E}{2(1+\mu)}$$

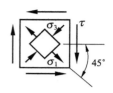

图 7.27　例 7.10 图

*7.7　平面应变分析

在实验应力分析中,电阻应变片测量法(简称电测法)受到广泛应用。用电阻应变片作为传感元件,粘贴在被测构件表面的测点上,在荷载作用下构件发生变形时,电阻应变片随之相应的变形,并将感受到的应变转换为电阻应变片阻值的变化,通过应变仪等专用设备即可测得测点处的应变。

由于电阻应变片粘贴在构件的表面,测得的是构件表面的应变,是构件表面的面内应变。在应变测量中,为了确定测点处的最大线应变,往往需要测定测点处沿几个方向的线应变,这些应变都发生在构件表面,因此,针对构件表面的应变分析,是平面应变分析。

设测点 O 所在平面为 xOy 平面,在 O 点处的 Oxy 坐标系内取一平面矩形微元 $OAKB$,如图 7.28(a)所示。沿 x、y 坐标方向的线段 OA、OB 的线应变 ε_x、ε_y 以伸长为正,缩短为负。Oxy 坐标系的切应变 γ_{xy} 以直角 AOB 的增大为正,减小为负。为了全面了解 O 点应变的变化规律,需要分析 O 点处任意方向的应变。

7.7.1　任意方向的应变

由于 O 点处的矩形微元 $OAKB$ 的边长为无穷小量,所以可以认为在 O 点处沿任意方向的微段内,应变是均匀分布的。设已知 O 点处 Oxy 坐标系内的线应变 ε_x、ε_y 和切应变 γ_{xy},将 Oxy 坐标系绕 O 点旋转一个角度 α,得到一个新的 $Ox'y'$ 坐标系,并规定 α 角以逆时针转动为正值,如图 7.28(a)所示。

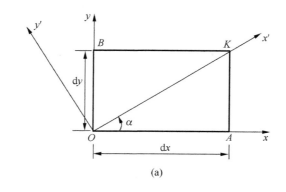

(a)

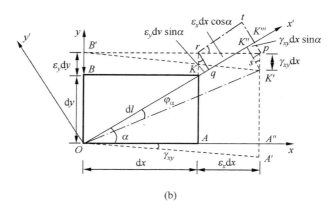

(b)

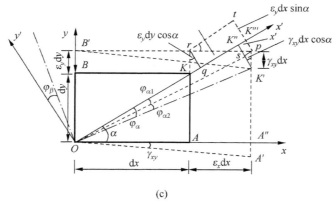

(c)

图 7.28　ε_α 和 γ_α 与 ε_x、ε_y 和 γ_{xy} 的关系

1. ε_α 与 ε_x、ε_y 和 γ_{xy} 的关系式

根据线应变 ε_x、ε_y 和切应变 γ_{xy} 的正向假设,矩形微元 $OAKB$ 变形后为平行四边形 $OA'K'B'$,如图 7.28(b)所示。设微元的边长为 $\mathrm{d}x$、$\mathrm{d}y$,线段 OK 的长度为 $\mathrm{d}l$,则有

$$\mathrm{d}x = \mathrm{d}l\cos\alpha, \qquad \mathrm{d}y = \mathrm{d}l\sin\alpha \tag{7.33}$$

x 方向线段 OA 的变化量 AA'' 为 $\varepsilon_x\mathrm{d}x$,y 方向线段 OB 的变化量 BB' 为 $\varepsilon_y\mathrm{d}y$,从 K' 点向 OK 方向的 x' 轴引垂线相交于 K'' 点,得 α 方向线段 OK 的变化量 KK'',即变形后的伸长量 $\Delta\mathrm{d}l$。由 r 点向 x' 轴引垂线相交于 q 点,p 点向 $K'K''$ 引垂线相交于 s 点,p 点向 x' 轴引垂线相

交于 K''' 点，r 点向 pK''' 延长线引垂线相交于 t 点，如图 7.28(b)。由此可知

$$\Delta \mathrm{d}l = KK'' = Kq + qK''' - K''K''' \qquad \text{(a)}$$

其中

$$Kq = \varepsilon_y \mathrm{d}y \sin\alpha \qquad \text{(b)}$$

$$qK''' = \varepsilon_x \mathrm{d}x \cos\alpha \qquad \text{(c)}$$

由于 $pK' = A'A'' = \gamma_{xy}(1+\varepsilon_x)\mathrm{d}x \approx \gamma_{xy}\mathrm{d}x$，则

$$K''K''' = sp = \gamma_{xy}\mathrm{d}x \sin\alpha \qquad \text{(d)}$$

将式(b)、(c)、(d)代入(a)，有

$$\Delta \mathrm{d}l = \varepsilon_y \mathrm{d}y \sin\alpha + \varepsilon_x \mathrm{d}x \cos\alpha - \gamma_{xy}\mathrm{d}x \sin\alpha \qquad \text{(e)}$$

因为 $\Delta \mathrm{d}l = \varepsilon_\alpha \mathrm{d}l$，并将式(7.33)代入上式，有

$$\varepsilon_\alpha = \frac{\Delta \mathrm{d}l}{\mathrm{d}l} = \varepsilon_y \sin^2\alpha + \varepsilon_x \cos^2\alpha - \gamma_{xy}\cos\alpha\sin\alpha$$

化简得

$$\varepsilon_\alpha = \frac{\varepsilon_x + \varepsilon_y}{2} + \frac{\varepsilon_x - \varepsilon_y}{2}\cos 2\alpha - \frac{\gamma_{xy}}{2}\sin 2\alpha \qquad \text{(7.34)}$$

2. γ_α 与 ε_x、ε_y 和 γ_{xy} 的关系式

切应变 γ_α 是直角 $y'Ox'$ 的变化量，是 α 和 $\beta = \alpha + 90°$ 两个方向（x' 轴和 y' 轴）的线段分别转过的角度 φ_α 和 φ_β 的代数和。作辅助线 Os，如图 7.28(c)。则有

$$\gamma_\alpha = \varphi_\alpha - \varphi_\beta \qquad \text{(a)}$$

其中

$$\varphi_\alpha = \varphi_{\alpha 1} + \varphi_{\alpha 2} \qquad \text{(b)}$$

由于

$$\varphi_{\alpha 1} = \frac{K''s}{(1+\varepsilon_\alpha)\mathrm{d}l} = \frac{K'''p}{(1+\varepsilon_\alpha)\mathrm{d}l} = \frac{tp - rq}{(1+\varepsilon_\alpha)\mathrm{d}l} = \frac{\varepsilon_x \mathrm{d}x \sin\alpha - \varepsilon_y \mathrm{d}y \cos\alpha}{(1+\varepsilon_\alpha)\mathrm{d}l} \qquad \text{(c)}$$

$$\varphi_{\alpha 2} = \frac{sK'}{(1+\varepsilon_\alpha)\mathrm{d}l} = \frac{\gamma_{xy}\mathrm{d}x \cos\alpha}{(1+\varepsilon_\alpha)\mathrm{d}l} \qquad \text{(d)}$$

忽略高阶微量 ε_α，并将式(7.33)代入上两式，得到

$$\varphi_{\alpha 1} = (\varepsilon_x - \varepsilon_y)\sin\alpha\cos\alpha \qquad \text{(e)}$$

$$\varphi_{\alpha 2} = \gamma_{xy}\cos^2\alpha \qquad \text{(f)}$$

将(e)、(f)两式代入(b)，有

$$\varphi_\alpha = \varphi_{\alpha 1} + \varphi_{\alpha 2} = (\varepsilon_x - \varepsilon_y)\sin\alpha\cos\alpha + \gamma_{xy}\cos^2\alpha \qquad \text{(g)}$$

将 $\beta = \alpha + 90°$ 代入上式得

$$\varphi_\beta = -(\varepsilon_x - \varepsilon_y)\sin\alpha\cos\alpha + \gamma_{xy}\sin^2\alpha \qquad \text{(h)}$$

将式(g)、(h)代入(a)式，得到切应变

$$\gamma_\alpha = 2(\varepsilon_x - \varepsilon_y)\cos\alpha\sin\alpha + \gamma_{xy}(\cos^2\alpha - \sin^2\alpha)$$

利用三角公式化简为

$$\frac{\gamma_\alpha}{2} = \frac{(\varepsilon_x - \varepsilon_y)}{2}\sin 2\alpha + \frac{\gamma_{xy}}{2}\cos 2\alpha \qquad \text{(7.35)}$$

7.7.2　主应变的数值与方向

将式(7.34)、式(7.35)与式(7.1)、式(7.2)作一比较，可以发现同一点的不同方向面上，应变也是变化的，其变化规律与应力的变化规律相似。因此，对受外力作用而产生应变的点而言，总能找到这样一个方向面，其切应变为零，称该方向的线应变为**主应变**。

主应变为

$$\left.\begin{array}{c}\varepsilon_{\max} \\ \varepsilon_{\min}\end{array}\right\} = \frac{\varepsilon_x + \varepsilon_y}{2} \pm \sqrt{\left(\frac{\varepsilon_x - \varepsilon_y}{2}\right)^2 + \left(\frac{\gamma_{xy}}{2}\right)^2} \tag{7.36}$$

主应变的方向为

$$\tan 2\alpha_\varepsilon = \frac{-\gamma_{xy}}{\varepsilon_x - \varepsilon_y} \tag{7.37}$$

因此,通过单元体代表的一个点,必有三个相互垂直的主应变,分别用 $\varepsilon_1 \geqslant \varepsilon_2 \geqslant \varepsilon_3$ 表示。对于各向同性材料,主应变与主应力的方向是一致的,而且是一一对应的。与应力分析类似,一点的平面应变状态也可以通过"应变圆"来分析和研究,只是根据式(7.35),应取切应变的一半作为纵坐标。在应变圆上可以确定主应变的方向,主应变的大小可以通过下式计算

$$\left.\begin{array}{c}\varepsilon_1 \\ \varepsilon_2\end{array}\right\} = \frac{\varepsilon_x + \varepsilon_y}{2} \pm \sqrt{\left(\frac{\varepsilon_x - \varepsilon_y}{2}\right)^2 + \left(\frac{\gamma_{xy}}{2}\right)^2} \tag{7.38}$$

7.7.3　应变的测量与应力计算

在实验应力分析中,常使用应变仪来测量受力构件表面上某点处的应变,然后运用应力、应变分析的知识,就可以确定构件的应力情况。在应变的测量中,由于切应变 γ_{xy} 不易测量,所以一般先测出测点处沿几个方向的线应变,利用这些测得结果,根据公式(7.34)、式(7.37)、式(7.38)就可进行应变分析,确定测点处的主应变。例如,先测出三个选定方向 α_1、α_2、α_3 上的线应变 ε_{a1}、ε_{a2}、ε_{a3},然后由式(7.34)得出以下三式

$$\begin{cases} \varepsilon_{a1} = \dfrac{\varepsilon_x + \varepsilon_y}{2} + \dfrac{\varepsilon_x - \varepsilon_y}{2}\cos 2\alpha_1 - \dfrac{\gamma_{xy}}{2}\sin 2\alpha_1 \\[2mm] \varepsilon_{a2} = \dfrac{\varepsilon_x + \varepsilon_y}{2} + \dfrac{\varepsilon_x - \varepsilon_y}{2}\cos 2\alpha_2 - \dfrac{\gamma_{xy}}{2}\sin 2\alpha_2 \\[2mm] \varepsilon_{a3} = \dfrac{\varepsilon_x + \varepsilon_y}{2} + \dfrac{\varepsilon_x - \varepsilon_y}{2}\cos 2\alpha_3 - \dfrac{\gamma_{xy}}{2}\sin 2\alpha_3 \end{cases} \tag{7.39}$$

在以上三式中,ε_{a1}、ε_{a2}、ε_{a3} 已直接测出了,因此联立求解这组方程,便可求出 ε_x、ε_y、γ_{xy}。将所得结果代入式(7.38)和式(7.37),即可确定主应变的大小和方向。

实际测量时,可把 α_1、α_2、α_3 取为便于计算的数值。例如,使三个应变片的方向分别为 $\alpha_1 = 0°$、$\alpha_2 = 45°$、$\alpha_3 = 90°$,这就是图 7.29 所示的直角应变花。对于直角应变花,由式(7.39)解得

$$\begin{cases} \varepsilon_x = \varepsilon_{0°} \\ \varepsilon_y = \varepsilon_{90°} \\ \gamma_{xy} = -\varepsilon_{0°} - \varepsilon_{90°} + 2\varepsilon_{45°} \end{cases} \tag{7.40}$$

将这组数值代入式(7.38)和式(7.37),得主应变的大小与方向为

$$\left.\begin{array}{c}\varepsilon_1 \\ \varepsilon_2\end{array}\right\} = \frac{\varepsilon_{0°} + \varepsilon_{90°}}{2} \pm \frac{\sqrt{2}}{2}\sqrt{(\varepsilon_{0°} - \varepsilon_{45°})^2 + (\varepsilon_{45°} - \varepsilon_{90°})^2} \tag{7.41}$$

$$\tan 2\alpha_0 = \frac{2\varepsilon_{45°} - \varepsilon_{0°} - \varepsilon_{90°}}{\varepsilon_{0°} - \varepsilon_{90°}} \tag{7.42}$$

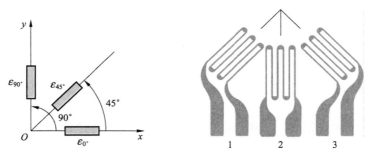

图 7.29　直角应变花

若测点为二向应力状态,由广义胡克定律公式,解出两个主应力为

$$\begin{cases} \sigma_1 = \dfrac{E}{1-\mu^2}(\varepsilon_1 + \mu\varepsilon_2) \\[2mm] \sigma_2 = \dfrac{E}{1-\mu^2}(\varepsilon_2 + \mu\varepsilon_1) \end{cases} \tag{7.43}$$

将式(7.41)代入上式,求得该点的主应力为

$$\left.\begin{matrix} \sigma_1 \\ \sigma_2 \end{matrix}\right\} = \frac{E(\varepsilon_{0°} + \varepsilon_{90°})}{2(1-\mu)} \pm \frac{\sqrt{2}\,E}{2(1+\mu)} \times \sqrt{(\varepsilon_{0°} - \varepsilon_{45°})^2 + (\varepsilon_{45°} - \varepsilon_{90°})^2} \tag{7.44}$$

至于主应力的方向就是主应变的方向,由式(7.37)确定。

【例 7.11】　用直角应变花测得受力构件表面某点的应变值为 $\varepsilon_{0°} = -300 \times 10^{-6}$，$\varepsilon_{45°} = -200 \times 10^{-6}$，$\varepsilon_{90°} = 200 \times 10^{-6}$。已知杆件材料为 Q235 钢,弹性模量 $E = 200\text{GPa}$,泊松比 $\mu = 0.3$。试求该点的主应力大小及方向。

解: 由式(7.44)计算主应力的大小为

$$\begin{aligned} \left.\begin{matrix} \sigma_1 \\ \sigma_2 \end{matrix}\right\} &= \frac{E(\varepsilon_{0°} + \varepsilon_{90°})}{2(1-\mu)} \pm \frac{\sqrt{2}\,E}{2(1+\mu)} \times \sqrt{(\varepsilon_{0°} - \varepsilon_{45°})^2 + (\varepsilon_{45°} - \varepsilon_{90°})^2} \\[2mm] &= \frac{200 \times 10^9 \text{Pa}(-300 + 200) \times 10^{-6}}{2(1 - 0.3)} \\[2mm] &\quad \pm \frac{\sqrt{2} \times 200 \times 10^9 \text{Pa}}{2(1 + 0.3)} \sqrt{(-300 + 200)^2 + (-200 - 200)^2} \times 10^{-6} \\[2mm] &= -14.3 \times 10^6 \text{Pa} \pm 44.9 \times 10^6 \text{Pa} = \begin{cases} 30.6\text{MPa} \\ -59.2\text{MPa} \end{cases} \end{aligned}$$

由式(7.42)计算主应变的方向,即主应力的方向为

$$\tan 2\alpha_0 = \frac{2\varepsilon_{45°} - \varepsilon_{0°} - \varepsilon_{90°}}{\varepsilon_{0°} - \varepsilon_{90°}} = \frac{2(-200) + 300 - 200}{-300 - 200} = 0.60$$

得 $2\alpha_0 = 31°$ 或 $211°$,即 $\alpha_0 = 15.5°$ 或 $105.5°$。

复习思考题

7-1　已知图 7.30 所示球体壁厚 t,球半径 R,工程上称 $t \leqslant R/20$ 的球体为薄壁球壳。在内压 p 作用下,球壳的外形不变,认为壳壁上只产生均匀拉应力。试分析壳壁上任一点处于什么应力状态。

7-2　距地层表面深度为 h 的任意一点 K，受到竖向地层的压力作用，如图 7.31 所示，分析它处于什么应力状态。

7-3　分析图 7.32 所示传动装置滚珠轴承中滚珠与轴承外环接触点 K 处的应力状态。

图 7.30　复习
思考题 7-1 图

图 7.31　复习
思考题 7-2 图

图 7.32　复习
思考题 7-3 图

7-4　单元体如图 7.33 所示，主应力各为何值（应力单位 MPa）？

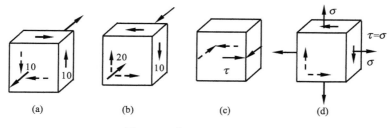

图 7.33　复习思考题 7-4 图

7-5　单元体如图 7.34 所示，$|\tau_{max}|$ 为何值？在所给单元体上用阴影线示出它的作用面（应力单位 MPa）。

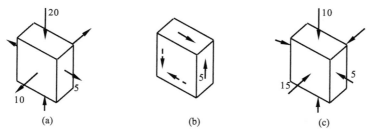

图 7.34　复习思考题 7-5 图

7-6　主平面上的切应力有多大？最大切应力平面上的正应力是否为零？

7-7　平面应力状态中两个主平面之间的夹角、最大切应力与最小切应力面间的夹角、主应力面与最大切应力面之间的夹角各为多少？如何证明？

7-8　图 7.35 所示单元体切应力互等定理是否成立？试论证之。

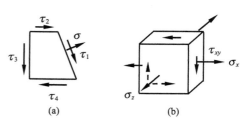

图 7.35　复习思考题 7-8 图

7-9　应力状态如图 7.36 所示，试分别画出它们的应力圆，判断它们的主应力和绝对值最大的切应力。

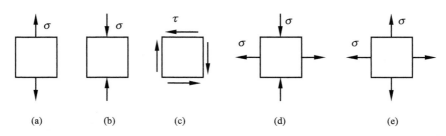

图 7.36　复习思考题 7-9 图

7-10　图 7.37 所示平面应力状态,已知 $\sigma_x=100\text{MPa}$,$\sigma_y=60\text{MPa}$,$\tau_{xy}=\tau_{yx}=48\text{MPa}$,$\sigma_{30°}=48.4\text{MPa}$,试判断 $\alpha=-60°$ 面上的正应力 $\sigma_{-60°}=$？

7-11　如图 7.38 所示应力状态,已知 $\sigma_y=-15\text{MPa}$,$\sigma_1=0$,$\sigma_3=-20\text{MPa}$,$\tau_{\max}=10\text{MPa}$,试问如何用解析法和图解法求 σ_x 和 τ_{xy}？

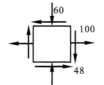

图 7.37　复习思考题 7-10 图

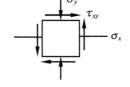

图 7.38　复习思考题 7-11 图

7-12　变形后单元体在平面内成图 7.39 所示虚线状,分析它们的应变和位移。

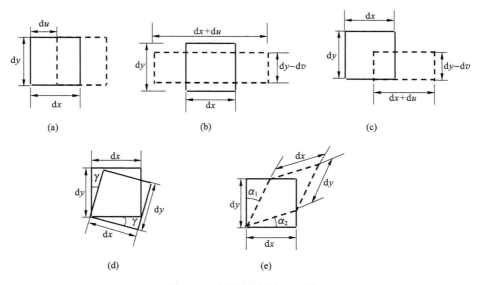

图 7.39　复习思考题 7-12 图

7-13　单元体在任意两个相互垂直的斜面上,其正应力和切应力各存在什么关系？

7-14　图 7.40 所示平面应力状态,已知 σ_x、τ_{xy}、σ_y、$\sigma_{x'}$、$\tau_{x'y'}$ 和材料 E、μ,如何求 $\varepsilon_{x'}$、$\varepsilon_{y'}$、ε_z？

7-15　试比较拉(压)扭组合与弯扭组合变形时杆件的内力、应力以及危险点应力状态异同之处。

7-16   图 7.41 所示为矩形和圆形截面：在截面上有弯矩 M_y 和 M_z，试问：(1)两种面上危险点的应力均为 $\sigma_{\max} = \dfrac{M_y}{W_y} + \dfrac{M_z}{W_z}$，对吗？正确的答案应是什么？(2)两截面上危险点的位置各在何处？

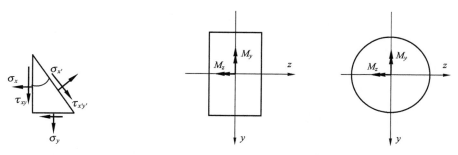

图 7.40   复习思考题 7-14 图　　　　　　　　图 7.41   复习思考题 7-16 图

习　　题

7.1   单元体处于平面应力状态，已知 y 面上的正应力和切应力分别为 $-50\mathrm{MPa}$ 和 $-30\mathrm{MPa}$，x 面上的正应力为 $10\mathrm{MPa}$，试用解析法和图解法求下列指定斜截面上的正应力和切应力。

(1) 自 y 面顺时针向转 $30°$ 的斜截面；

(2) 自 x 面逆时针向转 $45°$ 的斜截面；

(3) 自 y 面逆时针向转 $60°$ 的斜截面。

7.2   平面应力状态如图 7.42 所示，绘应力圆，并求三个主应力及三个最大切应力（应力单位 MPa）。

7.3   单元体处于平面应力状态，应力作用如图 7.43 所示（应力单位 MPa），试用图解法和解析法求下列指定斜截面上的正应力和切应力。

(1) 自 x 面逆时针向转 $50°$ 的斜截面；

(2) 自 y 面逆时针向转 $20°$ 的斜截面；

(3) 自 y 面顺时针向转 $70°$ 的斜截面。

7.4   试用图解法确定图 7.44 所示应力状态的主应力和最大切应力，并在单元体上标出最大主平面和绝对值最大切应力的方位。

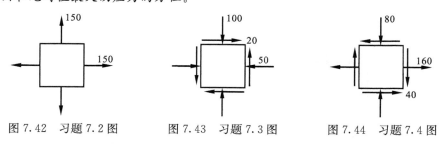

图 7.42   习题 7.2 图　　　　　图 7.43   习题 7.3 图　　　　　图 7.44   习题 7.4 图

7.5   试计算图 7.45 所示单元体自 x 面逆时针向转 $30°$ 的斜截面上的正应力和切应力（应力单位 MPa）。

7.6   单元体所受应力如图 7.46 所示，已知 $\sigma_x = 8\mathrm{MPa}$，$\sigma_1 = 10\mathrm{MPa}$，试分别用解析法和图解法求 σ_3、τ_{xy} 和 $|\tau_{\max}|$。

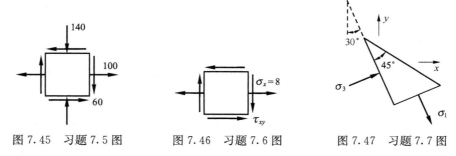

图 7.45　习题 7.5 图　　　　图 7.46　习题 7.6 图　　　　图 7.47　习题 7.7 图

7.7　单元体所受应力如图 7.47 所示,已知 $\sigma_1 = 30\text{MPa}$、$\sigma_3 = 180\text{MPa}$ 及其方位角 $\alpha_0 = 30°$,试求 σ_x、σ_y、τ_{xy} 及最大切应力作用面上的切应力和正应力。

7.8　单元体所受应力分别如图 7.48 所示,应力单位 MPa,试用解析法和图解法计算指定斜截面上的正应力和切应力,并求主平面的方位和主应力大小。

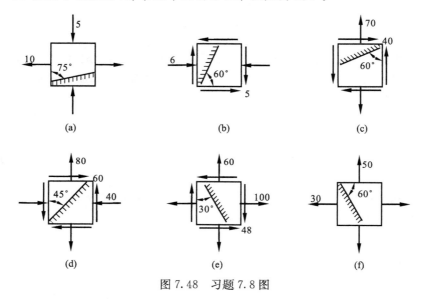

图 7.48　习题 7.8 图

7.9　图 7.49 所示单元体已知 $\sigma_x = 20\text{MPa}$,$\sigma_y = -140\text{MPa}$,$\tau_{\max} = 100\text{MPa}$,试求主应力及其方位和 x 面上的切应力。

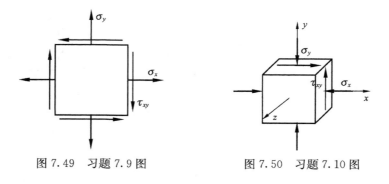

图 7.49　习题 7.9 图　　　　　　图 7.50　习题 7.10 图

7.10　图 7.50 所示单元体已知 $\sigma_y=-40\mathrm{MPa}$，$\tau_{\max}=-\tau_{\min}=85\mathrm{MPa}$，平行于 z 轴的一个主平面上的主应力为 $-30\mathrm{MPa}$，试求 σ_x、τ_{xy} 及 $\tau_{\max}$ 作用面的正应力和平行于 z 轴的另一个主平面上的主应力及其方位。

7.11　试证明在点的应力状态中最大切应力作用面与主平面的夹角为 45°。

7.12　方形铝板边长 $a=400\mathrm{mm}$，板厚 $t=20\mathrm{mm}$，受到图 7.51 所示二向均匀拉应力作用：$\sigma_x=90\mathrm{MPa}$，$\sigma_z=150\mathrm{MPa}$，已知铝材的 $E=70\mathrm{GPa}$，$\mu=1/3$，在板中心有一直径为 $d=230\mathrm{mm}$ 的圆周，试求(1)直径 AB 方向的变形量；(2)直径 CD 方向的变形量；(3)板厚的变形量。

7.13　图 7.52 所示钢板 $ABCD$ 受到二向均匀应力 $\sigma_x=150\mathrm{MPa}$，$\sigma_z=100\mathrm{MPa}$ 作用，已知钢的 $E=200\mathrm{GPa}$，$\mu=0.3$，试求下列线段的伸长：(1)AB 边，(2)BC 边，(3)对角线 AC。

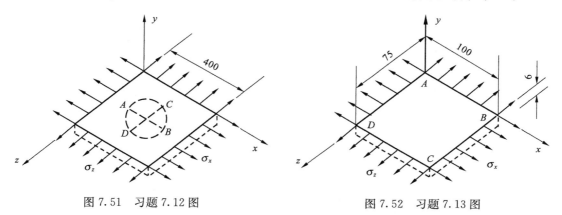

图 7.51　习题 7.12 图　　　　　　　　　　图 7.52　习题 7.13 图

7.14　图 7.53 所示平面应力状态，由试验测得 x、y 面方向的正应变分别为 ε_x 和 ε_y，材料的弹性模量为 E，泊松比 μ，试证明：

$$\sigma_x=E\frac{\varepsilon_x+\mu\varepsilon_y}{1-\mu^2};\quad \sigma_y=E\frac{\varepsilon_y+\mu\varepsilon_x}{1-\mu^2};\quad \varepsilon_z=-\frac{\mu}{1-\mu}(\varepsilon_x+\varepsilon_y)$$

7.15　钢板如图 7.54 所示，受到二向均匀应力作用，已知 $\sigma_z=\sigma_0$，$\varepsilon_x=0$，以及钢的 E 和 μ，试求(1)x 方向所受的应力 σ_x；(2)z 方向的正应力 σ_z 和正应变 ε_z 的比值。

7.16　测得平面应力状态下点的应变值为 $\varepsilon_x=815\times10^{-6}$，$\varepsilon_y=165\times10^{-6}$，$\gamma_{xy}=1124\times10^{-6}$，已知材料的 $E=72.4\mathrm{GPa}$，$\mu=1/3$，试求(1)x 和 y 面上的作用应力；(2)主应力；(3)x、y 平面内的最大切应力；(4)该点绝对值最大的切应力。

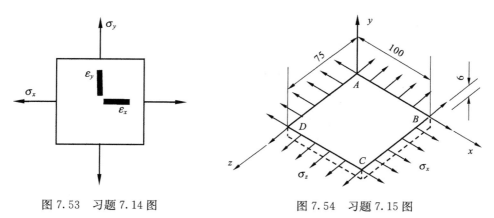

图 7.53　习题 7.14 图　　　　　　　　　　图 7.54　习题 7.15 图

7.17 有一均匀变形的方形截面等直杆受轴向均匀拉应力 $\sigma_x=150$MPa 作用。已知杆长 $L=0.25$m,截面边长 $a=0.04$m,测得轴向伸长 $\Delta L_x=0.002$m,横向缩短 $\Delta L_y=0.0001$m,试求 (1)材料的弹性模量 E;(2)泊松比 μ;(3)绝对值最大的切应力 $|\tau_{max}|$;(4)绝对值最大的切应变 $|\gamma_{max}|$。

7.18 纯切应力状态如图 7.55 所示,$\tau_{xy}=100$MPa,已知材料的 $E=200$GPa,$\mu=0.25$,试求:(1)该点绝对值最大的剪应变 $|\gamma_{max}|$;(2)该点的主应力及其方向;(3)该点的主应变及其方向。

7.19 一点处的应力状态如图 7.56 所示(应力单位 MPa),试求主应力。

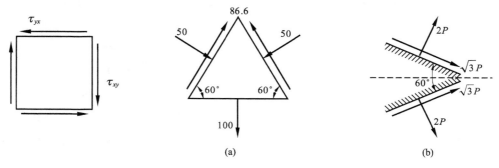

图 7.55　习题 7.18 图　　　　　　　　　图 7.56　习题 7.19 图

7.20 已知材料的 $E=72$GPa,$\mu=0.3$,测得平面应力状态时下列点的应变 ε_x,ε_y 和 γ_{xy}。试求(1)主应力及其方向;(2)绝对值最大的切应力及其作用面;(3)主应变;(4)绝对值最大的切应变。

(a) $\varepsilon_x=300\times10^{-6}$,$\varepsilon_y=-400\times10^{-6}$,$\gamma_{xy}=800\times10^{-6}$;

(b) $\varepsilon_x=900\times10^{-6}$,$\varepsilon_y=200\times10^{-6}$,$\gamma_{xy}=1000\times10^{-6}$;

(c) $\varepsilon_x=200\times10^{-6}$,$\varepsilon_y=-500\times10^{-6}$,$\gamma_{xy}=-400\times10^{-6}$。

7.21 各向同性材料,已知弹性模量 E、泊松比 μ。某点处的三个主应力 σ_1、σ_2、σ_3,试证明绝对值最大的剪应变 $|\gamma_{max}|$ 与主应变 ε_1、ε_3 间存在下列关系:$|\gamma_{max}|=\varepsilon_1-\varepsilon_3$。

7.22 平面应力状态如图 7.57 所示。已知 $E=200$GPa,$\mu=0.3$,试求指定方向的正应变。

7.23 单向应力状态如图 7.58 示。已知 E、μ 和 σ。试求 $\varepsilon_{45°}$ 和 $\varepsilon_{135°}$ 的应变值。

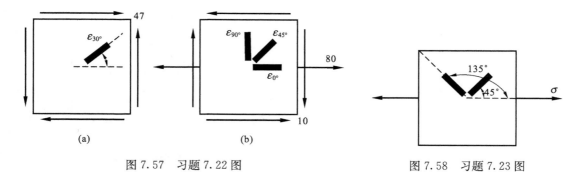

图 7.57　习题 7.22 图　　　　　　　　　图 7.58　习题 7.23 图

7.24 在图 7.59 所示的例 7.12 的受内压 p 的薄壁压力容器,若在筒体两端增加一对大小相等转向相反的转矩 $M_e=0.1\mathrm{kN\cdot m}$。试分析该容器上任一点的应力状态,画出应力圆,设已知 $p=20\mathrm{MPa}$, $D=200\mathrm{mm}$, $t=2\mathrm{mm}$, $E=200\mathrm{GPa}$, $\mu=0.3$,用解析法和应力圆确定该点的应力状态的主应力及其方向,绝对值最大的切应力和主应变值。

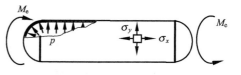

图 7.59 习题 7.24 图

7.25 试分析图 7.60 所示 T 型铸铁梁在危险截面危险点处的应力状态,截面形心处的应力状态以及翼缘和腹板交界处的应力状态。画出相应的应力圆、主应力和绝对值最大的切应力。内力图和截面尺寸如图 7.60 所示。如果将 T 型梁截面倒放,其他条件不变,上述这些点的应力状态将发生什么变化。如果铸铁梁所能承受的抗压强度是抗拉强度的三倍,能否判断何种情况处于不利状态。

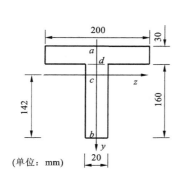

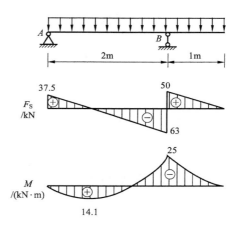

图 7.60 习题 7.25 图

第8章　杆件的组合变形

在第三章中已得到杆件在组合变形时的内力的计算方法。如果杆件最终仍然处于弹性变形阶段,且应力不超过材料的比例极限,与内力计算相同,可采用叠加原理计算组合变形时的应力。将在基本变形时同一截面上同一点的同一种应力叠加,得到杆件在组合变形时的应力,从而确定杆件危险点的应力状态和主应力,为进一步的强度分析打下基础。

8.1　斜　弯　曲

对于外力的作用线通过截面形心,但不在形心主惯性平面内的弯曲问题,在前面章节中得到的有关弯曲应力和弯曲变形的公式均不适用,因为其仅适用于外力的作用线通过形心主惯性平面的情况。为此,可将外力向两个相互垂直的形心主惯性轴分解,使问题转化为在两个相互垂直的形心主惯性平面内平面弯曲的叠加。

1. 正应力分析

设 F 力作用在梁自由端截面的形心,并与竖向形心主惯性轴夹 φ 角(图 8.1)。将 F 力沿两形心主惯性轴分解,得

$$F_y = F\cos\varphi \quad , \qquad F_z = F\sin\varphi$$

杆在 F_y 和 F_z 单独作用下,将分别在 xy 平面和 xz 平面内产生平面弯曲。

矩形截面
梁斜弯曲

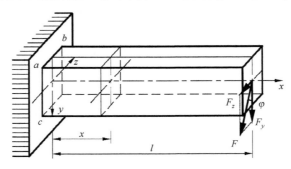

图 8.1　斜弯曲梁

在距固定端为 x 的横截面上,由 F_y 和 F_z 引起的弯矩为

$$M_z = F_y(l-x) = F(l-x)\cos\varphi = M\cos\varphi$$
$$M_y = F_z(l-x) = F(l-x)\sin\varphi = M\sin\varphi$$

式中, $M = F(l-x)$,表示 F 力引起的弯矩。

在 M_z 的作用下,第二、三象限产生拉应力,第一、四象限产生压应力,即 y 轴正向产生压应力;在 M_y 的作用下,第一、二象限产生拉应力,第三、四象限产生压应力,即 z 轴正向产生拉应力;第二象限是 M_z 和 M_y 产生的拉应力叠加,第四象限是 M_z 和 M_y 产生的压应力叠加,见图 8.2(a)。在横截面上任一点由 M_z 和 M_y 引起的弯曲正应力分别为

$$\sigma' = -\frac{M_z y}{I_z} = -\frac{M\cos\varphi}{I_z}y$$

$$\sigma'' = \frac{M_y z}{I_y} = \frac{M\sin\varphi}{I_y}z$$

由叠加原理,得横截面上任一点处的正应力为

$$\sigma = \sigma' + \sigma'' = M\left(-\frac{\cos\varphi}{I_z}y + \frac{\sin\varphi}{I_y}z\right) \tag{8.1}$$

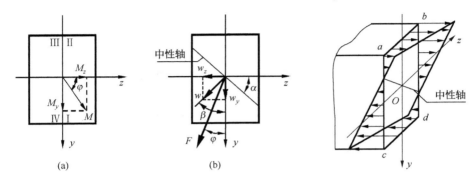

图 8.2　中性轴与合弯矩　　　　　图 8.3　凸角截面的应力分布

2. 中性轴与最大正应力

为了确定最大正应力,首先要确定中性轴的位置。设中性轴上任一点的坐标为 y_0 和 z_0,因中性轴上各点处的正应力为零,所以将 y_0 和 z_0 代入式(8.1),可得

$$\sigma = M\left(-\frac{\cos\varphi}{I_z}y_0 + \frac{\sin\varphi}{I_y}z_0\right) = 0$$

因 $M \neq 0$,故

$$-\frac{\cos\varphi}{I_z}y_0 + \frac{\sin\varphi}{I_y}z_0 = 0 \tag{8.2}$$

这就是中性轴的方程。它是一条通过横截面形心的直线。设中性轴与 z 轴成 α 角,则由上式得到

$$\tan\alpha = \frac{y_0}{z_0} = \frac{I_z}{I_y}\tan\varphi \tag{8.3}$$

式中,角度 φ 也是横截面上合成弯矩 $M = \sqrt{M_y^2 + M_z^2}$ 的矢量与 z 轴间的夹角,如图 8.2(a)所示。上式表明,中性轴和外力作用线在相邻的象限内,如图 8.2(b)所示。

横截面上的最大正应力,发生在离中性轴最远的点,整个杆件上的最大弯曲正应力,在弯矩最大的截面,即梁的固定端 $M_{max} = Fl$。对于有凸角的截面,例如矩形、工字形截面等,应力分布如图 8.3 所示,角点 b 产生最大拉应力,角点 c 产生最大压应力,由式(8.1)知它们分别为

$$\begin{cases} \sigma_{tmax} = M_{max}\left(\dfrac{\cos\varphi}{I_z}y_{max} + \dfrac{\sin\varphi}{I_y}z_{max}\right) = \dfrac{M_{zmax}}{W_z} + \dfrac{M_{ymax}}{W_y} \\[3mm] \sigma_{cmax} = -\left(\dfrac{M_{zmax}}{W_z} + \dfrac{M_{ymax}}{W_y}\right) \end{cases} \tag{8.4}$$

3. 变形分析

悬臂梁自由端因 F_y 和 F_z 引起的挠度分别为

$$w_y = \frac{F_y l^3}{3EI_z} = \frac{Fl^3}{3EI_z}\cos\varphi$$

$$w_z = \frac{F_z l^3}{3EI_y} = \frac{Fl^3}{3EI_y}\sin\varphi$$

w_y 沿 y 轴的正向，w_z 沿 z 轴的负向，自由端的总挠度为

$$w = \sqrt{w_y^2 + w_z^2} = \frac{Fl^3}{3E}\sqrt{\left(\frac{\cos\varphi}{I_z}\right)^2 + \left(\frac{\sin\varphi}{I_y}\right)^2}$$

总挠度 w 与 y 轴的夹角为 β，即

$$\tan\beta = \frac{w_z}{w_y} = \frac{I_z}{I_y}\tan\varphi \tag{8.5}$$

一般情况下，$I_y \neq I_z$，即 $\beta \neq \varphi$，说明挠曲线所在平面与外力作用平面不重合，这样的弯曲称为**斜弯曲**。除此之外，斜弯曲还有以下特征：

（1）由式（8.3），对于矩形、工字形等 $I_y \neq I_z$ 的截面，由于 $\alpha \neq \varphi$，因而中性轴与外力 F 作用方向不垂直；与合弯矩 M 作用方向不重合（图 8.2）。

（2）比较式（8.5）与式（8.3），有 $\tan\beta = \tan\alpha$，即 $\beta = \alpha$，斜弯曲的挠度与中性轴是相互垂直的（图 8.2（b））。

（3）对于圆形、正方形和正多边形等截面，由于任意一对形心轴都是形心主惯性轴，且截面对任一形心主惯性轴的惯性矩都相等 $I_y = I_z$，则 $\beta = \varphi$，即挠曲线所在平面与外力作用平面重合。这表明，对这类截面只要横向力通过截面形心，不管作用在什么方向，均为平面弯曲。正应力可用合成弯矩 M 按照弯曲正应力公式（4.39）计算。

圆截面杆件受相互垂直两个方向的力作用时，也可用叠加法求最大弯曲正应力，请自行证明。

【例 8.1】　图 8.4（a）所示矩形截面梁，截面宽度 b、高度 h、长度 l，作用有外荷载 F_{P1} 和 F_{P2}，试求梁内的最大弯曲正应力并指出其作用点的位置。

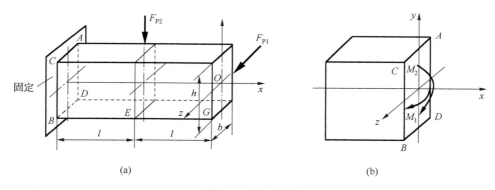

图 8.4　例 8.1 图

解： 外荷载 F_{P1} 作用下整个梁产生 xz 面内的平面弯曲，外荷载 F_{P2} 作用下 BE 段梁产生 xy 面内的平面弯曲，因此两者叠加后可知，梁段 EG 为平面弯曲，BE 为斜弯曲。梁的根部截面为危险截面。

（1）确定危险截面上的内力分量。梁根部横截面上的弯矩为

$$M_y = 2F_{p1}l \quad , \qquad M_z = F_{p2}l$$

（2）确定危险截面危险点上的最大正应力。根部横截面上有两个危险点，A 点拉应力最大，B 点压应力最大。

在计算中一般采用绝对值法，即不考虑弯矩 M_y、M_z 和 y、z 的正负号，根据梁在 F_{P1} 和 F_{P2} 作用下的变形情况，判断该处产生的应力是拉应力还是压应力，然后以它们的绝对值进行叠加计算。

A 点的弯曲正应力为

$$\sigma_{max} = \frac{M_y}{W_y} + \frac{M_z}{W_z} = \frac{6 \times 2 \times F_{P1} l}{hb^2} + \frac{6 \times F_{P2} l}{bh^2}$$

如果梁的截面是圆截面，上述方法能否用？请读者自行思考。

【例 8.2】　图 8.5(a)所示悬臂梁，采用 25a 号工字钢。在竖直方向受均布荷载 $q=5$kN/m 作用，在自由端受水平集中力 $F=2$kN 作用。已知截面的几何性质为 $I_z=5023.54$cm⁴，$W_z=401.9$cm³，$I_y=280.0$cm⁴，$W_y=48.28$cm³。材料的弹性模量 $E=2 \times 10^5$MPa。试求：(1)梁的最大拉应力和最大压应力；(2)固定端截面和 $l/2$ 截面上的中性轴位置；(3)自由端的挠度。

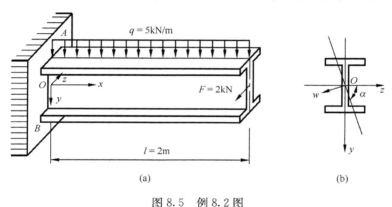

(a)　　　　　　　　　　　　(b)

图 8.5　例 8.2 图

解：(1)梁的最大拉应力和最大压应力。

均布荷载 q 使梁在 xy 平面内弯曲，集中力 F 使梁在 xz 平面内弯曲，故为双向弯曲问题。两种荷载均使固定端截面产生最大弯矩，所以固定端截面是危险截面。由变形情况可知，在该截面上的 A 点处产生最大拉应力，B 点处产生最大压应力，且两点处应力的数值相等。由式 (8.4)和式(8.5)

$$\sigma_A = \frac{M_y}{W_y} + \frac{M_z}{W_z} = \frac{Fl}{W_y} + \frac{\frac{1}{2}ql^2}{W_z}$$

$$= \left(\frac{2 \times 10^3 \times 2}{48.28 \times 10^{-6}} + \frac{\frac{1}{2} \times 5 \times 10^3 \times 2^2}{401.9 \times 10^{-6}} \right) \text{N/m}^3 = 107.7\text{MPa}$$

$$\sigma_B = -\frac{M_z}{W_z} - \frac{M_y}{W_y} = -\left(\frac{Fl}{W_y} + \frac{\frac{1}{2}ql^2}{W_z} \right) = -107.7\text{MPa}$$

(2)固定端截面和 $l/2$ 截面上的中性轴位置。

令中性轴上的点的坐标为 y_0 和 z_0，则由中性轴方程

$$\sigma = \frac{M_y}{I_y}z_0 - \frac{M_z}{I_z}y_0 = 0$$

中性轴与 z 轴的夹角 α 为

$$\tan\alpha = \frac{y_0}{z_0} = \frac{M_y I_z}{M_z I_y}$$

固定端截面：$\qquad M_y = Fl$ ，$\quad M_Z = \frac{ql^2}{2}$ ，$\quad \tan\alpha = 7.18$ ，$\quad \alpha = 82.08°$

$l/2$ 截面处：$\qquad M_y = \frac{Fl}{2}$ ，$\quad M_Z = \frac{ql^2}{8}$ ，$\quad \tan\alpha = 14.35$ ，$\quad \alpha = 86.0°$

（3）自由端的挠度。

在横向均布荷载 q 作用下，产生 y 方向的挠度为

$$W_y = \frac{ql^4}{8EI_z} = \frac{5 \times 10^3 \times 2^4}{8 \times 2 \times 10^5 \times 10^6 \times 5023.54 \times 10^{-8}} = 0.995 \times 10^{-3}(\mathrm{m})$$

在集中力 F 作用下，产生 z 方向的挠度为

$$W_z = \frac{Fl^3}{3EI_y} = \frac{2 \times 10^3 \times 2^3}{\times 2 \times 10^5 \times 10^6 \times 280 \times 10^{-8}} = 9.52 \times 10^{-3}(\mathrm{m})$$

总挠度 W 为

$$W = \sqrt{W_y^2 + W_z^2} = \sqrt{(0.995 \times 10^{-3})^2 + (9.52 \times 10^{-3})^2} = 9.57 \times 10^{-3}(\mathrm{m})$$

8.2 拉伸(压缩)和弯曲的组合变形

8.2.1 横向力和轴向力共同作用

如果杆的弯曲刚度很大，所产生的弯曲变形很小，则由轴向力所引起的附加弯矩很小，可以略去不计。因此，可分别计算由轴向力引起的拉压正应力和由横向力引起的弯曲正应力，然后用叠加法，即可求得两种荷载共同作用引起的正应力。现以图 8.6(a)所示的杆，受轴向拉力及均布荷载的情况为例，说明拉伸(压缩)和弯曲组合变形下的正应力及强度计算方法。

拉弯
组合应力

该杆受轴向力 F 拉伸时，任一横截面上的正应力为

$$\sigma' = \frac{F_N}{A}$$

杆受均布荷载作用时，距固定端为 x 的任意横截面上的弯曲正应力为

$$\sigma'' = -\frac{M(x)y}{I_z}$$

上两式叠加得 x 截面上任一点 $A(y,z)$ 处的正应力为

$$\sigma = \sigma' + \sigma'' = \frac{F_N}{A} \mp \frac{M(x)y}{I_z}$$

由此可知，固定端截面为危险截面。该横截面上正应力 σ' 和 σ'' 的分布如图 8.6(b)、(c)所示。由应力分布图可见，该横截面的上、下边缘处各点可能是危险点。这些点处的正应力为

$$\left.\begin{array}{c}\sigma_{\max} \\ \sigma_{\min}\end{array}\right\} = \frac{F_N}{A} \pm \frac{M_{\max}}{W_z} \tag{8.6}$$

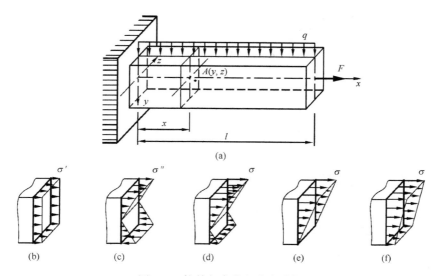

图 8.6　拉伸与弯曲组合变形杆

当 $\sigma''_{max} > \sigma'$ 时,该横截面上的正应力分布如图 8.6(d)所示,上边缘的最大拉应力数值大于下边缘的最大压应力数值。

当 $\sigma''_{max} = \sigma'$ 时,该横截面上的应力分布如图 8.6(e)所示,下边缘各点处的正应力为零,上边缘各点处的拉应力最大。

当 $\sigma''_{max} < \sigma'$ 时,该横截面上的正应力分布如图 8.6(f)所示,上边缘各点处的拉应力最大。在这三种情况下,横截面的中性轴分别在横截面内、横截面边缘和横截面以外。

【例 8.3】　图 8.7(a)所示托架,受荷载 $F = 45\text{kN}$ 作用。设 AC 杆为 22b 号工字钢,试计算 AC 杆的最大工作应力。

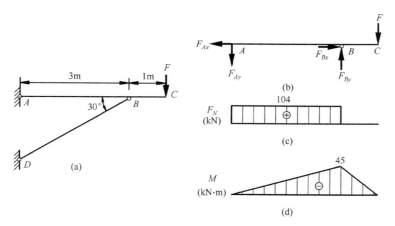

图 8.7　例 8.3 图

解:取 AC 杆进行分析,其受力情况如图 8.7(b)所示。由平衡方程,求得

$$F_{Ay} = 15\text{ kN}\ ,\qquad F_{By} = 60\text{ kN}\ ,\qquad F_{Ax} = F_{Bx} = 104\text{ kN}$$

AC 杆在轴向力 F_{Ax} 和 F_{Bx} 作用下,在 AB 段内受到拉伸;在横向力作用下,AC 杆发生弯曲。故 AB 段杆的变形是拉伸和弯曲的组合变形。AC 杆的轴力图和弯矩图如图 8.7(c)、(d)

所示。由内力图可见,B 点左侧的横截面是危险截面。该横截面的上边缘各点处的拉应力最大,是危险点。

$$\sigma_{tmax} = \frac{F_N}{A} + \frac{M_{max}}{W_z}$$

22b 号工字钢,$W_z = 325 cm^3$,$A = 46.6 cm^2$,此时的最大拉应力为

$$\sigma_{tmax} = \frac{F_N}{A} + \frac{M_{max}}{W_z} = \left(\frac{104 \times 10^3}{46.4 \times 10^{-4}} + \frac{45 \times 10^3}{325 \times 10^{-6}}\right) N/m^2$$

$$= 160.9 \times 10^6 N/m^2 = 160.9 MPa$$

8.2.2　偏心压缩与截面核心

1. 正应力的计算

图 8.8(a)所示为偏心压缩,内力为

$$F_N = F, \qquad M_y = F \cdot z_F, \qquad M_z = F \cdot y_F$$

现考察任意横截面上第一象限中的任意点 $B(y,z)$ 处的应力(图 8.8(b))。对应于上述三个内力,B 点处的正应力分别为

$$\sigma' = -\frac{F_N}{A} = -\frac{F}{A}$$

$$\sigma'' = -\frac{M_z y}{I_z} = -\frac{F \cdot y_F \cdot y}{I_z}$$

$$\sigma''' = -\frac{M_y z}{I_y} = -\frac{F \cdot z_F \cdot z}{I_y}$$

矩形截面
偏心拉伸

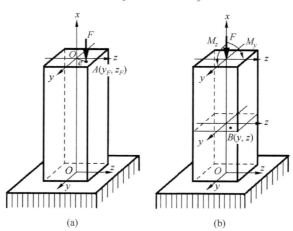

(a)　　　　　　　　　(b)

图 8.8　偏心压缩组合变形杆件

在 F_N、M_y、M_z 单独作用下,横截面上应力分布分别如图 8.9(a)、(b)、(c)所示。

叠加得 B 点处的总应力为 $\sigma = \sigma' + \sigma'' + \sigma'''$,即

$$\sigma = -\left(\frac{F}{A} + \frac{F y_F y}{I_z} + \frac{F z_F z}{I_y}\right) \tag{8.7}$$

令

$$I_y = A i_y^2, \qquad I_y = A i_z^2$$

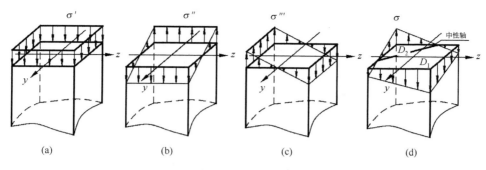

图 8.9　应力分布图

代入上式后,得

$$\sigma = -\frac{F}{A}\left(1 + \frac{y_F y}{i_z^2} + \frac{z_F z}{i_y^2}\right) \tag{8.8}$$

由式(8.7)或式(8.8)可见,横截面上的正应力为平面分布。

2. 中性轴的位置

为了确定横截面上正应力最大的点,需确定中性轴的位置。设 y_0 和 z_0 为中性轴上任一点的坐标,将 y_0 和 z_0 代入式(8.8)后,得

$$\sigma = -\frac{F}{A}\left(1 + \frac{y_F y_0}{i_z^2} + \frac{z_F z_0}{i_y^2}\right) = 0$$

即

$$1 + \frac{y_F y_0}{i_z^2} + \frac{z_F z_0}{i_y^2} = 0 \tag{8.9}$$

这就是中性轴方程。可以看出,中性轴是一条不通过横截面形心的直线。令式(8.9)中的 z_0 和 y_0 分别等于 0,可以得到中性轴在 y 轴和 z 轴上的截距

$$\begin{cases} a_y = y_0 \big|_{z_0=0} = -\dfrac{i_z^2}{y_F} \\[2mm] a_z = z_0 \big|_{y_0=0} = -\dfrac{i_y^2}{z_F} \end{cases} \tag{8.10}$$

式中负号表明,中性轴的位置和外力作用点的位置总是分别在横截面形心的两侧。横截面上中性轴的位置如图 8.9(d)所示。中性轴一边的横截面上产生拉应力,另一边产生压应力。

最大正应力发生在离中性轴最远的点处。对于有凸角的截面,最大正应力一定发生在角点处。角点 D_1 产生最大压应力,角点 D_2 产生最大拉应力,如图 8.9(d)所示。实际上,对于有凸角的截面,可不必求中性轴的位置,即可根据变形情况,确定产生最大拉应力和最大压应力的角点。对于没有凸角的截面,当中性轴位置确定后,作与中性轴平行并切于截面周边的两条直线,切点 D_1 和 D_2 即为产生最大压应力和最大拉应力的点,如图 8.10 所示。

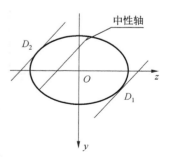

图 8.10　无凸角截面的
最大正应力点的位置

【例 8.4】　一端固定并有切槽的杆,如图 8.11(a)所示。试求杆内最大正应力。

解:　由观察判断,切槽处杆的横截面是危险截面,如图 8.11(b)所示。对于该截面,F 力是

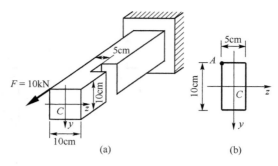

图 8.11　例 8.4 图

偏心拉力。现将 F 力向该截面的形心 C 简化，得到截面上的轴力和弯矩分别为

$$F_N = F = 10\text{kN}$$

$$M_z = F \times 0.05\text{m} = (10 \times 0.05)\text{kN} \cdot \text{m} = 0.5\text{kN} \cdot \text{m}$$

$$M_y = F \times 0.025\text{m} = (10 \times 0.025)\text{kN} \cdot \text{m} = 0.25\text{kN} \cdot \text{m}$$

A 点为危险点，该点处的最大拉应力为

$$\sigma_{tmax} = \frac{F_N}{A} + \frac{M_y}{W_y} + \frac{M_z}{W_z}$$

$$= \left(\frac{10 \times 10^3}{0.1 \times 0.05} + \frac{0.25 \times 10^3}{\frac{1}{6} \times 0.1 \times 0.05^2} + \frac{0.5 \times 10^3}{\frac{1}{6} \times 0.05 \times 0.1^2} \right) \text{Pa} = 14\text{MPa}$$

【**例 8.5**】　压力机床立柱截面如图 8.12(a)所示，工作时受到物体对压力机的作用力 $F = 1600\text{kN}$，它与立柱的偏心距 $e = 535\text{mm}$，立柱横截面面积 $A = 181 \times 10^3 \text{mm}^2$，惯性矩 $I_z = 13.7 \times 10^9 \text{mm}^4$，中性轴 z 距截面边距分别为 $a = 550\text{mm}$，$b = 250\text{mm}$，试求立柱所受的最大拉应力和最大压应力，并绘应力分布图。

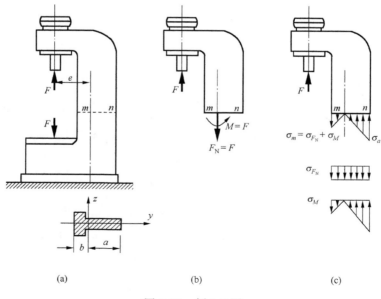

图 8.12　例 8.5 图

解: (1)确定立柱所受内力。将立柱假想从任一截面 m-n 截开,取上半部为研究对象(图 8.12(b)),由平衡方程,得截面内力为

$$\sum F_x = 0 \quad , \quad F_N = F = 1600\text{kN}$$

$$\sum M_C = 0 \quad , \quad M = Fe = 1600 \times 535 \times 10^{-3} = 856\text{kN} \cdot \text{m}$$

(2)求立柱应力。由轴力 F_N 引起的拉伸应力是均匀分布的,由弯矩 M 引起的正应力成三角形分布,即

$$\sigma_{F_N} = +\frac{F_N}{A} = \frac{1600 \times 10^3 \text{N}}{181 \times 10^3 \times 10^{-6} \text{m}^2} = 8.84\text{MPa}$$

$$\sigma_M^+ = \frac{Mb}{I_z} = \frac{856 \times 10^3 \text{N} \cdot \text{m} \times 250 \times 10^{-3} \text{m}}{13.7 \times 10^9 \times 10^{-12} \text{m}^4} = 15.6\text{MPa}$$

$$\sigma_M^- = \frac{Ma}{I_z} = -\frac{856 \times 10^3 \text{N} \cdot \text{m} \times 550 \times 10^{-3} \text{m}}{13.7 \times 10^9 \times 10^{-12} \text{m}^4} = -34.4\text{MPa}$$

应力叠加后,得

$$\sigma_m = \sigma_{F_N} + \sigma_M^+ = 8.84\text{MPa} + 15.6\text{MPa} = 24.4\text{MPa}$$

$$\sigma_n = \sigma_{F_N} + \sigma_M^- = 8.84\text{MPa} - 34.4\text{MPa} = -25.6\text{MPa}$$

立柱应力分布见图 8.12(c)。

3. 截面核心

由中性轴的截距式(8.10)可以看出,当偏心荷载作用点的位置 (y_F, z_F) 改变时,中性轴在两轴上的截距 a_y 与 a_z 亦随之改变,且荷载作用点离横截面形心越近时,中性轴离横截面形心越远;当偏心荷载作用点离横截面形心越远时,中性轴离横截面形心越近。随着偏心荷载作用点位置的变化,中性轴可能在横截面以内,或者与横截面周边相切,或者在横截面以外。在后两种情况下,若杆件受偏心压力作用,横截面上就只产生压应力。

土木工程中常用的混凝土构件、砖、石砌体等,均为脆性材料制成,其抗拉强度远低于抗压强度,因此,由这类材料制成的柱,在设计中往往认为其抗拉强度为零。这就要求构件在承受偏心压力时,其横截面上不产生拉应力,也即使中性轴不与横截面相交。为了满足这一要求,压力必须作用在横截面形心周围的某一区域内,使中性轴与横截面周边相切或在横截面以外。这一区域称为**截面核心**。当外力作用在截面核心的边界上时,对应的中性轴正好与截面的周边相切。利用这一关系就可以确定截面核心的边界。

【例 8.6】 试确定图 8.13 所示矩形截面的截面核心。

解: 矩形截面的对称轴 y 和 z 是形心主轴,且

$$i_y^2 = \frac{I_y}{A} = \frac{b^2}{12} \quad , \quad i_z^2 = \frac{I_z}{A} = \frac{h^2}{12}$$

显然,要使整个横截面上只受同一符号的应力,则中性轴至少应与截面周边相切。先将与 AB 边重合的直线①作为中性轴,它在 y、z 轴上的截距分别为

$$a_{y1} = \infty \quad , \quad a_{z1} = -\frac{b}{2}$$

由式(8.10),得到与之对应的 1 点的坐标为

$$y_{F1} = -\frac{i_z^2}{a_{y1}} = -\frac{h^2/12}{\infty} = 0 \quad , \quad z_{F1} = -\frac{i_y^2}{a_{z1}} = -\frac{h^2/12}{-b/2} = \frac{b}{6}$$

同理可求得当中性轴②与 BC 边重合时,与之对应的 2 点的坐标为

$$y_{F2} = -\frac{h}{6} \ , \qquad z_{F2} = 0$$

中性轴③与 CD 边重合时,与之对应的 3 点的坐标为

$$y_{F3} = 0 \ , \qquad z_{F3} = -\frac{b}{6}$$

中性轴④与 DA 边重合时,与之对应的 4 点的坐标为

$$y_{F4} = \frac{h}{6} \ , \qquad z_{F4} = 0$$

确定了截面核心边界上的 4 个点后,还要确定这
4 个点之间截面核心边界的形状。为了解决这一问

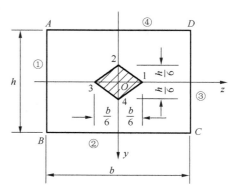

图 8.13　例 8.6 图

题,现研究中性轴从与一个周边相切,转到与另一个周边相切时,外力作用点的位置变化的情况。例如,当外力作用点由 1 点沿截面核心边界移动到 2 点的过程中,与外力作用点对应的一系列中性轴将绕 B 点旋转,B 点是这一系列中性轴共有的点。因此,将 B 点的坐标 y_B 和 z_B 代入(8.9)式,即得

$$1 + \frac{y_F y_B}{i_z^2} + \frac{z_F z_B}{i_y^2} = 0$$

在这一方程中,只有外力作用点的坐标 y_F 和 z_F 是变量,所以这是一个直线方程。它表明,当中性轴绕 B 点旋转时,外力作用点沿直线移动。因此,连接点 1 和点 2 的直线,就是截面核心的边界。同理,点 2、3、4 之间也分别是直线。最后得到矩形截面的截面核心是一个菱形,其对角线的长度分别是 $h/3$ 和 $b/3$。由此例可以看出,对于矩形截面杆,当压力作用在对称轴上,并在"中间三分点"以内时,截面上只产生压应力,这一结果在土建工程中经常用到。其他截面形状,也可用同样的方法确定。

8.3　弯曲和扭转的组合变形

1. 弯曲和扭转组合变形下应力计算

以图 8.14(a)所示的钢制直角曲拐中的圆杆 AB 为例,首先研究杆在弯曲和扭转组合变形下应力计算的方法。

首先将力 F 向 AB 杆 B 端截面形心简化,得到一横向力 F 及力偶矩 $T = Fa$,如图 8.14(b)所示。力 F 使杆 AB 弯曲,力偶矩 T 使杆 AB 扭转,故杆 AB 同时产生弯曲和扭转两种变形。杆 AB 的内力图,见图 8.14(c)、(d)。固定端 A 处是危险截面,其弯矩和扭矩分别为

$$|M| = Fl, \qquad |T| = Fa \tag{8.11}$$

实际杆 AB 的各截面上还有剪力 F_s,因此,杆 AB 的任一截面上既有正应力,又有扭转切应力和弯曲切应力。但一般来说,在弯扭组合变形中,由横向力(剪力 F_s)引起的弯曲切应力,与扭转产生的扭转切应力相比非常小,一般可以忽略不计。

截面 A 的弯曲正应力和扭转切应力的分布分别如图 8.14(e)、(f)所示。从应力分布图可见,横截面的上、下两点 C_1 和 C_2 都是危险点。弯曲正应力和扭转切应力分别为

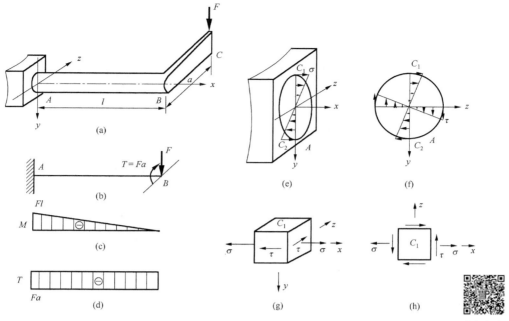

图 8.14　弯曲和扭转组合变形

$$\sigma = \pm \frac{M}{W_z} \tag{8.12}$$

$$\tau = \frac{T}{W_t} \tag{8.13}$$

2. 弯曲和扭转组合变形下主应力计算

以 AB 轴危险截面 A 上的危险点 C_1 为例,该点处的正应力为 σ,切应力 τ,为平面应力状态,如图 8.14(g)、(h)所示,根据主应力公式(7.5),有

$$\left. \begin{matrix} \sigma_{\max} \\ \sigma_{\min} \end{matrix} \right\} = \frac{\sigma}{2} \pm \frac{1}{2}\sqrt{\sigma^2 + 4\tau^2} \tag{8.14}$$

则主应力为

$$\begin{cases} \sigma_1 = \dfrac{\sigma}{2} + \dfrac{1}{2}\sqrt{\sigma^2 + 4\tau^2} \\[2mm] \sigma_2 = 0 \\[2mm] \sigma_3 = \dfrac{\sigma}{2} - \dfrac{1}{2}\sqrt{\sigma^2 + 4\tau^2} \end{cases} \tag{8.15}$$

将 $\sigma = \dfrac{M}{W_z}$ 和 $\tau = \dfrac{T}{W_t}$ 代入式(8.15),并注意到 $W_t = 2W_z = 2W$,则得到以内力形式表示的主应力计算公式为

$$\begin{cases} \sigma_1 = \dfrac{M}{2W} + \dfrac{\sqrt{M^2 + T^2}}{2W} \\[2mm] \sigma_2 = 0 \\[2mm] \sigma_3 = \dfrac{M}{2W} - \dfrac{\sqrt{M^2 + T^2}}{2W} \end{cases} \tag{8.16}$$

最大切应力为

$$\tau_{\max} = \frac{\sigma_1 - \sigma_3}{2} = \frac{\sqrt{M^2 + T^2}}{2W} \tag{8.17}$$

由式(8.16)可以看出：①只需得到截面上的内力 M、T，即可求出该截面上危险点的主应力；②主应力的大小与扭矩的转向无关；③即使不知道危险点的位置，只要知道截面上的内力 M、T，就可确定主应力的大小。

【例 8.7】 图 8.15(a)所示钢制实心圆轴的直径为 $d=50\mathrm{mm}$，其齿轮 C 上作用铅直切向力 5kN，径向力 1.82kN；齿轮 D 上作用有水平切向力 10kN，径向力 3.64kN。齿轮 C 的直径 $d_C=400\mathrm{mm}$，齿轮 D 的直径 $d_D=200\mathrm{mm}$。试求圆轴的危险点的主应力和最大切应力。

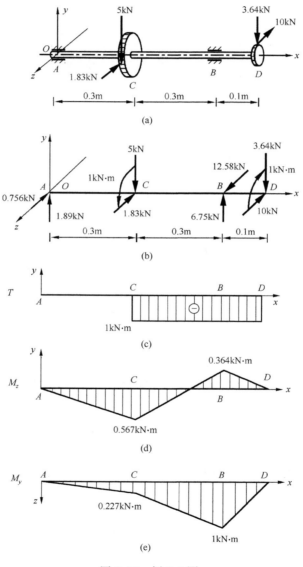

图 8.15　例 8.7 图

解：（1）外力分析：将各力向圆轴的截面形心简化，画出受力简图，如图 8.15(b) 所示。圆轴在 xOy 和 xOz 面内分别作用有垂直杆轴线的集中荷载作用，在 yOz 面内受到外力偶作用。显然圆轴产生弯曲和扭转的组合变形。

（2）内力分析：画出内力图，如图 8.15(c)、(d)、(e)。从内力图分析，截面 B 为危险截面。截面 B 上的内力为

扭矩：
$$T = 1\text{kN·m}$$

弯矩：
$$\begin{cases} M_z = 0.364\text{kN·m} \\ M_y = 1\text{kN·m} \end{cases}$$

对于圆轴，由于包含轴线的任一平面都是纵向对称平面，所以把同一横截面的两个弯矩 M_y 和 M_z 按矢量合成后，合成总弯矩 M 的作用平面仍然是纵向对称面，仍然可按照对称弯曲计算弯曲正应力。合成总弯矩 M 为

$$M = \sqrt{M_y^2 + M_z^2} = 1.06\text{kN·m}$$

（3）主应力：圆轴的抗弯截面系数为

$$W = \frac{\pi d^3}{32} = \frac{3.14 \times (50 \times 10^{-3}\text{m})^3}{32} = 1.227 \times 10^{-5}\text{m}^3$$

把上式代入式 (8.15) 和式 (8.16) 中，即可得到主应力为

$$\begin{cases} \sigma_1 = \dfrac{M}{2W} + \dfrac{\sqrt{M^2 + T^2}}{2W} = \dfrac{1.06 \times 10^3\,\text{Nm}}{2 \times 1.227 \times 10^{-5}\text{m}^3} + \dfrac{\sqrt{1.06^2 + 1^2} \times 10^3\,\text{Nm}}{2 \times 1.227 \times 10^{-5}\text{m}^3} = 102.578\text{MPa} \\ \sigma_2 = 0 \\ \sigma_3 = \dfrac{M}{2W} - \dfrac{\sqrt{M^2 + T^2}}{2W} = \dfrac{1.06 \times 10^3\,\text{Nm}}{2 \times 1.227 \times 10^{-5}\text{m}^3} - \dfrac{\sqrt{1.06^2 + 1^2} \times 10^3\,\text{Nm}}{2 \times 1.227 \times 10^{-5}\text{m}^3} = -16.188\text{MPa} \end{cases}$$

最大切应力为

$$\tau_{\max} = \frac{\sqrt{M^2 + T^2}}{2W} = \frac{\sqrt{1.06^2 + 1^2} \times 10^3\,\text{Nm}}{2 \times 1.227 \times 10^{-5}\text{m}^3} = 59.383\text{MPa}$$

8.4　拉伸(压缩)和扭转的组合变形

拉伸与扭转组合变形的构件，如图 8.16(a) 所示。圆柱面上的各点均为危险点，既有拉压正应力，又有扭转切应力，为平面应力状态。在圆柱面上 A 点处取单元体，如图 8.16(b) 所示，其正应力为 $\sigma = \dfrac{F}{A}$，切应力 $\tau = \dfrac{T}{W_t}$，则该点的主应力为

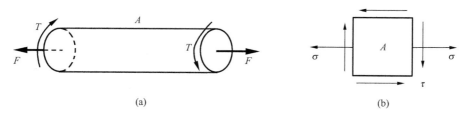

(a)　　　　　　　　　　　　　　　(b)

图 8.16　拉伸与扭转组合变形

$$\begin{cases} \sigma_1 = \dfrac{\sigma}{2} + \dfrac{1}{2}\sqrt{\sigma^2 + 4\tau^2} \\[2mm] \sigma_2 = 0 \\[2mm] \sigma_3 = \dfrac{\sigma}{2} + \dfrac{1}{2}\sqrt{\sigma^2 + 4\tau^2} \end{cases} \tag{8.18}$$

将 $\sigma = \dfrac{F}{A}$ 和 $\tau = \dfrac{T}{W_t}$ 代入上式,得到

$$\begin{cases} \sigma_1 = \dfrac{F}{2A} + \dfrac{1}{2}\sqrt{\left(\dfrac{F}{A}\right)^2 + 4\left(\dfrac{T}{W_t}\right)^2} \\[3mm] \sigma_2 = 0 \\[3mm] \sigma_3 = \dfrac{F}{2A} - \dfrac{1}{2}\sqrt{\left(\dfrac{F}{A}\right)^2 + 4\left(\dfrac{T}{W_t}\right)^2} \end{cases} \tag{8.19}$$

最大切应力为

$$\tau_{max} = \frac{\sigma_1 - \sigma_3}{2} = \frac{1}{2}\sqrt{\left(\frac{F}{A}\right)^2 + 4\left(\frac{T}{W_t}\right)^2} \tag{8.20}$$

比较式(8.18)和式(8.15)发现,只要是 σ-τ 应力状态(图8.14(h)和8.16(b)),主应力的表达形式就相同,与切应力 τ 的方向无关,只是其中正应力 σ 和切应力 τ 的含义有所不同而已。

【例8.8】　如图8.17所示,已知薄壁容器的壁厚为 t,内径为 D,承受内压 p,在容器两端封头处还受一对大小相等方向相反的转矩 M_e 作用。试分析容器危险点处受到的最大正应力和最大切应力。

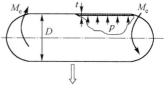

解: 由例4.3,得

$$\sigma_x = \frac{pD}{4t} \quad , \quad \sigma_y = \frac{pD}{2t}$$

由式(4.23)求得薄壁容器受转矩作用 $M_e = T$ 产生的扭转切应力为

$$\tau = \frac{T}{2\pi R_0^2 t} = \frac{T}{2\pi (D/2)^2 t} = \frac{2T}{\pi D^2 t}$$

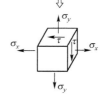

图8.17　例8.8图

由式(7.5)求得主应力为

$$\left.\begin{array}{c}\sigma_{max}\\\sigma_{min}\end{array}\right\} = \begin{array}{c}\sigma_1\\\sigma_3\end{array} = \frac{\sigma_x + \sigma_y}{2} \pm \sqrt{\left(\frac{\sigma_x - \sigma_y}{2}\right)^2 + \tau^2} = \frac{3pD}{8t} \pm \sqrt{\left(\frac{pd}{8t}\right)^2 + \frac{4T^2}{\pi^2 D^4 t^2}}$$

$$\sigma_2 = 0$$

由式(7.16)求得最大切应力为

$$\tau_{max} = \frac{\sigma_1 - \sigma_3}{2} = \sqrt{\left(\frac{\sigma_x - \sigma_y}{2}\right)^2 + \tau^2} = \sqrt{\left(\frac{pd}{8t}\right)^2 + \frac{4T^2}{\pi^2 D^4 t^2}}$$

8.5　拉伸(压缩)、扭转和弯曲的组合变形

如图8.18所示圆轴受到横向力 F_1、轴向力 F_2 和横截面内的力偶矩 M_e 的作用,产生轴向拉伸、扭转和弯曲的组合变形。

轴力作用下产生的正应力为

$$\sigma_{F_N} = \frac{F_N}{A} = \frac{F_2}{A} \tag{8.21}$$

弯矩作用下产生的正应力为

$$\sigma_M(x) = \frac{M_z(x)y}{I_z} = \frac{F_1 x}{I_z}y \tag{8.22}$$

剪力作用下产生的切应力为

$$\tau_{F_S}(x) = \frac{F_S S_z^*}{I_z b} = \frac{F_1 S_z^*}{I_z b} \tag{8.23}$$

扭矩作用下产生的切应力为

$$\tau_T(x) = \frac{T\rho}{I_P} = \frac{M_e \rho}{I_P} \tag{8.24}$$

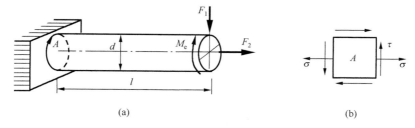

图 8.18　拉伸、扭转和弯曲组合变形杆件

将同一截面上同一点的同一种应力叠加，即

$$\sigma = \sigma_{F_N} + \sigma_M = \frac{F_2}{A} + \frac{F_1 x}{I_z}y \tag{8.25}$$

$$\tau = \tau_T + \tau_{F_S}(x) = \frac{M_e \rho}{I_P} + \frac{F_1 S_z^*}{I_z b} \tag{8.26}$$

由内力图可知，危险截面在固定端，若略去剪力产生的切应力，则得到该截面上的危险点在上、下边缘的点，A 点处取单元体(图 8.18b)其应力为

$$\sigma = \sigma_{F_N} + \sigma_M = \frac{F_N}{A} + \frac{M}{W_z} = \frac{F_2}{A} + \frac{F_1 l}{W_z} \tag{8.27}$$

$$\tau = \frac{T}{W_t} = \frac{M_e}{W_t} \tag{8.28}$$

代入主应力计算公式，所得和式(8.18)相同。将上两式代入式(8.18)得到

$$\begin{cases} \sigma_1 = \frac{1}{2}\left(\frac{F_N}{A} + \frac{M}{W_Z}\right) + \frac{1}{2}\sqrt{\left(\frac{F_N}{A} + \frac{M}{W_Z}\right)^2 + 4\left(\frac{T}{W_t}\right)^2} \\ \sigma_2 = 0 \\ \sigma_3 = \frac{1}{2}\left(\frac{F_N}{A} + \frac{M}{W_Z}\right) - \frac{1}{2}\sqrt{\left(\frac{F_N}{A} + \frac{M}{W_Z}\right)^2 + 4\left(\frac{T}{W_t}\right)^2} \end{cases} \tag{8.29}$$

最大切应力为

$$\tau_{\max} = \frac{\sigma_1 - \sigma_3}{2} = \sqrt{\left(\frac{F}{A} + \frac{M}{W_Z}\right)^2 + 4\left(\frac{T}{W_t}\right)^2} \tag{8.30}$$

【**例 8.9**】　底部固支,上端自由的立柱,横截面是外直径为 D 内径为 d 的空心圆截面,受到两个集中力 F 作用如图 8.19(a)所示,已知 $F=10\text{kN}$, $D=100\text{mm}$, $a=400\text{mm}$, $H=2a$, $\alpha=0.5$,试求:(1)计算距上端距离为 H 处 B 截面上的内力;(2)写出 B 截面危险点的应力;(3)计算危险点的主应力和最大切应力。

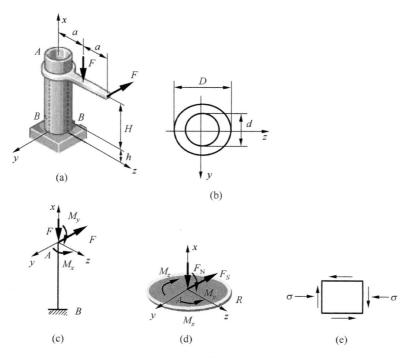

图 8.19　例 8.9 图

解:将作用力向立柱的截面形心简化,可得立柱的计算简图 8.19(c),由此可见,立柱将发生压缩变形、扭转变形和在 xy、xz 两相互垂直的纵向对称平面内的弯曲变形(图 8.19(d))。

(1)计算 B 截面内力。

轴力:
$$F_N = -F = -10\text{kN}$$

弯矩:
$$M_y = Fa = 4\text{kN·m}, \quad M_z = FH = 2Fa = 8\text{kN·m}$$

如例 7.13 所述,对于圆轴,可以将弯矩 M_y 和 M_z 合成为弯矩 $M = \sqrt{M_y^2 + M_z^2}$,即
$$M = F\sqrt{a^2 + H^2} = \sqrt{5}\,Fa = 8.944\text{kN·m}$$

扭矩:
$$T = M_x = 2Fa = 8\text{kN·m}$$

(2)B 截面危险点应力。

抗弯截面系数:
$$W_z = \frac{\pi D^3}{32}(1-\alpha^4) = 9.199 \times 10^{-5}\text{m}^3$$

抗扭截面系数:
$$W_t = \frac{\pi D^3}{16}(1-\alpha^4) = 1.8398 \times 10^{-4}\text{m}^3$$

面积:
$$A = \frac{\pi D^2}{4}(1-\alpha^2) = 5.8875 \times 10^{-3}\text{m}^2$$

正应力：　　$\sigma = -\dfrac{M}{W_z} - \dfrac{F_N}{A} = -\dfrac{8.994 \times 10^3\,\mathrm{Nm}}{9.199 \times 10^{-5}\,\mathrm{m}^3} - \dfrac{10 \times 10^3\,\mathrm{N}}{5.8875 \times 10^{-3}\,\mathrm{m}^2}$

　　　　　　　　$= -99.47 \times 10^6\,\mathrm{Pa} = -99.47\,\mathrm{MPa}$

切应力：　　$\tau = \dfrac{T}{W_t} = \dfrac{8 \times 10^3\,\mathrm{Nm}}{1.8398 \times 10^{-4}\,\mathrm{m}^3} = 43.48 \times 10^6\,\mathrm{Pa} = 43.48\,\mathrm{MPa}$

单元体如图 8.19(e)所示。

(3)危险点的主应力和最大切应力。

将正应力和切应力代入式(8.18)可得

$$
\begin{cases}
\sigma_1 = \dfrac{\sigma}{2} + \dfrac{1}{2}\sqrt{\sigma^2 + 4\tau^2} \\[2mm]
\quad = \dfrac{99.47\,\mathrm{MPa}}{2} + \dfrac{1}{2}\sqrt{(99.47\,\mathrm{MPa})^2 + 4 \times (43.48\,\mathrm{MPa})^2} = 16.326\,\mathrm{MPa} \\[2mm]
\sigma_2 = 0 \\[2mm]
\sigma_3 = \dfrac{\sigma}{2} - \dfrac{1}{2}\sqrt{\sigma^2 + 4\tau^2} \\[2mm]
\quad = \dfrac{99.47\,\mathrm{MPa}}{2} - \dfrac{1}{2}\sqrt{(99.47\,\mathrm{MPa})^2 + 4 \times (43.48\,\mathrm{MPa})^2} = -115.796\,\mathrm{MPa}
\end{cases}
$$

最大切应力

$$\tau_{\max} = \frac{\sigma_1 - \sigma_3}{2} = \frac{16.326\,\mathrm{MPa} - (-115.796\,\mathrm{MPa})}{2} = 66.061\,\mathrm{MPa}$$

复习思考题

8-1　图 8.20(a)所示悬臂梁均由方形截面制成，其一为整方形(图(b))，其二为上下边各切割一小块的方形(图(c))，它们在 oxy 平面受到平面弯曲变形，试判断哪个截面上的最大正应力较大。

8-2　图 8.21 所示悬臂梁的横截面没有对称轴，要使它产生平面弯曲，试问外力偶矩 M_e 应作用在什么平面上，并在截面图(b)上大致标出平面位置。

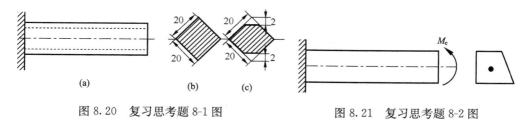

图 8.20　复习思考题 8-1 图　　　　　　　图 8.21　复习思考题 8-2 图

8-3　试分析图 8.22 所示各杆中的 AB、BC、CD 分别是哪几种基本变形的组合？

8-4　图 8.23 所示矩形截面(图 a)梁和圆形截面(图 b)梁，y、z 轴为主形心惯性轴，受弯矩 M_z 和 M_y 作用，如何确定截面危险点的应力。

8-5　材料通过拉伸曲线得到 σ_p、σ_s 和 σ_b，试问这些强度指标在弯曲和压缩组合变形时能否应用？扭转试验时，上述三个强度指标如何表示？

8-6　试比较拉(压)扭组合与弯扭组合变形时杆件的内力、应力以及危险点应力状态异同之处。

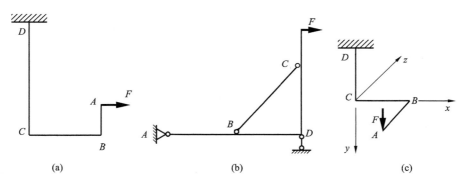

图 8.22　复习思考题 8-3 图

8-7　图 8.24 所示为矩形和圆形截面:在截面上有弯矩 M_y 和 M_z,试问:(1)两种截面上危险点的应力均为 $\sigma_{max} = \dfrac{M_y}{W_y} + \dfrac{M_z}{W_z}$,对吗? 正确的答案应是什么?(2)两截面上危险点的位置各在何处?

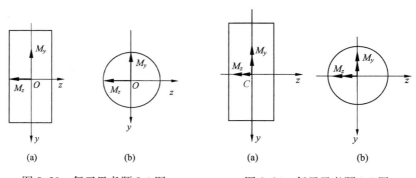

图 8.23　复习思考题 8-4 图　　　　图 8.24　复习思考题 8-7 图

习　　题

8.1　图 8.25 所示矩形截面梁,$l = 2m, b = 100mm, h = 150mm$,荷载 $F = 75kN, q = 6kN/m$。试求梁的最大正应力及跨中截面的中性轴位置。

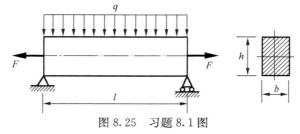

图 8.25　习题 8.1 图

8.2　简支梁如图 8.26 所示,若 $E = 10GPa$,试求:(1)梁内最大正应力;(2)梁中点的总挠度值及其方向(与截面对称轴 y 的夹角)。

8.3　如图 8.27 所示,已知矩形截面杆 $h = 200mm, b = 100mm, F = 20kN$。试求杆内最大正应力。

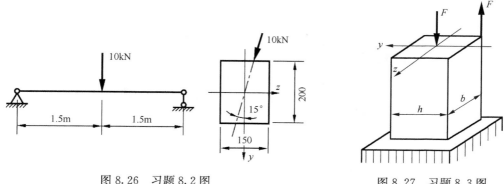

图 8.26　习题 8.2 图　　　　　　　　　　图 8.27　习题 8.3 图

8.4　图 8.28 所示一檩条，$\dfrac{h}{b}=2$，$q=1450\text{N/m}$，若最大正应力不得超过 12MPa，试求截面的最小尺寸。

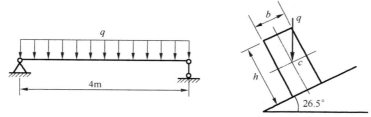

图 8.28　习题 8.4 图

8.5　试分别求出图 8.29 所示不等截面及等截面杆内的最大正应力，并作比较，已知 $F=350\text{kN}$。

8.6　若 $F=70\text{kN}$，试作图 8.30 所示杆件 I-I 截面上正应力的分布图。

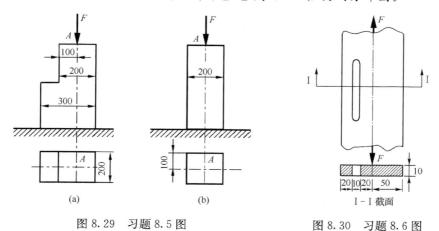

（a）　　　　　　　　（b）

图 8.29　习题 8.5 图　　　　　　　　图 8.30　习题 8.6 图

8.7　试求图 8.31 中直杆部分横截面上的最大正应力，并指明其位置。

8.8　图 8.32 所示 C 形夹钳上的最大夹力 $F=2.5\text{kN}$。若 A-A 截面上的最大正应力不得超过 140MPa，试求横截面尺寸 h 的最小值。

8.9　如图 8.33 所示，均质圆截面杆 AB 承受自重，B 端为铰支承，A 端靠于光滑的铅垂墙上，试确定杆内最大压应力所在的截面到 A 端的距离 S。

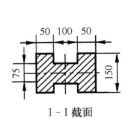

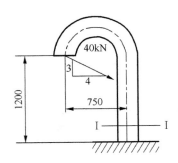

图 8.31　习题 8.7 图

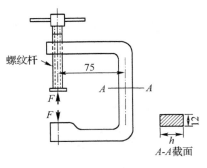

图 8.32　习题 8.8 图

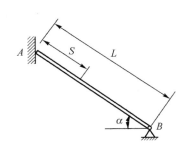

图 8.33　习题 8.9 图

8.10　图 8.34 所示传动轴外伸臂,直径 $d=80\text{mm}$,转速 $n=110\text{r/min}$,传递功率 $P=11.8\text{kW}$,带轮重 $G=2\text{kN}$,轮子直径 $D=500\text{mm}$,紧边张力是松边的三倍,外伸臂长 $l=500\text{mm}$,试计算轴的应力。

8.11　如图 8.35 所示,一实心轴的直径为 100mm,承受力 F_1 和 F_2 的作用如图所示。试求横截面边缘 K 点处的主应力和最大切应力。

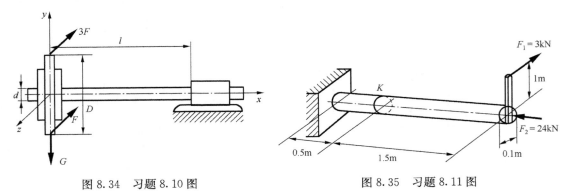

图 8.34　习题 8.10 图　　　　　　　　图 8.35　习题 8.11 图

8.12　求图 8.36 所示实心轴 K 点处的主应力和最大切应力,已知轴径 d＝50mm。

8.13　一直径为 120mm 的实轴,其上固定两皮带轮如图 8.37 所示。试求 K 点和危险点处的主应力和最大切应力。两皮带轮的直径均为 600mm。

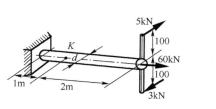

图 8.36　习题 8.12 图

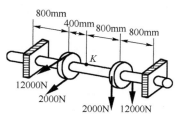

图 8.37　习题 8.13 图

*8.14　结构如图 8.38 所示,空心圆轴由硬铝制成,内、外径分别为 $d=27\text{mm}$, $D=30\text{mm}$ 轴上装有长分别为 $R_1=100\text{mm}$ 和 $R_2=150\text{mm}$ 的舵面, $a=2b=200\text{mm}$, $F=1.6\text{kN}$, $\alpha=70°$。求危险截面处的正应力、切应力及主应力和最大切应力。

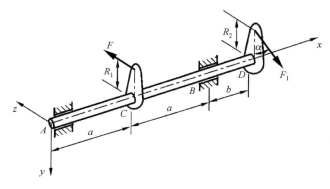

图 8.38　习题 8.14 图

*8.15　图 8.39 所示水平直角曲拐 ABC,曲拐横截面为空心圆环,外径 $D=150\text{mm}$,内径 $d=135\text{mm}$, $l=3\text{m}$, $a=0.5\text{m}$, $F_1=10\text{kN}$, $F_2=20\text{kN}$, $q=8\text{kN/m}$。材料为 Q235 钢, $E=200\text{GPa}$, $\mu=0.25$。试求:(1)危险截面和危险点的位置;(2)危险点处的最大切应力;(3)C 点的位移。

8.16　一铝杆如图 8.40 所示,其横截面为矩形,宽 100mm,高 150mm。求固定端处截面上的最大正应力。(1)忽略构件的挠度;(2)计入杆的 1250mm 水平部分的挠度引起的应力近似值;(3)比较两者误差,得出什么结论。

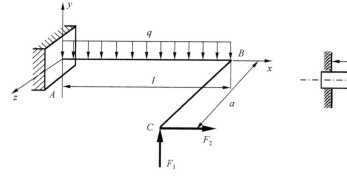

图 8.39　习题 8.15 图

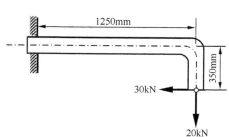

图 8.40　习题 8.16 图

8.17 受偏心拉伸作用的矩形截面杆,沿杆轴向装有三个杠杆引伸仪 T_1、T_2、T_3(图 8.41),已知引伸仪的放大倍数 $k=1000$,标距 $s=20$mm,杆的截面尺寸 $b \times h = 5 \times 60$mm。材料的 $E=200$GPa,$\mu=0.3$,当拉力增加 ΔF 时,各引伸仪引起的增量分别为 $\Delta S_1 = 9.52$mm,$\Delta S_2 = 3.81$mm,$\Delta S_3 = -1.9$mm,求 ΔF 和偏心距 e。

8.18 矩形截面杆受力如图 8.42 所示。已知杆的上下表面沿轴向的正应变分别为 $\varepsilon_a = 100\mu\varepsilon$,$\varepsilon_b = 300\mu\varepsilon$,截面尺寸为 $b=40$m,$E=200$GPa,求 M_e 和 F。

8.19 矩形截面悬臂梁受载如图 8.43 所示,已知 $q=0.6$kN/m,$F=0.2$kN,$E=10$GPa,$I_z = 58.3 \times 10^6$mm^4,$I_y = 25.9 \times 10^6$mm^4,求梁的最大正应力 σ_{max}、最大切应力 τ_{max} 和最大挠度。

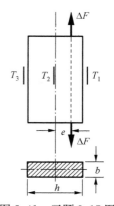

图 8.41 习题 8.17 图

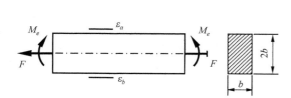

图 8.42 习题 8.18 图

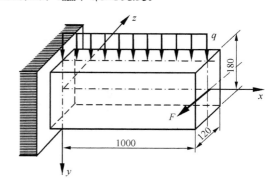

图 8.43 习题 8.19 图

第9章 压杆的稳定性

随着在大跨度结构和高层建筑中日益广泛地采用高强度轻质材料和薄壁结构,稳定性问题更显突出,往往成为结构安全的关键因素。

从实践中可知,拉杆在破坏前始终能保持它原有的直线平衡状态;但细长压杆却不同,它不仅有压缩变形,还产生垂直于杆件轴线方向的弯曲变形,从而不再处于原有的直线平衡状态。压杆的这种丧失原有直线平衡状态的现象称为**失稳**。失稳后压杆的弯曲变形会迅速增大,导致丧失承载能力,甚至会使得由多根杆件所组成的结构产生多米诺骨牌式的连锁反应,在很短的时间内造成整个结构的破坏,引发严重的事故。

1907 年 8 月 29 日,建设中的加拿大圣劳伦斯河上的魁北克桥,因主跨桥墩附近的下弦杆失稳,导致桥架倒塌,19,000 吨钢材坠入圣劳伦斯河中,正在桥上作业的 86 名工人中 75 人丧生(图 9.1(a)、(b))。2008 年初,雨雪冰冻天气袭击了中国南方十九个省区市,造成大量的输电塔因杆件失稳而倒塌(图 9.1(c))。在建筑施工中频频发生的脚手架整体失稳等(图 9.1(d)),都是工程结构失稳的典型案例。

(a) 魁北克桥上处于危险中的悬臂桁架在施工

(b) 垮塌后的魁北克桥

(c) 倒塌的电塔

(d) 倾斜的脚手架

吊车事故

图 9.1　失稳的典型案例

9.1　两类稳定性问题

压杆的失稳现象可分为两类:第一类失稳可用理想中心受压细长直杆说明(图 9.2)。
当轴向压力 F 小于某一数值时,压杆处于直线平衡状态(图 9.2(a)),若此时施以微小的横向干扰力使压杆产生微小的弯曲变形,当干扰去掉后,压杆能恢复到原有的直线平衡位置。这表明,压杆的直线平衡状态是稳定的。

当轴向压力 F 大于某一数值时,压杆仍可以处于直线平衡状态,但一旦有微小的干扰,压杆将突然发生弯曲变形(图 9.2(b)),当干扰去掉后,压杆处于新的弯曲平衡位置不能恢复到原有的直线平衡位置。压杆这种由直线平衡状态突然转变为弯曲平衡状态的过程表明,此时压杆的直线平衡状态是不稳定的,或者说,压杆丧失了保持稳定的原有直线平衡状态的能力,即**失稳**。

当轴向压力 F 等于这一数值时,压杆处于由稳定平衡状态过渡到不稳定平衡状态的临界状态,相应的这一轴向压力值称为**临界压力**或**临界力**,用 F_{cr} 表示。

根据挠曲线近似微分方程分析表明,当 $F=F_{cr}$ 时,压杆的平衡形式不再唯一(图 9.2(c)),既可以处于原有稳定的直线平衡状态 OA,也可以处于微小干扰后挠度不定的微弯平衡状态 AC,即随遇平衡状态,存在两种不同形式的平衡状态。

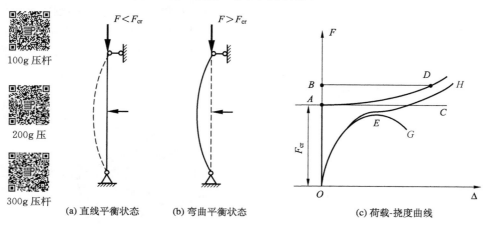

图 9.2　简支压杆稳定状态

根据挠曲线精确微分方程分析表明,当 $F \geqslant F_{cr}$ 时,既可以处于不稳定的直线平衡状态 AB,也可以处于微小干扰后稳定的弯曲平衡状态 AD。例如当荷载达到 B 点,其直线平衡状态是不稳定的,稍有微小干扰就突然变到 D 点的弯曲平衡状态,压杆的平衡形式也不唯一。但不存在挠度不确定性,即使在 A 点 $F=F_{cr}$ 处,挠度仍是确定的。

这种平衡形式不唯一,出现平衡状态分支的现象,是**第一类失稳**,称为**分支点失稳**。

实际上工程中不存在理想中心受压直杆,压杆难免存在初曲率、偏心压缩、材料不均匀等现象,从一开始受压杆件就处于压弯状态。

压杆稳定实验的结果大致如图 9.2(c)中的曲线 OEG 或 OEH。随着轴向压力 F 增加,挠度亦相应增大;轴向压力在其极大值 E 点之前,若 F 不变挠度也不变,平衡状态是稳定的;当轴向压力达到 E 点时,即使 F 不增加甚至减少,挠度仍继续增大,平衡状态是不稳定的;这种现象是**第二类失稳**,称为**极值点失稳**。极值点 E 为临界点,E 点的轴向压力为临界压力,它一般比理想中心受压直杆的临界压力小。曲线 OEH 代表的是非理想弹性压杆;曲线 OEG 代表的是荷载超过极值后产生塑性变形的非理想压杆。

极值点失稳的特征是:平衡形式不发生质的变化,不出现分支现象,变形按原有形式迅速增长,使结构丧失承载能力。工程中的失稳问题大多是这种极值点失稳。

　　失稳的现象在其他结构中也会发生。例如,(1)承受均布水压力的圆环(图 9.3(a)),当压力达到临界值 q_{cr} 时,原有圆形平衡形式将成为不稳定的,而可能出现新的非圆的平衡形式。(2)承受均布荷载的抛物线拱(图 9.3(b))和承受集中荷载的刚架(图 9.3(c)),在荷载达到临界值 q_{cr} 或 F_{cr} 以前,都处于轴向受压状态;而当荷载达到临界值时,均出现同时具有压缩和弯曲变形的新的平衡形式。(3)承受集中荷载的工字钢悬臂梁(图 9.3(d)),当荷载达到临界值 F_{cr} 之前,梁仅在其腹板平面内弯曲;当荷载达到临界值 F_{cr} 时,原有平面弯曲形式不再是稳定的,梁将偏离腹板平面,发生斜弯曲和扭转。

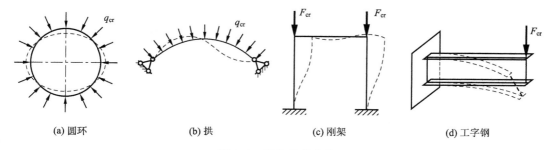

(a) 圆环　　　　　　　(b) 拱　　　　　　　(c) 刚架　　　　　　(d) 工字钢

图 9.3　结构失稳实例

　　由于极值点失稳问题和挠曲线精确微分方程的求解比较复杂,本章仅讨论基于挠曲线近似微分方程的分支点失稳问题。

9.2　细长压杆的临界压力

9.2.1　两端铰支细长压杆的临界压力

　　根据分支点失稳现象,临界压力是压杆保持稳定的直线平衡状态的荷载最大值,也是压杆微弯平衡状态的荷载最小值。由于在直线平衡状态难以确定杆件的临界压力,故从微弯平衡状态入手,寻求压杆微弯平衡状态的荷载最小值。

　　以两端铰支细长等直压杆为例,如图 9.4 所示。当杆件在压力 F 作用下处于微弯变形时,距端点 B 为 x 的横截面产生了挠度 w,压力 F 对该横截面的形心产生弯矩 $M(x)$。参照图 5.10 可知,挠度 w 为正时弯矩 $M(x)$ 是正的,反之挠度 w 为负时弯矩 $M(x)$ 亦是负的,即横截面上的弯矩与挠度始终同号。故有

$$M(x) = Fw \tag{9.1}$$

　　在杆内应力不超过材料比例极限的条件下,小挠度弯曲的挠曲线近似微分方程为

$$\frac{\mathrm{d}^2 w}{\mathrm{d}x^2} = -\frac{M}{EI} \tag{9.2}$$

综合考虑以上两式,有

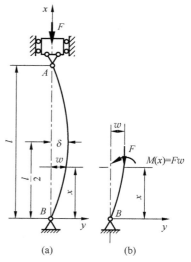

图 9.4　两端铰支细长压杆

$$\frac{\mathrm{d}^2 w}{\mathrm{d}x^2} = -\frac{Fw}{EI} \tag{9.3}$$

令

$$\frac{F}{EI} = k^2 \tag{9.4}$$

则式(9.3)可改写为

$$\frac{\mathrm{d}^2 w}{\mathrm{d}x^2} + k^2 w = 0 \tag{a}$$

即压杆在微弯时的挠度应满足上述二阶线性常系数齐次微分方程。该微分方程的通解为

$$w = A\sin kx + B\cos kx \tag{b}$$

式中,A、B 为积分常数。A、B 和方程中的 $k = \sqrt{\dfrac{F}{EI}}$ 都是待定值,要通过压杆的边界条件来决定。

根据 $x=0$ 时,$w=0$ 的边界条件,可得 $B=0$。则压杆在微弯时的挠度可以表示为

$$w = A\sin kx \tag{c}$$

根据 $x=l$ 时,$w=0$ 的边界条件,由上式得

$$A\sin kl = 0 \tag{d}$$

这就要求 A 和 $\sin kl$ 中至少有一个为零。

如果 $A=0$,w 就恒等于零,即压杆无挠度,处于直线平衡状态。在这种情况下,kl 可以具有任何值,由式(9.4)可知,压力 F 也可以具有任何值,临界压力无法确定,此结果可用图 9.2(c)中的垂直轴表示。

若要压杆处于微弯平衡状态,只能是

$$\sin kl = 0 \tag{e}$$

要满足这一条件,kl 就应该是 π 的整数倍,即

$$kl = n\pi \quad , \qquad (n = 0, 1, 2, \cdots) \tag{f}$$

由此求得

$$k = \frac{n\pi}{l} \tag{9.5}$$

把 k 值代入式(9.4),有

$$k^2 = \frac{F}{EI} = \frac{n^2 \pi^2}{l^2} \tag{9.6}$$

即

$$F = \frac{n^2 \pi^2 EI}{l^2} \tag{9.7}$$

由式(f)可知 n 是 $0, 1, 2, 3\cdots$ 整数中的任一个,所以上式表明,能够使得压杆保持微弯平衡状态的压力有多个值。临界压力 F_{cr} 为其中 $n=1$ 的最小非零值,即

$$F_{\mathrm{cr}} = \frac{\pi^2 EI}{l^2} \tag{9.8}$$

上式即为两端铰支中心受压细长等直杆的临界压力的计算公式。由于欧拉(L,Euler)在 18 世纪中叶最先导出该式,故通常称为**欧拉公式**。

在两端均为球铰的情况下,压杆的微弯变形一定发生于抗弯能力最小的纵向平面内,所以,临界应力表达式(9.8)中的 I 应是杆件横截面的最小形心主惯性矩。

根据式(9.5)，当 $kl=\pi$ 时，由 $x=\dfrac{l}{2}$，$w=\delta$（δ 为中点挠度），有 $A=\delta$，由此可得，压杆微弯变形的挠度曲线方程

$$w = \delta\sin\frac{\pi}{l}x \tag{9.9}$$

挠曲线为半波正弦曲线。式中的中点挠度 δ 是不确定值。由于 δ 是根据挠曲线近似微分方程推导得到的，所以它为微小值。

式(9.9)表明，无论 δ 为任何微小值，压杆都能维持微弯平衡状态，这种不确定的微弯平衡状态似乎是随遇平衡。此结果可用图 9.2(c)中的 AC 表示。实际上这种随遇平衡状态是不存在的，是因为它是基于挠曲线近似微分方程得到的结论。

若采用挠曲线的精确微分方程

$$\frac{\mathrm{d}\theta}{\mathrm{d}s} = -\frac{M(x)}{EI} = -\frac{F_{cr}w}{EI} \tag{9.10}$$

可解得挠曲线中点的挠度 δ 与压力 F 之间的近似关系式为[①]

$$\delta = \frac{2\sqrt{2}\,l}{\pi}\sqrt{\frac{F}{F_{cr}}-1}\left[1-\frac{1}{2}\left(\frac{F}{F_{cr}}-1\right)\right] \tag{9.11}$$

当 $F \geqslant F_{cr}$ 时，压力 F 与挠度 δ 之间呈一一对应关系，弯曲平衡状态是稳定的。此结果可用图 9.2(c)中的 AD 表示。

9.2.2　其他支座下细长压杆的临界压力

工程实际中，压杆除两端为铰支的形式外，还有其他各种不同的支座情况，这些压杆的临界压力计算公式可以仿照上述方法，由挠曲线近似微分方程及边界条件求得(参阅本章例题)，也可利用挠曲线相似的特点，以两端铰支为基本形式推广而得。例如千斤顶在顶重物时，千斤顶的螺杆就可以看成是一根压杆(图 9.5)，螺杆下端可简化为固定端，而上端因为可与所顶重物共同做微小的侧向位移，所以简化为自由端。这样，千斤顶的螺杆就可以看成为一端固定，一端自由的压杆。

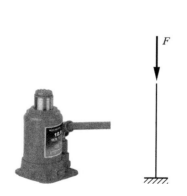

图 9.5　千斤顶及其力学计算简图

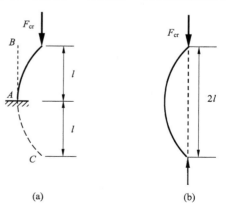

图 9.6　两端铰支压杆与一端固定、
一端自由的压杆的挠曲线相似性

[①]　详细推导可参见 Timoshenko, S. Theory of Elastic Stability, p. 70~74, McGraw-Hill Book Company, Inc. 1936。

设在临界压力下,上述压杆以微弯状态保持平衡(图9.6(a))。现将变形曲线延伸一倍如图中假想线 BAC 所示。比较图9.6的(a)和(b),可见一端固定而另一端自由、且长为 l 的压杆的挠曲线,与两端铰支、长为 $2l$ 的压杆的挠曲线的上半部分完全相同。所以,对于一端固定而另一端自由且长为 l 的压杆,其临界压力等于两端铰支而长为 $2l$ 的压杆的临界压力,即

$$F_{\text{cr}} = \frac{\pi^2 EI}{(2l)^2} \tag{9.12}$$

比较式(9.8)和式(9.12)两式可知,一端固定、一端自由的压杆的抗失稳能力要弱于两端铰支压杆。为提高一端固定,一端自由的压杆的抗失稳能力,可以在此类压杆的自由端加上铰支约束,这就形成了一端固定、一端铰支的压杆。一端固定、一端铰支的细长压杆失稳后的挠曲线形状如图9.7所示。可以证明,该挠曲线有一拐点 C,且拐点在距铰支端约为 $0.7l$ 处。故近似地将大约长为 $0.7l$ 的 BC 部分视为两端铰支的压杆。于是计算临界压力的公式可写成

$$F_{\text{cr}} = \frac{\pi^2 EI}{(0.7l)^2} \tag{9.13}$$

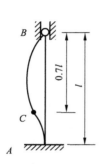

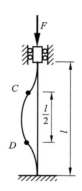

图9.7　一端固定、一端铰支压杆
失稳时的挠曲线

图9.8　两端固支压杆失稳后的挠曲线

要进一步提高一端固定、一端铰支压杆的抗失稳能力,还可以加强对其铰支端的约束。如果限制铰支端绕垂直于纸面的轴的转动,就形成图9.8所示的两端固支压杆。两端固支的细长压杆在微弯状态时,距上、下两端各为 $l/4$ 处各有一个拐点,这两点处的弯矩等于零,因而可以把这两点视为铰链,而长为 $l/2$ 的中间部分 CD 可以看成是两端铰支的压杆。所以,它的临界压力为

$$F_{\text{cr}} = \frac{\pi^2 EI}{(0.5l)^2} \tag{9.14}$$

上式所求得的 F_{cr} 虽然是 CD 段的临界压力,但 CD 段是整个压杆的一部分,并且整个压杆的稳定性主要就取决于相对较长的 CD 段,所以它的临界压力也是整个杆件 AB 的临界压力。

由式(9.8)、式(9.12)、式(9.13)和式(9.14)中可以看出,不同支座约束时的压杆临界压力计算公式是相似的,只是分母中长度 l 所乘的系数不同。因此,对于不同支座约束情况的细长压杆的临界压力计算公式可统一地写成

$$F_{cr} = \frac{\pi^2 EI}{(\mu l)^2} \tag{9.15}$$

式(9.15)即为欧拉公式的普遍形式。式中 μl 表示把压杆折算成两端铰支的长度,故称为**相当长度**。μ 称为**长度系数**,它反映了杆端不同支座情况对临界压力的影响。

现将几种理想情况的临界压力公式及长度系数 μ 列于表 9.1。

表 9.1　压杆的临界压力和长度系数 μ 的取值

支端情况	两端铰支	一端固定 另端铰支	两端固定	一端固定 另端自由	两端固定但可 沿横向相对移动
失稳时挠 曲线形状		*C*—挠曲线拐点	*C*、*D*—挠曲 线拐点		*C*—挠曲线拐点
临界力 F_{cr} 欧拉公式	$F_{cr}=\dfrac{\pi^2 EI}{l^2}$	$F_{cr}\approx\dfrac{\pi^2 EI}{(0.7l)^2}$	$F_{cr}=\dfrac{\pi^2 EI}{(0.5l)^2}$	$F_{cr}=\dfrac{\pi^2 EI}{(2l)^2}$	$F_{cr}=\dfrac{\pi^2 EI}{l^2}$
长度因数 μ	$\mu=1$	$\mu\approx0.7$	$\mu=0.5$	$\mu=2$	$\mu=1$

应该指出,以上的结果是理想情况下得到的,工程实际中情况要复杂得多,需要根据具体情况进行具体分析,从而决定其长度系数。例如内燃机配气机构中的挺杆(图 9.9),通常可简化成两端铰支。发动机的连杆(图 9.10),在其运动平面内,上端连接活塞销,下端与曲轴相连,都可以自由转动,故简化成两端铰支;而在另一与运动平面垂直的纵向平面内,两端不能转动,因此简化为两端固定,所以在这两个平面内长度系数 μ 不相同。有些受压杆端部与其他弹

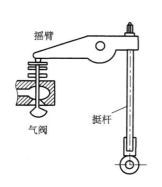

图 9.9　内燃机配气机构中的挺杆

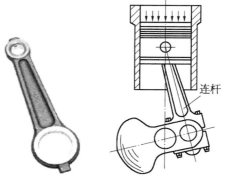
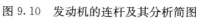

图 9.10　发动机的连杆及其分析简图

性杆件固接,由于弹性杆件也会发生弹性变形,所以杆端弹性约束处于固定支座和铰支座之间。此外作用于压杆上的荷载也有多种形式,例如压力可能是沿轴线分布而不是集中于两端等。上述各种不同情况,也可用不同的长度系数 μ 来反映,这些系数值可从有关的设计手册或规范中查到,也可直接用实验来分析测定。

前面分析除两端铰支的其他压杆的临界压力时,都是通过压杆的形状的比较得到的。其实,也可以通过压杆挠曲线近似微分方程的分析得到。本节仅对一端固定、一端铰支等直压杆进行讨论,其他情况请读者自行分析。

一端固定、一端铰支压杆微弯平衡状态时的计算简图如图 9.11 所示。图中 F_{By} 为上端铰支处的约束反力。于是,挠曲线的近似微分方程为

$$\frac{\mathrm{d}^2 w}{\mathrm{d}x^2} = \frac{M(x)}{EI} = -\frac{Fw}{EI} + \frac{F_{By}}{EI}(l-x) \tag{9.16}$$

令 $\dfrac{F}{EI} = k^2$,则式(9.16)可写成

$$\frac{\mathrm{d}^2 w}{\mathrm{d}x^2} + k^2 w = \frac{F_{By}}{EI}(l-x) \tag{9.17}$$

式(9.17)的通解为

$$w = A\sin kx + B\cos kx + \frac{F_{By}}{F}(l-x) \tag{a}$$

由此求出式(a)的一阶导数为

$$\frac{\mathrm{d}w}{\mathrm{d}x} = Ak\cos kx - Bk\sin kx - \frac{F_{By}}{F} \tag{b}$$

压杆的边界条件有

$x=0$ 时: $\qquad w=0$, $\qquad \dfrac{\mathrm{d}w}{\mathrm{d}x}=0$

$x=l$ 时: $\qquad w=0$

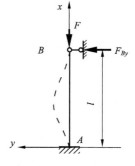

图 9.11　一端固定、
一端铰支等直压杆

将以上边界条件代入式(a)和(b),得

$$\begin{cases} B + \dfrac{F_{By}}{F}l = 0 \\[2mm] Ak - \dfrac{F_{By}}{F} = 0 \\[2mm] A\sin kl + B\cos kl = 0 \end{cases} \tag{c}$$

根据压杆稳定性的实际情况,A、B 和 $\dfrac{F_{By}}{F}$ 不能都等于零,故欲使上述方程组有非零解,则其系数行列式应等于零,故有

$$\begin{vmatrix} 0 & 1 & l \\ k & 0 & -1 \\ \sin kl & \cos kl & 0 \end{vmatrix} = 0$$

展开得

$$\tan kl = kl \tag{d}$$

式(d)为一超越方程,解得

$$kl = 4.49 \tag{e}$$

显然这是满足式(d)的不等于零的最小根。由此求得

$$F_{cr} = k^2 EI = \frac{(4.49)^2 EI}{l^2} \approx \frac{\pi^2 EI}{(0.7l)^2} \qquad (f)$$

上式即为表 9.1 中所列一端固定、一端铰支压杆的欧拉公式。

【例 9.1】　一细长圆截面连杆,两端可视为铰支,长度 $l=1\text{m}$,直径 $d=20\text{mm}$,材料为 Q235 钢,其弹性模量 $E=200\text{GPa}$,屈服极限 $\sigma_s=235\text{MPa}$。试计算连杆的临界压力以及使连杆压缩屈服所需的轴向压力。

解:（1）计算临界压力

根据式(9.18)可知,其临界压力为

$$F_{cr} = \frac{\pi^2 EI}{l^2} = \frac{\pi^3 Ed^4}{64l^2} = \frac{\pi^3 \times 200 \times 10^9 \text{Pa} \times (0.02\text{m})^4}{64 \times (1\text{m})^2} = 15.5\text{kN}$$

（2）使连杆压缩屈服所需的轴向压力为

$$F_s = A\sigma_s = \frac{\pi d^2 \sigma_s}{4} = \frac{\pi \times (0.02\text{m})^2 \times 235 \times 10^6 \text{Pa}}{4} = 7.38 \times 10^4 \text{N} = 73.8\text{kN}$$

F_s 远远大于 F_{cr},所以对于细长杆来说,其承压能力一般是由稳定性要求确定的。

9.3　压杆的临界应力和经验公式

9.3.1　临界应力

压杆处于临界状态时,杆的横截面上已有弯矩的作用,这会使得压杆的横截面上产生轴向弯曲正应力,并且同一横截面上的不同点处的轴向弯曲正应力不相等。但由于此时压杆仅为"微弯",该弯矩所产生的弯曲正应力并不明显,可以近似认为压杆横截面上的轴向正应力仍为临界压力 F_{cr} 与压杆的横截面面积 A 之比。该正应力称为压杆的临界应力,以 σ_{cr} 表示。即

$$\sigma_{cr} = \frac{F_{cr}}{A} = \frac{\pi^2 EI}{(\mu l)^2 A} \qquad (9.18)$$

式中,$\frac{I}{A} = i^2$,i 为截面的惯性半径,是一个与截面形状和尺寸有关的几何量。将此关系代入式(9.18),得

$$\sigma_{cr} = \frac{\pi^2 Ei^2}{(\mu l)^2} = \frac{\pi^2 E}{\left(\frac{\mu l}{i}\right)^2} \qquad (9.19)$$

令

$$\lambda = \frac{\mu l}{i} \qquad (9.20)$$

则临界应力可写为

$$\sigma_{cr} = \frac{\pi^2 E}{\lambda^2} \qquad (9.21)$$

式(9.21)为欧拉公式的另一种形式,式中 λ 称为压杆的**柔度**或**长细比**,是量纲为一的量,它集中反映了压杆的长度、约束条件、截面的形状和尺寸等因素对临界应力 σ_{cr} 的影响。因此,在压杆稳定问题中,柔度 λ 是一个很重要的参量,柔度 λ 越大,相应的 σ_{cr} 就越小,即压杆越容易失稳。

9.3.2　欧拉公式的适用范围

欧拉公式是根据压杆挠曲线的近似微分方程 $\dfrac{d^2 w}{dx^2} = \dfrac{M(x)}{EI}$ 导出的,而这个微分方程只有在小变形及材料服从胡克定律的条件下才能成立。所以,欧拉公式也只能在应力不超过材料的比例极限 σ_P 时才适用,即欧拉公式适用范围是

$$\sigma_{cr} = \frac{\pi^2 E}{\lambda^2} \leqslant \sigma_P \tag{9.22}$$

或

$$\lambda \geqslant \sqrt{\frac{\pi^2 E}{\sigma_P}} \tag{9.23}$$

将临界应力等于材料比例极限时的压杆柔度用 λ_P 表示,即

$$\lambda_P = \pi \sqrt{\frac{E}{\sigma_P}} \tag{9.24}$$

于是,欧拉公式的适用范围又可表示为

$$\lambda \geqslant \lambda_P \tag{9.25}$$

满足 $\lambda \geqslant \lambda_P$ 的压杆称为大柔度杆,前面常提到的细长压杆指的就是大柔度杆。

式(9.24)说明, λ_P 是由材料的性质所决定的,与压杆的约束条件和结构形式无关。不同的材料的 λ_P 的数值不同,欧拉公式适用的范围也就不同。以常用的 Q235 钢为例,其 $E = 200\text{GPa}$, $\sigma_P = 200\text{MPa}$,代入式(9.24),得

$$\lambda_P = \pi \sqrt{\frac{200 \times 10^9 \text{Pa}}{200 \times 10^6 \text{Pa}}} \approx 100$$

所以,用 Q235 钢制作的压杆,只有当 $\lambda \geqslant 100$ 时,才可以应用欧拉公式。又如对 $E = 70\text{GPa}$, $\sigma_P = 175\text{MPa}$ 的铝合金,其 $\lambda_P = 62.8$,表示对于这类铝合金所制成的压杆,只有当 $\lambda \geqslant 62.8$ 时方能使用欧拉公式。

9.3.3　临界应力的经验公式

工程中除细长压杆外,还有很多柔度小于 λ_P 的压杆,它们受压时也会发生失稳,如内燃机的连杆、千斤顶的螺杆等。对于这些杆件,应力已超过材料的比例极限 σ_P,不能采用欧拉公式计算其临界应力 σ_{cr}。对于这类压杆的稳定问题,工程上一般采用以试验结果为依据的经验公式,常用的有直线公式和抛物线公式,这里只介绍其中的一种经验公式——直线公式。

直线公式把柔度小于 λ_P 的压杆的临界应力 σ_{cr} 与其柔度 λ 表示为以下的直线关系:

$$\sigma_{cr} = a - b\lambda \tag{9.26}$$

式中, a 和 b 是与材料性质有关的常数。在表 9.2 中列入了几种常用材料的 a 和 b 的值。

表 9.2　直线经验公式的系数 a 和 b

材料	E/GPa	a/MPa	b/MPa	λ_P(参考值)	λ_s(参考值)
Q235 钢	196~216	304	1.12	100	61.4
优质碳钢	186~206	461	2.58	100	60.3
灰铸铁	78.5~157	332.2	1.45		
LY12 硬铝	72	392	3.16	50	

　　压杆的 $\lambda \leqslant \lambda_P$ 时已不能使用欧拉公式,但也不是所有 $\lambda \leqslant \lambda_P$ 的压杆都可用式(9.26)。因为当 λ 小到某一数值时,压杆的破坏不是由于失稳所引起的,而主要是因为压应力达到屈服极限(塑性材料)或强度极限(脆性材料)所引起的,这已是一个强度问题。所以,对这类压杆来说,"临界应力"就应是屈服极限或强度极限。使用直线公式(9.26)时,λ 应有一个最低界限,它们所对应的临界应力分别为屈服极限(塑性材料)或抗压极限(脆性材料)。对于塑性材料,在式(9.26)中,令 $\sigma_{cr} = \sigma_s$,得

$$\lambda_s = \frac{a - \sigma_s}{b} \tag{9.27}$$

如果是脆性材料,只要把式(9.27)中的 σ_s 改为 σ_b 就可确定相应的 λ 的最低界限 λ_b。通常把柔度 λ 小于 λ_s(或 λ_b)的压杆称为小柔度杆,把柔度 λ 介于 λ_P 与 λ_s(或 λ_b)之间的压杆称为中柔度杆。

　　压杆的临界应力 σ_{cr} 随柔度 λ 变化的情况可用 σ_{cr}-λ 图线来表示(图 9.12)。此图称为压杆的临界应力总图,它表示了柔度 λ 不同的压杆的临界应力值。对于 $\lambda < \lambda_s$(或 λ_b)的小柔度压杆,应按强度问题计算,其临界应力即压杆材料的屈服极限或强度极限,故在图 9.12 中表示为水平线 AB。对于 $\lambda \geqslant \lambda_P$ 的大柔度压杆,应按欧拉公式计算该压杆的临界应力,在图 9.12 中表示为曲线 CD。柔度介于 λ_P 与 λ_s(或 λ_b)之间的中柔度杆,可用经验公式(9.23)计算其临界应力,在图 9.12 中表示为斜直线 BC。由此可见,在计算时首先要根据压杆的柔度值和压杆材料的 λ_P 与 λ_s(或 λ_b)判断它属于哪一类压杆,然后选用相应的公式,计算出临界应力后,乘以横截面面积,便可得到该压杆的临界压力。

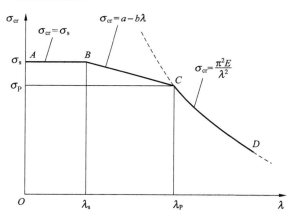

图 9.12　压杆的临界应力总图

　　【例 9.2】　一端固定,一端自由的中心受压立柱,长 $l = 1\text{m}$,材料为 Q235 钢,弹性模量 $E = 200\text{GPa}$,$\lambda_P = 100$,试计算图 9.13 所示两种截面的临界压力。一种截面为 45mm×45mm×6mm 的角钢,另一种截面是由两个 45mm×45mm×6mm 的角钢组成。

　　解:(1)计算压杆的柔度。

　　单个角钢的截面,查型钢表得:$I_{min} = I_{y0} = 3.89\text{cm}^4 = 3.89 \times 10^{-8}\text{m}^4$,$i_{min} = i_{y0} = 8.8\text{mm}$,压杆的柔度为

$$\lambda = \frac{\mu l}{i_{y0}} = \frac{2 \times 1000\text{mm}}{8.8\text{mm}} = 227$$

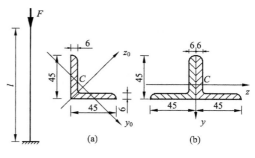

图 9.13　例 9.2 图

由两个角钢组成的截面,由型钢表查得:I_{min} $=I_z=2\times9.33\text{cm}^4=18.66\times10^{-8}\text{m}^4$,$i_{min}=i_z=$ 13.6mm,其柔度为

$$\lambda=\frac{\mu l}{i_z}=\frac{2\times1000\text{mm}}{13.6\text{mm}}=147$$

这两种截面的压杆其柔度均大于 λ_P,都属于细长杆,可用欧拉公式计算临界压力。

（2）计算压杆的临界压力。

单个角钢的截面,其临界压力为

$$F_{cr}=\frac{\pi^2EI_{min}}{(\mu l)^2}=\frac{\pi^2\times200\times10^9\text{Pa}\times3.89\times10^{-8}\text{m}^4}{(2\times1\text{m})^2}=1.918\times10^4\text{N}=19.18\text{kN}$$

由两个角钢组成的截面,临界压力为

$$F_{cr}=\frac{\pi^2EI_{min}}{(\mu l)^2}=\frac{\pi^2\times200\times10^9\text{Pa}\times18.66\times10^{-8}\text{m}^4}{(2\times1\text{m})^2}=9.199\times10^4\text{N}=91.99\text{kN}$$

讨论:这两根杆的临界压力之比等于惯性矩之比,其比值为

$$\frac{F_{cr\langle2\rangle}}{F_{cr\langle1\rangle}}=\frac{I_{min\langle2\rangle}}{I_{min\langle1\rangle}}=\frac{18.66}{3.89}=4.8$$

用两个角钢组成的截面比单个角钢的截面在面积增大一倍的情形下,临界压力可增大 4.8 倍。所以临界压力与截面的尺寸和形状均有关。此例可启发我们思考,对于细长压杆,如何利用组合截面提高它的临界压力。

【例 9.3】　试求图 9.14 所示三种不同杆端约束压杆的临界压力。压杆的材料为 Q235 钢,$E=200\text{GPa}$,杆长 $l=300\text{mm}$,横截面为矩形,$b=12\text{mm}$,$h=20\text{mm}$。

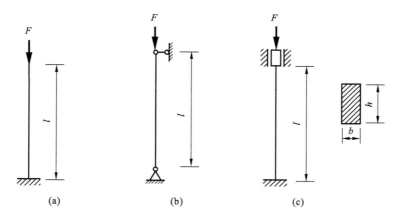

图 9.14　不同杆端约束压杆

解: 为了选用相应的计算公式,各压杆应先分别计算各自的柔度,压杆失稳总是发生在它抗弯能力最小的纵向平面内。因此,应先求横截面的最小惯性半径

$$i_{min}=\sqrt{\frac{I_{min}}{A}}=\sqrt{\frac{\frac{hb^3}{12}}{bh}}=\frac{12\text{mm}^2}{2\sqrt{3}\text{ mm}}=3.46\text{mm}$$

图（a）一端固定、一端自由的压杆，长度系数 $\mu=2$。

$$\lambda = \frac{\mu l}{i} = \frac{2 \times 300\text{mm}}{3.46\text{mm}} = 173.4$$

Q235 钢 $\lambda_p=100$，该压杆的柔度 $\lambda > \lambda_p$，属大柔度杆，可应用欧拉公式计算临界压力

$$F_{cr} = \frac{\pi^2 EI}{(\mu l)^2} = \frac{\pi^2 \times 200 \times 10^9 \text{Pa} \times \dfrac{20 \times 12^3}{12} \times 10^{-12}\text{m}^4}{(2 \times 300 \times 10^{-3}\text{m})^2} = 15.8 \times 10^3 \text{N} = 15.8\text{kN}$$

图（b）两端铰支的压杆，长度系数 $\mu=1$。

$$\lambda = \frac{\mu l}{i} = \frac{1 \times 300\text{mm}}{3.46\text{mm}} = 86.7$$

Q235 钢 $\lambda_p=100$，$\lambda_s = \dfrac{a-\sigma_s}{b} = \dfrac{(304-235)\text{MPa}}{1.12\text{MPa}} = 61.6$。

由此可知该压杆柔度介于 λ_p 和 λ_s 之间（$\lambda_s < \lambda < \lambda_p$），故属中柔度杆，可使用直线公式计算临界应力。

$$\sigma_{cr} = a - b\lambda = 304\text{MPa} - 1.12 \times 86.7\text{MPa} = 207\text{MPa}$$

$$F_{cr} = \sigma_{cr} \cdot A = 207 \times 10^6 \text{Pa} \times 20 \times 12 \times 10^{-6}\text{m}^2 = 49.7 \times 10^3 \text{N} = 49.7\text{kN}$$

图（c）两端固定的压杆，长度系数 $\mu=0.5$。

$$\lambda = \frac{\mu l}{i} = \frac{0.5 \times 300\text{mm}}{3.46\text{mm}} = 43.3 < \lambda_s$$

此杆属小柔度杆，应按强度问题计算，即 $\sigma_{cr} = \sigma_s = 235\text{MPa}$，故"临界压力"为

$$F_{cr} = \sigma_s \cdot A = 235 \times 10^6 \text{Pa} \times 20 \times 12 \times 10^{-6}\text{m}^2 = 56.4 \times 10^3 \text{N} = 56.4\text{kN}$$

【例 9.4】　发动机连杆如图 9.15 所示，截面为工字形，尺寸如图所示。连杆的材料为 45 号优质碳钢，$\sigma_s=350\text{MPa}$，$\sigma_p=280\text{MPa}$，$E=210\text{GPa}$。试求连杆所能承受压力的临界值。

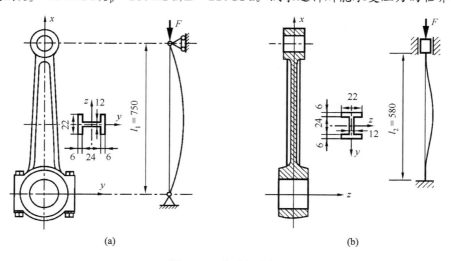

图 9.15　发动机连杆

解：根据杆端约束情况，在连杆的运动平面（即 x-y 平面）内，可视为两端铰支压杆，长度系数 $\mu_1=1$，发生弯曲时 z 轴是其中性轴，截面的惯性矩应为 I_z，如图 9.15(a)所示；在与运动平面垂直的纵向平面（即 x-z 平面）内，因连接件的限制，两端无法产生转角，则可简化为两端固定的压杆，长度系数 $\mu_2=0.5$，发生弯曲时 y 轴是其中性轴，截面的惯性矩应为 I_y，如图 9-15(b)所示。

(1) 计算压杆的柔度。

$$I_z = \frac{1}{12} \times 22 \times 36^3 \, \text{mm}^4 - \frac{1}{12} \times (22 - 12) \times 24^3 \, \text{mm}^4 = 7.40 \times 10^4 \, \text{mm}^4$$

$$I_y = \frac{1}{12} \times 24 \times 12^3 \, \text{mm}^4 + 2 \times \frac{1}{12} \times 6 \times 22^3 \, \text{mm}^4 = 1.41 \times 10^4 \, \text{mm}^4$$

$$A = 24 \times 12 + 2 \times 6 \times 22 = 552 \, \text{mm}^2$$

连杆在 $x\text{-}y$ 平面内的柔度为

$$\lambda_{xy} = \frac{\mu_1 l_1}{i_z} = \frac{\mu_1 l_1}{\sqrt{\dfrac{I_z}{A}}} = \frac{1 \times 750 \, \text{mm}}{\sqrt{7.40 \times 10^4 / 552} \, \text{mm}} = 64.8$$

连杆在 $x\text{-}z$ 平面内的柔度为

$$\lambda_{xz} = \frac{\mu_2 l_2}{i_y} = \frac{\mu_2 l_2}{\sqrt{\dfrac{I_y}{A}}} = \frac{0.5 \times 580 \, \text{mm}}{\sqrt{1.41 \times 10^4 / 552} \, \text{mm}} = 57.4$$

因为在 $x\text{-}z$ 平面内的柔度较 $x\text{-}y$ 平面内的柔度小, 故连杆在 $x\text{-}y$ 平面内较易失稳, 故应求 $x\text{-}y$ 平面内失稳的临界应力。

(2) 计算连杆材料的 λ_P 和 λ_s 值。

$$\lambda_P = \pi \sqrt{\frac{E}{\sigma_P}} = \pi \sqrt{\frac{210 \times 10^9 \, \text{Pa}}{280 \times 10^6 \, \text{Pa}}} = 86$$

由表 9.2 查得优质碳钢的 $a = 461\text{MPa}$, $b = 2.58\text{MPa}$, 于是

$$\lambda_s = \frac{a - \sigma_s}{b} = \frac{461\text{MPa} - 350\text{MPa}}{2.58\text{MPa}} = 43.02$$

连杆柔度介于 λ_s 和 λ_P 之间 (即 $\lambda_s < \lambda < \lambda_P$), 属于中柔度杆, 应选用直线公式计算临界压力为

$$F_{cr} = (a - b\lambda)A = (461\text{MPa} - 2.58\text{MPa} \times 64.8) \times 552\text{mm}^2 = 162 \times 10^3 \, \text{N} = 162\text{kN}$$

【例 9.5】 在图 9.16 所示结构中, AB 为圆截面杆, 直径 $d = 80\text{mm}$, A 端固定, B 端为球铰支。BC 为正方形截面杆, 边长 $a = 80\text{mm}$, C 端也为球铰。AB 杆和 BC 杆可各自独立变形, 两杆材料均为 Q235 钢, 弹性模量 $E = 210\text{GPa}$。已知 $l = 2\text{m}$, 若规定工作荷载不得超过临界压力的一半, 试求该结构工作中所能承受的最大荷载。

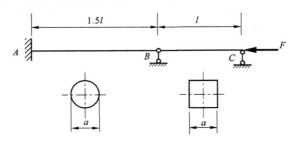

图 9.16　有中间球铰支座的连压杆

解: 在该结构中, AB 杆和 BC 杆的长度、横截面和约束条件均不同, 要分别确定各杆所能承受的荷载, 再确定结构的工作荷载。但由于 B 处为活动铰, AB 杆和 BC 杆的每一个横截面所受到的轴向压力是相同的, 所以只要比较 AB 杆和 BC 杆的柔度, 整个结构的失稳荷载就由柔度大的杆决定。

（1）一端固定、一端铰支的 AB 杆。

长度系数 $\mu=0.7$，截面惯性半径为

$$i = \sqrt{\frac{I}{A}} = \sqrt{\frac{\frac{\pi d^4}{64}}{\frac{\pi d^2}{4}}} = \frac{d}{4} = 20\text{mm}$$

柔度 $\lambda_{AB} = \dfrac{\mu l}{i} = \dfrac{0.7 \times 1.5 \times 2 \times 10^3 \text{mm}}{20\text{mm}} = 105 > \lambda_\text{P}$。

（2）两端铰支的 BC 杆。

长度系数 $\mu=1$，截面惯性半径

$$i = \sqrt{\frac{I}{A}} = \sqrt{\frac{\frac{a^4}{12}}{a^2}} = \frac{80\text{mm}}{\sqrt{12}} = 23.1\text{mm}$$

柔度 $\lambda_{BC} = \dfrac{\mu l}{i} = \dfrac{1 \times 2 \times 10^3 \text{mm}}{23.1\text{mm}} = 86.6 < \lambda_\text{P}$。

可见 AB 杆的柔度大，AB 杆的临界压力就是整个结构的临界压力，并且可利用欧拉公式计算 AB 杆的临界压力。于是

$$F_\text{cr} = \frac{\pi^2 EI}{(\mu l)^2} = \frac{\pi^2 \times 210 \times 10^9 \text{Pa} \times \frac{\pi \times 80^4}{64} \times 10^{-12} \text{m}^4}{(0.7 \times 3\text{m})^2} = 9.45 \times 10^5 \text{N} = 945\text{kN}$$

由题意可知 AB 杆最大工作荷载为

$$F_{AB} = \frac{P_\text{cr}}{2} = \frac{945\text{kN}}{2} = 472.5\text{kN}$$

结构的最大工作荷载即

$$F = 472.5\text{kN}$$

复习思考题

9-1 何谓失稳？如何区别压杆的稳定平衡和不稳定平衡？

9-2 压杆的失稳与梁的弯曲变形在本质上有何区别？

9-3 何谓临界压力？它的值与哪些因素有关？

9-4 何谓柔度？它与压杆的承载能力有什么关系？

9-5 若细长压杆的长度增加一倍（其他条件不变），它的临界压力有何变化？

9-6 若圆截面细长压杆的截面直径增加一倍（其他条件不变），它的临界压力有何变化？

9-7 铸铁抗压性能好，因此它适合于做各类压杆，这个观点对吗？为什么？

9-8 两端铰支的各压杆，其截面形状如图 9.17 所示。试问压杆失稳时，它的截面将绕哪一根轴转动？

9-9 如何绘制某种材料压杆的临界应力总图？

9-10 如何区分大、中、小柔度杆？它们的临界应力如何确定？

9-11 欧拉公式的适用范围是什么？它的根据是什么？

9-12 试归纳计算压杆临界压力的步骤。

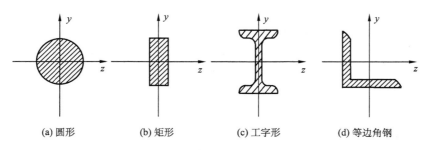

(a) 圆形　　　　(b) 矩形　　　　(c) 工字形　　　　(d) 等边角钢

图 9.17　复习思考题 9-8 图

9-13　两端球铰的三根压杆,在截面积 A 相同的情况下,一根采用正方形截面,一根采用矩形截面 $\left(\dfrac{h}{b}=2\right)$,一根采用圆形截面,试问哪一根的临界压力最大?

9-14　由四根角钢组成的压杆,其截面形状有图 9.18 中(a)、(b)两种方案。试问哪种方案稳定性好? 为什么?

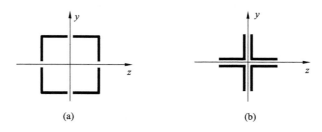

(a)　　　　　　　　　　　　(b)

图 9.18　复习思考题 9-14 图

习　　题

9.1　三根圆截面压杆,直径均为 $d=160\text{mm}$,材料为 Q235 钢,$E=200\text{GPa}$,$\sigma_P=200\text{MPa}$,$\sigma_s=240\text{MPa}$。两端均为铰支,长度分别为 l_1、l_2 和 l_3,且 $l_1=2l_2=4l_3=5\text{m}$。试求各杆的临界压力 F_{cr}。

9.2　图 9.19 所示各压杆均为大柔度杆,其横截面的形状和尺寸均相同。试问哪根杆能承受的轴向压力最大? 哪根杆承受的轴向压力最小?

9.3　图 9.20 所示各压杆均为大柔度杆,两端均为球铰支,材料相同,$E=200\text{GPa}$,试求各杆的临界荷载。已知:(a)杆为圆形截面,直径 $d=25\text{mm}$,杆长 $l=1\text{m}$;(b)杆为矩形截面,$h=40\text{mm}$,$b=20\text{mm}$,杆长 $l=1\text{m}$;(c)杆为 16 号工字钢,$l=2\text{m}$。

9.4　图 9.21 所示压杆的截面为 $200\times125\times18$ 不等边角钢,两端为球铰,试求其临界压力。已知 $\lambda_P=100$,$E=200\text{GPa}$。

9.5　图 9.15 所示压杆材料为 Q235 钢,$E=200\text{GPa}$,$\sigma_P=200\text{MPa}$,$\sigma_s=235\text{MPa}$,在图(a)平面内弯曲时,两端为铰支,在图(b)平面内弯曲时,两端为固定,试求其临界压力。

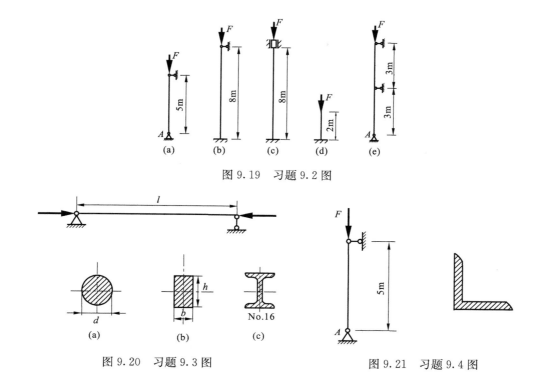

图 9.19　习题 9.2 图

图 9.20　习题 9.3 图

图 9.21　习题 9.4 图

9.6　图 9.22 所示空心圆截面压杆,两端固定,压杆材料为 Q235 钢,$\lambda_P=100$,$E=200\mathrm{GPa}$。设截面外径与内径之比 $\alpha=\dfrac{D}{d}=\dfrac{4}{3}$,试求:

（1）压杆为大柔度杆时,杆长与外径 D 的最小比值以及此时压杆的临界压力;

（2）若将此压杆改为实心圆截面,而杆的材料、长度、杆端约束及临界压力均不改变,此杆与空心圆截面杆的重量比。

9.7　图 9.23 所示压杆的横截面有四种形式,但其面积均为 $A=3.2\times10^3\mathrm{mm}^2$,压杆的材料为 Q235 钢,$E=200\mathrm{GPa}$,$\sigma_P=200\mathrm{MPa}$,$\sigma_s=235\mathrm{MPa}$,$a=304\mathrm{MPa}$,$b=1.12\mathrm{MPa}$,$\lambda_P=100$,$\lambda_s=61.4$。试计算这四种压杆的临界压力。设 $l=3\mathrm{m}$。

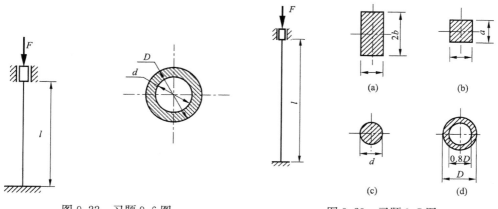

图 9.22　习题 9.6 图

图 9.23　习题 9.7 图

9.8　已知图 9.24 所示正方形桁架各杆的截面面积为 $A_1=295\text{mm}^2$，$A_2=417\text{mm}^2$，杆的截面形状为实心圆，$a=0.5\text{m}$。试求（a）、（b）两种情况下的极限荷载 F。已知材料的 $E=200\text{GPa}$，$\sigma_\text{P}=200\text{MPa}$，$\sigma_\text{s}=240\text{MPa}$。

9.9　图 9.25 所示铰接结构 ABC，由两根截面和材料相同的细长杆组成，若由于杆件在 ABC 平面内失稳而致破坏，试确定荷载 F 为最大时的角度 θ（设 $0<\theta<\dfrac{\pi}{2}$，β 为已知）。

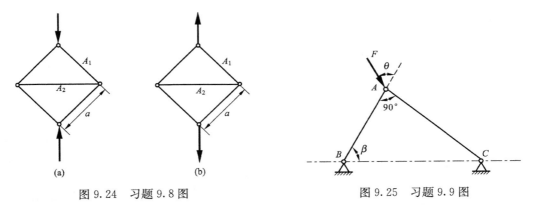

图 9.24　习题 9.8 图　　　　　　　　图 9.25　习题 9.9 图

9.10　两端铰支压杆，材料为 Q235 钢，具有图 9.26 所示 4 种横截面形状，截面面积均为 $4.0\times10^3\text{mm}^2$，试比较它们的临界荷载值。设 $d_2=0.7d_1$。

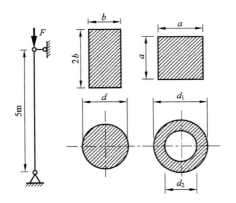
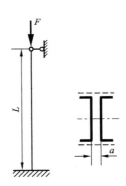

图 9.26　习题 9.10 图　　　　　　图 9.27　习题 9.11 图

9.11　图 9.27 所示立柱，由两根 No. 10 槽钢组成，$L=6\text{m}$，立柱顶部为球铰，底部为固定端，试问 a 为多大时立柱的临界压力 F_{cr} 最大？其值为多少？已知材料的弹性模量 $E=200\text{GPa}$，比例极限 $\sigma_\text{P}=200\text{MPa}$。

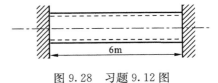

图 9.28　习题 9.12 图

9.12　图 9.28 所示两端固定的 Q235 钢管，长 $l=6\text{m}$，内径 $d=60\text{mm}$，外径 $D=80\text{mm}$，在温度 $T=20°$时安装，此时管子不受力，已知钢的线膨胀系数 $\alpha=12.5\times10^{-6}1/℃$，弹性模量 $E=200\text{GPa}$，试问当温度升至几度时，管子将失稳？

*9.13　图 9.29 所示 Q235 钢实心圆截面杆，线膨胀系数 $\alpha=12.5\times10^{-6}1/℃$，$E=200\text{GPa}$，$\sigma_\text{P}=200\text{MPa}$，在 15℃时安装，上端有间隙 2mm，杆的直径 $d=25\text{mm}$，试问失稳时温度为多少？

*9.14　圆轴安装在图 9.30 所示框架中,一端固定,一端铰支,已知轴的材料为 Q235 钢,$E=200\text{GPa}$,$\sigma_P=200\text{MPa}$,$d=6\text{mm}$,$l=300\text{mm}$。圆轴和框架的线膨胀系数为 $\alpha_s=1.25\times10^{-6}\cdot1/℃$ 和 $\alpha_s=0.75\times10^{-6}\cdot1/℃$。安装时温度为 $T_1=-60℃$,没有初应力。框架刚度很大,受力而引起的变形可忽略不计,试问温度升高至多少度时圆轴将失稳?

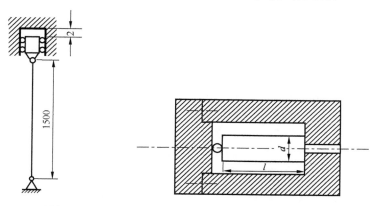

图 9.29　习题 9.13 图　　　　图 9.30　习题 9.14 图

9.15　图 9.31 所示结构中 CF 为铝合金圆杆,直径 $d_1=100\text{mm}$,弹性模量 $E=70\text{GPa}$,比例极限 $\sigma_P=175\text{MPa}$。BE 为圆钢杆,直径 $d_2=50\text{mm}$,材料为 Q235 钢,$E=200\text{GPa}$,若横梁可视为刚性的,试求 CF 杆失稳时的荷载 F。

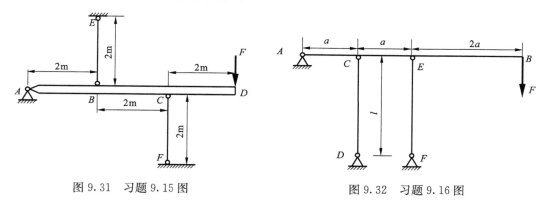

图 9.31　习题 9.15 图　　　　图 9.32　习题 9.16 图

9.16　图 9.32 所示结构中 AB 梁可视为刚体,CD 及 EF 均为细长杆,抗弯刚度均为 EI,抗拉刚度为 EA,长度均为 l。试求此结构的临界荷载 F。

第 10 章　动荷载与交变应力

以前各章讨论构件的内力、应力和应变问题时,都认为是在静荷载作用下,即荷载从零开始平缓地增加到最终值,在加载过程中,杆件各点运动的加速度很小,可以不计。可在实际问题中,作用于构件上的荷载有时会随时间迅速改变,构件的运动常使其上质点产生不可忽视的加速度或构件长期在周期性变化的荷载下工作,这就是所谓的**动荷载**。承受动荷载的情况是普遍存在的,工程实际中常见的有:有些高速旋转的部件或加速提升的构件、锻压汽锤的锤杆、紧急制动的转轴、在振动环境下工作的零部件,在周期性变化荷载下长期工作的各种车辆的轮轴等。

本章主要讨论以下三类问题:(1)构件变速运动时的应力与变形;(2)冲击荷载作用下构件的应力与变形;(3)交变应力与疲劳强度。

对于前两类问题,杆件的应力和变形与静荷载相比有成倍的增长,但试验结果表明,只要应力不超过比例极限,胡克定律仍适用于动荷载作用下的计算,弹性模量也与静载作用下的数值相同。问题的关键是确定放大因数。对于交变应力问题,材料的失效机理与静载作用的决然不同,疲劳强度的概念与静强度也大不相同。

10.1　构件变速运动时的应力与变形

构件在作变速平动和定轴转动时,构件上的质点将产生加速度。根据达朗伯原理,对作变速运动的质点系,如假想地在每一质点上加上惯性力,则质点系上的原力系与惯性力系组成平衡力系。这样,原动力学问题在形式上可作为静力学问题来处理,这就是动静法。因此,以前各章关于应力和变形的求解方法,可直接用于增加了惯性力的运动构件。

10.1.1　构件匀加速平移时的应力与变形

图 10.1(a)表示以匀加速度 a 向上提升的杆件。若杆件横截面面积为 A,单位体积的重量为 γ,则杆件每单位长度的重量为 $A\gamma$,相应的惯性力为 $\dfrac{A\gamma}{g}a$,且方向向下。将惯性力加于杆件上,于是作用于杆件上的重力、惯性力和吊升力 F 组成平衡力系,如图 10.1(b)所示。杆件成为在横向力作用下的弯曲问题。均布荷载的集度是

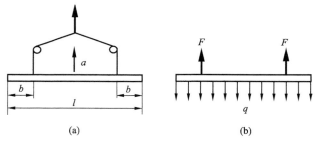

图 10.1　构件的匀加速平移运动

$$q = A\gamma + \frac{A\gamma}{g}a = A\gamma\left(1 + \frac{a}{g}\right) \tag{10.1}$$

杆件中央横截面上的弯矩为

$$M = F\left(\frac{l}{2} - b\right) - \frac{1}{2}q\left(\frac{l}{2}\right)^2 = \frac{1}{2}A\gamma\left(1 + \frac{a}{g}\right)\left(\frac{l}{4} - b\right)l$$

相应的应力（一般称为动应力）为

$$\sigma_d = \frac{M}{W} = \frac{A\gamma}{2W}\left(1 + \frac{a}{g}\right)\left(\frac{l}{4} - b\right)l \tag{10.2}$$

当加速度 a 等于零时，由上式求得杆件在静载下的应力为

$$\sigma_{st} = \frac{A\gamma}{2W}\left(\frac{l}{4} - b\right)l \tag{10.3}$$

故动应力 σ_d 可以表示为

$$\sigma_d = \sigma_{st}\left(1 + \frac{a}{g}\right) \tag{10.4}$$

括号中的因子可称为**动荷因数**，并记为

$$K_d = 1 + \frac{a}{g} \tag{10.5}$$

于是式（10.4）写成

$$\sigma_d = K_d\sigma_{st} \tag{10.6}$$

这表明动应力等于静应力乘以动荷因数。

当杆件中的应力不超过比例极限时，荷载与变形成正比。因此，杆件在动荷载作用下的动变形 δ_d 与静荷载作用下的静变形 δ_{st} 之间的关系为

$$\delta_d = K_d\delta_{st} \tag{10.7}$$

10.1.2　构件定轴转动时的应力与变形

构件的定轴转动可分为匀速转动和变速转动。

1. 匀速定轴转动

设圆环以匀角速度 ω 绕通过圆心且垂直于纸面的轴旋转（图 10.2(a)）。若圆环的厚度 t 远小于直径 D，便可近似地认为环内各点的向心加速度大小相等，且都等于 $\dfrac{D\omega^2}{2}$。以 A 表示圆环横截面面积，γ 表示单位体积的重量。于是沿轴线均匀分布的惯性力集度为 $q_d = \dfrac{A\gamma}{g}a_n =$

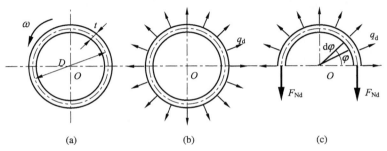

图 10.2　构件的定轴转动

$\dfrac{A\gamma D}{2g}\omega^2$, 方向则背离圆心, 如图 10.2(b)所示。这就与计算薄壁圆筒周向应力 σ'' 的计算简图完全类似。由半个圆环(图 10.2(c))的平衡方程 $\sum Y = 0$, 得

$$2F_{\mathrm{Nd}} = \int_0^{\pi} q_{\mathrm{d}}\sin\varphi \cdot \frac{D}{2}\mathrm{d}\varphi = q_{\mathrm{d}}D$$

$$F_{\mathrm{Nd}} = \frac{q_{\mathrm{d}}D}{2} = \frac{A\gamma D^2}{4g}\omega^2 \tag{10.8}$$

由此求得圆环横截面上的应力为

$$\sigma_{\mathrm{d}} = \frac{F_{\mathrm{Nd}}}{A} = \frac{\gamma D^2 \omega^2}{4g} = \frac{\gamma v^2}{g} \tag{10.9}$$

式中, $v\left(=\dfrac{D\omega}{2}\right)$ 是圆环轴线上点的线速度。

上两式表明, σ_{d} 与 v^2 成正比, 环内周向动应力 σ_{d} 与环的横截面面积 A 无关。所以, 增大横截面面积不能降低周向应力。要保证强度, 应限制圆环的转速。

【例 10.1】 图 10.3 所示机车车轮以 $n = 300\mathrm{r/min}$ 的转速旋转。平行杆 AB 的横截面为矩形, $h = 5.6\mathrm{cm}$, $b = 2.8\mathrm{cm}$, 长度 $l = 2\mathrm{m}$, $r = 25\mathrm{cm}$, 材料的比重为 $\gamma = 76.5\mathrm{kN/m^3}$, $E = 200\mathrm{GPa}$。试确定平行杆最危险的位置和杆内最大正应力及最大挠度。

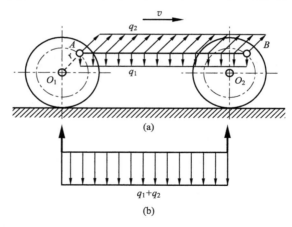

图 10.3　例 10.1 图

解: 不难判定, 平行杆在最低位置时, 惯性力与平行杆轴线垂直, 且与重力的方向一致, 故平行杆在最低位置时是最危险位置。此时, 平行杆可看成一受均布荷载的杆。由自重产生的均布荷载集度

$$q_1 = A\gamma$$

由惯性力产生的均布荷载集度

$$q_2 = \frac{q_1}{g}\omega^2 r$$

平行杆总的均布荷载集度为

$$q = q_1 + q_2 = A\gamma(1 + \omega^2 r/g) = bh\gamma(1 + \omega^2 r/g) \tag{a}$$

式中, 角速度 ω 为

$$\omega = \frac{2\pi n}{60} = \frac{2\pi \times 300}{60} = 31.4 \text{rad/s} \tag{b}$$

平行杆可视为受均布荷载 q 的简支梁,最大弯矩在跨度中点,即

$$M_{\max} = \frac{1}{8}ql^2 = \frac{1}{8}bh\gamma\left(1 + \frac{\omega^2 r}{g}\right)l^2 \tag{c}$$

最大弯曲正应力

$$\sigma_{\max} = \frac{M_{\max}}{W} = \frac{1}{8}bh\gamma\left(1 + \frac{\omega^2 r}{g}\right)l^2 \times \frac{6}{bh^2} = \frac{3}{4h}l^2\gamma\left(1 + \frac{\omega^2 r}{g}\right)$$

$$= \frac{3 \times (2\text{m})^2 \times (76.5 \times 10^3 \text{N/m}^3)}{4 \times 0.056\text{m}}\left(1 + \frac{(31.4\text{rad/s})^2 \times 0.25\text{m}}{9.8\text{m/s}^2}\right) = 107\text{MPa} \tag{d}$$

AB 杆的最大动挠度,在跨度中点

$$w_{\text{dmax}} = \frac{5ql^4}{384EI} = \frac{5A\gamma\left(1 + \frac{\omega^2 r}{g}\right)l^4}{384EI} = \frac{5bh\gamma\left(1 + \frac{\omega^2 r}{g}\right)l^4 \times 12}{384Ebh^3} = \frac{5\gamma\left(1 + \frac{\omega^2 r}{g}\right)l^4}{32Eh^2}$$

$$= \frac{5 \times (76.5 \times 10^3 \text{N/m}^3)\left[1 + \frac{(31.4\text{rad/s})^2 \times 25 \times 10^{-2}\text{m}}{9.8\text{m/s}^2}\right] \times (2\text{m})^4}{32 \times (200 \times 10^9 \text{Pa})(5.6 \times 10^{-2}\text{m})^2} = 7.974 \times 10^{-3}\text{m}$$

$$\tag{e}$$

2. 匀变速定轴转动

一钢制圆轴,右端有一个质量很大的飞轮(图 10.4),轴的左端装有制动器。飞轮的转速为 n,转动惯量为 J_x,轴的直径为 d,长度为 l。刹车时,轴在 Δt 时间内均匀减速停止转动。不考虑轴的质量,则轴的初始角速度 $\omega_0 = \frac{n\pi}{30}$,末角速度 $\omega_t = 0$,角加速度为

$$\alpha = \frac{\omega_t - \omega_0}{\Delta t} \tag{10.10}$$

加在飞轮上的惯性力偶矩 m_d 与 α 方向相反,且

$$m_d = -J_x\alpha \tag{10.11}$$

轴横截面上的扭矩为

$$T = m_d \tag{10.12}$$

横截面上的最大扭转切应力为

$$\tau_{\text{dmax}} = \frac{T}{W_t} \tag{10.13}$$

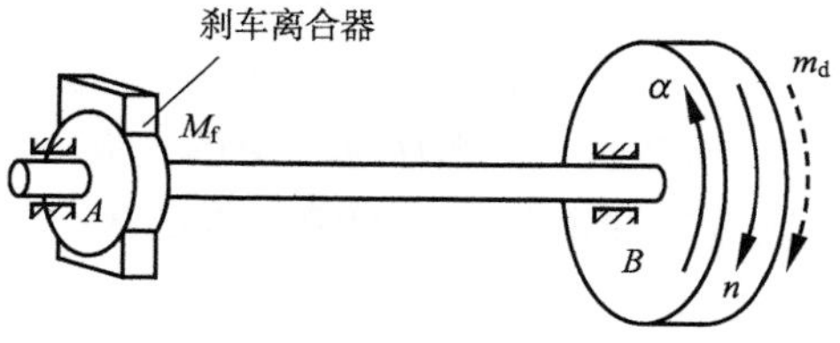

图 10.4　轴的匀变速定轴转动

轴两端之间的相对扭转角和单位长度扭转角,分别为

$$\varphi = \frac{Tl}{GI_p} = \frac{m_d l}{GI_p} \tag{10.14}$$

和

$$\theta = \frac{T}{GI_p} = \frac{m_d}{GI_p} \tag{10.15}$$

【**例 10.2**】　在轴的右端有一个质量很大的飞轮,轴的左端装有制动器(图 10.4)。设飞轮的转速为 $n = 100\text{r/min}$,转动惯量为 $J_x = 0.5\text{kN·m·s}^2$。轴的直径 $d = 100\text{mm}$。刹车时使轴在 5s 内均匀减速停止转动。求轴内最大动应力。

解：飞轮与轴的初角速度为

$$\omega_0 = \frac{n\pi}{30} = \frac{\pi \times 100}{30} \text{rad/s} = \frac{10\pi}{3} \text{rad/s}$$

末角速度 $\omega_t = 0$，由式(10.10)其角加速度为

$$\alpha = \frac{\omega_t - \omega_0}{t} = \frac{\left(0 - \frac{10\pi}{3}\right)}{5\text{s}} \text{rad/s} = -\frac{2\pi}{3} \text{rad/s}^2$$

等式右边的负号表示 α 与 ω_0 的方向相反，轴做减速运动。加在飞轮上的惯性力偶矩 m_d，由式 (10.11)有

$$m_d = -J_x\alpha = -0.5\left(-\frac{2\pi}{3}\right) \text{kN·m} = \frac{\pi}{3} \text{kN·m}$$

横截面上的扭矩为

$$T = m_d = \frac{\pi}{3} \text{kN·m}$$

横截面上的最大扭转切应力为

$$\tau_{\max} = \frac{T}{W_t} = \frac{\frac{\pi}{3} \times 10^3 \text{N·m}}{\frac{\pi}{16}(100 \times 10^{-3}\text{m})^3} = 5.33 \times 10^6 \text{Pa} = 5.33\text{MPa}$$

10.2　冲击荷载作用下构件的应力与变形

当具有一定速度的运动物体冲击静止构件时，在非常短暂的时间内，速度发生很大变化，这种现象称为冲击或撞击。如锻造工件、打桩、铆接、高速转动的飞轮突然制动等。其中，重锤、飞轮等为冲击物，而被打的桩和固结飞轮的轴等则为被冲构件。

冲击问题的特点是：在冲击物与受冲构件的接触区域内，应力状态异常复杂，冲击持续时间非常短促，接触力随时间的变化难以准确分析。要精确地分析冲击产生的应力与变形，应考虑冲击引起的弹性体内的应力波、冲击过程中的能量损耗等，这些都是比较复杂的力学问题。

工程上常采用一种基于能量原理的简化计算方法，给出冲击过程中的最大冲击荷载与相应的动应力和动变形。

为了使问题简化，且突出主要因素，对冲击过程作如下假设：

(1) 冲击物为有质量的刚体，在冲击时变形忽略不计；

(2) 被冲击构件的质量与冲击物相比可以忽略不计，故被冲击构件为无质量的弹性体，且冲击过程中始终处在弹性范围内，材料服从胡克定律；

(3) 冲击过程中，不考虑冲击物的回弹和被冲构件的振动，即冲击过程中，冲击物与被冲构件相互不分离，一起运动直至最大变形位置，运动速度随之减为零；

(4) 忽略冲击过程中的能量损耗，机械能守恒。

承受各种变形的弹性杆件都可看作是一个弹簧。例如图 10.5 中受拉伸、弯曲和扭转的杆件的变形分别是

$$\Delta l = \frac{Fl}{EA} = \frac{F}{\frac{EA}{l}}$$

$$w = \frac{Fl^3}{48EI} = \frac{F}{\frac{48EI}{l^3}}$$

$$\varphi = \frac{M_e l}{GI_p} = \frac{M_e}{\frac{GI_p}{l}}$$

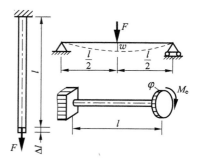

图 10.5 杆件的变形

可见,当把这些杆件看作是弹簧时,其弹簧常数 k 分别是 $\frac{EA}{l}$、$\frac{48EI}{l^3}$ 和 $\frac{GI_p}{l}$。因此,解决冲击问题时,任一弹性杆件或是结构都可简化成图 10.6 中的弹簧。

基于上述假设,在冲击过程中,冲击物所具有的动能 T 和势能 V 将转换为弹簧内储存的应变能 V_{ed},即

$$T + V = V_{ed} \tag{10.16}$$

设在速度为零的最大变形位置,弹簧的动荷载为 F_d,在材料服从胡克定律的情况下,它与弹簧的变形成正比,且都是从零开始增加到最终值。所以,冲击过程中动荷载所做的功为 $\frac{1}{2}F_d\Delta_d$,它等于弹簧的应变能,即

$$V_{ed} = \frac{1}{2}F_d\Delta_d \tag{10.17}$$

若重物的重量 P 以静载的方式作用于弹簧上,弹簧的静变形和静应力分别为 Δ_{st} 和 σ_{st}。在动荷载 F_d 作用下,相应的动变形和动应力分别为 Δ_d 和 σ_d。在线弹性范围内,荷载、变形和应力成正比,故有

$$P = k\Delta_{st}, \quad F_d = k\Delta_d \tag{10.18}$$

由此可得

$$\frac{F_d}{P} = \frac{\Delta_d}{\Delta_{st}} = \frac{\sigma_d}{\sigma_{st}} = K_d \tag{10.19}$$

式中,K_d 称为**冲击动荷因数**。上式还可表示为

$$F_d = K_d P; \quad \sigma_d = K_d\sigma_{st}; \quad \Delta_d = K_d\Delta_{st} \tag{10.20}$$

上式表明将静荷载、静应力和静位移乘以动荷因数即为在最大变形位置时的冲击动荷载、动应力和动位移。

在冲击过程中,达到最大变形位置以后,构件的变形将即刻减小,引起系统的振动,在有阻尼的情况下,运动逐渐消失,冲击物将发生回弹。不过,我们所关心的是冲击时变形和应力的瞬时最大值。

根据冲击物与被冲构件的相对位置,可将冲击分为垂直冲击和水平冲击。

10.2.1 垂直冲击

如图 10.6(a)所示,设重量为 P 的冲击物垂直下落冲击到弹簧上,在与弹簧开始接触的瞬时动能为 T。其后冲击物与弹簧相互附着一起运动,当弹簧变形到达最低位置时(图 10.6(b)),冲击物的速度变为零,弹簧的变形为 Δ_d。则冲击物从与弹簧接触开始到速度为零的最低位置,动能的变化为 T,势能的变化为

$$V = P\Delta_d \tag{10.21}$$

弹簧内的应变能为 $V_{ed} = \dfrac{1}{2} F_d \Delta_d$，根据机械能守恒定律

式(10.16)，有

$$T + V = V_{ed}$$

将式(10.17)、式(10.18)和式(10.21)代入上式，得

$$T + P\Delta_d = \frac{1}{2} F_d \Delta_d = \frac{1}{2} k \Delta_d^2 \qquad (10.22)$$

由式(10.18)，有

$$K = \frac{P}{\Delta_{st}}$$

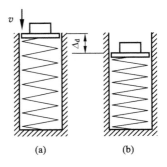

图 10.6 垂直冲击的力学模型

将上式代入式(10.22)，得

$$T + P\Delta_d = \frac{1}{2} \frac{\Delta_d^2}{\Delta_{st}} P \qquad (10.23)$$

经整理得

$$\Delta_d^2 - 2\Delta_{st}\Delta_d - \frac{2T\Delta_{st}}{P} = 0$$

解出上述方程，为求得动位移 Δ_d 的最大值，保留根号前正值，得

$$\Delta_d = \Delta_{st}\left(1 + \sqrt{1 + \frac{2T}{P\Delta_{st}}}\right) \qquad (10.24)$$

引用记号

$$K_d = \frac{\Delta_d}{\Delta_{st}} = 1 + \sqrt{1 + \frac{2T}{P\Delta_{st}}} \qquad (10.25)$$

上式 K_d 即为垂直冲击时的**动荷因数**。

注意：式中 Δ_{st} 为把冲击物的重量当作一个力，沿垂直冲击方向施加到被冲击构件的冲击点上，该点沿冲击方向产生的静位移。

1. 高度为 h 的自由落体冲击

当重为 P 的物体从高度为 h 处自由下落(图 10.7)，则物体与弹簧接触时，$v^2 = 2gh$，于是 $T = \dfrac{1}{2} \dfrac{P}{g} v^2 = Ph$，代入式(10.25)得物体自由下落时的冲击动荷因数

$$K_d = 1 + \sqrt{1 + \frac{2h}{\Delta_{st}}} \qquad (10.26)$$

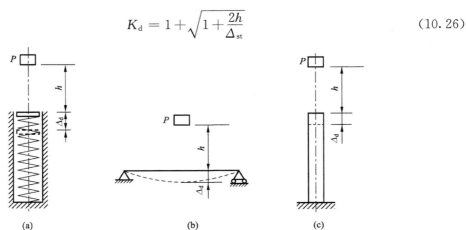

图 10.7 自由落体的冲击

2. 突加荷载

突然加于构件上的荷载,相当于物体在高度为零时($h=0$)的自由落体冲击,由公式(10.26)可得冲击动荷因数

$$K_d = 2 \qquad (10.27)$$

所以在突加荷载下,根据式(10.25)可知构件的应力和变形皆为静载时的两倍。

注意:在求解冲击问题时,须注意以下两点:

(1) 整个冲击过程遵守能量守恒定律,这是分析问题的关键;

(2) 静位移 Δ_{st} 是指结构上受冲击点处的位移,不一定是结构的最大静位移。

【例 10.3】　图 10.8 所示悬臂梁 A 端固定,自由端 B 得上方有一重物自由落下,撞击到梁上。已知:梁材料为木材,弹性模量 $E=10$GPa,梁长 $l=2$m,截面为 120mm$\times 200$mm 的矩形,重物高度为 40mm。重物 $P=1$kN。求:

(1) 梁所受的冲击荷载;

(2) 梁横截面上的最大冲击正应力与最大冲击挠度;

(3) 若重物在 C 点自由落下,梁横截面上的最大冲击正应力。

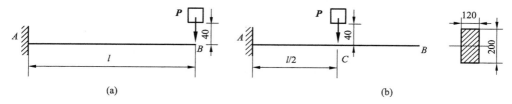

图 10.8　例 10.3 图

解:(1) 重物在 B 点自由落下。

自由端承受集中力的悬臂梁,在静荷载 P 的作用下,最大正应力发生在固定端处横截面的上下边缘,其值为

$$\sigma_{1stmax} = \frac{M_{max}}{W_z} = \frac{Pl}{\dfrac{bh^2}{6}} = \frac{1\times 10^3 \text{N} \times 2\text{m} \times 6}{120 \times 200^2 \times 10^{-9}\text{m}^3} = 2.5 \times 10^6 \text{Pa} = 2.5 \text{MPa}$$

悬臂梁的最大挠度发生在自由端处,其值为

$$w_{1stmax} = \Delta_{1st} = \frac{Pl^3}{3EI} = \frac{Pl^3}{3 \times E \times \dfrac{bh^3}{12}} = \frac{4Pl^3}{E \times b \times h^3}$$

$$= \frac{4 \times 1 \times 10^3 \text{N} \times (2\text{m})^3}{10 \times 10^9 \text{Pa} \times 120 \times 200^3 \times 10^{-12}\text{m}^4} = \frac{10}{3} \times 10^{-3}\text{m} = \frac{10}{3}\text{mm}$$

则动荷因数为

$$K_{1d} = 1 + \sqrt{1 + \frac{2h}{\Delta_{1st}}} = 1 + \sqrt{1 + \frac{2 \times 40\text{mm}}{\dfrac{10}{3}\text{mm}}} = 6 \qquad (a)$$

故得冲击荷载:　　$F_{1d} = K_{1d}P = 6 \times 1 \times 10^3 \text{N} = 6\text{kN}$

最大冲击应力:　　$\sigma_{1dmax} = K_{1d}\sigma_{1stmax} = 6 \times 2.5\text{MPa} = 15\text{MPa}$ 　　(b)

最大冲击挠度:　　$w_{1dmax} = K_{1d}w_{1stmax} = 6 \times \dfrac{10}{3}\text{mm} = 20\text{mm}$

（2）重物在 C 点自由落下。

最大正应力发生在固定端处截面的上下边缘，其值为

$$\sigma_{2\text{stmax}} = \frac{M_{\max}}{W_z} = \frac{P\dfrac{l}{2}}{\dfrac{bh^2}{6}} = \frac{\sigma_{1\text{stmax}}}{2} = 1.25\text{MPa}$$

冲击点的静位移为

$$\Delta_{2\text{st}} = \frac{P\left(\dfrac{l}{2}\right)^3}{3EI} = \frac{\Delta_{1\text{st}}}{8} = \frac{10}{24}\text{mm}$$

动荷因数为
$$K_{2\text{d}} = 1 + \sqrt{1 + \frac{2h}{\Delta_{2\text{st}}}} = 1 + \sqrt{1 + \frac{2\times40\text{mm}}{\dfrac{10}{24}\text{mm}}} = 14.89 \tag{c}$$

最大冲击应力：　　$\sigma_{2\text{dmax}} = K_{2\text{d}}\sigma_{2\text{stmax}} = 14.89\times1.25\text{MPa} = 18.6\text{MPa}$ 　　　　(d)

比较式（a）、（c）和式（b）、（d）可以看出，重物越靠近固定端，冲击点的静位移越小，危险截面上的动应力越大，结构越危险。这是结构受静荷载作用所没有的特点。

【例 10.4】 重量 $P=2\text{kN}$ 的重物从高度 $h=20\text{mm}$ 处自由下落，冲击到简支梁跨中点的顶面上（图 10.9（a））。已知该梁由 20b 号工字钢制成，长 $l=3\text{m}$，钢的弹性模量 $E=210\text{GPa}$，试求：（1）梁横截面上的最大正应力；（2）若梁的两端支承在相同的弹簧上（图 10.9（b）），该弹簧的刚度系数 $k=200\text{kN/m}$，则梁横截面上的最大正应力又是多少？（不计梁和弹簧的自重）

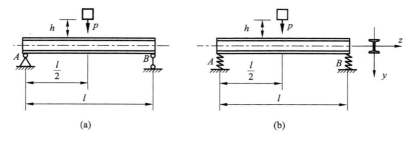

图 10.9　例 10.4 图

解：（1）图 10.9（a）所示的情况，是垂直冲击问题。由型钢表查得 $W_z=250\text{cm}^3$，$I_z=2500\text{cm}^4$。重物 P 以静荷载方式作用于跨中时，跨中截面的静挠度，即静位移为

$$\Delta_{\text{st}} = \frac{Pl^3}{48EI_z} = \frac{(2\times10^3\text{N})(3\text{m})^3}{48(210\times10^9\text{Pa})(2500\times10^{-8}\text{m}^4)} = 2.143\times10^{-4}\text{m} = 0.2143\text{mm}$$

此时，梁横截面上的最大正应力为

$$\sigma_{\text{stmax}} = \frac{M_{\text{stmax}}}{W_z} = \frac{Pl}{4W_z} = \frac{(2\times10^3\text{N})(3\text{m})}{4(250\times10^{-6}\text{m}^3)} = 6\times10^6\text{Pa} = 6\text{MPa}$$

冲击时的动荷因数可按式（10.26）计算，即

$$K_{\text{d}} = 1 + \sqrt{1 + \frac{2h}{\Delta_{\text{st}}}} = 1 + \sqrt{1 + \frac{2(20\text{mm})}{0.2143\text{mm}}} = 14.7$$

跨中截面的最大动应力则为

$$\sigma_{\text{dmax}} = K_{\text{d}}\sigma_{\text{stmax}} = 14.7\times6\text{MPa} = 88.2\text{MPa}$$

（2）对于图 10.9(b)所示情况，梁在冲击点处沿冲击方向的静位移，应当由梁在跨中截面的静挠度和两端支承弹簧的缩短两部分组成，即

$$\Delta_{st} = \frac{Pl^3}{48EI_z} + \frac{P}{2k} = 0.2143\text{mm} + \frac{2\times10^3\text{N}}{2\times(200\text{N/mm})} = 5.2143\text{mm}$$

冲击时的动荷因数为

$$K_d = 1 + \sqrt{1 + \frac{2h}{\Delta_{st}}} = 1 + \sqrt{1 + \frac{2\times(20\text{mm})}{5.2143\text{mm}}} = 3.94$$

跨中截面的最大动应力为

$$\sigma_{dmax} = K_d\sigma_{stmax} = 3.94\times6\text{MPa} = 23.64\text{MPa}$$

从以上计算可见，在自由落体冲击情况下，刚性支承时梁内的最大正应力是该弹簧支承时的 3.73 倍。这是由于改用弹簧支承后，使梁在冲击点处沿冲击方向的静位移增大了，从而降低了动荷因数。

【例 10.5】　钢制圆截面杆如图 10.10 所示，其上端固定，下端固连一无重刚性托盘以承接落下来的环形重物。已知杆的长度 $l=2\text{m}$，直径 $d=30\text{mm}$，弹性模量 $E=200\text{GPa}$。若环形重物的重量 $P=500\text{N}$，自高度 $h=50\text{mm}$ 处自由落下，使杆受到冲击。试求在下列两种情况下，杆内的动应力。

（1）重物直接落在刚性托盘；

（2）刚性托盘上放一刚度系数 $k=1\text{MN/m}$ 的弹簧，环形重物落在弹簧上。

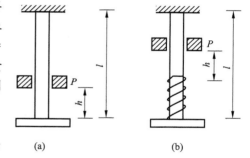

图 10.10　例 10.5 图

解：（1）当环形重物直接落在刚性托盘上。

冲击点沿冲击方向的静荷位移

$$\Delta_{st} = \frac{Pl}{EA} = \frac{500\text{N}\times2\text{m}}{200\times10^9\text{Pa}\times\frac{\pi\times0.03^2}{4}\text{m}} = 7.074\times10^{-6}\text{m}$$

根据式（10.26），得动荷因数

$$K_d = 1 + \sqrt{1 + \frac{2h}{\Delta_{st}}} = 1 + \sqrt{1 + \frac{2\times0.05\text{m}}{7.074\times10^{-6}\text{m}}} = 120$$

杆内的静应力

$$\sigma_{st} = \frac{P}{A} = \frac{500\text{N}}{\frac{\pi\times0.03^2}{4}\text{m}^2} = 0.7074\text{MPa}$$

所以，杆内的动应力

$$\sigma_d = K_d\sigma_{st} = 120\times0.7074\text{MPa} = 84.9\text{MPa}$$

（2）当环形重物落在弹簧上。

此时冲击点沿冲击方向的静位移应为在静荷载 P 作用下，杆的轴向伸长与弹簧静变形之和，即

$$\Delta_{st} = \frac{Pl}{EA} + \frac{P}{k} = \frac{500\text{N} \times 2\text{m}}{200 \times 10^9 \text{Pa} \times \frac{\pi \times 0.03^2}{4}} + \frac{500\text{N}}{1 \times 10^6 \text{N/m}}$$

$$= 7.074 \times 10^{-6}\text{m} + 500 \times 10^{-6}\text{m} = 507.074 \times 10^{-6}\text{m}$$

根据式(10.26),得动荷因数

$$K_d = 1 + \sqrt{1 + \frac{2h}{\Delta_{st}}} = 1 + \sqrt{1 + \frac{2 \times 0.05\text{m}}{507.074 \times 10^{-6}\text{m}}} = 15.08$$

所以,动荷应力

$$\sigma_d = K_d \sigma_{st} = 15.08 \times 0.7074\text{MPa} = 10.7\text{MPa}$$

与前者相比,此时动应力小了很多,约为前者的 1/8。可见,弹簧起到了很好的缓冲作用,使冲击荷载大大减小。

10.2.2　水平冲击

对于冲击物与被冲击物在同一水平放置的系统(图 10.11),在冲击过程中系统的势能保持不变,$V = 0$。

若冲击物与杆件接触时的速度为 v,则动能 T 为 $\frac{1}{2}\frac{P}{g}v^2$。根据能量守恒定律,由式(10.16)、式(10.17)和式(10.22),有

$$\frac{1}{2}\frac{P}{g}v^2 = \frac{1}{2}F_d\Delta_d = \frac{1}{2}\frac{\Delta_d^2}{\Delta_{st}}P$$

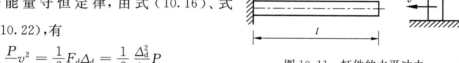

图 10.11　杆件的水平冲击

$$\Delta_d = \Delta_{st}\sqrt{\frac{v^2}{g\Delta_{st}}} \tag{10.28}$$

故得水平冲击时的**动荷因数**为

$$K_d = \sqrt{\frac{v^2}{g\Delta_{st}}} \tag{10.29}$$

注意:式中 Δ_{st} 为把冲击物的重量当作一个力,沿水平冲击方向施加到被冲击构件的冲击点上,该点沿冲击方向产生的静位移。

【**例 10.6**】　一下端固定、长度为 l 的铅直圆截面杆 AB,直径为 d,在 C 点处被一物体 P 沿水平方向冲击(图 10.12(a))。已知杆的材料为 E,C 点到杆下端的距离为 a,物体 P 的重量为 P,物体 P 在与杆接触时的速度为 v。试求杆在危险点处的冲击应力和杆件的最大位移。

解:此为水平冲击问题。AB 杆在 C 点处受到一个数值等于冲击物重量 P 的水平力作用时(图 10.12(b)),该点的静挠度(图 10.12(c)),即杆在被冲击点 C 处的静位移为

$$\Delta_{st} = \frac{Pa^3}{3EI}$$

在水平冲击情况下的动荷因数 K_d 为

$$K_d = \sqrt{\frac{v^2}{g\Delta_{st}}} = \sqrt{\frac{3EIv^2}{Pa^3g}} = \sqrt{\frac{3\pi d^4 Ev^2}{64Pa^3g}}$$

当杆在 C 点处受水平力 P 作用时,杆的固定端横截面最外边缘(即危险点)处的静应力为

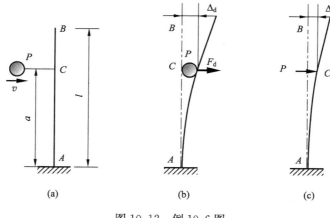

图 10.12　例 10.6 图

$$\sigma_{st} = \frac{M_{max}}{W} = \frac{32Pa}{\pi d^3}$$

于是,杆在上述危险点的冲击应力 σ_d 为

$$\sigma_d = K_d\sigma_{st} = \frac{32Pa}{\pi d^3}\sqrt{\frac{3\pi d^4 Ev^2}{64Pa^3 g}} = \frac{v}{d}\sqrt{\frac{48PE}{\pi ag}}$$

当杆在 C 点处受水平力 P 作用时,杆的最大静位移为 B 的静挠度

$$\Delta_B = \frac{Pa^2}{6EI}(3l-a) = \frac{32Pa^2}{3E\pi d^4}(3l-a)$$

杆受冲击时的最大位移为

$$\Delta_{dmax} = K_d\Delta_B = \frac{32Pa^2}{3E\pi d^4}(3l-a)\sqrt{\frac{3\pi d^4 Ev^2}{64Pa^3 g}}$$

10.2.3　突然制动引起的冲击

连接有集中质量的杆件在运动时,若因某种原因突然制动(刹车),杆件内将引起冲击应力。如何确定杆件内的冲击应力,制动过程中机械能守恒是解决这类问题的关键。至于突然制动之前,杆件内是否已经具有应变能,又使问题分为两类。

1. 突然制动之前杆件内无应变能

若不考虑突然制动之前杆件内的应变能。根据机械能守恒定律,这时集中质量所具有的动能和势能全部转换为杆件的应变能。

$$T+V = V_{ed} \tag{10.30}$$

一钢制圆轴,右端 B 有一个质量很大的飞轮(图 10.13),轴的左端 A 装有制动器。当在 A 端突然刹车(即 A 端突然停止转动)时,飞轮 B 的角速度瞬时降低为零,AB 轴受到冲击,发生扭转变形。

此时飞轮 B 仅具有动能而没有势能

$$T = \frac{1}{2}J_x\omega^2 \tag{10.31}$$

$$V = 0 \tag{10.32}$$

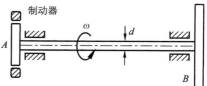

图 10.13　定轴转动的突然制动

因而在冲击过程中,它的动能全部转变为 AB 轴的扭转应变能

$$V_{\varepsilon d} = \frac{T_d^2 l}{2GI_P} \tag{10.33}$$

将式(10.31)、式(10.32)和式(10.33)代入式(10.30),有

$$\frac{1}{2} J_x \omega^2 = \frac{T_d^2 l}{2GI_p} \tag{10.34}$$

化简求得

$$T_d = \omega \sqrt{\frac{J_x GI_p}{l}} \tag{10.35}$$

轴内的最大冲击切应力为

$$\tau_{dmax} = \frac{T_d}{W_t} = \omega \sqrt{\frac{J_x GI_p}{l W_t^2}} = \omega \sqrt{\frac{GJ_x}{l} \frac{\pi d^4}{32} \left(\frac{16}{\pi d^3}\right)^2} = \omega \sqrt{\frac{GJ_x}{l} \frac{8}{\pi d^2}} = \omega \sqrt{\frac{2GJ_x}{Al}} \tag{10.36}$$

可见扭转冲击时,轴内最大动应力 τ_{dmax} 与轴的体积 Al 有关。体积 Al 越大,τ_{dmax} 越小。

若设飞轮的转速为 $n=100\mathrm{r/min}$,转动惯量为 $J_x=0.5\mathrm{kN \cdot m \cdot s^2}$。轴的直径 $d=100\mathrm{mm}$。切变模量 $G=80\mathrm{GPa}$,轴长 $l=1.5\mathrm{m}$。把已知数据代如上式,得

$$\tau_{dmax} = \frac{10\pi}{3}\mathrm{rad/s} \cdot \sqrt{\frac{2 \times 80 \times 10^9 \mathrm{Pa} \times 0.5 \times 10^3 \mathrm{Nms^2}}{1.5\mathrm{m} \times (50 \times 10^{-3}\mathrm{m})^2 \pi}} = 862.9 \times 10^6 \mathrm{Pa} = 862.9\mathrm{MPa}$$

计算结果与例 10.2 比较可知,这里求得的 τ_{dmax} 是在那里所得最大切应力的 162 倍。对于常用钢材,扭转切应力一般不超过 $80\sim100\mathrm{MPa}$。上面求出的 τ_{dmax} 已经远远超过了该值,构件已出现塑性变形或已破坏,显然这个解有误,不可能那么大,但与例 10.2 的结果相比仍大很多倍。由此看来,对保证轴的安全来说,冲击荷载是十分有害的。

2. 突然制动之前杆件内已储存应变能

若考虑突然制动之前杆件内已储存的应变能。根据机械能守恒定律,制动之前集中质量所具有的动能、势能和杆件内已储存的应变能,等于制动后杆件内储存的应变能。

$$T + V + V_\varepsilon = V_{\varepsilon d} \tag{10.37}$$

一钢吊索的下端悬挂一重量为 P 的重物,并以速度 v 下降。当吊索长为 l 时,滑轮突然被卡住。在突然制动前,该重物具有动能为

$$T = \frac{1}{2} \frac{P}{g} v^2$$

该重物具有的势能为(以制动停止位置为零势能位置)

$$V = P(\Delta_d - \Delta_{st})$$

钢索由于悬挂了重物,在钢索内已产生应力和变形 Δ_{st},所以钢索内已经产生了应变能为

$$V_\varepsilon = \frac{1}{2} P\Delta_{st}$$

滑轮和吊索的质量可略去不计。

突然制动停止后(系统的动能和势能均为零),由于该重物的惯性力作用使系统的变形增大,钢索的总伸长为 Δ_d(其中包括了 Δ_{st},如图 10.14 所示),则钢索的应变能为

$$V_{\varepsilon d} = \frac{1}{2} F_d \Delta_d$$

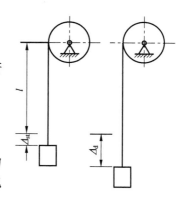

图 10.14　具有受拉钢索系统的突然制动

根据机械能守恒定律式(10.37)，制动初瞬时系统的能量等于制动停止时系统的能量，即

$$\frac{1}{2}\frac{P}{g}v^2 + P(\Delta_d - \Delta_{st}) + \frac{1}{2}P\Delta_{st} = \frac{1}{2}F_d\Delta_d \qquad (10.38)$$

上式也可以理解为，制动初瞬时冲击物的动能和势能转化为制动停止时被冲击物内的应变能增量。以 $\dfrac{F_d}{P} = \dfrac{\Delta_d}{\Delta_{st}}$ 带入上式，经简化后得出

$$\Delta_d^2 - 2\Delta_{st}\Delta_d + \Delta_{st}^2\left(1 - \frac{v^2}{g\Delta_{st}}\right) = 0 \qquad (10.39)$$

解方程得

$$\Delta_d = \left(1 + \sqrt{\frac{v^2}{g\Delta_{st}}}\right)\Delta_{st} \qquad (10.40)$$

故动荷因数为

$$K_d = 1 + \sqrt{\frac{v^2}{g\Delta_{st}}} \qquad (10.41)$$

式中，$\Delta_{st} = \dfrac{Pl}{EA}$ 为重量 P 使钢索产生的静伸长。

绳中的动应力

$$\sigma_d = K_d\sigma_{st} \qquad (10.42)$$

注意：在前面的分析中均忽略了被冲击物的质量。若要计及被冲击物质量的影响，在考虑冲击过程的机械能守恒时，冲击接触瞬时的能量应为整个系统的动能、势能（包括冲击物动能和势能及被冲击物的动能和势能）和被冲击物的初始应变能，这些能量最终转换为冲击运动停止时被冲击物内的应变能。这类问题可参阅其他的有关文献。

【例 10.7】 图 10.15 示一悬臂梁在自由端处安装一吊车，将重量为 P 的重物以匀速 v 下落，若吊车突然制动，试计算绳中的动应力。已知梁的弯曲刚度为 EI，长度为 l，绳的横截面积为 A，制动时绳长为 a，梁、绳及吊车的自身重量不计。

解：(1) 制动初瞬时系统的能量。

将绳和梁看作一个线弹性系统，制动前系统的能量包括：重物的动能为 $\dfrac{1}{2}\dfrac{P}{g}v^2$；重物的势能为 $P(\Delta_d - \Delta_{st})$（以制动停止位置为零势能位置）；因重物 P 的作用，系统的应变能为 $\dfrac{1}{2}P\Delta_{st}$，其中 Δ_{st} 为绳子在 P 作用下的伸出与梁在 P 作用下自由端处的挠度之和，即

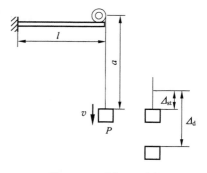

图 10.15　例 10.7 图

$$\Delta_{st} = \frac{Pa}{EA} + \frac{Pl^3}{3EI}$$

(2) 制动停止时系统的能量。

制动停止时，由于重物 P 的惯性力作用使系统的变形增大，设制动停止时系统总的变形量为 Δ_d，则系统的应变能为 $\dfrac{1}{2}F_d\Delta_d$；系统的动能和势能均为零。

（3）绳中动应力。

根据机械能守恒定律式（10.37），制动初瞬时系统的能量等于制动停止时系统的能量，即

$$\frac{1}{2}\frac{P}{g}v^2 + P(\Delta_d - \Delta_{st}) + \frac{1}{2}P\Delta_{st} = \frac{1}{2}F_d\Delta_d$$

上式和式（10.38）相同，只是 Δ_{st} 的含义不同，由此得到的动荷因数

$$K_d = 1 + \sqrt{\frac{v^2}{g\Delta_{st}}} = 1 + \sqrt{\frac{v^2}{g\left(\dfrac{Pa}{EA} + \dfrac{Pl^3}{3EI}\right)}}$$

故绳中的动应力

$$\sigma_d = K_d\sigma_{st} = \frac{P}{A}\left[1 + \sqrt{\frac{v^2}{g\left(\dfrac{Pa}{EA} + \dfrac{Pl^3}{3EI}\right)}}\right]$$

10.2.4　降低冲击影响的措施

从冲击动荷因数式（10.25）、式（10.26）、式（10.29）和式（10.41）可以看出，在冲击问题中，应尽可能地增大静位移 Δ_{st} 而避免增加静应力 σ_{st}，即降低构件的刚度。这样可以减小动荷因数降低冲击荷载和冲击力。例如，汽车大梁与轮轴之间安装叠板弹簧（图 10.16），火车车厢架与轮轴之间安装压缩弹簧，某些机器或零件上加上橡皮坐垫或垫圈，都是为了既提高静变形 Δ_{st}，又不改变构件的静应力。这样可以明显地降低冲击应力，起很好的缓冲作用。

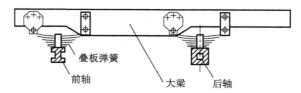

图 10.16　汽车大梁与减振弹簧

在图 10.17 中，变截面杆 a 的最小截面与等截面杆 b 的截面相等。在相同的冲击荷载下，试比较两杆的强度。

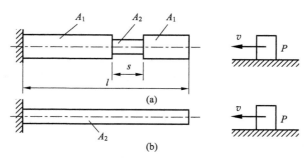

图 10.17　变截面杆与等截面杆的冲击

在相同的静载作用下,两杆的最大静应力 $\sigma_{st}=\dfrac{P}{A_2}$ 相同,但杆 a 的静变形显然小于杆 b 的静变形

$$\Delta_{ast}=\frac{P(l-s)}{EA_1}+\frac{Ps}{EA_2}<\Delta_{bst}=\frac{Pl}{EA_2}$$

这样,由式(10.29)看出,杆 a 的动荷因数大于杆 b 的动荷因数

$$K_{ad}=\sqrt{\frac{v^2}{g\Delta_{ast}}}>K_{bd}=\sqrt{\frac{v^2}{g\Delta_{bst}}}$$

杆 a 的动应力必然大于杆 b 的动应力。而且,杆 a 削弱部分的长度 s 越小,则静变形 Δ_{ast} 越小,动荷因数 K_{ad} 就越大,动应力也就越大。

基于上述理由,对于抗冲击的螺钉,如气缸螺钉,若使光杆部分的直径大于螺纹内径,就不如使光杆部分的直径与螺纹的内径接近相等。这样,螺钉接近于等截面杆,静变形 Δ_{st} 增大,而最大静应力未变,从而降低了动应力。若强度允许还可使光杆部分的直径小于螺纹的内径,进一步增大静变形减小动荷因数,降低动应力。

10.3　交变应力和疲劳强度

10.3.1　交变应力和疲劳破坏特征

工程中,随时间成周期性变化的荷载称之为**交变荷载**;随时间成周期性变化的应力称之为**交变应力**。工程中承受交变荷载的构件很多,如汽车的车轴、气缸内的活塞连杆作往复运动、锻压机的锤杆在锻压工件时受到周期性的冲击作用,各类机械中的传动轴、齿轮和有关零部件等(图 10.18);即使有些构件所受的荷载是不变的(有些传动轴),但由于其做定轴转动,其横截面上各点的应力随时间成周期性变化(图 10.19);因此,交变应力在工程中广泛存在,是造成破坏的重要因素。构件在交变应力作用下发生破坏或失效的现象,称之为**疲劳破坏**或**疲劳失效**。构件(或材料)抵抗疲劳破坏的能力,称之为**疲劳强度**。

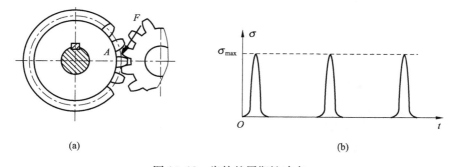

图 10.18　齿轮的周期性冲击

大量的试验结果以及实际工程中的破坏现象表明,发生疲劳破坏或疲劳失效时,具有以下明显特征:

(1) 破坏时的应力低于强度极限,甚至低于屈服极限;

(2) 金属材料的疲劳强度与制成各类构件可能承受的疲劳强度并不相同;

(3) 疲劳失效需经历多次循环后才会出现;

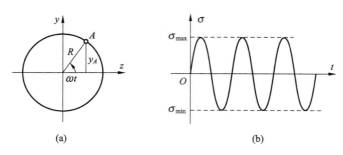

图 10.19　随时间成周期性变化的应力

（4）破坏（常常是断裂）突然发生，即使塑性较好的材料也无明显的塑性变形；

（5）疲劳破坏断口，一般都具有明显的光滑区域与颗粒状区域。

疲劳失效的形成一般经历三个阶段：裂纹萌生、裂纹扩展和突然断裂。

当交变应力的最大值超过一定极限值，经历了一段时间的反复作用后，在材料的薄弱部分，如冶金过程中材料存在的各种缺陷和杂质的部位、制成零构件后表面的不光滑、表面的划伤以及外形突变（孔、圆角、沟槽和切口的边缘）等处因应力集中将产生初始疲劳裂纹。这些裂纹的长度一般为 $10^{-7} \sim 10^{-4}$ m 的量级，故称为微裂纹。在这些微裂纹的尖端将形成新的应力集中，在循环交变作用下，微裂纹不断扩展、相互贯通汇集成宏观裂纹，形成疲劳源。这是裂纹的萌生过程。

已形成的宏观裂纹在交变应力的作用下，逐渐扩展，扩展缓慢且不连续，随应力水平的高低时而发生时而停滞。这是裂纹的扩展过程。

随着裂纹的扩展，截面面积逐渐减小，当削弱到一定的程度时，发生突然断裂。

图 10.20 所示为典型的疲劳破坏断口，其上可分成三个区域。

（1）疲劳源区：初始裂纹由此形成并扩展开；

（2）疲劳（裂纹）扩展区：在交变荷载作用下，裂纹时张时合，多次反复，形成疲劳断口的光滑区，其明显的条纹是由于裂纹的传播所形成；

（3）突然断裂区：由于最后产生脆性断裂，所以该区域呈颗粒状。

材料在交变应力作用下的力学行为与应力的变化规律有关，图 10.21 表示一点应力随时间 t 按正弦变化的曲线。其中 S 为**广义应力**，它可以是正应力 σ，也可以是切应力 τ。

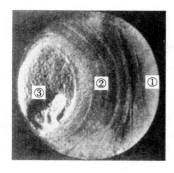

图 10.20　典型的疲劳断口

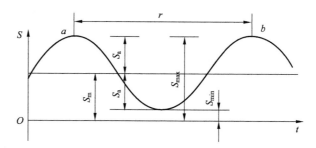

图 10.21　交变应力的 $S\text{-}t$ 曲线

为了表示和分析交变应力的特征,做如下定义:

应力循环——应力从某值开始经历变化的全过程又回到原来的数值,称为一个应力循环。完成一个应力循环所需要的时间,称为一个周期。

应力比——应力循环中最小应力和最大应力的比值,用 r 表示

$$r = \frac{S_{min}}{S_{max}} \tag{10.43}$$

平均应力——最大应力和最小应力的代数平均值,用 S_m 表示

$$S_m = \frac{S_{max} + S_{min}}{2} \tag{10.44}$$

应力幅——最大应力和最小应力的代数差的一半,称为应力幅,用 S_a 表示

$$S_a = \frac{S_{max} - S_{min}}{2} \tag{10.45}$$

最大应力——应力循环中的最大值

$$S_{max} = S_m + S_a \tag{10.46}$$

最小应力——应力循环中的最小值

$$S_{min} = S_m - S_a \tag{10.47}$$

对称循环——应力循环中,交变应力的最大值和最小值大小相等、符号相反的循环。这时

$$r = -1, S_m = 0, S_a = S_{max} \tag{10.48}$$

脉动循环——应力循环中,交变应力的最小值(或最大值)等于零,应力的符号不发生变化的循环。这时

$$r = 0, S_a = S_m = \frac{1}{2}S_{max} \tag{10.49}$$

或

$$r = -\infty, -S_a = S_m = \frac{1}{2}S_{min} \tag{10.50}$$

静应力——静荷载作用时的应力,静应力是交变应力的特例。这时

$$r = 1, S_{max} = S_{min} = S_m, S_a = 0 \tag{10.51}$$

注意:

(1) 除对称循环外,其余的循环均称为非对称循环。

(2) 最大应力与最小应力是指一点的某应力在交变循环中的最大值与最小值,不是指一点应力状态中的最大应力和最小应力,这两者要区分。

10.3.2　材料的疲劳试验与持久极限

由于材料在静载下的强度指标都不能作为衡量其承受交变应力时的疲劳强度,因此要通过疲劳试验重新测定金属材料的疲劳强度指标,即**疲劳极限**。所谓疲劳极限是指经历无穷多次应力循环而不发生破坏时的最大应力值,又称为**持久极限**。

疲劳实验在疲劳试验机上进行,一般而言疲劳试验机可分为两大类:一类是计算机控制的电液伺服材料疲劳试验机;另一类是传统的对称循环(纯弯曲)疲劳试验机(图10.22)。

准备一批材料尺寸,加工质量均相同的表面光滑小试样,并将试样分成若干组。试验时,每组试样分别承受不同水平的应力值,应力水平由高逐渐降低;每根试样经过多次应力循环,直至发生疲劳破坏,记录下每根试样所承受的交变应力最大值及发生破坏时所经历的**应力循**

(a) 电液伺服材料疲劳试验机

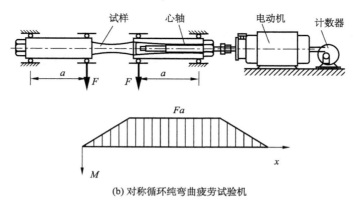

(b) 对称循环纯弯曲疲劳试验机

图 10.22　疲劳试验

环次数（又称**疲劳寿命**）N。将所有试验数据描绘成纵坐标为应力 S_{max}，横坐标为循环次数 N 的曲线，如图 10.23。这条曲线被称为**应力-寿命曲线**，简称 $S\text{-}N$ 曲线。

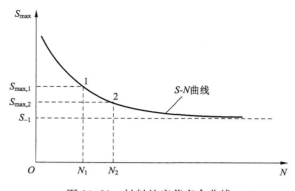

图 10.23　材料的疲劳寿命曲线

$S\text{-}N$ 曲线表明了试样的寿命随其承受的应力水平而变化的趋势。当试样所受交变应力的最大应力 S_{max} 减少，其循环次数 N 增加。若 $S\text{-}N$ 曲线有水平渐近线，即表明当交变应力的最大应力 S_{max} 减小到某一极限值，循环次数 N（疲劳寿命）趋于无限大而不发生破坏。这个极限值即为**持久极限（疲劳极限）**。对于应力比为 r 情况，持久极限用 S_r 表示；如果试验是在对称循环下进行的,$r=1$,其持久极限为 S_{-1}。

循环次数 N 趋于无限大,即无穷多次循环,在试验中几乎是不可能实现的。常温下的试验结果表明,某些材料(如钢)的 S-N 曲线具有水平渐近线,当试样经历了 10^7 次循环后仍未破坏,再增加循环次数也不会产生疲劳失效。所以工程上通常把 10^7 次循环下仍未疲劳破坏的最大应力,规定为持久极限,而把 $N_0=10^7$ 称为**循环基数**。还有些材料(如有色金属)的 S-N 曲线无水平渐近线,通常规定一个循环基数,例如 $N_0=10^8$,把它所对应的交变应力最大值作为**条件持久极限**。

10.3.3　构件的持久极限及影响因素

由疲劳强度的特征可知,构件由于尺寸形状和加工质量的不同,往往与相同材料在标准光滑小试样下测定的持久极限不相一致,有时相差甚远。工程构件因种类繁多,形状、尺寸和加工质量各异,难以通过试验一一测定。通常是在用标准光滑小试样做的材料持久极限(疲劳寿命)测定的基础上,分别将上述影响的因素独立地以系数的形式加以修正,获得构件的持久极限,实践表明这种修正的方法可以满足工程要求。

1. 构件外形的影响

构件截面形状不可避免地含有各种切槽、圆孔、尖角等,这些部位将引起应力集中。在应力集中的局部区域极易形成疲劳裂纹,从而使构件的持久极限显著降低。实践表明,不同材料对应力集中的敏感程度也是不同的,因此,对于应力集中对持久极限的影响,工程中常采用有效应力集中因数 K_f 表示。它是在材料、尺寸、加载条件均相同的前提下,光滑试样与应力集中试样的持久极限的比值,即

$$K_f = \frac{(S_{-1})_d}{(S_{-1})_k} \tag{10.52}$$

上式中,$(S_{-1})_d$ 是对称循环下光滑试样的持久极限;$(S_{-1})_k$ 是对称循环下有应力集中试样的持久极限。K_f 值可在有关手册中查到。由于理论应力集中系数已有较完整的手册可查,人们提出了各种由理论应力集中系数估算有效应力集中系数的经验公式,这里不做详细介绍。

注意:

(1) 由于光滑试样的持久极限 $(S_{-1})_d$ 大于应力集中试样的持久极限 $(S_{-1})_k$,所以 $K_f > 1$;

(2) 在式(10.52)中 S 既可以是正应力 σ,也可以是切应力 τ。

2. 构件尺寸的影响

材料的持久极限(疲劳寿命)是标准光滑小试样的试验结果。试验结果表明,随着试样尺寸的增加,持久极限呈下降趋势。因此,当构件的尺寸大于标准小试样的尺寸时,必须考虑尺寸的影响。

尺寸引起持久极限降低的原因主要有以下几种:

(1) 构件材质的质量因尺寸而异,构件的尺寸越大包含的缩孔、裂纹、夹杂物等就越多;

(2) 构件的尺寸越大,表面积和表层体积也相应增大,而初始裂纹一般都发生在表面或表层,故形成疲劳源的概率增大;

(3) 若承受的最大应力相同,大尺寸的构件高应力区也大,如图 10.24 所示,在同样的应力范围内 $\sigma_0 \leqslant \sigma \leqslant \sigma_{max}$ 内,大尺寸构件的表层体积大于小尺寸构件的表层体积,换言之,在同样的表层厚度内,大尺寸构件承受的平均应力要高于小尺寸构件。

以上这些均有利于初始裂纹的形成和扩展,因而持久极限降低。构件尺寸对持久极限的影响,用尺寸因数 ε_0 表示

$$\varepsilon_0 = \frac{(S_{-1})_d}{S_{-1}} \qquad (10.53)$$

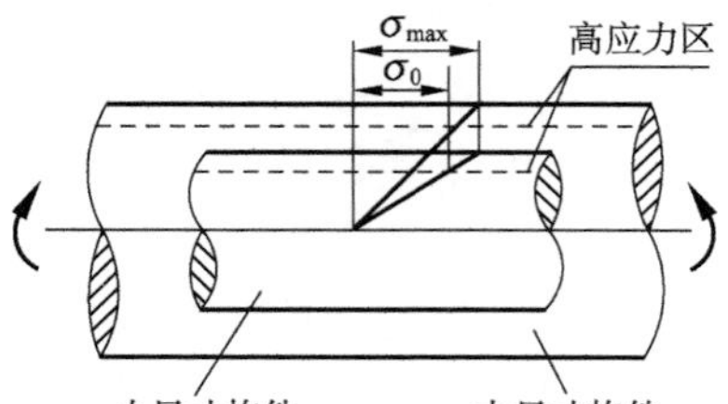

图 10.24　构件的尺寸影响

式中,$(S_{-1})_d$ 是对称循环下光滑大试样的持久极限;S_{-1} 为光滑小试样的持久极限。

注意:

(1) 由于光滑大尺寸试样的持久极限 $(S_{-1})_d$ 小于光滑小试样(标准试样)的持久极限 S_{-1},所以 $\varepsilon_0 < 1$;

(2) 对于弯曲和扭转,由于截面上的应力分布是不均匀的,故有尺寸系数的修正,对于轴向受力构件,由于应力平均分布或分布受尺寸的影响不大,可取 $\varepsilon_0 \approx 1$;

(3) 在上式中 S 既可以是正应力 σ,也可以是切应力 τ。

3. 表面加工质量的影响

通常构件表层的应力最大,加之表面加工的刀痕、擦伤等将引起应力集中,从而降低持久极限。因此,表面加工质量对持久极限有明显的影响。其影响用表面质量因数 β 表示,即

$$\beta = \frac{(S_{-1})_\beta}{(S_{-1})_d} \qquad (10.54)$$

式中,$(S_{-1})_\beta$ 为有加工质量试样的持久极限,$(S_{-1})_d$ 为表面磨光试样的持久极限。

注意:

(1) 在工程中,表面加工粗糙会降低持久极限,$\beta < 1$;另一方面,表面强化工艺会明显提高构件的持久极限,使得 $\beta > 1$;

(2) 在上式中 S 既可以是正应力 σ,也可以是切应力 τ。

综合以上影响因素,可得在对称循环下,构件的持久极限 S_{-1}^0 为

$$S_{-1}^0 = \frac{\varepsilon_0 \beta}{K_f} S_{-1} \qquad (10.55)$$

式中,S_{-1} 为光滑小试样的持久极限。对于正应力 σ 和切应力 τ,上式可分别写为

$$\sigma_{-1}^0 = \frac{\varepsilon_\sigma \beta}{K_\sigma} \sigma_{-1} \quad , \quad \tau_{-1}^0 = \frac{\varepsilon_\tau \beta}{K_\tau} \tau_{-1} \qquad (10.56)$$

10.3.4　提高构件疲劳强度的措施

提高构件的疲劳强度,就是要减少初始裂纹萌生的概率和降低裂纹的扩展速率。在不改变构件的基本尺寸和材料的前提下,通过减小应力集中和改善表面质量,以提高构件的疲劳极限。通常有以下一些途径。

1. 减缓应力集中

截面突变处的应力集中是产生裂纹以及裂纹扩展的重要原因。为了消除或减缓应力集中,在设计构架的外形时,要避免出现方形或带有尖角的孔和槽。在截面尺寸突然改变处(如阶梯轴的轴肩),要采用半径足够大的过度圆角。通过适当加大截面突变处的过渡圆角以及其他措施,有利于缓和应力集中,从而可以明显地提高构件的疲劳强度。

2. 降低表面粗糙度

构件表面加工质量及表面粗糙度对疲劳强度影响很大,像高强度钢的疲劳强度对表面粗

糙度就十分敏感。另外,疲劳强度要求较高的构件,也要有较低的表面粗糙度。工程上通过精加工提高构件的表面质量,从而提高疲劳强度。在使用中也应尽量避免使构件表面受到机械损伤(如划伤、打印等)或化学损伤(如腐蚀、生锈等),否则将会使持久极限大幅度下降。

3. 提高表层强度

通过机械的或化学的方法对构件表面进行强化处理,增加构件的表面层强度,将使构件的疲劳强度有明显的提高。构件的表面强化工艺很多,包括热处理和化学处理等多种技术,如表面高频淬火、渗碳、氮化等,皆可使构件疲劳强度有显著提高。但采用这些方法时,要严格控制工艺过程,否则将造成表面微细裂纹,反而降低持久极限。也可以用机械的方法强化表面,如滚压、喷丸等,以提高疲劳强度。

这些表面处理,一方面可以使构件表面的材料强度提高;另一方面可以在表面层中产生残余压应力,抑制疲劳裂纹的形成和扩展。

复习思考题

10-1 在冲击应力和变形的近似计算中,因为不计被冲击物的质量,计算结果与实际情况相比,冲击应力和冲击变形是偏大还是偏小?

10-2 在冲击过程中,被冲击构件的冲击应力与材料是否有关?

10-3 动静法和基于能量守恒建立的冲击问题计算方法二者有无本质上的区别?

10-4 构件在交变应力作用下的疲劳破坏与静应力下的失效在本质上是有何异同?

10-5 什么是材料的疲劳极限与强度极限?

10-6 怎样区分材料的持久极限和构件的持久极限?

10-7 有哪些因素影响材料的持久极限,有哪些因素影响构件的持久极限?

习　　题

10.1 图 10.25 所示重物以匀加速度下降,若在 0.2s 内速度由 1.5m/s 降至 0.5m/s,且绳的横截面积 $A=100\text{mm}^2$,试求绳内应力。

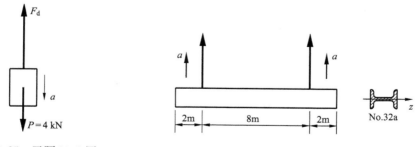

图 10.25　习题 10.1 图　　　　　　　　图 10.26　习题 10.2 图

10.2 图 10.26 所示用两根吊索向上匀加速平行地吊起一根 No.32a 的工字钢(工字钢单位长度重 $q=516.8\text{N/m}$,抗弯截面系数 $W_z=70.8\times10^{-6}\text{m}^3$),加速度 $a=10\text{m/s}^2$,吊索横截面面积 $A=1.08\times10^{-4}\text{m}^2$,若不计吊索自重,试计算吊索的应力和工字钢的最大应力。

10.3 图 10.27 所示起重机构 A 的自重为 20kN，吊车大梁 BC 由两根 No.32a 工字钢组成，由型钢表查得 No.32a 工字钢：自重 $q=527$N/m，惯性矩 $I_z=1.1\times10^4$ cm^4，抗弯截面系数 $W_z=692$cm^3。现用绳索吊起重物 60kN。起吊时，加速度为 6m/s^2，试求此时绳内所受拉力及梁内最大正应力（要计梁 BC 的重量）。

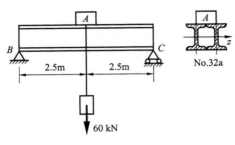
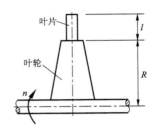

图 10.27　习题 10.3 图   图 10.28　习题 10.4 图

10.4 图 10.28 所示 12000kW 汽轮机叶轮半径 $R=630$mm，叶片长 $l=130$mm，材料的密度 $\rho=7.95\times10^3$kg/m^3，转速 $n=3000$r/min。若叶片为等截面，试分析惯性力引起的正应力沿叶片长度的变化规律，并求叶片根部最大拉应力。

10.5 图 10.29 所示桥式起重机主梁由两根 16 号工字钢组成，主梁以匀速度 $v=1$m/s 向前移动（垂直纸面），当起重机突然停止时，重物向前摆动，试求此瞬时梁内最大正应力（不考虑斜弯曲影响）。

10.6 图 10.30 所示杆 AB 以匀角速度 ω 绕 y 轴在水平面内旋转，杆材料的密度为 ρ，弹性模量为 E，试求：

（1）沿杆轴线各横截面上正应力的变化规律（不考虑弯曲）；

（2）杆的总伸长。

10.7 图 10.31 所示钢质圆盘有一偏心圆孔。圆盘以匀角速度 ω 旋转，密度为 ρ。试求由圆盘偏心圆孔引起的轴内横截面上的最大正应力 σ_{max}。

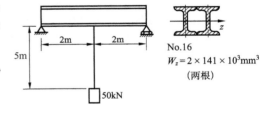

图 10.29　习题 10.5 图

10.8 图 10.32 所示直径为 d 的轴上，装有一个转动惯量为 J 的飞轮 A。轴的转速为 nr/s。当制动器 B 工作时，在 ts 内将飞轮刹停（匀减速），试求在制动过程中轴内的最大切应力。

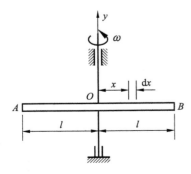
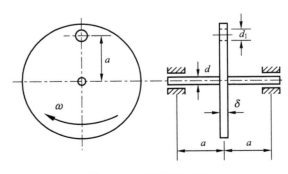

图 10.30　习题 10.6 图   图 10.31　习题 10.7 图

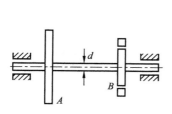
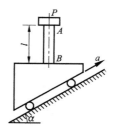

图 10.32　习题 10.8 图　　　　　　图 10.33　习题 10.9 图

10.9　杆 AB 单位长度重量为 q，截面积为 A，抗弯截面系数为 W，上端连有重量为 P 的重物，下端固定于小车上，如图 10.33 所示。小车在与水平面成 α 角的斜面上以匀加速度 a 前进，试证明杆危险截面上最大压应力为

$$\sigma = \frac{[P+(ql/2)]al\cos\alpha}{gW} + \frac{(P+ql)[1+(a\sin\alpha/g)]}{A}$$

10.10　图 10.34 所示重量为 $P=1\mathrm{kN}$ 的重物自由下落在梁 AB 的 B 端。已知 $l=2\mathrm{m}$，材料弹性模量 $E=210\mathrm{GPa}$。试求冲击时梁 AB 内的最大正应力及最大挠度。

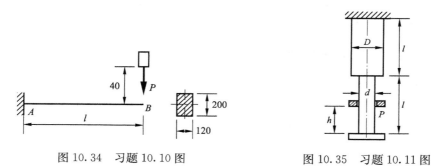

图 10.34　习题 10.10 图　　　　　　图 10.35　习题 10.11 图

10.11　图 10.35 所示圆截面阶梯杆的弹性模量 $E=200\mathrm{GPa}$，直径 $D=40\mathrm{mm}$，$d=20\mathrm{mm}$，$l=500\mathrm{mm}$，$P=2\mathrm{kN}$，自 $h=6\mathrm{mm}$ 高处自由下落于杆端凸缘上，试求杆内最大正应力。

10.12　图 10.36 所示相同两梁，受重量为 P 的重物自由落体冲击，支承条件不同，弹簧刚度均为 k，试证明图(a)中梁的最大动应力大于图(b)中的最大动应力。

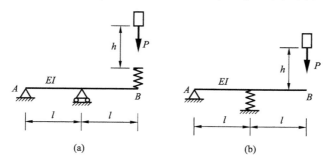

图 10.36　习题 10.12 图

10.13　图 10.37 所示等截面刚架，重量为 $P=300\mathrm{N}$ 的物体自高度 $h=50\mathrm{mm}$ 处落下，材料弹性模量 $E=200\mathrm{GPa}$，刚架质量不计。试求截面 C 的最大铅垂位移和刚架内的最大应力。

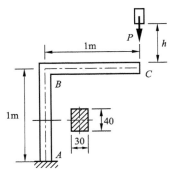

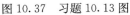

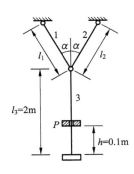

图 10.37　习题 10.13 图　　　　图 10.38　习题 10.14 图

10.14　图 10.38 中杆 1、2 的弹性模量 $E_1 = E_2 = 1 \times 10^5$ MPa，横截面积 $A_1 = A_2 = 20$mm^2，杆长 $l_1 = l_2 = 1.2$m，$\alpha = 30°$，杆 3 的弹性模量 $E_3 = 2 \times 10^5$ MPa，横截面积 $A_3 = 25$mm^2，当重为 $P = 0.1$kN 的重物自由下落冲击托盘时，试求杆 1、2、3 的动应力。

10.15　图 10.39 所示材料相同的两杆，$a = 200$mm，横截面积 $A = 100$mm^2，重物重量 $P = 10$N，$h = 100$mm，材料弹性模量 $E = 200$GPa。试用近似的动荷因数公式 $K_d = \sqrt{\dfrac{2h}{\Delta_{\text{st}}}}$ 比较此二杆的冲击应力。

10.16　图 10.40 所示密度为 ρ 的等截面直杆 AB，自由下落与刚性地面相撞，试求冲击时的动荷因数。假设杆截面 x 上的动应力 $\sigma_d(x) = \dfrac{\sigma_{\text{dmax}} \cdot x}{l}$。

10.17　自由落体冲击如图 10.41 所示，冲击物重量为 P，离梁顶面的高度为 h_0，梁的跨度为 l，矩形截面尺寸为 $b \times h$，材料的弹性模量为 E，试求梁的最大挠度。

10.18　图 10.42 所示等截面折杆在 B 点受到重量 $P = 1.5$kN 的自由落体的冲击，已知折杆的弯曲刚度 $EI = 5 \times 10^4$ N·m^2。试求点 D 在冲击荷载下的水平位移。

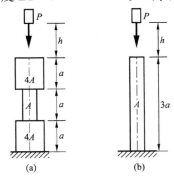

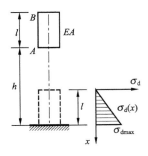

图 10.39　习题 10.15 图　　　　图 10.40　习题 10.16 图

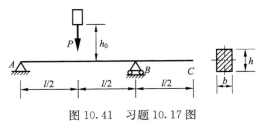

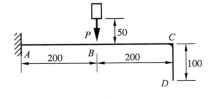

图 10.41　习题 10.17 图　　　　图 10.42　习题 10.18 图

10.19　图 10.43 所示圆轴 AB，在 B 端装有飞轮 C，轴与飞轮以匀角速度 ω 旋转，飞轮对旋转轴的转动惯量为 J，轴质量忽略不计。已知圆轴的扭转刚度 GI_p 及抗扭截面系数 W_t。试求当 A 端被突然制动时，轴内的最大切应力。

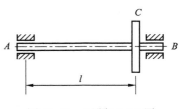

图 10.43　习题 10.19 图

10.20　图 10.44 所示圆截面折杆放置在水平面内，重量为 P 的物体自高度 h 自由下落到端点 C，已知杆的直径 d 和材料的弹性模量 E、切变模量 G。试求动荷因数 K_d。

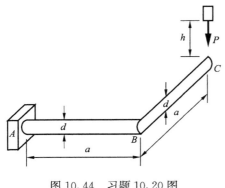

图 10.44　习题 10.20 图

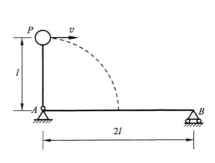

图 10.45　习题 10.21 图

10.21　已知图 10.45 所示梁 AB 的弯曲刚度 EI 和弯曲截面系数 W，重量为 P 的体物体绕梁的 A 端转动，当它在铅垂位置时，水平速度为 v，试求梁受 P 冲击时梁内最大正应力。

10.22　图 10.46 所示矩形截面钢梁，A 端是固定铰支座，B 端为弹簧支承。在该梁的中点 C 处有重量为 $P=40\mathrm{N}$ 的重物，自高度 $h=60\mathrm{mm}$ 处自由下落冲击到梁上。已知弹簧刚度 $k=25.32\mathrm{N/mm}$，钢的弹性模量 $E=210\mathrm{GPa}$。求梁内最大冲击应力（不计梁的自重）。

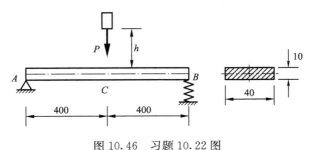

图 10.46　习题 10.22 图

10.23　已知图 10.47 所示杆 BC 的横截面面积为 A，梁 AD 的惯性矩 $I=\dfrac{a^2A}{90}$，杆和梁的弹性模量均为 E，重物 P 自由下落冲击于梁上的点 D，求杆 BC 的最大动应力。

10.24　一铅垂方向放置的简支梁，受水平速度为 v_0 的质量 m 的冲击，如图 10.48 所示。梁的弯曲刚度为 EI。试证明梁内的最大冲击应力与冲击位置无关。

10.25　图 10.49 所示铅垂杆 AB 下端固定，长度为 l，在点 C 受沿水平方向运动物体 G 的冲击，物体的重量为 P，当它与杆接触时的速度为 v_0。设杆 AB 的弹性模量 E、横截面惯性矩 I 及抗弯截面系数 W 均为已知量。试求：

（1）杆 AB 内的最大冲击应力（图(a)）；

（2）如在杆上冲击接触处安装一弹簧（图(b)），其弹簧刚度为 k，求此时杆的最大冲击应力（假设被冲击物的质量及碰撞时能量损耗略去不计）。

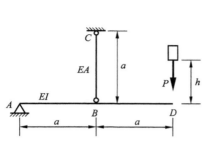

图 10.47　习题 10.23 图

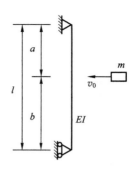

图 10.48　习题 10.24 图

10.26　图 10.50 所示重量为 P 的物体，以速度 v 水平冲击到直角刚架的 C 点，已知 AB 和 BC 为圆截面杆，直径均为 d，材料的弹性模量为 E。试求最大动应力。

10.27　图 10.51 所示杆 B 端与支座 C 间的间隙为 Δ，杆的弯曲刚度 EI 为常量，质量为 m 的物体沿水平方向冲击杆时 B 端刚好与支座 C 接触，试求其冲击杆时的速度 v_0 值。

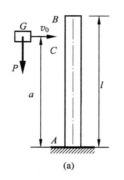
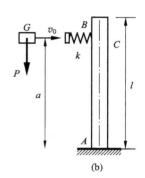

图 10.49　习题 10.25 图

10.28　图 10.52 所示带微小切口之细圆环，横截面面积为 A，弯曲刚度为 EI，半径为 R，材料密度为 ρ，当此圆环绕其中心以与角速度 ω 在环所在面内旋转时，试求环切口处的张开位移（小变形）。

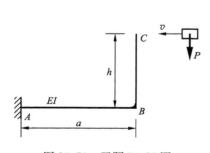

图 10.50　习题 10.26 图

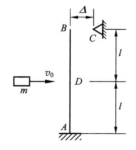

图 10.51　习题 10.27 图

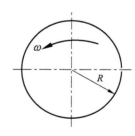

图 10.52　习题 10.28 图

10.29　已知图 10.53 所示悬臂梁的弯曲刚度 EI 和长度 l，当重量为 P 的物体为静载放在自由端时，梁与弹簧刚好接触，若将重物 P 突然释放在自由端，则弹簧压缩 $\Delta/2$，试证明弹簧刚度 $k=\dfrac{9EI}{l^3}$。

10.30　已知交变应力随时间的变化规律如图 10.54 所示，试计算最大应力、最小应力、应力幅、平均应力和应力比。

10.31　电动机重 1kN,装在矩形截面悬臂梁自由端部,如图 10.55 所示。梁的抗弯截面系数 $W_z=30\times10^{-6}$ m,由于电动机转子不平衡引起的离心惯性力 $F=200$N,$l=1$m。试绘出固定端截面 A 点的 σ_{-1} 曲线,并求点 A 应力的应力比 r、最大应力 $\sigma_{\max}$、最小应力 $\sigma_{\min}$、平均应力 σ_m 和应力幅度 σ_a。

10.32　已知某点应力循环的平均应力 $\sigma_m=20$MPa,应力比 $r=-\dfrac{1}{2}$,求应力循环中的最大应力 $\sigma_{\max}$ 和应力幅 σ_a。

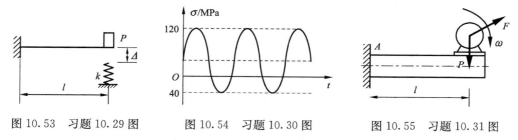

图 10.53　习题 10.29 图　　　　图 10.54　习题 10.30 图　　　　图 10.55　习题 10.31 图

10.33　已知交变应力的平均应力 σ_m 和应力幅 σ_a 如表 10.1 所列,分别求其 $\sigma_{\max}$、$\sigma_{\min}$ 及应力比 r,并表明是何种类型的交变应力。

表 10.1　习题 10.33 表

σ_m/MPa	20	0	40	20
σ_a/MPa	20	50	0	50

10.34　火车车轴受力如图 10.56 所示,$a=500$mm,$l=1435$mm,$d=150$mm,$F=50$kN。试求车轴中段截面边缘上任意一点的最大应力 $\sigma_{\max}$、最小应力 $\sigma_{\min}$ 和应力比 r。

10.35　试在 σ_m—σ_a 直角坐标中,标出图 10.57 所示各种交变应力状态的点,并计算它们的应力比 r 值。

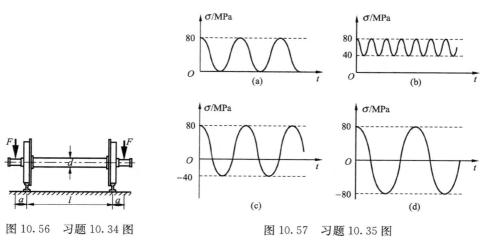

图 10.56　习题 10.34 图　　　　　图 10.57　习题 10.35 图

第 11 章　杆件的失效准则与安全设计

本书在前几章中,分析讨论了在各种受力情况下杆件的内力和应力、变形和应变等问题,为实现在满足强度和刚度要求下,设计既经济又安全的杆件提供了一些必要的理论基础和计算方法。但如何在各种受力情况下,为满足工作中的安全可靠性进行杆件的综合设计等方面的问题尚未涉及,而这些内容均是材料力学所研究的重要内容,本章将就这方面的问题作简单的介绍。

11.1　杆件的失效与设计的基本思想

工程上,杆件设计的最终目的就是使其具有确定的功能和保证能正常地工作。作为机器或结构的一个部件的杆件,在工作中将发挥其应有的功能。在某些条件下,如过大的荷载或过高的温度,杆件有可能丧失其应有的正常功能,这种现象称为**失效**。

杆件在承载下的失效,主要表现为强度失效、刚度失效、稳定失效以及疲劳失效、蠕变失效和松弛失效等。在常温静载下主要是强度、刚度和稳定性的失效。

1. 强度失效

强度失效是由于材料屈服或断裂引起的失效。主要有两种形式:

(1)**屈服**　对于塑性材料的杆件,如果工作应力达到材料的屈服极限 σ_s,屈服变形将影响杆件的正常工作,这类失效方式称为**屈服失效**。

(2)**断裂**　对于由脆性材料制成的零件或杆件,在工作应力达到强度极限 σ_b 时,会产生突然断裂,从而丧失承载能力,例如铸铁零部件、混凝土杆件等的断裂,这类失效方式称为**断裂失效**。

2. 刚度失效

刚度失效是由于杆件过量的弹性变形而引起的失效。

在荷载作用之下,若杆件产生过大的弹性变形,如伸长 Δl、扭转角 φ、相对扭转角 φ'、挠度 w 和转角 θ 等,将影响机器或结构物的正常使用或工作,例如车床主轴的过度变形,将降低车床的加工精度。

3. 稳定性失效

稳定性失效是受压杆件由于平衡状态的突然转变而引起的失效。

本章着重讨论杆件的强度失效、刚度失效和稳定性失效的问题,建立相应的失效准则;并在此基础上,为保证杆件能安全工作,综合考虑强度、刚度和稳定性的要求进行杆件的设计,这个过程称为杆件的安全设计,亦称杆件的综合设计。

必须指出,在工程实际中的杆件安全设计,除了强度、刚度和稳定性问题以外,还有很多因素需要考虑。如寿命,用于飞机结构的杆件寿命要求就远远高于用于导弹结构的寿命要求。而寿命又与疲劳、损伤、断裂以及振动等诸多因素有关,这些问题将在其相应的学科中深入研究。

11.2　基本变形的强度设计

11.2.1　强度条件和许用应力

　　杆件强度设计面临的主要任务是,防止在给定条件下工作的杆件发生失效。做到这一点并不总是轻而易举的,因为有关设计所必须考虑的各种因素和原始数据难以完整和精确地都了解得十分清楚。此外,工作中杆件内的应力也不允许达到足以使其破坏的应力,因为那是非常危险的,需留有一定的余量。

　　为此,通常采取的措施是考虑一个适当的系数,用它去除引起破坏的应力(即极限应力),得到一个比破坏应力小的应力作为设计杆件的最大工作应力,这个应力称为**许用应力**,用符号[σ]表示。所考虑的适当的系数,称为**安全因数**,用符号 n 来表示。它的大小与荷载的估算、材料地性质、简化计算的精度以及杆件本身工作中的重要性等很多因素有关,一般可查阅相关的设计手册和设计规范。

　　材料的力学性能试验表明,脆性材料当正应力达到强度极限时,会引起断裂破坏;塑性材料当正应力达到屈服极限时,就会引起屈服破坏。但考虑到各种因素的影响,为了保证杆件能正常的工作,工程实际中将许用应力作为杆件的最大工作应力,即要求杆件的实际工作应力不超过材料的许用应力。对于**单向应力状态(如轴向拉压)的强度条件有**

$$\sigma \leqslant [\sigma] \tag{11.1}$$

式中,许用应力与材料的失效形式有关。

对于脆性材料有:
$$[\sigma] = \frac{\sigma_b}{n_b} \tag{11.2}$$

对于塑性材料有:
$$[\sigma] = \frac{\sigma_s}{n_s} \tag{11.3}$$

式中, n_b 表示失效形式为断裂时以强度极限为准的安全因数; n_s 表示失效形式为屈服时以屈服极限为准的安全因数。

　　强度条件式(11.1)也适用于危险点处于单向应力状态的梁弯曲和杆件偏心拉压等情况。

　　扭转变形的轴和横力弯曲梁的中性层,其上各点均为纯剪切应力状态,由此类推,**纯剪切应力状态的强度条件为**

$$\tau \leqslant [\tau] \tag{11.4}$$

式中,[τ]为许用切应力,其值可由剪切极限应力除以安全因数得到。

　　对于轴向拉伸(或压缩)、扭转和弯曲等基本变形,其强度条件式(11.1)和式(11.4)可以用轴力、扭矩或弯矩的形式来表达,相应各式分别如下。

轴向拉(压):
$$\sigma = \frac{F_N}{A} \leqslant [\sigma] \tag{11.5}$$

扭转:
$$\tau = \frac{T}{W_t} \leqslant [\tau] \tag{11.6}$$

弯曲:
$$\sigma = \frac{M}{W} \leqslant [\sigma] \tag{11.7}$$

$$\tau = \frac{F_S S_{z\max}^*}{I_z b} \leqslant [\tau] \tag{11.8}$$

强度设计主要包括以下几方面：

（1）**强度校核**　当外力、杆件各部分尺寸以及材料的许用应力均为已知时，验证危险点的应力强度是否满足强度条件。工程上，如果杆件的最大工作应力超过许用应力，但超出量不大于许用应力的 5%，一般认为是安全的。

（2）**截面设计**　当外力及材料的许用应力为已知时，根据强度条件设计杆件的截面尺寸。

（3）**确定许可荷载**　当杆件的横截面尺寸以及材料的许用应力为已知时，确定杆件或结构所能承受的最大荷载。

11.2.2　拉压杆的强度设计

一般而言，受拉压的杆件上的轴力是变化的，例如多个力作用或自重作用；杆件横截面的面积也可能是变化的，如阶梯杆、变截面杆等。因此，拉（压）杆的强度条件式（11.5）可表为

$$\sigma_{\max} = \left(\frac{F_{\mathrm{N}}}{A}\right)_{\max} \leqslant [\sigma] \tag{11.9}$$

据此可分析等直拉压杆的各种类型的问题。

【例 11.1】　矩形截面阶梯如图 11.1(a)所示，已知荷载 $F_1 = 15\mathrm{kN}$，$F_2 = 40\mathrm{kN}$，杆 AB 段的横截面为尺寸为 $10\mathrm{mm} \times 15\mathrm{mm}$，$BC$ 段的横截面为尺寸为 $15\mathrm{mm} \times 20\mathrm{mm}$，材料为 Q235 钢，屈服极限 $\sigma_s = 235\mathrm{MPa}$，安全因素 $n_s = 2.0$。试校核该阶梯杆的强度。

解：（1）作轴力图。

用截面法求得各段的轴力，作轴力图，见图 11.1(b)。

（2）强度校核。

材料 Q235 钢的许用应力为。

$$[\sigma] = \frac{\sigma_s}{n_s} = \frac{235\mathrm{MPa}}{2.0} = 117.5\mathrm{MPa}$$

由图 11.1 可以看出，轴力大的位置截面积也大，故无法直接判断最大正应力的位置，需分段进行强度校核。

图 11.1　例 11.1 图

AB 段：

$$\sigma_1 = \frac{F_{\mathrm{N1}}}{A_1} = \frac{15 \times 10^3 \mathrm{N}}{10 \times 15 \times 10^{-6}\mathrm{m}^2}$$

$$= 100 \times 10^6\mathrm{Pa} = 100\mathrm{MPa} < [\sigma]$$

故可知 AB 段安全。

BC 段：

$$\sigma_2 = \frac{F_{\mathrm{N2}}}{A_2} = \frac{25 \times 10^3 \mathrm{N}}{15 \times 20 \times 10^{-6}\mathrm{m}^2} = 83.3 \times 10^6\mathrm{Pa} = 83.3\mathrm{MPa} < [\sigma]$$

故可知 BC 段安全。但从计算结果可知，AB 段虽然轴力小，但截面积也小，正应力反而大。由于两段均安全，所以杆 AC 安全。

【例 11.2】　由两根材料相同的杆件组成结构,如图 11.2(a)所示,杆件的许用应力 $[\sigma]=$ 160MPa。试求:(1)若 AB 杆的截面积为 700mm^2,AC 杆的截面积为 300mm^2,结构的许可荷载;(2)若荷载 $F=80\text{kN}$,两杆所需的最小截面积。

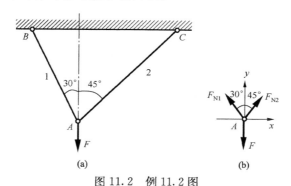

图 11.2　例 11.2 图

解:(1)确定许可荷载。

取节点 A,见图 11.2(b),列平衡方程为

$$\sum F_x = 0 \quad , \qquad F_{N1}\sin30° - F_{N2}\sin45° = 0$$

$$\sum F_y = 0 \quad , \qquad F_{N1}\cos30° + F_{N2}\cos45° = F$$

解得

$$F_{N1} = \frac{2F}{1+\sqrt{3}} = 0.732F \quad , \qquad F_{N2} = \frac{\sqrt{2}F}{1+\sqrt{3}} = 0.518F$$

由强度条件,若 AB 杆内的正应力达到许用应力,则

$$F_{N1} \leqslant A_1 \cdot [\sigma] = 700 \times 10^{-6}\text{m}^2 \times 160 \times 10^6\text{Pa} = 112 \times 10^3\text{N} = 112\text{kN}$$

许可荷载为

$$F_1 \leqslant \frac{(1+\sqrt{3})F_{N1}}{2} = 153\text{kN}$$

若 AC 杆内的正应力达到许用应力,则

$$F_{N2} \leqslant A_2 \cdot [\sigma] = 300 \times 10^{-6}\text{m}^2 \times 160 \times 10^6\text{Pa} = 48 \times 10^3\text{N} = 48\text{kN}$$

许可荷载为

$$F_2 \leqslant \frac{(2+\sqrt{3})F_{N2}}{\sqrt{2}} = 92.6\text{kN}$$

比较 F_1 和 F_2,许可荷载取其中小者,即

$$F = \min\{F_1, F_2\} = 92.6\text{kN}$$

本问题的另一种解法,平衡方程同前,由强度条件,若 AB 杆内的正应力达到许用应力,则

$$F_{N1} \leqslant A_1 \cdot [\sigma] = 700 \times 10^{-6}\text{m}^2 \times 160 \times 10^6\text{Pa} = 112 \times 10^3\text{N} = 112\text{kN}$$

若 AC 杆内的正应力达到许用应力,则

$$F_{N2} \leqslant A_2 \cdot [\sigma] = 300 \times 10^{-6}\text{m}^2 \times 160 \times 10^6\text{Pa} = 48 \times 10^3\text{N} = 48\text{kN}$$

将上两式代入平衡方程,解得许可荷载

$$F = F_{N1}\cos30° + F_{N2}\cos45° = 136\text{kN}$$

显然,与前一种方法解出的 $F = 92.6\text{kN}$ 不一样,问题出在哪里?孰对孰错?

分析： 实际上，在荷载作用下两根杆件一般不会同时达到破坏。前一种方法的计算结果表明：当 $F = 92.6$kN 时，AC 杆首先达到破坏，而此时 AB 杆仍处于安全状态，此结构不会出现两根杆件同时破坏的现象。而后一种方法的计算是依据两根杆件同时达到破坏的假设做出的，这是不存在的情况，故得到的结果是错误的。

（2）截面设计。

根据平衡方程和强度条件，荷载 $F=80$kN 时，AB 杆的最小截面积为

$$A_1 \geqslant \frac{F_{N1}}{[\sigma]} = \frac{2 \times 80 \times 10^3 \text{N}}{(1+\sqrt{3}) \times 160 \times 10^6 \text{Pa}} = 3.66 \times 10^{-4} \text{m}^2 = 366 \text{ mm}^2$$

AC 杆的最小截面积为

$$A_2 \geqslant \frac{F_{N2}}{[\sigma]} = \frac{\sqrt{2} \times 80 \times 10^3 \text{N}}{(1+\sqrt{3}) \times 160 \times 10^6 \text{Pa}} = 2.59 \times 10^{-4} \text{m}^2 = 259 \text{ mm}^2$$

【例 11.3】 如图 11.3(a)所示，一半圆拱由刚性块 AB 和 BC 及拉杆 AC 组成，受的均布荷载集度为 $q = 90$kN/m。若半圆拱半径 $R = 12$m，拉杆的许用应力 $[\sigma] = 150$MPa，试设计拉杆的直径 d。

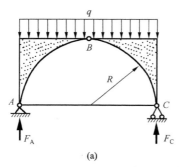
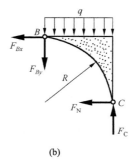

图 11.3　例 11.3 图

解： 由题意可知，这是属于利用强度条件进行截面设计的问题。

（1）求拉杆的轴力 F_N。由整体平衡 $\sum M_A = 0$ 得

$$F_C = \frac{q \times 2R \times R}{2R} = qR$$

取右半拱 BC，作受力分析如图 11.3(b)所示。由 $\sum M_B = 0$ 得

$$F_N \cdot R + qR \cdot \frac{R}{2} - F_C \cdot R = 0$$

即

$$F_N = \frac{qR}{2}$$

（2）截面设计。按轴向拉伸的强度条件 $\frac{F_N}{A} \leqslant [\sigma]$，$A = \frac{\pi d^2}{4}$，由此得到

$$\frac{F_N}{\frac{\pi d^2}{4}} \leqslant [\sigma]$$

拉杆的直径为

$$d \geqslant \sqrt{\frac{4F_N}{\pi[\sigma]}} = \sqrt{\frac{2qR}{\pi[\sigma]}} = \sqrt{\frac{2 \times 90 \text{kN/m} \times 12 \text{m}}{3.14 \times 150 \times 10^6 \text{Pa}}} = 6.770 \times 10^{-4} \text{m} = 67.70 \text{mm}$$

11.2.3 圆轴扭转的强度设计

圆轴受扭时,圆周上切应力最大。切应力是影响圆轴强度的主要因素,考虑到变截面、多荷载等更一般的情况,圆轴扭转的强度公式(11.6)式,可表示为

$$\tau_{max} = \left(\frac{T}{W_t}\right)_{max} \leqslant [\tau] \tag{11.10}$$

对于非圆截面杆的自由扭转,可按相应公式计算切应力,代入(11.4)进行强度设计。

【例 11.4】 木制圆轴受扭如图 11.4(a)所示,圆轴的轴线与木材的顺纹方向一致。轴的直径为 150mm,圆轴沿木材顺纹方向的许用切应力 $[\tau]_s = 2$MPa,沿木材横纹方向的许用切应力 $[\tau]_h = 8$MPa。试求轴的许用外力偶的力偶矩。

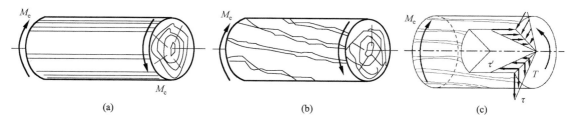

$$图 11.4 \quad 例 11.4 图$$

解: 木材的许用切应力沿顺纹(纵截面内)的许用切应力和横纹(横截面内)的许用切应力,具有不同的数值。圆轴扭转时,根据切应力互等定理,不仅横截面上产生切应力,而且包含轴线的纵截面上也会产生切应力,见图 11.4(c)。因此,需要分别校核木材沿顺纹和沿横纹方向的强度。

横截面上的切应力沿径向线性分布,纵截面上的切应力也沿径向线性分布,而且二者具有相同的最大值,即

$$\tau_{max} = \tau'_{max}$$

而木材沿顺纹方向的许用切应力低于沿横纹方向的许用切应力,因此本例中的圆轴扭转破坏时将沿纵向截面裂开,如图 11.4(b)所示。故只需要按圆轴沿顺纹方向的强度确定许用外荷载。根据顺纹方向的强度条件

$$\tau'_{max} = \frac{T}{W_t} = \frac{16T}{\pi d^3} \leqslant [\tau]_s$$

得到许用外力偶的力偶矩

$$[M_e] = T = \frac{\pi d^3 [\tau]_s}{16} = \frac{\pi (150 \times 10^{-3})^3 \times 2 \times 10^6}{16}$$
$$= 1.33 \times 10^3 \text{N·m} = 1.33 \text{kN·m}$$

【例 11.5】 图 11.5 所示实心轴和空心轴通过牙嵌式离合器连接在一起。已知轴的转速 $n = 100$r/min,传递的功率 $P = 7.5$kW,两轴的材料相同,材料的许用切应力 $[\tau] = 40$MPa。(1)试选择实心轴的直径 d_1 和内外径比值为 0.5 的空心轴的外径 D_2;(2)若两轴的长度相等,比较二者的重量。

解:(1)确定实心轴的直径 d_1 和空心轴的外径 D_2。

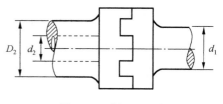

图 11.5　例 11.5 图

计算轴传递的工作扭矩为

$$T = 9549 \frac{P}{n} = 9549 \frac{7.5\text{kW}}{100\text{r/min}} = 716.2\text{N·m}$$

对于实心圆轴,根据强度条件

$$\tau_{\max} = \frac{T}{W_{t1}} = \frac{16 \times 716.2}{\pi d_1^3} \leqslant [\tau] = 40 \times 10^6 \text{MPa}$$

得实心圆轴的直径为

$$d_1 \geqslant \sqrt[3]{\frac{16 \times 716.2\text{N·m}}{\pi \times 40 \times 10^6 \text{MPa}}} = 0.045\text{m} = 45\text{mm}$$

对于空心圆轴,根据强度条件

$$\tau_{\max} = \frac{T}{W_{t2}} = \frac{16 \times 716.2}{\pi D_2^3(1-\alpha^4)} \leqslant [\tau] = 40 \times 10^6 \text{MPa}$$

得空心圆轴的外径为

$$D_2 \geqslant \sqrt[3]{\frac{16 \times 716.2\text{N·m}}{\pi(1-0.5^4) \times 40 \times 10^6 \text{MPa}}} = 0.045989\text{m} \approx 46\text{mm}$$

(2)比较二者的重量。

实心圆轴与空心圆轴材料相同,重量之比即体积之比,而两者长度又相等,实为截面积之比为

$$\frac{A_1}{A_2} = \frac{d^2}{D^2(1-\alpha^2)} = \frac{45^2 \times 10^{-3}\text{m}}{46^2 \times 10^{-3}(1-0.5^2)\text{m}} = 1.28$$

由此可见,在两轴的长度相同、承载力(强度)相同的情况下,实心轴比空心轴用材多。

11.2.4　梁弯曲的强度设计

一般情况下,梁的弯曲强度设计主要考虑弯曲正应力,但由于梁的各横截面上常常是既有弯矩又有剪力,而剪力的作用亦不能忽略,这时就要既进行弯曲正应力计算又进行弯曲切应力的计算,弯曲强度设计条件式(11.7)、式(11.8)的一般表达式为

$$\sigma_{\max} = \left(\frac{M}{W}\right)_{\max} \leqslant [\sigma] \tag{11.11}$$

$$\tau_{\max} = \left(\frac{F_S S_{z\max}^*}{I_z b}\right)_{\max} \leqslant [\tau] \tag{11.12}$$

在弯曲强度计算时,必须注意以下几点:

(1)确定危险状态。在梁的各种受力状态中,产生弯矩或剪力最大的受力状态为危险状态。

(2)确定危险截面。梁上弯矩最大的截面与剪力最大的截面均为危险截面,由于两者常常不在一处,因此危险截面常常不止一个。

(3)确定危险点。梁弯曲时危险截面上的危险点有三种:一是最大弯曲正应力点,在横截面的上下边缘,是单向应力状态;二是最大弯曲切应力点,在横截面的中性轴上,是纯剪切应力

状态;三是弯曲正应力和弯曲切应力都比较大的点,是 σ-τ 平面应力状态。这些危险点都需仔细分析,故危险点也不止一个。

(4)当许用拉应力和许用压应力不相等,中性轴不是截面的对称轴时,要分别计算最大拉应力和最大压应力。

(5)梁在弯曲变形时,一般是弯曲正应力起控制作用,弯曲切应力数值相对太小常被忽略。但对于薄壁结构、集中荷载作用在支座附近等情况,必须进行弯曲切应力的强度校核。

【例 11.6】　图 11.6 所示,一简支梁受均布荷载作用,设材料的许用正应力 $[\sigma]=10\mathrm{MPa}$,许用切应力 $[\tau]=2\mathrm{MPa}$,梁的截面为矩形,宽度 $b=80\mathrm{mm}$,试求所需的截面高度。

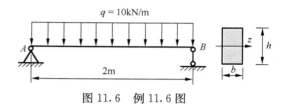

图 11.6　例 11.6 图

解:(1)由正应力强度条件确定截面高度。

梁的最大弯矩在 AB 的中点,其值为

$$M_{\max} = \frac{1}{8}ql^2 = \frac{1}{8} \times 10 \times 2^2 \mathrm{kN\cdot m} = 5\mathrm{kN\cdot m}$$

对于矩形截面梁,由 $[\sigma] \leqslant \dfrac{M_{\max}}{W_z}$ 式,有

$$W_z = \frac{1}{6}bh^2 \geqslant \frac{M_{\max}}{[\sigma]} = \frac{5 \times 10^3 \mathrm{N\cdot m}}{10 \times 10^6 \mathrm{Pa}} = 5 \times 10^{-4}\mathrm{m}^3$$

由此得到

$$h \geqslant \sqrt{\frac{6 \times 5 \times 10^{-4}}{0.08}}\mathrm{m} = 0.194\mathrm{m}$$

可取 $h = 200\mathrm{mm}$。

(2)切应力强度校核。

该梁的最大剪力在支座附近,值为

$$F_{s\max} = \frac{1}{2}ql = \frac{1}{2} \times 10 \times 2\mathrm{kN} = 10\mathrm{kN}$$

由矩形截面梁的最大切应力公式得

$$\tau_{\max} = \frac{3}{2}\frac{F_s}{bh} = \frac{3}{2} \times \frac{10 \times 10^3 \mathrm{N}}{0.08 \times 0.2\mathrm{m}^2} = 0.94 \times 10^6 \mathrm{Pa} = 0.94\mathrm{MPa} < [\tau]$$

满足切应力强度要求。

【例 11.7】　四轮吊车的轨道由两根工字钢组成,见图 11.7(a)。起重机自重 $Q=50\mathrm{kN}$,最大起重量 $F_P=10\mathrm{kN}$,工字钢的弯曲许用应力 $[\sigma]=160\mathrm{MPa}$,$[\tau]=100\mathrm{MPa}$,试选取合适型号的工字钢。

解:先按弯曲正应力强度计算。由于吊车工作时将在轨道上来回行驶,因而轨道内各截面的弯矩也将随吊车所在位置的不同而改变。为此,应先确定轨道内受力的危险状态及危险截面的位置和该截面上的最大弯矩。

吊车对轨道的作用力 $F_1 = 10\mathrm{kN}$,$F_2 = 50\mathrm{kN}$。其计算简图如图 11.7(b)。设吊车右轮距轨道右端为 x,此时的支反力为

$$F_{Ay} = 6x + 2 \quad , \quad F_{By} = 58 - 6x$$

根据弯矩的变化规律可知,轨道内的最大弯矩一定发生在集中力作用的截面 C 和 D 上,分别

列出 C、D 两截面的弯矩为

$$M_c = F_{Ay}[10-(2+x)] = 16+46x-6x^2$$

$$M_D = F_{By}x = 58x-6x^2$$

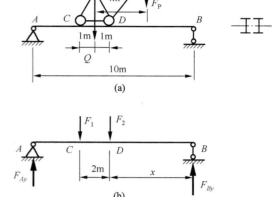

令 $\dfrac{\mathrm{d}M_C}{\mathrm{d}x} = 0$，得到吊车使 C 截面产生弯

矩最大值的位置。由

$$\frac{\mathrm{d}M_c}{\mathrm{d}x} = 46-12x = 0$$

得　　　　　　　$x = \dfrac{23}{6}\mathrm{m}$

C 截面最大弯矩为

$$M_{C\max} = \left(6\times\frac{23}{6}+2\right)\left(10-2-\frac{23}{6}\right)$$

$$= 104(\mathrm{kN\cdot m})$$

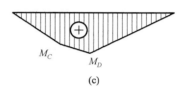

令 $\dfrac{\mathrm{d}M_D}{\mathrm{d}x} = 0$，得到吊车使 D 截面产生弯

矩最大值的位置。由

$$\frac{\mathrm{d}M_D}{\mathrm{d}x} = 58-12x = 0$$

得　　　　　　　$x = \dfrac{29}{6}\mathrm{m}$

D 截面最大弯矩为

图 11.7　例 11.7 图

$$M_{D\max} = 58\times\frac{29}{6}-6\left(\frac{29}{6}\right)^2 = 140(\mathrm{kN\cdot m})$$

两者比较得轨道内的最大弯矩为

$$M_{\max} = 140\mathrm{kN\cdot m}$$

支承吊车的工字钢为两根，故正应力强度条件应为

$$\frac{M_{\max}}{2W} \leqslant [\sigma]$$

$$W \geqslant \frac{140\times10^3\mathrm{N\cdot m}}{2\times160\times10^6\mathrm{Pa}} = 4.38\times10^{-4}\mathrm{m}^3 = 438\,\mathrm{cm}^3$$

查附录工字钢型钢表 B.4 可知，应选 28a 号工字钢（$W = 508.15\,\mathrm{cm}^3$）。

切应力强度是否也能满足，尚需进一步校核。根据分析可知，小车行驶到接近右支座时，两根工字钢截面内产生最大剪力总值为 58kN，每一根内的最大剪力 $F_{S\max} = 29\mathrm{kN}$。并由附录工字钢型钢表 B.4 查得 28a 号工字钢的 $I/S^*_{\max} = 24.62\mathrm{cm}$，$b = 8.5\mathrm{mm}$。以此代入弯曲切应力的强度条件式，得

$$\tau_{\max} = \frac{F_s}{\left(\dfrac{I_z}{S^*_{z\max}}\right)b} = \frac{29\times10^3\mathrm{N}}{24.62\times10^{-2}\mathrm{m}\times8.5\times10^{-3}\mathrm{m}} = 13.86\mathrm{MPa} < [\tau]$$

由此可知，28a 号工字钢也能满足弯曲切应力强度条件，选取此型号是合适的。所选工字钢系标准型材在图示受力情况下，翼缘和腹板结合处的强度可不再校核。

*【例 11.8】　图 11.8(a)所示结构中，BD 和 CE 均为圆截面杆，直径均为 $d=10\mathrm{mm}$，ABC 和 DEF 均为矩形截面梁，宽度 $b=12\mathrm{mm}$，高度 $h=24\mathrm{mm}$。杆和梁的材料相同，其许用应力 $[\sigma]=160\mathrm{MPa}$。已知 $a=200\mathrm{mm}$，试求该结构的许可荷载 $[F_\mathrm{P}]$。梁内切力不计。

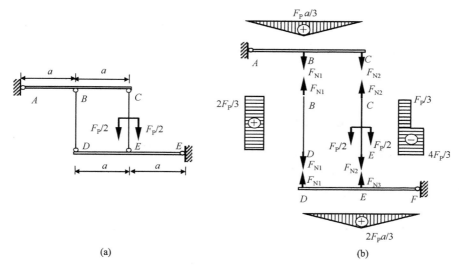

图 11.8　例 11.8 图

解：(1)求杆内最大轴力和梁内最大弯矩，绘内力图。

结构受力分析如图 11.8b 所示。由静力平衡条件

$$\sum M_A = 0 \quad , \qquad \sum M_F = 0 \quad , \qquad \left(\sum F\right)_{CE} = 0$$

依次得

$$\begin{cases} F_{\mathrm{N1}}a + F_{\mathrm{N2}}(2a) = 0 \\ F_{\mathrm{N1}}(2a) + F_{\mathrm{N3}}a = 0 \\ F_{\mathrm{N2}} - F_\mathrm{P} - F_{\mathrm{N3}} = 0 \end{cases}$$

联立解上述三式得

$$F_{\mathrm{N1}} = \frac{2}{3}F_\mathrm{P} \quad , \qquad F_{\mathrm{N2}} = -\frac{F_\mathrm{P}}{3} \quad , \qquad F_{\mathrm{N3}} = -\frac{4}{3}F_\mathrm{P}$$

根据 F_{N1}、F_{N2} 和 F_{N3} 作杆的轴力图和梁的弯矩图，如图 11.8(b)所示。由此可知，杆内最大轴力为

$$F_{\mathrm{Nmax}} = \frac{4}{3}F_\mathrm{P}$$

梁内最大弯矩为

$$M_{\max} = \frac{2}{3}F_\mathrm{P}\,a$$

(2)由强度条件确定许可的荷载。

按杆单向拉伸的强度条件 $\dfrac{F_\mathrm{N}}{A} \leqslant [\sigma]$，即

$$\frac{\dfrac{4F_\mathrm{P}}{3}}{\dfrac{\pi d^2}{4}} \leqslant [\sigma]$$

由此得 $F_P \leqslant \dfrac{3}{4} \times \dfrac{\pi d^2}{4} \times [\sigma] = \dfrac{3}{4} \times \dfrac{\pi \times 10^2}{4} \times 160 = 9425\text{N}$。

按梁弯曲的强度条件 $\dfrac{M}{W} \leqslant [\sigma]$，即

$$\frac{2F_P a/3}{bh^2/6} \leqslant [\sigma]$$

由此得 $F_P \leqslant \dfrac{3}{2a} \times \dfrac{bh^2}{6} \times [\sigma] = \dfrac{3}{2 \times 200} \times \dfrac{12 \times 24^2}{6} \times 160 = 1382\text{N}$。

为了保证整个结构的安全，许用荷载应选取为 $[F_P] = 1382\text{N}$。

11.2.5　连接件强度的工程计算

材料力学中强度设计可大致分为两大类问题：一类是杆件的强度设计；另一类是连接件的强度设计。在机器设备和各种结构中，常要用到各式各样的连接件，例如铆钉、螺栓、键等。由于连接件的受力形式很复杂，其内部的应力分布规律很难确定，所以工程上常采用近似计算方法。

针对连接件破坏的主要因素，强度分析主要从剪切和挤压两个方面进行。

1. 剪切的工程计算

连接件的受力特点是外力作用线平行，与零件的纵向轴线正交，而且力的作用线极为靠近。从图 11.9 中可以看出，铆钉在两侧面上分别受到大小相等、方向相反、作用线相距很近的两组分布外力系的作用（图 11.9(b)），因此将沿截面 $m\text{-}m$ 发生错动（图 11.9(c)），这种变形称为**剪切**。发生剪切变形的截面 $m\text{-}m$，称为**剪切面**。

应用截面法可以得到剪切面上的内力，即**剪力** F_S（图 11.9(d)）。实际中剪切面上受力复杂，切应力的分布规律难以确定；而在制造这些连接件时，通常都使用塑性较好的材料，所以在剪切的工程计算中，假设破坏时应力沿剪切面是均匀分布的（图 11.9(e)）。

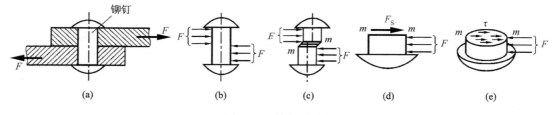

图 11.9　铆钉受剪切

因而在工程上采用的简化近似计算方法是剪切面的**名义切应力**，即

$$\tau = \frac{F_S}{A_S}$$

式中，F_S 为剪切面上的剪力；A_S 为剪切面的面积。于是强度条件可写为

$$\frac{F_S}{A_S} \leqslant [\tau] \tag{11.13}$$

式中，$[\tau]$ 为剪切许用应力。在确定 $[\tau]$ 时，模拟实际零件的受力情况，测得试样破坏时的荷载，然后除以受剪面的面积，求出名义剪切极限应力 τ_u，再除以安全因数得许用切应力 $[\tau]$。因此，由式 (11.13) 的强度条件所计算的结果，是能满足工程要求的。

由于不同的连接件的受剪面有所不同,所以又常将剪切问题分成:一个剪切面的单剪问题(图 11.9 和图 11.10)、两个剪切面的双剪问题(图 11.11)和圆周剪切面的周剪问题(图 11.12)等。

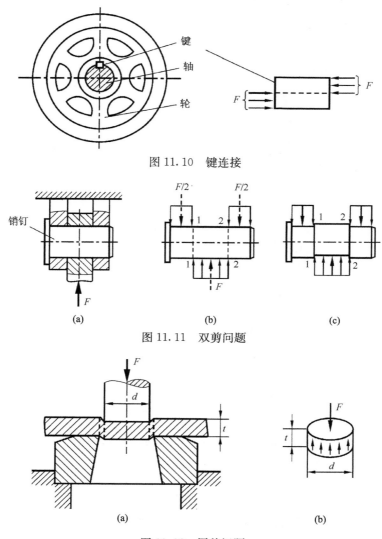

图 11.10　键连接

图 11.11　双剪问题

图 11.12　周剪问题

2. 挤压的工程计算

在图 11.13(a)所示的螺栓连接中,在剪切的同时,连接件与被连接件的接触面之间还存在局部承压现象,这种现象称为**挤压**。其接触面称为**挤压面**(图 11.13(b))。接触面上的压力,称为**挤压力** F_{bs}。

若连接件与被连接件的接触面为平面(图 11.14),则假定挤压应力均匀分布在挤压面上,挤压面的大小形状即为实际接触面。如果连接件与被连接件的接触面是圆柱面,如铆钉、螺栓等(图 11.13),理论挤压应力的分布如图 11.13(c)、(e);但工程计算时则将直径投影面当作挤压面(图 11.13(d)),并且假定在该面上挤压应力均匀分布。

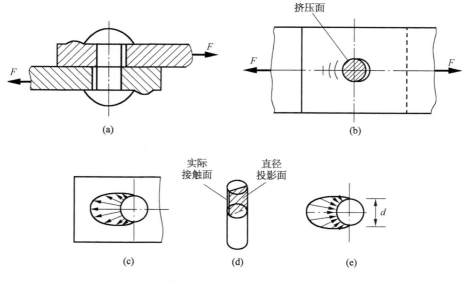

图 11.13　铆钉连接的挤压

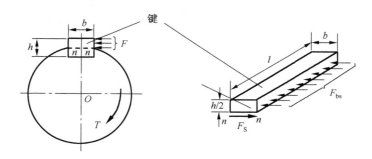

图 11.14　键块连接的挤压

在挤压的工程计算中,挤压面上的**名义挤压应力**等于挤压力除以挤压面积。挤压的强度条件为

$$\frac{F_{bs}}{A_{bs}} \leqslant [\sigma_{bs}] \tag{11.14}$$

式中,F_{bs} 为挤压力;A_{bs} 为**挤压面的面积**;$[\sigma_{bs}]$ 为**挤压许用应力**。一般材料的挤压许用应力 $[\sigma_{bs}]$ 大于许用应力 $[\sigma]$,对于钢材 $[\sigma_{bs}] = (1.7 \sim 2.0)[\sigma]$。

注意:

(1)对于各种连接问题,分析的重点是确定剪切面和挤压面的位置和大小。

(2)连接件与被连接件的挤压强度均要校核。

(3)焊缝连接问题,可参阅有关钢结构的教材,但计算原理基本相同。

【例 11.9】　如图 11.15 所示,在铆接头中,已知铆钉直径 $d = 17\text{mm}$,许用切应力 $[\tau] = 140\text{MPa}$,许用挤压应力 $[\sigma_c] = 320\text{MPa}$,钢板的拉力 $F = 24\text{kN}$,$\delta = 10\text{mm}$,$b = 100\text{mm}$ 许用拉应力 $[\sigma] = 170\text{MPa}$。试校核强度。

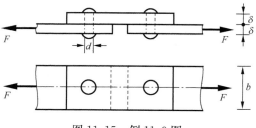

图 11.15　例 11.9 图

解：（1）校核铆钉的剪切强度。

由平衡关系可知，每个铆钉均承受剪力 F，有一个剪切面，属于单剪问题，故

$$\tau = \frac{F_S}{A} = \frac{4F}{\pi d^2} = \frac{4 \times 24 \times 10^3}{3.14 \times 17^2 \times 10^{-6}} = 105.7 \times 10^6 \text{Pa} = 105.7 \text{MPa} < [\tau]$$

（2）校核铆钉的挤压强度。

铆钉与主板之间的挤压力为 F，挤压面为 δd，则挤压应力

$$\sigma_c = \frac{F_{bs}}{A_c} = \frac{F}{\delta d} = \frac{24 \times 10^3}{10 \times 17 \times 10^{-6}} = 141.2 \times 10^6 \text{Pa} = 141.2 \text{MPa} < [\sigma_c]$$

（3）校核钢板的抗拉强度。

铆钉孔处削弱了钢板的横截面面积，是危险截面，该截面上

$$\sigma = \frac{F}{(b-d)\delta} = \frac{24 \times 10^3}{(100-17) \times 10 \times 10^{-6}} = 28.9 \times 10^6 \text{Pa} = 28.9 \text{MPa} < [\sigma]$$

由铆钉的剪切强度和挤压强度的校核以及板的抗拉强度校核可知，此铆接装置的强度是足够的。

【例 11.10】　如图 11.16(a)所示为一齿轮用平键与传动轴连接的装置简图，已知轴径为 $d = 70\text{mm}$，键的尺寸 $b = 20\text{mm}$，$h = 12\text{mm}$，$l = 100\text{mm}$，键的许用应力 $[\tau] = 60\text{MPa}$，$[\sigma_{bs}] = 100\text{MPa}$，轴传递的最大扭矩 $T = 1.5\text{kN·m}$，试校核键的强度。

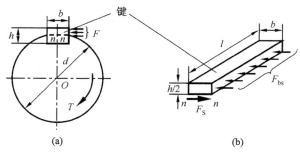

(a)　　　　　　　　　(b)

图 11.16　例 11.10 图

解：（1）外力分析。

作用在键上的力可由平衡条件得出，即

$$\sum M_o = 0, \qquad F \cdot \frac{d}{2} - T = 0$$

$$F = \frac{2T}{d} = \frac{2 \times 1.5\text{kN·m}}{70 \times 10^{-3}\text{m}} = 42.9\text{kN}$$

平衡方程中 F 力至轴中心 O 的距离近似取 $d/2$。

（2）校核剪切强度。

剪切面上的剪力为 $F_S = F = 42.9\text{kN}$，切应力为

$$\tau = \frac{F_S}{bl} = \frac{42.9 \times 10^3\,\text{N}\cdot\text{m}}{20 \times 100 \times 10^{-6}\,\text{m}^2} = 21.5 \times 10^6\,\text{Pa} = 21.5\text{MPa} < [\tau]$$

（3）校核挤压强度。

挤压面的压力 $F_{bs} = F_S = F$，键的挤压面积为

$$A_{bs} = \frac{h}{2}l = \frac{1}{2} \times 12 \times 100 = 600(\text{mm}^2)$$

挤压应力为

$$\sigma_{bs} = \frac{F_{bs}}{A_{bs}} = \frac{42.9 \times 10^3\,\text{N}}{600 \times 10^{-6}\,\text{m}^2} = 71.5 \times 10^6\,\text{Pa} = 71.5\text{MPa} < [\sigma]$$

由此可知，键满足强度要求。

11. 3   强度理论的概念

简单应力状态下的强度条件，可以通过材料试验直接测定极限应力，然后将极限应力除以安全因数得出许用应力，从而建立强度条件。

在工程实际中，很多受力杆件的危险点往往处于复杂应力状态，实现材料在复杂应力状态下的试验，要比在单向拉伸或压缩或扭转时困难得多。尽管现代试验的手段已有很大的发展，但要完全复现实际中遇到的各种复杂应力状态仍不容易。再者复杂应力状态下单元体的三个主应力 σ_1、σ_2 和 σ_3 可以有无限多不同比例的组合，如果仍采用直接试验来建立强度条件，则必须对各式各样的应力状态一一进行试验，确定相应的极限应力，然后建立强度条件。由于试验技术上的困难和工作量的繁重，往往是难以实现的。因此，需要进一步研究材料在复杂应力状态下发生破坏的原因，并根据一定试验的资料以及对破坏现象的观察和分析，提出关于材料在复杂应力状态下发生破坏的假说。这一些假说就是**强度理论**。

常用强度理论的基本观点：材料在各种不同的应力状态下，导致某种类型破坏的原因是由于某种主要因素所决定的。即无论是简单应力状态或是复杂应力状态，某种类型的破坏都是由同一因素引起的，这样便可利用简单应力状态的试验结果去建立复杂应力状态时的强度条件。

11. 4   常用的四种强度理论

大量的试验结果表明，材料在常温、静载作用下发生强度破坏的主要形式为两种：断裂和屈服。因此，强度理论也分为两类：一类是解释材料的失效形式为断裂的强度理论，其中有最大拉应力理论和最大拉应变理论；另一类是解释材料的失效形式为屈服的强度理论，其中有最大切应力理论和畸变能密度理论。这四个理论是当前工程中最常用的强度理论。

11. 4. 1   最大拉应力理论（第一强度理论）

最大拉应力理论认为：最大拉应力是引起材料断裂的主要因素。即无论什么应力状态，只要最大拉应力 σ_1 达到与材料性质有关的某一极限值，材料就发生破坏。

也就是说，无论是复杂应力状态或是单向应力状态，这个极限值是唯一的；而单向应力状态下，发生断裂的极限应力为 σ_b，所以这个极限值就是材料的强度极限 σ_b。

因此,只要单元体上的最大拉应力 σ_1 达到材料在单向拉伸下发生断裂的极限应力 σ_b,材料即发生断裂破坏。于是得到断裂的条件是

$$\sigma_1 = \sigma_b \tag{11.15}$$

将极限应力 σ_b 除以安全因数得到许用应力 $[\sigma]$,所以按第一强度理论建立的强度条件是

$$\sigma_1 \leqslant [\sigma] \tag{11.16}$$

注意:

(1)铸铁等脆性材料制成的杆件,不论在单向拉伸、扭转或双向拉应力状态下,断裂破坏都是发生在最大拉应力所在的截面上,与最大拉应力理论相符。

(2)这个理论没有考虑其他两个主应力对破坏的影响,且对单向压缩和三向压缩等没有拉应力的破坏现象无法解释。

11.4.2　最大伸长线应变理论(第二强度理论)

最大伸长线应变理论认为:最大伸长线应变是引起材料断裂的主要因素。即无论什么应力状态,只要最大伸长线应变 ε_1 达到与材料性质有关的某一极限值,材料就发生破坏。

这表明无论是复杂应力状态或是单向应力状态,引起断裂破坏的因素都是最大伸长线应变 ε_1,且其极限值是唯一的。在单向拉伸时,假定直到发生断裂,材料的伸长线应变仍可用胡克定律计算,则拉断时应变的最大值为 $\varepsilon_u = \dfrac{\sigma_b}{E}$,显然,$\varepsilon_u$ 就是这个极限值。

按照这个理论,无论处于什么应力状态下,只要最大伸长线应变 ε_1 到达 ε_u 时,材料就将发生断裂破坏。由此得到断裂的条件是

$$\varepsilon_1 = \varepsilon_u = \frac{\sigma_b}{E} \tag{a}$$

由广义虎克定律知
$$\varepsilon_1 = \frac{1}{E}\big[\sigma_1 - \mu(\sigma_2 + \sigma_3)\big] \tag{b}$$

将(b)式代入(a)式,得以主应力形式表示的断裂条件为

$$\sigma_1 - \mu(\sigma_2 + \sigma_3) = \sigma_b \tag{11.17}$$

将 σ_b 除以安全因数得许用应力 $[\sigma]$,于是按第二强度理论建立的强度条件为

$$\sigma_1 - \mu(\sigma_2 + \sigma_3) \leqslant [\sigma] \tag{11.18}$$

注意:

(1)石料或混凝土等脆性材料受轴向压缩时,往往出现纵向裂缝而发生断裂破坏,这种现象用第二强度理论可以很好地解释。

(2)第二强度理论考虑了其余两个主应力 σ_2 和 σ_3 对材料强度的影响,在形式上比最大拉应力理论显得更为完善。但对于双轴或三轴受拉的情况,按此理论反而比单轴受拉更不易破坏,这显然与实际情况不符。

(3)很多试验结果表明,这一理论仅与少数脆性材料在某些情况下的破坏相符合,不能用它来描述脆性材料破坏的一般规律。

11.4.3　最大切应力理论(第三强度理论)

最大切应力理论认为:最大切应力是引起材料屈服的主要因素。即无论什么应力状态,只要最大切应力 τ_{max} 达到与材料性质有关的某一极限值,材料就发生屈服。

也就是说,无论是复杂应力状态或是单向应力状态,引起屈服的因素都是最大切应力 τ_{max},且其极限值是唯一的。在单向拉伸下时,当横截面上的拉应力到达屈服极限 σ_s 时,材料发生屈服。此时与轴线成 $45°$ 的斜截面上相应的最大切应力为 $\tau_u = \dfrac{\sigma_s}{2}$。显然,材料在单向拉伸屈服时的最大切应力 τ_u 就是这个极限值。

按照这一理论,在任意应力状态下,当最大切应力 τ_{max} 到达 τ_u 时,材料即发生屈服破坏。由此得出屈服的条件为

$$\tau_{max} = \tau_u = \frac{\sigma_s}{2} \tag{a}$$

而三向应力状态下的最大切应力为

$$\tau_{max} = \frac{\sigma_1 - \sigma_3}{2} \tag{b}$$

将(b)式代入(a)式,得到主应力形式表达的屈服条件为

$$\sigma_1 - \sigma_3 = \sigma_s \tag{11.19}$$

将 σ_s 除以安全因数得到用应力 $[\sigma]$,则按第三强度理论建立的强度条件为

$$\sigma_1 - \sigma_3 \leqslant [\sigma] \tag{11.20}$$

注意:

(1)这一理论能够较为满意地解释塑性材料出现屈服的现象。例如低碳钢拉伸时与轴线成 $45°$ 的斜截面上出现滑移线,而最大切应力也发生在这些截面上。

(2)这个理论由于形式简单,概念明确,所以在机械工程中得到广泛应用。

(3)不足之处是没有考虑到中间主应力 σ_2 的影响(或者说没有考虑到另两个切应力 τ_{12} 和 τ_{23} 的影响)。

(4)只适用于拉、压屈服极限相同的材料。

(5)按这一理论所得的结果与实验结果相比偏于安全。

11.4.4 畸变能密度理论(第四强度理论)

畸变能密度理论认为:畸变能密度是引起材料屈服的主要因素。即无论什么应力状态,只要畸变能密度 v_d 达到与材料性质有关的某一极限值,材料就发生屈服。

$$v_d = \frac{(1+\mu)}{6E}\left[(\sigma_1 - \sigma_2)^2 + (\sigma_2 - \sigma_3)^2 + (\sigma_3 - \sigma_1)^2\right] \tag{a}$$

即无论是复杂应力状态或是单向应力状态,引起屈服的因素都是畸变能密度,且极值唯一。在单向拉伸状态下,材料发生屈服时,有 $\sigma_1 = \sigma_s$,$\sigma_2 = \sigma_3 = 0$,则其畸变能密度为

$$v_{du} = \frac{(1+\mu)}{6E}\left[(\sigma_s - 0)^2 + (0-0)^2 + (0-\sigma_s)^2\right] = \frac{1+\mu}{6E}(2\sigma_s^2)$$

由于此值是单向拉伸屈服时的畸变能密度,故就是极限值。

根据第四强度理论,在任意应力状态下,只要其畸变能密度达到 v_{du},材料即发生屈服。由此得出屈服条件为

$$v_d = v_{du} = \frac{1+\mu}{6E}(2\sigma_s^2) \tag{b}$$

将式(a)代入式(b),整理后得到用主应力形式表达的屈服条件为

$$\sqrt{\frac{1}{2}\left[(\sigma_1-\sigma_2)^2+(\sigma_2-\sigma_3)^2+(\sigma_3-\sigma_1)^2\right]}=\sigma_s \tag{11.21}$$

将 σ_s 除以安全因数为许用应力 $[\sigma]$，则按第四强度理论建立的强度条件为

$$\sqrt{\frac{1}{2}\left[(\sigma_1-\sigma_2)^2+(\sigma_2-\sigma_3)^2+(\sigma_3-\sigma_1)^2\right]}\leqslant[\sigma] \tag{11.22}$$

注意：

（1）这一理论考虑了中间主应力 σ_2 的影响，实际上是考虑了三个切应力最大值 τ_{12}、τ_{23} 和 τ_{31} 的综合影响。

（2）几种塑性材料的试验表明，在二向应力状态下，这一理论与试验结果较为符合，它比第三强度理论更接近实际情况。

11.4.5　相当应力

综合式（11.16）、式（11.18）、式（11.20）和式（11.22），可以把四个强度理论的强度条件写成下面的统一形式

$$\sigma_r\leqslant[\sigma] \tag{11.23}$$

式中，σ_r 称为相当应力。它是由三个主应力按一定形式组合而成的。按照第一强度理论到第四强度理论的顺序，相当应力分别为

$$\begin{cases}\sigma_{r1}=\sigma_1\\ \sigma_{r2}=\sigma_1-\mu(\sigma_2+\sigma_3)\\ \sigma_{r3}=\sigma_1-\sigma_3\\ \sigma_{r4}=\sqrt{\frac{1}{2}\left[(\sigma_1-\sigma_2)^2+(\sigma_2-\sigma_3)^2+(\sigma_3-\sigma_1)^2\right]}\end{cases} \tag{11.24}$$

一般认为，如铸铁、石料和混凝土等脆性材料，通常情况下是以断裂形式破坏的，故宜采用第一或第二强度理论。而碳钢、铜和铝等塑性材料，通常情况下以屈服形式破坏，故宜采用第三或第四强度理论。

应该指出，不同材料固然可以发生不同的破坏形式，但同一材料在不同的应力状态下，也可以有不同的破坏形式。例如碳钢在单向拉伸下以屈服形式破坏，而在三向拉伸下，尤其是三个主应力值接近相等时，就会出现断裂形式的破坏，面对这种情况，应采用第一强度理论。总之，强度理论应根据材料性质并结合其破坏形式来选用。

下面介绍几种常见应力状态的相当应力：

1. 仅有 σ 作用的单向应力状态

单向应力状态（图 11.17），其主应力

$$\sigma_1=\sigma \quad,\quad \sigma_2=0 \quad,\quad \sigma_3=0$$

于是，四个常用强度理论的相当应力依次为

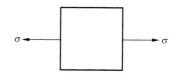

图 11.17　单向应力状态

$$\begin{cases}\sigma_{r1}=\sigma\\ \sigma_{r2}=\sigma\\ \sigma_{r3}=\sigma\\ \sigma_{r4}=\sigma\end{cases} \quad(a)$$

将(a)式代入式(11.23)，得到单向应力状态的强度条件

$$\sigma \leqslant [\sigma]$$

2. 仅有 τ 作用的纯剪切应力状态

纯剪切应力状态(图 11.18)，其主应力

$$\sigma_1 = \tau , \qquad \sigma_2 = 0 , \qquad \sigma_3 = -\tau$$

由此可得，四个常用强度理论的相当应力依次为

$$\begin{cases} \sigma_{r1} = \tau \\ \sigma_{r2} = (1+\mu)\tau \\ \sigma_{r3} = 2\tau \\ \sigma_{r4} = \sqrt{3}\,\tau \end{cases} \qquad\qquad (b)$$

图 11.18　纯剪切力状态

根据式(11.23)，以上的最后两式可表为

$$2\tau \leqslant [\sigma] \quad 和 \quad \sqrt{3}\,\tau \leqslant [\sigma] \qquad\qquad (c)$$

由此得切应力的最大值，即许用切应力为

$$[\tau] = \frac{[\sigma]}{2} \quad 和 \quad [\tau] = \frac{[\sigma]}{\sqrt{3}} \qquad\qquad (d)$$

因此，通常在纯剪切应力状态下，塑性材料的许用切应力可取为 $[\tau] = (0.5 \sim 0.577)[\sigma]$，或近似的取为 $[\tau] = (0.5 \sim 0.6)[\sigma]$。同理，根据(b)式的前两式，可得脆性材料的许用切应力可近似的取为 $[\tau] = (0.8 \sim 1)[\sigma]$。

将(d)式代入(c)式，可得纯剪切应力状态的强度条件为

$$\tau \leqslant [\tau]$$

3. σ 和 τ 同时作用的平面应力状态

对于在杆件变形中常见的 σ-τ 应力状态(图 11.9)，其主应力为

$$\left.\begin{matrix}\sigma_1 \\ \sigma_3\end{matrix}\right\} = \frac{\sigma}{2} \pm \sqrt{\left(\frac{\sigma}{2}\right)^2 + \tau^2}$$

$$\sigma_2 = 0$$

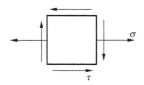

图 11.19　σ-τ 应力状态

于是，四个常用强度理论的相当应力依次为

$$\sigma_{r1} = \frac{\sigma}{2} + \sqrt{\left(\frac{\sigma}{2}\right)^2 + \tau^2}$$

$$\sigma_{r2} = \frac{1-\mu}{2}\sigma + \frac{1+\mu}{2}\sqrt{\sigma^2 + 4\tau^2}$$

$$\sigma_{r3} = \sqrt{\sigma^2 + 4\tau^2} \qquad\qquad (11.25)$$

$$\sigma_{r4} = \sqrt{\sigma^2 + 3\tau^2} \qquad\qquad (11.26)$$

圆轴在弯曲和扭转的组合变形时，危险点即为 σ-τ 应力状态，其弯曲正应力和扭转切应力分别为

$$\sigma = \frac{M}{W} \quad 和 \quad \tau = \frac{T}{W_t} \qquad\qquad (e)$$

将上式代入式(11.25)和式(11.26)，并考虑到抗扭截面系数和抗弯截面系数之间的关系 $W_t = 2W$，得圆轴弯扭组合变形的第三和第四强度理论的相当应力

$$\sigma_{r3} = \frac{\sqrt{M^2 + T^2}}{W} \tag{11.27}$$

$$\sigma_{r4} = \frac{\sqrt{M^2 + 0.75T^2}}{W} \tag{11.28}$$

杆件在拉伸(压缩)、弯曲和扭转的组合变形时,危险点也为 σ-τ 应力状态,正应力和扭转切应力分别为

$$\sigma = \frac{F_N}{A} + \frac{M}{W} \quad \text{和} \quad \tau = \frac{T}{W_t} \tag{f}$$

将上式代入式(11.25)和式(11.26),得杆件拉弯扭组合变形的第三和第四强度理论的相当应力

$$\sigma_{r3} = \sqrt{\left(\frac{F_N}{A} + \frac{M}{W}\right)^2 + 4\left(\frac{T}{W_t}\right)^2} \tag{11.29}$$

$$\sigma_{r4} = \sqrt{\left(\frac{F_N}{A} + \frac{M}{W}\right)^2 + 3\left(\frac{T}{W_t}\right)^2} \tag{11.30}$$

注意:

(1)式(11.25)和式(11.26)适用于 σ-τ 应力状态下的各类强度设计问题。

(2)式(11.27)和式(11.28)仅适用于圆轴的弯扭组合问题。这在公式使用时经常容易混淆,必须熟练掌握。

(3)杆件在拉伸(压缩)扭转组合变形时的相当应力,即为式(11.29)和式(11.30)中弯矩 $M=0$ 的情况。

11.5 组合变形或复杂应力状态下的强度设计

工程中遇到的大多数问题都是组合变形或复杂应力状态的情况,不仅在组合变形中,即使是基本变形中,有的情况下,危险点处也是复杂应力状态。杆件基本变形的强度设计已在前面的 11.2 节讨论过,下面通过几个例题来介绍组合变形或复杂应力状态下杆件的强度设计,其中有的是基本变形中危险点是复杂应力状态的强度设计,有的是组合变形危险点是简单应力状态或复杂应力状态的强度设计,请注意观察。

【例 11.11】 结构如图 11.20(a)所示,梁由 2.5b 号工字钢制成,已知集中力 $F = 200$kN,均布荷载 $q = 10$kN/m,材料的许用应力 $[\sigma] = 180$MPa,$[\tau] = 100$MPa。试校核梁的强度。

解:(1)求支反力。绘内力图,利用对称性 $F_{Ay} = F_{By}$,由 $\sum M_B = 0$,得

$$F_{Ay} = \frac{10 \times 2 \times 1 + 200(1.8 + 0.2)}{2} = 210 \text{kN}$$

剪力图、弯矩图如图 11.20(b)、(c)所示。

(2)查型钢表,得

$$I_z = 5280 \text{ cm}^4 \ , \qquad W_z = 423 \text{ cm}^3 \ , \qquad I_z/S_z = 21.3 \text{cm}$$
$$b = 118 \text{mm} \ , \qquad h = 250 \text{mm} \ , \qquad t = 13 \text{mm} \ , \qquad d = 10 \text{mm}$$

(3)计算梁的应力。由图 11.20(b)、(c)可知剪力图的危险截面在 A、B 处,$F_{S\,max} = 210$kN,危险点在中性轴上(b 点),切应力最大值为

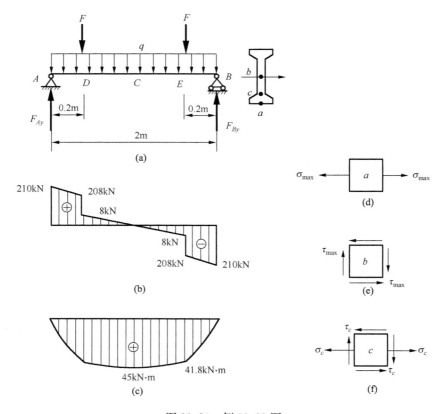

图 11.20　例 11.11 图

$$\tau_{max} = \frac{F_{Smax}}{d\,(I_z/S)_z} = \frac{210 \times 10^3 \mathrm{N}}{10 \times 10^{-3}\mathrm{m} \times (21.3 \times 10^{-2}\mathrm{m})} = 98.6\mathrm{MPa} < [\tau] \qquad (纯剪应力状态)$$

弯矩图的危险截面在跨中位置，其 $M_{max} = 45\mathrm{kN \cdot m}$，危险点为跨中截面梁的翼缘的外表面（$a$ 点），弯曲正应力最大值为

$$\sigma_{max} = \frac{M_{max}}{W_z} = \frac{45 \times 10^3 \mathrm{N.m}}{423 \times 10^{-6}\mathrm{m}^3} = 106.4\mathrm{MPa} < [\sigma] \qquad (单向应力状态)$$

在 D、E 截面的弯矩和剪力都比较大，$M_D = 41.8\mathrm{kN \cdot m}$，$F_{SD} = 208\mathrm{kN}$，在工字截面翼缘和腹板交界处（$c$ 点），弯曲正应力和切应力都比较大，也是危险点。

$$\sigma_c = \frac{41.8 \times 10^3 \mathrm{N.m} \times (125-13) \times 10^{-3}\mathrm{m}}{5280 \times 10^{-8}\mathrm{m}^4} = 88.7\mathrm{MPa}$$

$$\tau_c = \frac{208 \times 10^3 \mathrm{N} \times 118 \times 13 \times 118.5 \times 10^{-9}\mathrm{m}^3}{5280 \times 10^{-8}\mathrm{m}^4 \times 10 \times 10^{-3}\mathrm{m}} = 71.6\mathrm{MPa}$$

c 点应力状态如图 11.20(f) 所示为复杂应力状态。按第三强度理论，有

$$\sigma_{r3} = \sqrt{{\sigma_c}^2 + 4{\tau_c}^2} = \sqrt{88.7^2 + 4 \times 71.6^2} = 168.5\mathrm{MPa} < [\sigma]$$

满足强度要求。但由此可见，C 点是最危险的点。

【例 11.12】 图 11.21(a) 示桥式起重机大梁采用 28a 号工字钢，在运行时由于惯性力等原因，使 F_P 偏离梁垂直对称轴 y 为 $\alpha = 8°$ 角。已知梁的许用应力 $[\sigma] = 150\mathrm{MPa}$，$l = 4\mathrm{m}$。起重机吊重 $F_P = 30\mathrm{kN}$，试校核梁的强度。

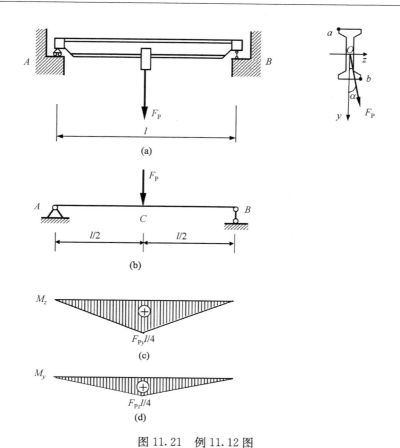

图 11.21 例 11.12 图

解：吊车行至大梁中间，梁处于危险状态，计算简图如图 11.21(b)，将 F_P 沿截面对称轴 Y、Z 分解，得

$$F_{Py} = F_P \cos\alpha = 30 \times \cos 8° = 29.71(\text{kN})$$

$$F_{Pz} = F_P \sin\alpha = 30 \times \sin 8° = 4.175(\text{kN})$$

在 Oxy 和 Oxz 平面内的最大弯矩分别为

$$M_{z\max} = \left| \frac{F_{Py} l}{4} \right| = \frac{29.71 \times 4}{4} = 29.71(\text{kN} \cdot \text{m})$$

$$M_{y\max} = \left| \frac{F_{Pz} l}{4} \right| = \frac{4.175 \times 4}{4} = 4.175(\text{kN} \cdot \text{m})$$

弯矩图见图 11.21(c)、(d)。危险截面在跨中 C 点处。由斜弯曲的应力分布图可知，在截面 C 上的 a、b 点为危险点。a 点受压，b 点受拉，但均为单向应力状态。查工字钢表，28a 号工字钢的抗弯截面系数分别为 $W_y = 56.6\,\text{cm}^3$ 和 $W_z = 508\,\text{cm}^3$。a 点的弯曲正应力由叠加原理可知

$$\sigma_a = \sigma_{t\max} = \frac{M_{y\max}}{W_y} + \frac{M_{z\max}}{W_z} = \frac{4.175 \times 10^3 \text{kN} \cdot \text{m}}{56.6 \times 10^{-6} \text{m}^3} + \frac{29.71 \times 10^3 \text{kN} \cdot \text{m}}{508 \times 10^{-6} \text{m}^3} = 132.3\text{MPa} < [\sigma]$$

满足强度要求。

如果吊重 F_P 不偏离 y 轴，$\alpha = 0$，$F_{Pz} = 0$，$F_{Py} = F_P = 30\text{kN}$。梁内的最大正应力为

$$\sigma_{amax} = \frac{M_{zmax}}{W_z} = \frac{\frac{1}{4}F_{Py}l}{W_z} = \frac{\frac{1}{4} \times 30 \times 10^3 \text{N} \times 4\text{m}}{508 \times 10^{-6} \text{m}^3} = 59.1\text{MPa}$$

可见,平面弯曲的最大正应力仅为斜弯梁的 45 %。说明狭长截面的梁应避免发生斜弯曲。

【例 11.13】　如图 11.22(a)所示,一凸轮传动轴,其水平轴为空心管,外径 $D=30\text{mm}$,内径 $d=24\text{mm}$,材料为 Q235 钢,其许用应力 $[\sigma]=100\text{MPa}$,此装置在荷载 F_1 和 F_2 作用下处于平衡状态。已知 $F_1=600\text{N}$,试按第三强度理论校核该轴的强度。

解:根据平衡条件可得扭转力偶矩和 F_{2y} 及 F_{2z}

$$T_D = T_B = F_1 \times 200 \times 10^{-3} = 120\text{N} \cdot \text{m}$$

$$F_{2y} = \frac{T_D}{300 \times 10^{-3}} = \frac{120\text{N} \cdot \text{m}}{300 \times 10^{-3}\text{m}} = 400\text{N}$$

$$F_{2z} = F_{2y}\tan 10° = 70.5\text{N}$$

轴的计算简图如图 11.22(b)所示。根据外力绘制扭矩图和弯矩图如图 11.22(c)、(d)、(e)综合分析内力图可知 B 截面为危险截面,该截面承受的扭矩为

$$T = 120\text{N} \cdot \text{m}$$

合成弯矩为

$$M = \sqrt{M_y^2 + M_z^2} = \sqrt{2.64^2 + 71.25^2}$$
$$= 71.3(\text{N} \cdot \text{m})$$

轴的抗弯截面系数为

$$W = \frac{\pi D^3}{32}(1 - \alpha^4)$$
$$= \frac{\pi \times 30^3}{32}\left[1 - \left(\frac{24}{30}\right)^4\right] \times 10^{-9}$$
$$= 1.56 \times 10^{-6}(\text{m}^3)$$

按第三强度理论有

$$\sigma_{r3} = \frac{\sqrt{M^2 + T^2}}{W}$$
$$= \frac{\sqrt{(71.3^2 + 120^2)}\text{N} \cdot \text{m}}{1.56 \times 10^{-6}\text{m}^3}$$
$$= 89.5\text{MPa} < [\sigma]$$

由此可知,该轴满足强度条件。

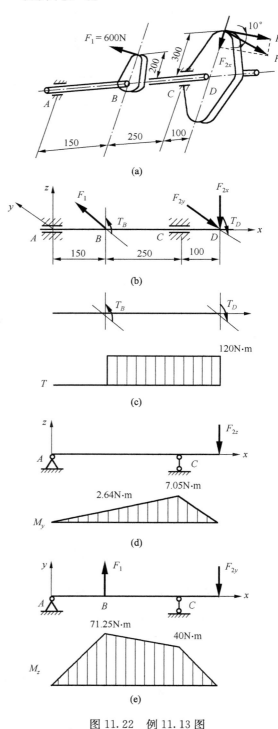

图 11.22　例 11.13 图

【例 11. 14】　变截面圆轴如图 11. 23 所示,已知 AB 段的直径 $d_1 = 70\text{mm}$,BC 段的直径 $d_2 = 50\text{mm}$,在 B 截面处所受力偶矩 $M_{e1} = 2\text{kN} \cdot \text{m}$,在 C 截面处所受力偶矩 $M_{e2} = 1\text{kN} \cdot \text{m}$ 和集中力 $F = 1\text{kN}$. 材料的许用应力 $[\sigma] = 120\text{MPa}$,试求(1)确定该轴的危险截面和危险截面上的危险点;(2)求出危险点的三个主应力与最大切应力;(3)按第三强度理论校核强度.

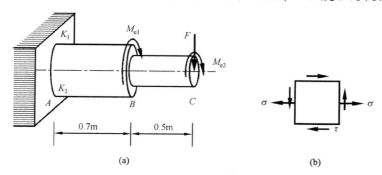

图 11. 23　例 11. 14 图

解:(1)确定该轴的危险截面和危险截面上的危险点.

AB 段的危险截面是 A 截面,其内力为

$$T_{AB} = -M_{e1} - M_{e2} = -3\text{kN} \cdot \text{m} , \qquad M_A = 1.2F = 1.2\text{kN} \cdot \text{m}$$

BC 段的危险截面是 B 截面,其内力为

$$T_{BC} = -T_2 = -1\text{kN} \cdot \text{m} , \qquad M_B = 0.5F = 0.5\text{kN} \cdot \text{m}$$

A、B 截面上下边缘上的点为这两个截面上的危险点,均为二向应力状态. 因此确定整个圆轴上的危险点必须根据其相当应力确定.

$$\sigma_{Ar3} = \frac{32}{\pi \times (70 \times 10^{-3}\text{m})^3} \sqrt{3000^2 + 1200^2} \text{N} \cdot \text{m} = 95.95 \times 10^6 \text{Pa} = 95.95\text{MPa}$$

$$\sigma_{Br3} = \frac{32}{\pi \times (50 \times 10^{-3}\text{m})^3} \sqrt{1000^2 + 500^2} \text{N} \cdot \text{m} = 91.11 \times 10^6 \text{Pa} = 91.11\text{MPa}$$

由此得到 AB 段的 A 截面是圆轴的危险截面,其上下边缘的 K_1 和 K_2 点为圆轴的危险点.

(2)求出危险点的三个主应力与最大切应力.

$$\tau_{\max}(AB) = \frac{T_{AB}}{W_{tAB}} = \frac{T_{AB}}{\dfrac{\pi d_1^3}{16}} = \frac{-3000\text{N} \cdot \text{m} \times 16}{\pi \times (70 \times 10^{-3}\text{m}^3)^3} = -44.54\text{MPa}$$

$$\sigma_{\max}^{A-A} = \frac{M_A}{W_{zAB}} = \frac{M_A}{\dfrac{\pi d_1^3}{32}} = \frac{1200\text{N} \cdot \text{m} \times 32}{\pi \times 0.07^3 \text{m}^3} = 35.65\text{MPa}$$

应力单元体如图 11. 23(b)所示.

$$\sigma_{\min}^{\max} = \frac{\sigma}{2} \pm \sqrt{\frac{\sigma^2}{4} + \tau^2} = \frac{35.65\text{MPa}}{2} \pm \sqrt{\frac{35.65^2}{4} + (-44.54)^2} \text{MPa} = \begin{cases} 65.80\text{MPa} \\ -30.16\text{MPa} \end{cases}$$

即

$$\sigma_1 = 65.80\text{MPa} , \qquad \sigma_2 = 0 , \qquad \sigma_3 = -30.16\text{MPa}$$

$$\tau_{\max} = \frac{\sigma_1 - \sigma_3}{2} = 47.97\text{MPa}$$

(3)按第三强度理论校核强度,有

$$\sigma_{r3} = \sigma_1 - \sigma_3 = 65.80\text{MPa} - (-30.16)\text{MPa} = 95.96\text{MPa}$$

$$\sigma_{r3} = 95.96\text{MPa} < [\sigma]$$

由此可知,该圆轴满足强度要求。

11.6 刚 度 设 计

在工程设计中,对于许多杆件除了满足强度条件外,对杆件的弹性变形和位移也有一定的限制,即对刚度也有一定的要求。否则,弹性变形和位移过大将影响机器或结构的正常工作,例如车床的主轴,若其变形过大,将影响齿轮的啮合和轴承的配合,造成磨损不匀,产生噪音,降低寿命,而且还会影响加工的精度等。因此,设计这类杆件时,应同时考虑强度条件和刚度条件,刚度条件可写成如下的形式

$$\Delta \leqslant [\Delta] \tag{11.31}$$

式中,Δ 表示在各种荷载情况下的**广义位移**,$[\Delta]$ 为相应变形的**许用广义位移**。具体的表达式根据杆件的变形情况而定。

（1）**对于拉压杆** 刚度条件为

$$\Delta l \leqslant [\Delta l] \tag{11.32}$$

式中,Δl 为杆的轴向位移;$[\Delta l]$ 为杆的许用轴向位移。

（2）**对于弯曲梁** 刚度条件为

$$w \leqslant [w] \tag{11.33}$$

$$\theta \leqslant [\theta] \tag{11.34}$$

式中,w 和 θ 分别为梁的挠度和转角;$[w]$ 和 $[\theta]$ 分别为梁的许用挠度和许用转角。

需要说明的是,在工程设计中,对于梁的挠度,其许可值也常用许可的挠度与跨长之比值 $\left[\dfrac{w}{l}\right]$ 作为标准。例如在土建工程中,$\left[\dfrac{w}{l}\right]$ 值常限制在 $\dfrac{1}{250} \sim \dfrac{1}{1000}$ 范围内;在机械制造工程中（对主要的轴）,$\left[\dfrac{w}{l}\right]$ 值则限制在 $\dfrac{1}{5000} \sim \dfrac{1}{10000}$ 范围内;对传动轴在支座处的许可转角 $[\theta]$ 一般限制在 $0.005 \sim 0.001\text{rad}$ 范围内。

（3）**对于受扭圆轴** 刚度条件为

$$\varphi \leqslant [\varphi] \tag{11.35}$$

或
$$\varphi' \leqslant [\varphi'] \tag{11.36}$$

式中,φ 和 $\varphi' = \varphi/l$ 分别为圆轴两个截面的相对扭转角和单位长度相对扭转角;$[\varphi]$ 和 $[\varphi']$ 均为相应的许用值。

工程设计中还有另外一类问题,考虑的不是限制结构或杆件的弹性位移,而是在不发生强度失效的前提下,为了特殊的功能,允许有合理的位移。例如,各种车辆的减振弹簧,为了更好地吸振和减振需就要有一定的弹性变形,以吸收车辆受到振动和冲击时产生的动能。

刚度设计与强度设计类似,通常可分为刚度校核、截面设计和确定许可荷载三方面的问题。

【**例 11.15**】 吊车梁由 32a 号工字钢制成,跨度 $l = 8.76\text{m}$（图 11.24）,材料的弹性模量 $E = 210\text{GPa}$,吊车的最大起吊重量 $F_P = 20\text{kN}$,规定梁的许可挠度 $[w] = \dfrac{l}{500}$,试校核该梁的刚度。

解： 小车在大梁上来回行驶，处于中点时，梁内的弯矩最大，挠度也达最大值，故校核荷载 F_P 作用在跨度中点时的刚度。

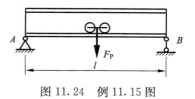

图 11.24　例 11.15 图

查附录型钢表 B.4 得 32a 号工字钢的惯性矩 $I=11075.5 \text{cm}^4$，查表 5.1（在 5.3.4 节）可知

$$w_{\max} = \frac{F_P l^3}{48EI} = \frac{20 \times 10^3 \text{N} \times (8.76\text{m})^3}{48 \times 210 \times 10^9 \text{Pa} \times 11075.5 \times 10^{-8}\text{m}^4} = 12.04 \times 10^{-3}\text{m} = 12.04\text{mm}$$

$$[w] = \frac{l}{500} = \frac{8.76\text{m}}{500} = 17.5 \times 10^{-3}\text{m} = 17.5\text{mm}$$

$w_{\max} < [w]$，满足刚度条件。

【**例 11.16**】　轴向受力杆如图 11.25 所示，杆的材料是低碳钢，弹性模量 $E=200\text{GPa}$，屈服极限 $\sigma_s=240\text{MPa}$，整杆的总伸长量不得超过 $2\times10^{-4}\text{m}$，试分别选择此杆 AB 与 BC 部分的截面面积。设安全因数 $n_s=3$（不考虑稳定问题）。

解： 由此杆的受力情况，根据截面法，求得杆 AB 和 BC 部分的轴力分别为

$$F_{NAB} = -100\text{kN}, \quad F_{NBC} = 300\text{kN}$$

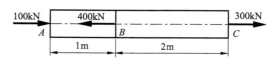

图 11.25　例 11.16 图

许用应力　$[\sigma] = \dfrac{\sigma_s}{n_s} = \dfrac{240}{3} = 80\text{MPa}$

由强度条件知

$$A_{AB} \geqslant \frac{F_{NAB}}{[\sigma]} = \frac{100 \times 10^3 \text{N}}{80 \times 10^6 \text{Pa}} = 12.5 \times 10^{-4}\text{m}^2$$

$$A_{BC} \geqslant \frac{F_{NBC}}{[\sigma]} = \frac{300 \times 10^3 \text{N}}{80 \times 10^6 \text{Pa}} = 37.5 \times 10^{-4}\text{m}^2$$

上述面积是否能满足刚度要求，尚需进行刚度校核，整杆的总伸长量

$$\Delta = \sum_{i=1}^n \frac{F_{Ni} l_i}{EA_i} = -\frac{100 \times 10^3 \text{N} \times 1\text{m}}{200 \times 10^9 \text{Pa} \times 12.5 \times 10^{-4}\text{m}^2} + \frac{300 \times 10^3 \text{N} \times 2\text{m}}{200 \times 10^9 \text{Pa} \times 37.5 \times 10^{-4}\text{m}^2}$$

$$= 4 \times 10^{-4}\text{m} > 2 \times 10^{-4}\text{m}$$

总变形量已超过许可值，应重新设计。减少总变形量途径有两条：(1)增加压缩变形。这意味着要减小 AB 部分面积，这种方法将导致 AB 部分应力超过许用应力，是不可取的；(2)减少拉伸变形量，这就要增加 BC 部分的面积，应力将低于许用应力，这是允许的，但需要重新设计。按照刚度条件

$$\Delta = -\frac{100 \times 10^3 \times 1}{200 \times 10^9 \times A_{AB}} + \frac{300 \times 10^3 \times 2}{200 \times 10^9 \times A_{BC}} \leqslant 2 \times 10^{-4}$$

为了保持 AB 部分应力不超过许用应力，其面积仍用 $A_{AB}=12.5\times10^{-4}\text{m}^2$，代入上式有

$$\frac{1}{200 \times 10^9}\left(\frac{300 \times 10^3 \times 2}{A_{BC}} - \frac{100 \times 10^3 \times 1}{12.5 \times 10^{-4}}\right) \leqslant 2 \times 10^{-4}$$

化简得　　　　　　　　　　　　　　$A_{BC} \geqslant 50 \times 10^{-4}\text{m}^2$

综上，为了同时满足强度和刚度条件，杆 AB 与 BC 部分的面积应分别为

$$A_{AB} = 12.5 \times 10^{-4}\text{m}^2, \quad A_{BC} = 50 \times 10^{-4}\text{m}^2$$

应该指出，此时杆 BC 部分的安全因数实际已不是 3 而是 4；另外，AB 段是受压杆件，还应该满足稳定性要求。

【例 11.17】　一圆截面等直杆，其受力情况如图 11.26(a)所示。已知 $F_P = 100\text{kN}$，$M_e = 20\text{kN} \cdot \text{m}$。杆的长度 $l = 3\text{m}$，直径 $D = 80\text{mm}$，材料的许用应力 $[\sigma] = 230\text{MPa}$，$E = 206\text{GPa}$，$G = 80\text{GPa}$。试按最大切应力理论校核强度，若轴向伸长的许可值为 $1 \times 10^{-3}\text{m}$，许可扭转角为 $5°$，并校核刚度。

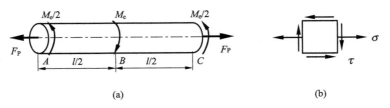

图 11.26　例 11.17 图

解：此杆受拉扭组合变形，由截面法可得

$$F_N = F_P$$

$$T_{AB} = -T_B = \frac{M_e}{2}$$

危险点在杆件的外表面，其应力状态如图 11.26(b)所示。应力分别为

$$\sigma = \frac{F_P}{A} = \frac{100 \times 10^3 \text{N}}{\pi (80 \times 10^{-3})^2 / 4\text{m}^2} = 19.89 \times 10^6 \text{Pa} = 19.89\text{MPa}$$

$$\tau = \frac{T_{AB}}{W_t} = \frac{M_e/2}{\pi D^3/16} = \frac{16 \times 10 \times 10^3 \text{N} \cdot \text{m}}{\pi (80 \times 10^{-3})^3 \text{m}^3} = 99.47 \times 10^6 \text{Pa} = 99.47\text{MPa}$$

根据第三强度理论(最大切应力理论)，有

$$\sigma_{r3} = \sqrt{\sigma^2 + 4\tau^2} = \sqrt{19.89^2 + 4 \times (99.47)^2}\text{MPa} = 199.93\text{MPa} < [\sigma]$$

满足强度要求。

由于此杆件的伸长是由轴力 F_N 引起。最大扭转角是截面 A、B 或截面 B、C 之间的相对扭转角，由扭矩 T_{AB}(或 T_{BC})引起。故代入刚度条件有

$$\Delta l = \frac{\sigma \times l}{E} = \frac{19.89 \times 10^6 \text{Pa} \times 3\text{m}}{206 \times 10^9 \text{Pa}} = 0.29 \times 10^{-3}\text{m} < 1 \times 10^{-3}\text{m}$$

$$\varphi_{max} = \frac{T_{AB}}{GI_P}\frac{l}{2} = \frac{10 \times 10^3 \text{N} \cdot \text{m} \times \frac{3}{2}\text{m}}{80 \times 10^9 \text{Pa} \times \frac{\pi}{32} \times (80 \times 10^{-3})^4 \text{m}^4} = 0.047\text{rad} = 2.70° < 5°$$

伸长量和扭转角均小于规定的许可值，满足刚度条件。

11.7　压杆稳定设计

稳定性设计主要包含两个主要的内容，一个是确定临界压力或临界应力，这个问题已经在第 8 章中进行了讨论。另一个是确定稳定性设计准则，即建立稳定性安全条件。

为了保证压杆正常工作，也就是说具有足够的稳定性，设计中必须使压杆所实际承受的压力(或应力)小于临界压力(或临界应力)，具有一定的安全裕度。

工程上，常用的压杆稳定性设计准则有两种。

1. 安全因数法

从第 9 章的讨论可知,对于各种柔度的压杆,根据临界应力总图,通过欧拉公式或经验公式可以求出其相应的临界应力,乘以其横截面面积便为其**临界压力** F_{cr}。设该压杆的实际**工作压力**为 F。则临界压力 F_{cr} 与实际工作压力 F 之比即为压杆的**工作安全因数** n,它应大于规定的**稳定安全因数** $[n_{st}]$,即

$$n = \frac{F_{cr}}{F} \geqslant [n_{st}] \qquad (11.37)$$

由于确定临界压力时所采用的是理想中心受压状态,这与实际工程中压杆存在着许多不容忽视的差异。例如压杆的初曲率、压力的偏心、压杆装配应力、材料不均匀性和支座的缺陷等。这些因素对强度的影响不十分显著,却严重地影响压杆的稳定性。因此,稳定安全因数通常高于强度安全因数。对于钢 $[n_{st}]=1.8\sim3.0$;对于铸铁 $[n_{st}]=5.0\sim5.5$;对于木材 $[n_{st}]=2.8\sim3.2$。

2. 折减系数法

折减系数法的稳定条件是,压杆的工作应力小于压杆的强度许用应力 $[\sigma]$ 乘上一个系数 φ。即

$$\frac{F}{A} \leqslant \varphi[\sigma] \qquad (11.38)$$

式中,F 为压杆的工作压力;A 为压杆的横截面面积;$[\sigma]$ 为压杆的强度许用应力;φ 称为稳定系数或折减系数,通常小于 1。φ 不是一个定值,它是随实际压杆的柔度而变化的。工程实用上常将各种材料的 φ 值随 λ 变化的关系绘出曲线或列成数据表以便应用。限于篇幅,折减系数法本书不予讨论,读者可参阅其他有关书籍。

最后,需要指出的是,压杆的稳定性取决于整个杆件的弯曲刚度,临界压力的大小是由压杆整体的变形所决定的。压杆上因存在沟槽或铆钉孔等而造成的局部削弱对临界压力的影响很小。因此,在确定压杆临界压力和临界应力时,不论是用欧拉公式或经验公式,均用未削弱的横截面形状和尺寸进行计算。而强度计算则需考虑净面积,甚至应力集中的影响。

稳定性计算包括稳定性校核、截面设计和确定许可荷载三方面。

【例 11.18】 图 11.27 所示千斤顶,已知其丝杠长度 $l=0.5\text{m}$,直径 $d=52\text{mm}$,材料为 Q235 钢,$\sigma_p=200\text{MPa}$,$\sigma_s=240\text{MPa}$,$E=200\text{GPa}$,最大顶起重量 $F=150\text{kN}$,规定稳定安全因数 $[n_{st}]=2.5$,试校核丝杠的稳定性。

解: 用稳定性条件式(11.37)校核千斤顶丝杠的稳定性。丝杠可视为上端自由、下端固定的压杆,故 $\mu=2$,杆长 $l=0.5\text{m}$,惯性半径

$$i = \sqrt{\frac{I}{A}} = \frac{d}{4} = 13\text{mm}$$

丝杠的柔度

$$\lambda = \frac{\mu l}{i} = \frac{2 \times 500\text{mm}}{13\text{mm}} = 76.9$$

对于 Q235 钢,可分别求出

$$\lambda_s = \frac{a - \sigma_s}{b} = \frac{(304 - 240)\text{MPa}}{1.12\text{MPa}} = 57.1$$

$$\lambda_p = \sqrt{\frac{\pi^2 E}{\sigma_p}} = \sqrt{\frac{\pi^2 \times 200 \times 10^9 \text{Pa}}{200 \times 10^6 \text{Pa}}} \approx 100$$

由于 $\lambda_s < \lambda < \lambda_p$，故丝杆属中柔度杆，由直线经验公式计算临界应力

$$\sigma_{cr} = a - b\lambda = (304 - 1.12 \times 76.9)\text{MPa} = 218\text{MPa}$$

临界压力为

$$F_{cr} = A\sigma_{cr} = \frac{\pi \times 52^2 \text{mm}^2}{4} \times 218\text{MPa} = 463\text{kN}$$

工作安全系数

$$n = \frac{F_{cr}}{F} = \frac{463\text{kN}}{150\text{kN}} = 3.09 > [n_{st}]$$

故千斤顶的丝杠满足稳定性要求。

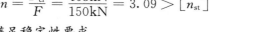

图 11.27　例 11.18 图

【例 11.19】　图 11.28 所示结构中，AB 和 AC 均为长 1m 的圆截面等直杆，杆的材料为 Q235 钢，已知材料的 $[\sigma] = 160\text{MPa}$，$E = 200\text{GPa}$，$\sigma_p = 200\text{MPa}$，$\sigma_s = 235\text{MPa}$，$[n_{st}] = 3$，试选择 AB、AC 两杆的直径。

解： 由平衡条件求出 AB、AC 两杆的轴力分别为 $F_{NAB} = 10\text{kN}$（拉），$F_{NAC} = 10\text{kN}$（压）。由于 AB 杆受拉，不存在失稳的问题，可由强度条件选取直径。AC 杆受轴向压力，应由稳定条件来确定杆的直径。

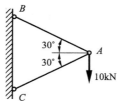

图 11.28　例 11.19 图

AB 杆：由强度条件 $\dfrac{F_N}{A} \leqslant [\sigma]$ 得

$$d_{AB} \geqslant \sqrt{\frac{4F_{NAB}}{\pi[\sigma]}} = \sqrt{\frac{4 \times 10 \times 10^3 \text{N}}{\pi \times 160\text{MPa}}} = 8.92\text{mm}$$

AC 杆：在稳定性计算的截面设计中，一般先假设 AC 杆为大柔度杆，确定出截面尺寸，然后用得到的尺寸数据校核是否为大柔度杆，若是问题解决；否则，再假设为中柔度杆，以此类推。

设 AC 杆为大柔度杆，根据稳定条件 $\dfrac{F_{cr}}{F} \geqslant [n_{st}]$，有

$$\frac{\dfrac{\pi^2 EI}{l^2}}{F} = \frac{\pi^2 E}{Fl^2} \frac{\pi d^4}{64} \geqslant [n_{st}]$$

化简，得

$$d_{AC} \geqslant \sqrt[4]{\frac{64Fl^2[n_{st}]}{\pi^3 E}} = \sqrt[4]{\frac{64 \times 10 \times 10^3 \text{N} \times (1 \times 10^3)^2 \text{mm}^2 \times 3}{\pi^3 \times 200 \times 10^9 \text{Pa}}} = 23.6\text{mm}$$

由 $d_{AC} = 23.6\text{mm}$，求出杆 AC 的柔度为

$$\lambda = \frac{\mu l}{i} = \frac{1 \times 1000\text{mm}}{\dfrac{23.6}{4}\text{mm}} = 169.5$$

而
$$\lambda_p = \sqrt{\frac{\pi^2 E}{\sigma_p}} = \sqrt{\frac{\pi^2 \times 200 \times 10^3 \text{MPa}}{200 \text{MPa}}} \approx 100$$

AC 杆柔度 $\lambda > \lambda_p$，是大柔度杆，故用欧拉公式求临界压力是正确的，所确定的 AC 杆的直径 $d_{AC} = 23.6 \text{mm}$ 也是正确的。

*11.8　疲劳强度设计简介

在工程设计中，一般是首先进行静荷载设计，初步确定杆件的尺寸。再根据疲劳强度设计准则作疲劳强度校核。通常将疲劳设计准则表为安全因数表达的形式。即

$$n_0 \geqslant n \tag{11.39}$$

式中，n_0 为杆件的安全工作因数，有两种形式，对于正应力的形式为 n_σ，切应力的形式为 n_τ；n 为规定的安全因数。

对于**对称循环**，根据式(10.56)和式(11.39)，疲劳强度条件可写成

$$n_\sigma = \frac{\varepsilon_\sigma \beta}{K_\sigma \sigma_{\max}} \sigma_{-1} \geqslant n \quad \text{或} \quad n_\tau = \frac{\varepsilon_\tau \beta}{K_\tau \tau_{\max}} \tau_{-1} \geqslant n \tag{11.40}$$

对于**非对称循环**，疲劳强度条件可写成

$$n_\sigma = \frac{\sigma_{-1}}{\dfrac{K_\sigma}{\varepsilon_\sigma \beta} \sigma_a + \psi_\sigma \sigma_m} \geqslant n \quad \text{或} \quad n_\tau = \frac{\tau_{-1}}{\dfrac{K_\tau}{\varepsilon_\tau \beta} \tau_a + \psi_\tau \tau_m} \geqslant n \tag{11.41}$$

式中，$\psi_\sigma = \dfrac{\sigma_{-1} - \sigma_0/2}{\sigma_0/2}$ 及 $\psi_\tau = \dfrac{\tau_{-1} - \tau_0/2}{\tau_0/2}$。

对于**弯扭组合交变应力**的情况，强度条件可表为

$$n_{\sigma\tau} = \frac{n_\sigma n_\tau}{\sqrt{n_\sigma^2 + n_\tau^2}} \geqslant n \tag{11.42}$$

式中，n_σ 和 n_τ 根据循环特征，由式(11.40)或式(11.41)确定。

需要说明：

(1) 本节仅把不同情况下的强度条件列出，并未给出详细解释，若想了解各强度条件的详细推导过程，请参阅相关文献。

(2) 除满足疲劳强度条件外，杆件的危险点还应校核强度条件。

11.9　杆件综合设计应用

在工程实际中，结构的形式多种多样，受载的情况复杂多变，结构和杆件的破坏机理也是多种原因的综合。因此，在结构的安全设计中，要全面地考虑强度、刚度和稳定性的问题，有时还要考虑疲劳、蠕变及松弛等。由于实际结构既可能是静定结构也可能是超静定结构，荷载既有静载也可能有动载，有的还会有环境温度的影响。所以，在杆件综合设计时，基本思路是**计及超静定结构、动荷载和环境温度等因素，综合杆件的强度、刚度和稳定性的要求进行综合设计**。

杆件的疲劳、蠕变及松弛等问题不作重点讨论。下面举例加以说明。

【例 11.20】 图 11.29(a)所示结构,用 Q235 钢制成,横梁 AB 为 14 号工字钢,许用应力 $[\sigma]=160\text{MPa}$,$E=200\text{GPa}$,$\sigma_p=200\text{MPa}$,斜撑杆 CD 为空心圆截面等直杆,其外径 $D=45\text{mm}$,内径 $d=36\text{mm}$,$[n_{st}]=3$,试确定该结构的许可荷载 F。并校核横梁 B 截面的垂直位移,在许可荷载的作用下,是否超过 $10\times10^{-3}\text{m}$。

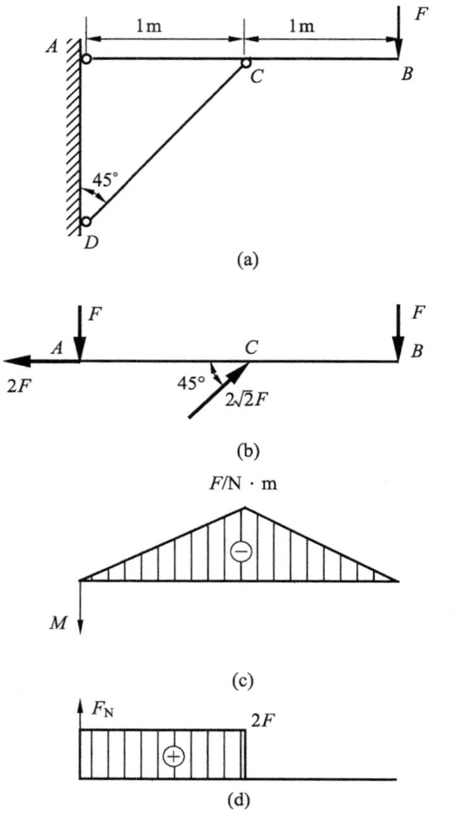

解: 本题是包含强度计算、稳定性计算和刚度计算的综合问题,问题的求解分为三部分。

(1) 横梁的强度计算。

取横梁 AB 为分离体,根据受力分析得出横梁的受力情况如图 11.29(b)所示,并作横梁 AB 的弯矩图和轴力图,如图 11.29(c)、(d)所示。由内力图可知横梁 AC 段为拉伸和弯曲的组合变形,危险截面在 C 处,危险点在上表面,危险点的强度条件为

$$\frac{M}{W}+\frac{F_N}{A}\leqslant[\sigma] \tag{a}$$

从附录型钢表 B.4 中查出,14 号工字钢的

$$A=21.5\text{cm}^2=21.5\times10^{-4}\text{m}^2$$
$$W=102\text{cm}^3=102\times10^{-6}\text{m}^3$$

将相应的数据代入式(a),有

$$\frac{F}{102\times10^{-6}}+\frac{2F}{21.5\times10^{-4}}\leqslant160\times10^6$$

解得

$$F\leqslant14.9\times10^3\text{N}=14.9\text{kN}$$

(2) 斜撑杆的稳定计算。

斜撑杆 CD 受轴向压力为 $2\sqrt{2}F$,按稳定性条件进行计算,CD 杆长 $l=1000\sqrt{2}\,\text{mm}$,惯性半径

$$i=\sqrt{\frac{I}{A}}=\sqrt{\frac{\dfrac{\pi(D^4-d^4)}{64}}{\dfrac{\pi(D^2-d^2)}{4}}}=\frac{\sqrt{D^2+d^2}}{4}=14.4\text{mm}$$

斜撑杆 CD 为两端铰支,故 $\mu=1$,杆的柔度

$$\lambda=\frac{\mu l}{i}=\frac{1\times1000\text{mm}\sqrt{2}\,\text{mm}}{14.4\text{mm}}=98.2$$

Q235 钢能用欧拉公式的极限柔度

$$\lambda_p=\sqrt{\frac{\pi^2E}{\sigma_p}}=\sqrt{\frac{\pi^2\times200\times10^3\text{MPa}}{200\text{MPa}}}\approx100$$

斜撑杆的柔度 $\lambda<\lambda_p$,应选用直线公式进行计算

$$\sigma_{cr}=a-b\lambda=(304-1.12\times98.2)\text{MPa}=194\text{MPa}$$
$$F_{cr}=\sigma_{cr}\cdot A=194\text{MPa}\times\frac{\pi(45^2-36^2)\text{mm}^2}{4}=111\times10^3\text{N}$$

图 11.29 例 11.20 图之一

根据稳定条件 $\dfrac{F_{cr}}{2\sqrt{2}\,F}\geqslant n_{st}$，得许可荷载

$$F\leqslant\frac{F_{cr}}{2\sqrt{2}\,[n_{st}]}=\frac{111\times10^3\mathrm{N}}{2\sqrt{2}\times3}=13.1\times10^3\mathrm{N}=13.1\mathrm{kN}$$

（3）横梁的刚度计算。

横梁 B 截面的垂直位移可分解为由横梁本身弯曲变形所引起的和由于斜撑杆压缩变形而引起的两部分位移，下面先分别进行计算。

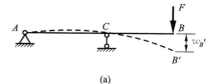

(a)

计算横梁本身弯曲变形所引起的 B 截面挠度时，令撑杆 CD 刚化，于是得横梁的计算简图如图 11.30(a)所示。由变形叠加原理可知，在许可荷载作用下 B 截面的挠度为

$$w_B'=\frac{Fl^3}{3EI}+\frac{Fl^2}{3EI}\times l=\frac{2Fl^3}{3EI}\qquad\text{(b)}$$

查型钢表中，可得 14 号工字钢的 $I=712\mathrm{cm}^4$，代入上式有

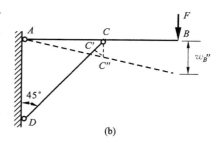

(b)

图 11.30 例 11.20 图之二

$$w_B'=\frac{2\times13.1\times10^3\mathrm{N}\times1^3\mathrm{m}^3}{3\times200\times10^9\mathrm{Pa}\times712\times10^{-8}\mathrm{m}^4}$$
$$=6.13\times10^{-3}\mathrm{m}$$

计算斜撑杆压缩变形而引起的横梁 B 截面挠度时，令横梁刚化，于是得 B 截面位移的计算简图如图 11.30(b)所示。图中 $\overline{CC'}$ 为斜撑杆压缩变形 Δl，其值

$$\Delta l=\frac{13.1\times10^3\mathrm{N}\times\sqrt{2}\,\mathrm{m}}{200\times10^9\mathrm{Pa}\times\dfrac{\pi(45^2-36^2)}{4}\mathrm{mm}^2}=4.58\times10^{-4}\mathrm{m}$$

由图中几何关系可知

$$w_B''=2\,\overline{CC''}=2\cdot\frac{\Delta l}{\cos45°}=2\times\frac{4.58\times10^{-4}\mathrm{m}}{\cos45°}=1.3\times10^{-3}\mathrm{m}$$

在许可荷载作用下，横梁 B 截面的垂直位移为

$$w_B=w_B'+w_B''=6.13\times10^{-3}\mathrm{m}+1.3\times10^{-3}\mathrm{m}=7.43\times10^{-3}\mathrm{m}<10\times10^{-3}\mathrm{m}$$

由此可知，结构的刚度条件也能满足，选取许可荷载 $[F]=13.1\mathrm{kN}$ 是可行的。

【例 11.21】 由材料相同和截面相同的杆件组成的桁架如图 11.31(a)、(b)所示，已知材料的 $[\sigma]=170\mathrm{MPa}$，$E=200\mathrm{GPa}$，杆件的几何参数 $A=900\mathrm{mm}^2$，$I=6.75\times10^4\mathrm{mm}^4$，$l=1\mathrm{m}$，稳定安全因数 $[n_{st}]=3$，假设受压杆均为大柔度细长杆，试比较两个桁架所能承受的许可荷载 $[F]$。

解：（1）静定桁架的计算。

图 11.31(a)为一静定桁架，节点 C 受力如图 11.31(c)所示，由平衡方程有

$$\sum F_x=0,\ F_2\cos45°-F_1=0$$
$$\sum F_y=0,\ F_2\sin45°-F=0$$

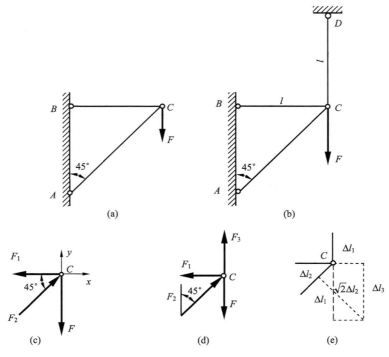

图 11.31　例 11.21 图

解得
$$F_1 = F(受拉)　,　　　F_2 = \sqrt{2}\,F(受压)$$

由强度条件
$$\frac{F_1}{A} = \frac{F}{A} \leqslant [\sigma]$$

$$\frac{F_2}{A} = \frac{\sqrt{2}\,F}{A} \leqslant [\sigma]$$

因此有
$$[F] \leqslant \frac{A[\sigma]}{\sqrt{2}} = \frac{9 \times 10^{-4}\,\mathrm{m^2} \times 170\mathrm{MPa}}{\sqrt{2}} = 108.19 \times 10^3\,\mathrm{N} \tag{a}$$

由稳定性条件
$$\frac{F_{\mathrm{cr}}}{F_2} = \frac{\dfrac{\pi^2 EI}{(\sqrt{2}\,l)^2}}{F_2} \geqslant [n_{\mathrm{st}}]$$

即
$$\frac{\pi^2 EI}{2l^2 \sqrt{2}\,F} \geqslant [n_{\mathrm{st}}]$$

$$[F_{\mathrm{st}}] \leqslant \frac{\pi^2 EI}{2\sqrt{2}\,l^2 [n_{\mathrm{st}}]} = \frac{\pi^2 \times 200 \times 10^9\,\mathrm{Pa} \times 6.75 \times 10^{-8}\,\mathrm{m^4}}{2 \times \sqrt{2} \times 1^2\,\mathrm{m^2} \times 3}\,\mathrm{N} = 15.70 \times 10^3\,\mathrm{N} \tag{b}$$

比较式(a)和式(b),得结构图 11.31(a)的最大许可荷载
$$[F]_a = 15.70\mathrm{kN} \tag{c}$$

（2）超静定桁架的计算。

图 11.31(b) 为一超静定桁架, 节点 C 受力如图 11.31(d) 所示, 由平衡方程有

$$\sum F_x = 0, F_1 = F_2 \sin 45° = \frac{F_2}{\sqrt{2}} \tag{d}$$

$$\sum F_y = 0, F_3 + F_2 \cos 45° = F \tag{e}$$

变形协调条件(图 11.31(e))

$$\Delta l_1 + \sqrt{2}\,\Delta l_2 = \Delta l_3$$

得补充方程为

$$\frac{F_1 l}{EA} + \sqrt{2}\,\frac{F_2 \sqrt{2}\, l}{EA} = \frac{F_3 l}{EA}$$

即

$$F_1 + 2F_2 = F_3 \tag{f}$$

联立式(d)、式(e)和式(f), 求解得

$$F_1 = \frac{F}{2(1+\sqrt{2})} = 0.207F(拉)$$

$$F_2 = \frac{\sqrt{2}\,F}{2(1+\sqrt{2})} = 0.293F(压)$$

$$F_3 = \frac{1+2\sqrt{2}}{2(1+\sqrt{2})}F = 0.793F(拉)$$

从强度考虑, 根据强度条件, 由杆件的最大内力 F_3, 有

$$\frac{F_3}{A} = \frac{0.793F}{A} \leqslant [\sigma]$$

故得

$$[F] \leqslant \frac{A[\sigma]}{0.793} = \frac{9 \times 10^{-4}\,\mathrm{m}^2 \times 170\mathrm{MPa}}{0.793} \times 10^6\,\mathrm{Pa} = 192.94 \times 10^3\,\mathrm{N} \tag{g}$$

若考虑稳定性, 则

$$\frac{F_{cr}}{F_2} = \frac{\dfrac{\pi^2 EI}{(\sqrt{2}\,l)^2}}{F_2} = \frac{\pi^2 EI}{2l^2 \times 0.293F} \geqslant [n_{st}]$$

可得

$$[F_{st}] \leqslant \frac{\pi^2 EI}{2l^2 \times 0.293[n_{st}]} = \frac{\pi^2 \times 200 \times 10^9\,\mathrm{Pa} \times 6.75 \times 10^{-8}\,\mathrm{m}^4}{2 \times 1^2\,\mathrm{m}^2 \times 0.293 \times 3}\mathrm{N} = 75.80 \times 10^3\,\mathrm{N} \tag{h}$$

比较式(g)和式(h), 得图 11.31(b)结构的最大许可荷载

$$[F]_b = 75.80\mathrm{kN} \tag{i}$$

（3）两种桁架承载能力的比较。

比较式(c)和式(i), 得

$$\frac{[F]_b}{[F]_a} = \frac{75.80}{15.70} = 4.83$$

由此可见, 超静定桁架的承载能力大于静定桁架, 其许可荷载是静定桁架的 4.83 倍, 表现了超静定结构的优越性。

【例 11.22】　如图 11.32(a)所示 10 号工字钢的 C 端固定,A 端铰支于空心钢管 AB 上。钢管的内径和外径分别为 30mm 和 40mm,B 端亦为铰支。梁及钢管同为 Q235 钢。许用应力 $[\sigma]=170\text{MPa}$,当重为 300N 的重物落于梁的 A 端时,试校核 AB 杆的稳定性。规定稳定安全因数 $[n_{\text{st}}]=2.0$。

解:本题是超静定结构受冲击荷载作用的强度和稳定性校核问题,问题的求解分为四部分。

(1) 求解超静定问题。

取静定基如图 11.32(b)所示,设梁 AC 长为 l,钢管 AB 长为 l。根据叠加原理,得 CA 梁在 A 点的挠度为

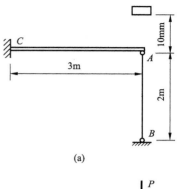

$$y_A = \frac{Pl^3}{3EI} - \frac{Fl^3}{3EI} = (P-F)\frac{l^3}{3EI}$$

AB 杆的变形为

$$\Delta l = \frac{Fl}{EA}$$

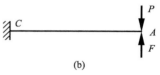

查型钢表,得 10 号工字钢的

$$I = 245\text{cm}^4$$
$$W = 49\text{cm}^3$$

钢管的截面积为

$$A = \frac{\pi}{4}(D^2 - d^2) = \frac{\pi}{4}(40^2 - 30^2)\text{mm}^2 = 550\text{mm}^2$$

图 11.32　例 11.22 图

变形协调条件为

$$y_A = \Delta l$$

即

$$\frac{l^3}{3EI}(P-F) = \frac{FL}{EA}$$

上式解得

$$F = \frac{\dfrac{l^3}{3I}}{\dfrac{L}{A} + \dfrac{l^3}{3I}}P = \frac{\dfrac{3^3\text{m}^3}{245 \times 10^{-8}\text{m}^4 \times 3}}{\dfrac{2\text{m}}{550 \times 10^{-6}\text{m}^2} + \dfrac{3^3\text{m}^3}{245 \times 10^{-8}\text{m}^4 \times 3}} \times 300\text{N} = 299\text{N}$$

(2) 求解冲击动荷因数。

结构承受的是垂直冲击,冲击点 A 的静位移就是 AB 杆的静变形 Δl,故

$$\Delta_{\text{st}} = \frac{Fl}{EA} = \frac{299\text{N} \times 2\text{m}}{210 \times 10^9\text{Pa} \times 550 \times 10^6\text{m}^2} = 0.00518 \times 10^{-3}\text{m}$$

冲击动荷因数为

$$K_{\text{d}} = 1 + \sqrt{1 + \frac{2H}{\Delta_{\text{st}}}} = 1 + \sqrt{1 + \frac{2 \times 10\text{mm}}{0.00518\text{mm}}} = 63.1$$

(3) AB 杆稳定性校核。

AB 杆是 Q235 钢,柔度为

$$\lambda = \frac{\mu l}{i} = \frac{4l}{\sqrt{D^2 + d^2}} = \frac{4 \times 2\text{m}}{\sqrt{0.04^2 + 0.03^2}\text{m}} = 160 > \lambda_{\text{P}} = 100$$

为大柔度杆,应使用欧拉公式计算其临界应力。

$$\sigma_{cr} = \frac{\pi E}{\lambda^2} = \frac{\pi^2 \times 210 \times 10^9 \text{Pa}}{160^2} = 81 \times 10^6 \text{Pa}$$

代入稳定性条件

$$n = \frac{\sigma_{cr}}{\sigma_d} = \frac{\sigma_{cr}}{\dfrac{K_d F}{A}} = \frac{81 \times 10^6 \text{Pa} \times 550 \times 10^{-6} \text{m}^2}{63.1 \times 299 \text{N}} = 2.36 > [n_{st}]$$

因此钢管 AB 安全。

（4）CA 梁的强度校核。

CA 梁的危险截面在 C 处，危险点在截面的上下表面，其最大弯曲动应力为

$$\sigma_{CAd} = K_d \frac{(P-F)l}{W} = \frac{63.1 \times (300-299) \text{N} \times 3}{49 \times 10^{-6} \text{m}^2} = 3.86 \times 10^6 \text{Pa} < [\sigma]$$

显然满足强度条件。可以看出，这样的结构 AB 杆是主要承载杆件。

【例 11.23】　直径为 d 的圆截面直角刚架 ABC 与直径为 d_0 的圆截面杆 CD，铰接于 C 点，如图 11.33(a)所示。今有重为 P 的物体，由高度 H 处自由下落冲击 B 点，试校核 CD 杆的稳定性，并根据最大切应力理论校核刚架 ABC 的强度。已知：材料为 Q235 钢，$\sigma_b = 380\text{MPa}$，$\sigma_s = 235\text{MPa}$，$\sigma_p = 200\text{MPa}$，$E = 200\text{GPa}$，$G = 80\text{GPa}$，$d = 50\text{mm}$，$d_0 = 10\text{mm}$，$l = 1\text{m}$，$P = 200\text{N}$，$H = 20\text{mm}$，安全因数 $n = 2$，稳定安全因数 $[n_{st}] = 3$。

解：本题是空间刚架组合变形超静定结构受冲击荷载作用的强度和稳定性校核问题，问题的求解分为四部分。

（1）求解超静定问题。

此结构为一次超静定。CD 为二力杆，设承受的压力为 F，取刚架 ABC 为研究对象，其受力如图 11.33(b)所示。

C 点的变形协调条件为刚架 ABC 在 C 处的位移应等于 CD 杆的被压缩产生的变形量。即

$$\Delta_C = \Delta l_{CD} \tag{a}$$

由变形叠加法可得，刚架在 C 处的位移

$$\Delta_C = \frac{Fl^3}{3EI} + \frac{Fl \cdot l}{GI_P} l + \frac{(F-P)l^3}{3EI}$$

$$= \frac{(2F-P)l^3}{3EI} + \frac{Fl^3}{GI_P}$$

CD 杆的压缩变形为

$$\Delta l_{CD} = \frac{F \cdot 2l}{EA}$$

则由(a)式，有

$$\frac{(2F-P)l^3}{3EI} + \frac{Fl^3}{GI_P} = \frac{2Fl}{EA}$$

由此解得

$$F = \frac{\dfrac{Pl^2}{3EI}}{\left(\dfrac{2}{EA} + \dfrac{2l^2}{3EI} + \dfrac{l^2}{GI_P}\right)} = 34.6\text{N}$$

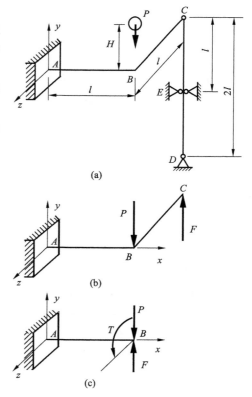

图 11.33　例 11.23 图

（2）求冲击动荷因数。

B 点的静位移 Δ_{st} 为 P 作用于 B 处所引起的 B 点处的垂直位移，在求出多余约束力 F 后，B 点的位移即是刚架 ABC 在 P 和 F 共同作用下 B 点的挠度。

$$\Delta_{st} = \frac{(P-F)l^3}{3EI} = 0.9\text{mm}$$

故动荷因数为

$$K_d = 1 + \sqrt{1 + \frac{2H}{\Delta_{st}}} = 1 + \sqrt{1 + \frac{2 \times 20\text{mm}}{0.9\text{mm}}} = 7.74$$

则在冲击荷载作用下，CD 杆的动压力为

$$F_d = K_d F = 7.74 \times 34.6\text{N} = 268\text{N}$$

（3）校核 CD 杆的稳定性。

CD 杆的柔度为

$$\lambda = \frac{\mu l}{i} = \frac{1 \times 1000\text{mm}}{10/4\text{mm}} = 400$$

Q235 钢的

$$\lambda_P = \pi \sqrt{\frac{E}{\sigma_P}} = \pi \sqrt{\frac{200 \times 10^9 \text{Pa}}{200 \times 10^6 \text{Pa}}} = 100$$

由 $\lambda > \lambda_P$，故 CD 杆为大柔度细长杆，临界力

$$F_{cr} = \frac{\pi^2 EI}{(\mu l)^2} = \frac{\pi^2 \times 200 \times 10^9 \text{Pa} \times \frac{\pi}{64} \times 10^4 \times 10^{-12}\text{m}^4}{(1 \times 1)^2 \text{m}^2}\text{N} = 969\text{N}$$

代入稳定安全条件，有

$$n = \frac{F_{cr}}{F_d} = \frac{969\text{N}}{268\text{N}} = 3.6 > 3$$

满足稳定性要求，CD 杆是安全的。

（4）校核刚架 ABC 的强度。

由图 11.33(b)和(c)可知，刚架 ABC 承受弯扭组合变形，其危险截面在 A 处，该截面的内力为 $M_d = K_d(P-F)l$ 和 $T_d = K_d Fl$，代入第三强度理论，有

$$\frac{\sqrt{M_d^2 + T_d^2}}{W} = \frac{K_d l}{W}\sqrt{(P-F)^2 + F^2} \leqslant [\sigma] = \frac{\sigma_s}{2}$$

即

$$\frac{7.74 \times 1\text{m}}{\frac{\pi(50 \times 10^{-3})^3 \text{m}^3}{32}}\sqrt{(200-34.6)^2\text{N}^2 + 34.6^2\text{N}^2}\text{Pa} = 106.6\text{MPa} \leqslant \frac{\sigma_s}{2} = 120\text{MPa}$$

刚架 ABC 是安全的。

【例 11.24】 图 11.34(a)所示正方形框架，外围四周的杆件是圆截面铝杆，对角线为两根钢索。已知铝杆的 $E_1 = 70\text{GPa}$，$\alpha_1 = 23 \times 10^{-6}\,^\circ\text{C}^{-1}$，$\sigma_p = 175\text{MPa}$，$l_1 = 1\text{m}$，$d_1 = 40\text{mm}$；钢索的 $E_2 = 200\text{GPa}$，$\alpha_2 = 12 \times 10^{-6}\,^\circ\text{C}^{-1}$，$[\sigma] = 170\text{MPa}$，$d_2 = 20\text{mm}$。当整个框架的温度升高 45℃ 时，若限制框架的 AC 两点间的最大变形不超过 $1.5 \times 10^{-3}\text{m}$，稳定安全系数 $[n_{st}] = 5$。试校核整个框架结构的安全性。

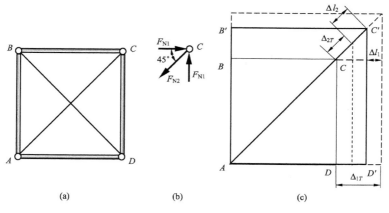

图 11.34　例 11.24 图

解：本题为超静定桁架由温度引起的强度、刚度和稳定性问题，求解分四个部分。

（1）求解超静定问题。

该框架结构为一次超静定。设铝杆和钢索的长度分别为 l_1 和 l_2，受力分别为 F_{N1} 和 F_{N2}。铰接点 C 的受力图如图 11.34(b)所示，由平衡方程可得

$$F_{N2} = \sqrt{2}\, F_{N1}$$

由图 11.34(c)可知，变形协调条件为

$$\Delta_{2T} + \Delta l_2 = \sqrt{2}(\Delta_{1T} - \Delta l_1)$$

即

$$\alpha_2 l_2 \Delta T + \frac{F_{N2} l_2}{E_2 A_2} = \sqrt{2}\left(\alpha_1 l_1 \Delta T - \frac{F_{N1} l_1}{E_1 A_1}\right)$$

解得

$$F_{N2} = \frac{4\sqrt{2}\, E_1 E_2 \Delta T(\alpha_1 - \alpha_2)}{4\sqrt{2}\, E_1 + E_2} A_2$$

（2）校核钢索的强度。

由(a)可得到钢索的应力为

$$\sigma = \frac{F_{N2}}{A_2} = \frac{4\sqrt{2}\, E_1 E_2 \Delta T(\alpha_1 - \alpha_2)}{4\sqrt{2}\, E_1 + E_2}$$

$$= \frac{4\sqrt{2} \times 70 \times 10^9\,\mathrm{Pa} \times 200 \times 10^9\,\mathrm{Pa} \times 45\,℃ \times (23 - 12) \times 10^{-6}\,1/℃}{4\sqrt{2} \times 70 \times 10^9\,\mathrm{Pa} + 200 \times 10^9\,\mathrm{Pa}}$$

$$= 65.78 \times 10^6\,\mathrm{Pa} = 65.78\,\mathrm{MPa} < [\sigma]$$

钢索满足强度要求。

（3）校核结构的刚度。

框架 AC 两点间的位移实际上就是钢索的伸长量，即

$$\Delta_{AC} = \Delta l_2 = \alpha_2 l_2 \Delta T + \frac{F_{N2} l_2}{E_2 A_2}$$

$$= 12 \times 10^{-6}\,1/℃ \times \sqrt{2}\,\mathrm{m} \times 45\,℃ + \frac{65.78 \times 10^3\,\mathrm{N} \times \sqrt{2} \times 10^3\,\mathrm{mm}}{200 \times 10^9\,\mathrm{Pa}}$$

$$= 1.23 \times 10^{-3}\,\mathrm{m} < 1.5 \times 10^{-3}\,\mathrm{m}$$

所以结构满足刚度要求。

（4）校核铝杆的稳定性。

铝杆的柔度为

$$\lambda = \frac{\mu l_1}{i} = \frac{\mu l_1}{\dfrac{d_1}{4}} = \frac{1 \times 1 \times 4\mathrm{m}}{0.04\mathrm{m}} = 100$$

铝的

$$\lambda_\mathrm{P} = \pi\sqrt{\frac{E}{\sigma_\mathrm{P}}} = 3.14 \times \sqrt{\frac{70 \times 10^9\mathrm{Pa}}{175 \times 10^6\mathrm{Pa}}} = 62.83$$

由 $\lambda > \lambda_\mathrm{P}$，故铝杆为大柔度细长杆，临界应力

$$\sigma_\mathrm{cr} = \frac{\pi^2 E_1}{\lambda^2} = \frac{\pi^2 \times 70 \times 10^9\mathrm{Pa}}{100^2} = 69.09 \times 10^6\mathrm{Pa} = 69.09\mathrm{MPa}$$

铝杆的工作应力为

$$\sigma = \frac{F_\mathrm{N1}}{A_1} = \frac{F_\mathrm{N2}}{4\sqrt{2}A_2} = \frac{65.78 \times 10^6\mathrm{Pa}}{4\sqrt{2}} = 11.63 \times 10^6\mathrm{Pa} = 11.63\mathrm{MPa}$$

代入稳定安全条件，有

$$n = \frac{\sigma_\mathrm{cr}}{\sigma} = \frac{69.09\mathrm{MPa}}{11.63\mathrm{MPa}} = 5.9 > [n_\mathrm{st}] = 5$$

满足稳定性要求，铝杆截面无削弱，故不需要作强度校核。

由于框架结构满足了强度、刚度和稳定性的要求，整体结构是安全的。

注意：材料力学的计算是近似的。杆件设计中考虑的危险截面常常是杆件的根部或应力集中区，这些部位都有明显的圣维南影响区，所以杆件真实的应力和计算结果存在一定的差异。但在远离这些区域的位置上，材料力学的计算结果还是比较准的。

11.10　提高杆件强度、刚度和稳定性的一些措施

在概述中曾指出，材料力学的主要任务之一就是解决杆件设计中经济与安全的矛盾，也就是说，设计杆件时既要节省材料、减轻杆件自重，又要尽量提高杆件的承载能力，即提高杆件的强度、刚度和稳定性。从杆件的强度、刚度和稳定性的计算中可以看出，它们主要与杆件的受力情况、截面的形状和尺寸、杆件的长度和约束条件及材料的性能等因素有关，下面分别就各影响因素来讨论提高杆件强度、刚度和稳定性的一些措施。

11.10.1　选用合理的截面形状

各种不同形状的截面，尽管其截面面积相等，但其惯性矩却不一定相等，所以选择合理截面形状，在不增加面积的前提下，尽可能地增大截面的惯性矩，对于受弯或受扭的杆件来说，这是一种十分有效的措施。例如将实心圆截面改为空心圆截面，对于矩形，如把中性轴附近的材料移置到上下边缘处（图 11.35），就形成了工字形截面，其惯性矩增加了很多，大大提高了受弯杆件的

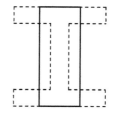

图 11.35　矩形截面变为工字钢

承载能力,为了便于比较截面形状的合理性,现将几种常用截面的有关几何性质举例列于表 11.1 中,从表中可知,对于受弯杆件来说,工字形截面的 I_z 和 W_z/A 均为最大,是这几种截面中最合理的截面形状。

表 11.1　常用截面的几何性质

截面形状	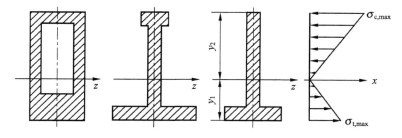		$d/D=0.5$		No.32a
面积 A/mm^2	67.05×10^2	67.05×10^2	67.05×10^2	67.05×10^2	67.05×10^2
惯性矩 I_z/mm^4	3.58×10^6	5.96×10^6	3.75×10^6	7.49×10^6	110.75×10^6
抗弯截面系数 W_z/mm^3	77.4×10^3	111.7×10^3	91.6×10^3	129.4×10^3	692.2×10^3
W_z/A	11.5	16.7	13.7	19.3	103.2

对于主要承受弯曲的杆件,若杆件材料的抗拉和抗压强度相同,应采用对中性轴对称的截面,例如工字形截面等,这样可使梁在弯曲时,截面的上、下边缘处最大拉应力和最大压应力同时达到许用应力。若材料的抗拉和抗压强度不同,宜采用中性轴偏于受拉一侧的截面形状,如图 11.36 所示。若能得到

$$\frac{\sigma_{\text{tmax}}}{\sigma_{\text{cmax}}} = \frac{M_{\max}y_1}{I_z} \bigg/ \frac{M_{\max}y_2}{I_z} = \frac{y_1}{y_2} = \frac{[\sigma_t]}{[\sigma_c]}$$

这样选得的截面,就是所要求的合理截面。即最大拉应力和最大压应力同时达到各自的许用应力。

图 11.36　几种中性轴非对称的截面形状

对于压杆,若在两个互相垂直的主惯性面内支座约束条件不同,则压杆的截面形状可采用矩形或工字形之类,力求使在两个方向的柔度相等或接近,从而使压杆在两个方向的稳定性相同或接近,如发动机的连杆常取这类形状的截面,即属这种情况(参阅9.3.3 节的例 9.4)。

11.10.2　合理安排杆件的受力情况

杆件受力主要有两种,一是工作荷载,另一是支座约束反力,所以合理安排杆件的受力情况主要从合理布置荷载和合理安排支座这两方面来考虑。

合理布置荷载可以从多方面考虑,例如图 11.37(a)所示简支梁,中间受集中力作用,其 M_{max} = $FL/4$。如结构允许的话,将集中力移向一侧,如图 11.37(b)所示,即可将最大弯矩降为 $5FL/36$。设计轴上有齿轮或皮带轮的位置时可作此考虑。又如图 11.38(a)中的集中力分散为几个集中力或分布力(图 11.38(b)、(c)),也可降低 M_{max}。再者,图 11.39(a)所示机床主轴,受到切削力 F_1 和齿轮啮合力 F_2 的作用,若改变结构,使齿轮的啮合位置改变,F_2 的方向变为反向(图 11.39(b)),这时外伸端的挠度将大大小于图 11.39(a)中轴外伸端的挠度,起到了提高刚度的作用。

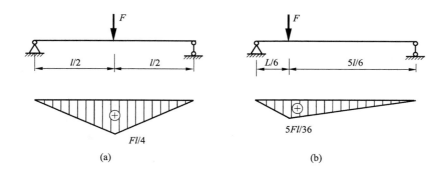

图 11.37　荷载作用位置与弯矩图的关系

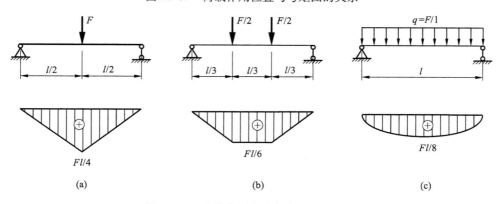

图 11.38　荷载作用方式与弯矩图的关系

合理安排支座,一是改变支承的位置对于梁可起到提高强度和刚度的作用。例如图 11.40(a)所示梁,$M_{max} = \dfrac{ql^2}{8}$,$w_{max} = \dfrac{5ql^4}{384EI}$,若将支座向内移动 $0.2l$,见图 11.40(b),最大弯矩降为 $\dfrac{ql^2}{40}$,仅为原简支梁的 $1/5$,其最大挠度也减小了很多。另外,如果条件允许,增加支座也是一种措施,例如在简支梁中点加一支座成为超静定梁,也能显著减小梁的弯矩和变形,对于提高压杆稳定性也很有利。

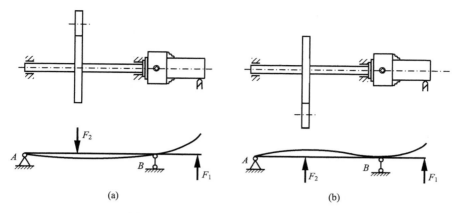

图 11.39　荷载作用方向与变形的关系

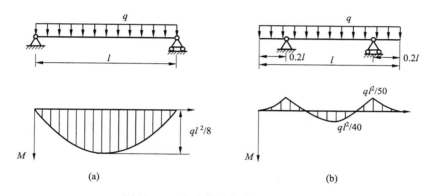

图 11.40　支座位置与弯矩图的关系

11.10.3　合理选用材料

　　随意选用优质材料,将会提高制造成本,所以设计杆件时,应按实际需要"量材录用"。例如选用高强度钢材可以提高杆件的强度,但对于提高刚度和稳定性却不一定有效。由于各种钢材的弹性模量 E、G 数值上相差不大,而刚度和材料性质有关的因素主要是弹性模量。因此,选用高强度钢代替一般钢材来提高刚度和细长压杆稳定性无疑是一种浪费。但对于中柔度压杆来说,直线经验公式 $\sigma_{cr} = a - b\lambda$ 的系数值与材料的强度有关,经验公式中高强度钢的系数 a 值较高,因而临界应力也较高。可见,对于中柔度压杆,选用高强度钢,将有利于提高压杆的稳定性。

复习思考题

　　11-1　刚度不够与失稳的区别何在?

　　11-2　何谓强度理论? 按强度理论建立强度条件的思路是什么?

　　11-3　常用的四种强度理论的基本观点及相应的强度条件是什么?

　　11-4　应力状态对材料的破坏方式有何影响? 三向拉伸和三向压缩应力状态,都将使材料发生何种破坏方式?

11-5　杆件破坏方式有哪几类?

11-6　如何选用强度理论? 根据是什么?

11-7　图 11.41(a)为混凝土圆柱单向均匀受压。如果在混凝土圆柱外面紧密地套上一个钢管,如图 11.41(b)所示。试问哪一种情况下混凝土圆柱的强度大? 试用强度理论解释之。

11-8　厚玻璃突然加入热开水,杯子会发生破裂,这是为什么? 破裂时裂缝是从外壁还是内壁开始? 为什么?

11-9　冬天的自来水管会因结冰而受内压以致被胀破。显然,水管中的冰也受到同样的反作用力,为何冰不碎而水管破裂?

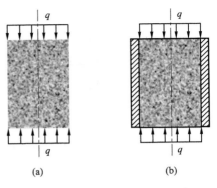

图 11.41　复习思考题 11-7 图

11-10　试分析图 11.42 所示各杆件的剪切面和挤压面:(a)螺钉;(b)"直齿形"接头;(c)木桁架接头。

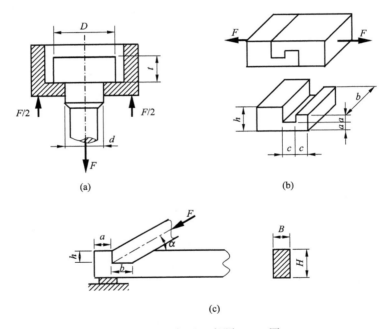

图 11.42　复习思考题 11-10 图

11-11　提高杆件的强度、刚度和稳定性有哪些措施?

11-12　图 11.43(a)所示简支梁,在其他条件不变的情况下,将支座分别往中间移动一段距离,如图 11.43(b)所示。试问这样改变一下支座的位置将使强度和刚度分别提高多少倍?

11-13　图 11.44 所示圆截面简支梁,现需在跨中处开一孔,开法有(a)、(b)两种,试问从强度观点分析,哪种开法合理? 开孔后对梁的刚度影响大吗?

11-14　图 11.45 所示 T 字形截面铸铁悬臂梁,有(a)、(b)两种置放的方案,试问从强度观点分析,何者合理?

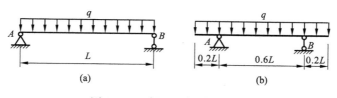

图 11.43　复习思考题 11-12 图

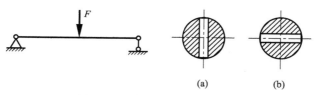

图 11.44　复习思考题 11-13 图

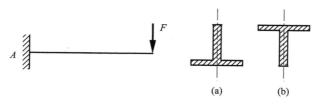

图 11.45　复习思考题 11-14 图

11-15　有两人体重均为 800N，想要过河。现有 6m 长跳板一块，如图 11.46 所示。已知跳板的许可弯矩 $[M]=600$N·m。试问两人采用什么办法可安全过河（不计跳板的重量）。

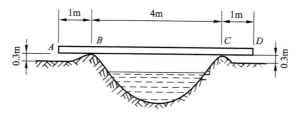

图 11.46　复习思考题 11-15 图

习　　题

11.1　水平刚性杆 CDE 置于铰支座 D 上并与木柱 AB 铰接于 C，已知木立柱 AB 的横截面面积 $A=100$cm^2，许用拉应力 $[\sigma_t]=7$MPa，许用压应力 $[\sigma_c]=9$MPa，弹性模量 $E=10$GPa，长度尺寸和所受荷载如图 11.47 所示，其中荷载 $F_1=70$kN，荷载 $F_2=40$kN。试：(1)校核木立柱 AB 的强度；(2)求木立柱截面 A 的铅垂位移 Δ_A。

11.2　在图 11.48 所示结构中，钢索 BC 由一组直径 $d=2$mm 的钢丝组成。若钢丝的许用应力 $[\sigma]=160$MPa，梁 AC 自重 $P=3$kN，小车承载 $F=10$kN，且小车可以在梁上自由移动，试求钢索至少需几根钢丝组成？

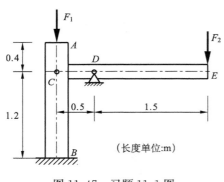

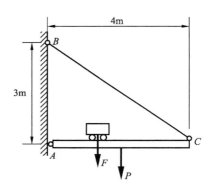

图 11.47 习题 11.1 图

图 11.48 习题 11.2 图

11.3 图 11.49 所示受力结构中,已知杆 1 和杆 2 的横截面面积以及许用应力分别为 $A_1 = 10 \times 10^2 \text{mm}^2$, $A_2 = 100 \times 10^2 \text{mm}^2$ 和 $[\sigma]_1 = 160 \text{MPa}$, $[\sigma]_2 = 8 \text{MPa}$。试求杆 1 和杆 2 的应力同时达到许用应力的 F 值和 θ 值。

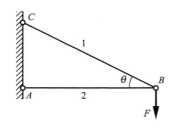

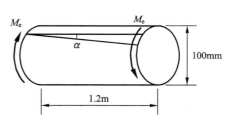

图 11.49 习题 11.3 图

图 11.50 习题 11.4 图

11.4 直径为 100mm 的实心圆轴,材料的切变模量 $G = 80 \text{GPa}$,其表面上的纵向线在扭转力偶作用下倾斜了一个角 $\alpha = 0.065°$,如图 11.50 所示,试求:(1)外力偶矩 M_e 的值;(2)若 $[\tau] = 70 \text{MPa}$,校核其强度。

11.5 图 11.51 所示两根受扭圆轴,已知轴 1 为直径 $d_1 = 40 \text{mm}$ 的空心圆轴,轴 2 为内径 $d_2 = 40 \text{mm}$,外径 $D_2 = 50 \text{mm}$ 的空心圆轴,两轴的材料相同,所受的外力偶矩 $M_e = 800 \text{N} \cdot \text{m}$ 也相同。若要满足两轴的强度要求,则材料的许用切应力 $[\tau]$ 应为多少?两轴用料量比值和最大切应力 $\tau_{\max}$ 的比值分别为多少?

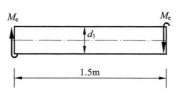

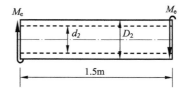

图 11.51 习题 11.5 图

11.6 车轮与钢轨接触点处的主应力为 -800MPa、-900MPa、-1100MPa。若是 $[\sigma] = 300 \text{MPa}$,试根据第四强度理论对接触点作强度校核。

11.7 钢制圆柱形薄壁压力容器,直径 $D = 800 \text{mm}$,壁厚 $t = 4 \text{mm}$,$[\sigma] = 120 \text{MPa}$。试用第三强度理论确定许可承受的内压力 $[p]$。

11.8　某工厂一简易吊车如图 11.52 所示，最大吊起重量 $F_P=30$kN，跨长 $l=5$m，吊车大梁 AB 由 20a 号工字钢制成，材料的 $[\sigma]=160$MPa，$[\tau]=100$MPa。试校核梁的强度。

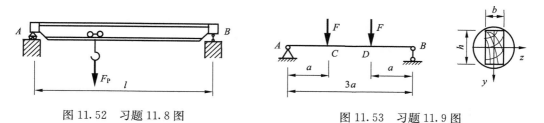

图 11.52　习题 11.8 图　　　　　　　　　　　图 11.53　习题 11.9 图

11.9　图 11.53 所示为由圆形木料锯成的一矩形截面简支梁，已知其上作用两个集中力 $F=5$kN，材料的 $[\sigma]=10$MPa。试确定抗弯截面系数最大时矩形截面的高宽比 $\dfrac{h}{b}$，及梁所需圆形木料的最小直径。

11.10　一螺栓将拉杆与厚为 8mm 的两块盖板相连接，如图 11.54 所示。各部件材料相同，其许用应力均为 $[\sigma]=80$MPa，$[\tau]=60$MPa，$[\sigma_{bs}]=160$MPa。若拉杆的厚度 $t=15$mm，拉力 $F=120$kN。试设计螺栓直径 d 及拉杆宽度 b。

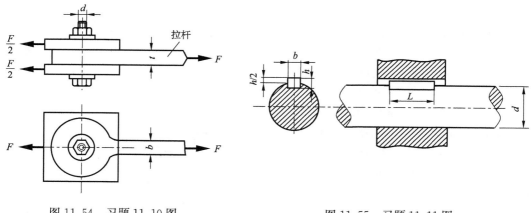

图 11.54　习题 11.10 图　　　　　　　　　　　图 11.55　习题 11.11 图

11.11　图 11.55 所示轴的直径的 $d=80$mm，键的尺寸为 $b=24$mm，$h=14$mm，其 $[\tau]=40$MPa，$[\sigma_{bs}]=90$MPa。若轴通过键所传递的扭转力偶矩 $T=3200$N·m。试确定键的长度 L。

11.12　在厚度 $t=5$mm 的钢板上，冲出一个形状如图 11.56 所示的孔。钢板剪断时的剪切极限应力 $\tau_b=300$MPa，求冲床所需的冲力 F。

11.13　受拉杆件的形状如图 11.57 所示，已知截面尺寸为 40mm×5mm，承受轴向拉力 $F=12$kN。现拉杆开有切口，如不计应力集中影响，当材料的 $[\sigma]=100$MPa 时，试确定切口的最大许可深度，并绘出切口截面的应力变化图。

11.14　图 11.58 所示结构中，已知轴 AB 的直径 $D=40$mm，$a=400$mm，$[\sigma]=160$MPa，承受水平力 $F_x=0.75$kN，铅直力 $F_y=1$kN。试用第四强度理论校核其强度。

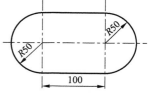

图 11.56　习题 11.12 图

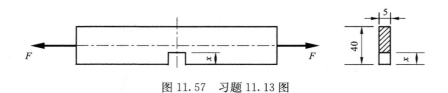

图 11.57　习题 11.13 图

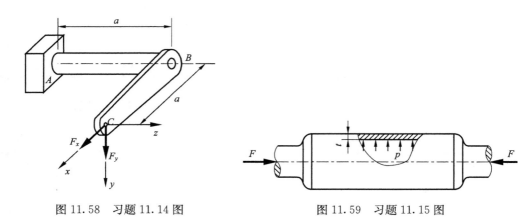

图 11.58　习题 11.14 图　　　　　　　　图 11.59　习题 11.15 图

11.15　铸钢薄臂管如图 11.59 所示。已知管的外径 $D=200$mm，壁厚 $t=15$mm，内压 $p=4$MPa，轴向压力 $F=200$kN。铸铁的抗拉和抗压许用应力分别为 $[\sigma_t]=30$MPa 和 $[\sigma_c]=120$MPa，$\mu=0.25$。试用第二强度理论校核该管的强度。

11.16　图 11.60 所示传动轴，皮带轮 B 的张力铅垂，皮带轮 C 的张力水平，轮 B 与 C 的直径均为 $D=600$mm。已知轴的直径 $d=60$mm，$[\sigma]=80$MPa。试用第三强度理论校核轴的强度。

11.17　图 11.61 所示轴上装有两个轮子，轮 C、D 上分别作用有力 $F=3$kN 与 P，轴处于平衡，$[\sigma]=80$MPa。试用第三强度理论选择轴的直径。

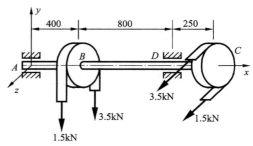

图 11.60　习题 11.16 图

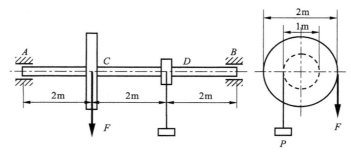

图 11.61　习题 11.17 图

11.18 图 11.62 所示水平的圆截面折杆 $BDCA$，已知 $a=400\text{mm}$，受力 $F=5\text{kN}$ 与力偶 $M_e=Fa$ 作用，$[\sigma]=140\text{MPa}$。试用第四强度理论确定杆的直径。

11.19 图 11.63 所示刚架 ABC，杆 AB 与 BC 的横截面直径均为 d，材料为低碳钢，许用应力为 $[\sigma]$。试求：

（1）危险截面与危险点的位置，并画出危险点的应力状态；

（2）写出第三强度理论的强度条件表达式。

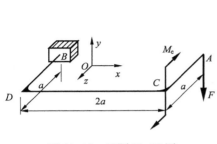
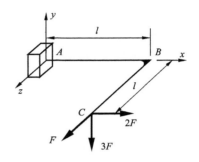

图 11.62 习题 11.18 图   图 11.63 习题 11.19 图

11.20 图 11.64 所示圆弧形小曲率圆截面杆，承受垂直荷载 F 作用，设曲杆轴半径为 R，许用应力为 $[\sigma]$，试根据第三强度理论确定杆的直径。

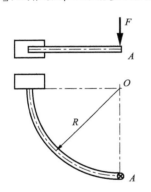
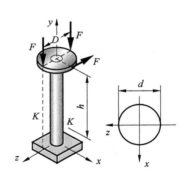

图 11.64 习题 11.20 图   图 11.65 习题 11.21 图

11.21 底部固支，上端自由直径为 d 的圆截面立柱，受到三个集中力 F 作用，如图 11.65 所示，材料许用应力为 $[\sigma]$，试：（1）计算 K-K 截面内力；（2）在图中标出距上端距离为 h 处 K-K 截面危险点的位置；（3）写出 K-K 截面上的危险点的应力；（4）建立该点强度条件（用第三强度理论）。

***11.22** 图 11.66 所示圆轴的直径 $d=40\text{mm}$，受轴向拉力 F 与力偶 M_e 作用，$\mu=0.23$，$E=2\times10^5\text{MPa}$，$[\sigma]=130\text{MPa}$。测得表面上点 K 处的线应变 $\varepsilon_{45°}=-1.46\times10^{-4}$，$\varepsilon_{135°}=4.46\times10^{-4}$。试用第三强度理论校核轴的强度，并计算力 F 与力偶 M_e。

***11.23** 如图 11.67 所示，两根直径为 d 的立柱，上端均与刚性顶板固接，下端均与固定的刚性底座固接，并在上端承受扭转外力偶矩 M_e。试分析杆和上下刚性板的受力情况，并写出强度条件的表达式。

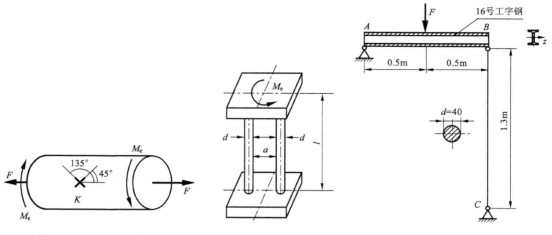

图 11.66　习题 11.22 图　　　图 11.67　习题 11.23 图　　　图 11.68　习题 11.24 图

11.24　图 11.68 所示结构,用 Q235 钢制成,$\sigma_p = 200$MPa,$\sigma_s = 235$MPa,$E = 200$GPa,AB 梁为 16 号工字钢,强度安全系数 $n=2$,BC 杆为直径 $d = 40$mm 圆钢,稳定安全系数 $[n_{st}] = 3$。试求该结构的许可荷载 $[F]$。

11.25　图 11.69 所示结构中,AB 和 AC 两杆均为圆截面等直杆,直径 $d = 100$mm,材料为 Q235 钢,$E = 200$GPa,$\sigma_p = 200$MPa,$\sigma_s = 235$MPa,稳定安全系数 $[n_{st}] = 3$。求此结构的许可荷载 $[F]$。

11.26　梁柱结构如图 11.70 所示,梁 AB 采用 16 号工字钢,立柱 CD 用两根 63mm×63mm×10mm 的角钢组成,材料均为 Q235 钢,已知强度安全系数 $n=1.4$,稳定安全系数 $[n_{st}] = 2$。试校核结构的强度和稳定性。已知 $E = 200$GPa,$\sigma_p = 200$MPa,$\sigma_s = 235$MPa。

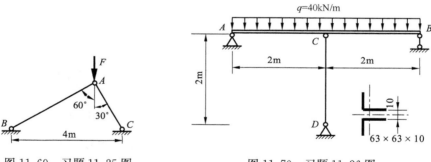

图 11.69　习题 11.25 图　　　　图 11.70　习题 11.26 图

11.27　某曲柄连杆滑块机构如图 11.71 所示,已知当连杆接近水平位置时,最大压力为 $F_P = 87$kN,连杆为矩形截面,其高宽比为 $h/b = 1.4$,杆长 $l = 0.8$m,材料为钢,许用应力 $[\sigma] = 180$MPa,比例极限 $\sigma_p = 340$MPa,屈服极限 $\sigma_s = 353$MPa,弹性模量 $E = 200$GPa。试设计连杆的截面尺寸 h 和 b。(中柔度杆稳定计算的经验公式中:$a = 577$MPa,$b = 3.75$MPa,稳定安全系数 $[n_{st}] = 3$)。

11.28　图 11.72 所示钢轴 AB 的直径 $d = 80$mm,轴上连有一相同直径的钢质圆杆 CD,钢材密度 $\rho = 7.95 \times 10^3$kg/m^3。若轴 AB 以匀角速度 $\omega = 40$rad/s 转动,已知材料的许用应力 $[\sigma] = 70$MPa,试校核杆 AB、CD 的强度。

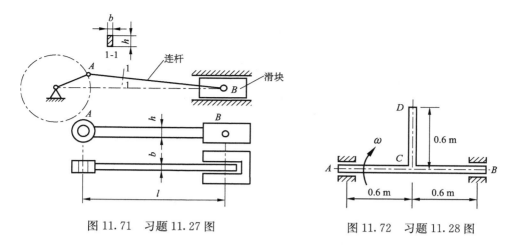

图 11.71　习题 11.27 图　　　　　　　图 11.72　习题 11.28 图

11.29　图 11.73 所示一长度为 l 的细长杆 AB，一端固定在铅垂轴 CD 上，另一端附有重量为 P 的重物。杆和重物在光滑的水平面上以匀角速度 ω 绕刚性轴 CD 转动，设杆的密度为 ρ，许用应力为 $[\sigma]$。试求杆 AB 所需的横截面面积（不考虑由杆重量所引起的弯曲影响）。

11.30　图 11.74 所示工字钢梁右端置于弹簧上，弹簧刚度 $k=0.8\text{kN/mm}$，梁的弹性模量 $E=200\text{GPa}$，$I_z=1130\times10^4\text{mm}^4$，$W_z=141\times10^3\text{mm}^3$，许用应力 $[\sigma]=160\text{MPa}$，重量为 P 的重物自由下落，试求许可下落高度 h。

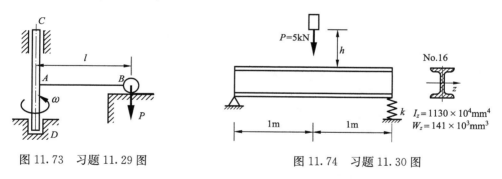

图 11.73　习题 11.29 图　　　　　　　图 11.74　习题 11.30 图

11.31　图 11.75 所示结构中弹簧在 1kN 的静荷载作用下缩短 0.5mm，方形截面钢杆边长 $a=40\text{mm}$，杆长 $l=4\text{m}$，许用应力 $[\sigma]=160\text{MPa}$，弹性模量 $E=200\text{GPa}$，现有 $P=16\text{kN}$ 的重物自由下落，冲击高度 $h=820\text{mm}$。试校核钢杆的冲击强度。

***11.32**　图 11.76 所示旋转圆轴 I-I 截面承受不变弯矩 $M=860\text{N}\cdot\text{m}$，已知材料的 $\sigma_b=520\text{MPa}$，$\sigma_{-1}=220\text{MPa}$。规定的安全因数 $n=1.4$，且 $\varepsilon_\sigma=0.82$，$\beta=0.95$，$K_\sigma=1.65$。试校核截面 I-I 的疲劳强度。

***11.33**　一钢轴受 800N·m 至 -800N·m 变化的交变扭矩作用，如图 11.77 所示。材料的 $\tau_{-1}=110\text{MPa}$，且 $K_\tau=1.28$，$\varepsilon_\tau=0.82$，$\beta=1$，工作安全因数 $n=2.0$。试校核轴的疲劳强度。

***11.34**　图 11.78 所示旋转轴上作用一不变的弯矩 $M=0.6\text{kN}\cdot\text{m}$，已知规定的安全因数 $n=1.9$，$\sigma_b=600\text{MPa}$，$\sigma_{-1}=250\text{MPa}$，且 $K_\sigma=1.41$，$\varepsilon_\sigma=0.82$，$\beta=0.94$。试校核轴的疲劳强度。

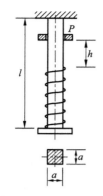

图 11.75　习题 11.31 图

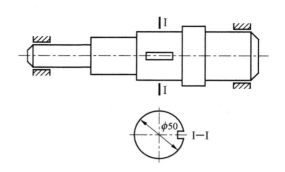

图 11.76　习题 11.32 图

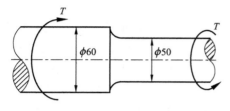

图 11.77　习题 11.33 图

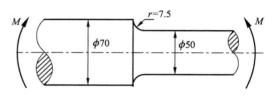

图 11.78　习题 11.34 图

*__11.35__　如图 11.79 所示,阶梯圆轴在不变弯矩 M 的作用下旋转。已知 $D=100\text{mm}$,$d=80\text{mm}$,$r=8\text{mm}$,材料的 $\sigma_b=800\text{MPa}$,$\sigma_{-1}=0.45\sigma_b$,且 $K_\sigma=1.62$,$\varepsilon_\sigma=0.64$,$\beta=1$,规定的安全因数 $n=2$,求许可弯矩值。

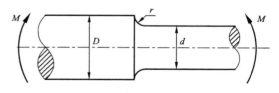

图 11.79　习题 11.35 图

__11.36__　某铣床工作台进给油缸如图 11.80 所示,缸内工作油压 $p=2\text{MPa}$,油缸内径 $d=75\text{mm}$,活塞杆直径 $d_0=18\text{mm}$,活塞杆和油缸材料的许用应力均为 $[\sigma]=50\text{MPa}$,油缸缸体和油缸盖用六个直径为 d_L 的螺栓连接。螺栓的许用应力 $[\sigma]_L=40\text{MPa}$,要求:

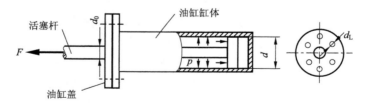

图 11.80　习题 11.36 图

(1) 校核活塞杆的强度;

(2) 按第四强度理论设计薄壁油缸的外径 D;

(3) 设计连接螺栓的直径 d_L。

__11.37__　材料实验的拉力机的结构示意图如图 11.81 所示,实验机拉杆 DC 和拉伸试样 AB 的材料均为低碳钢。已知 $\sigma_p=200\text{MPa}$,$\sigma_s=240\text{MPa}$,$\sigma_b=400\text{MPa}$,实验机的最大拉力为

100kN,要求:

（1）用该实验机做拉伸实验时,试样的直径最大可达多少?

（2）若设计时取实验机的工作安全系数 $n=2$,则实验机拉杆 DC 的横截面面积应取多少?

（3）若试样的直径 $d=10$mm,在测定试样材料的弹性模量 E 时。实验荷载最大不能超过何值。

11.38 由四块木板胶合而成的组合截面简支梁如图 11.82 所示,受三个集中力作用。已知材料的 $[\sigma]=10$MPa,$[\tau]=1.1$MPa,胶合缝的 $[\tau_j]=0.35$MPa,横截面对中性轴的惯性矩 $I_z=478.8 \times 10^6$ mm^4。试校核梁的强度。

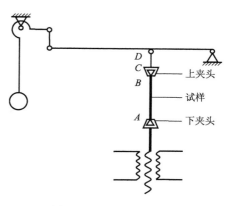

图 11.81 习题 11.37 图

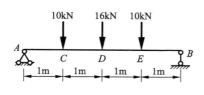

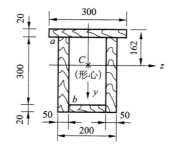

图 11.82 习题 11.38 图

11.39 变截面圆杆如图 11.83 所示,自由端 D 与固定支座 F 间有间隙 $\Delta=0.42$mm,受荷载 $F_1=40$kN,$F_2=25$kN 和 F_3 的作用。已知杆件的弹性模量 $E=200$GPa,$[\sigma]=160$MPa,线膨胀系数 $\alpha=1.0\times10^{-5}$℃$^{-1}$,长度 $l_1=l_2=300$mm,$l_3=400$mm。试求:

（1）设 AC 段和 CD 段杆的截面面积分别为 $A_1=250$mm^2,$A_2=100$mm^2,为使杆的水平

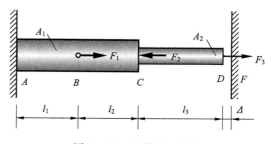

图 11.83 习题 11.39 图

位移不与固定支座 F 相接触。则 D 端所允许承受的 F_3 力最大为多少?

（2）若环境温度的变化量 $\Delta T=40$℃,$F_1=40$kN,$F_2=25$kN,$F_3=10$kN,且 $A_1:A_2=2.5:1$,设 $A_2=100$mm^2,试校核结构的强度。

11.40 由马达带动的钢轴,直径 $d=50$mm,马达转速 $n=1800$r/min,如图 11.84 所示。轴的材料的剪切屈服极限为 $\tau_s=690$MPa,工作安全系数 $n=10$,允许的单位扭转角 $[\theta]=1°$/m,试求马达允许传递的最大功率。已知 $G=80$GPa。

11.41 图 11.85 所示一端外伸的钢轴,在端部受力 $F_P=20$kN,材料的 $E=200$GPa,轴承 B 处的许用转角 $[\theta]=0.5°$。试设计轴的直径。

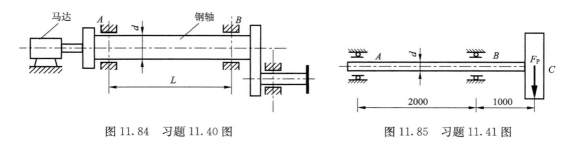

图 11.84　习题 11.40 图　　　　　　　　图 11.85　习题 11.41 图

*11.42　如图 11.86 所示,由两根槽钢组成的简支梁,受均布荷载作用。已知 $q=10\text{kN/m}$, $l=4\text{m}$,材料的 $[\sigma]=100\text{MPa}$, $E=200\text{GPa}$,梁的许用挠度 $[w]=l/1000$。试确定槽钢的型号。

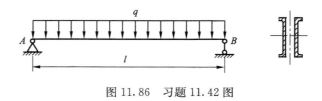

图 11.86　习题 11.42 图

11.43　如图 11.87 所示,由两根槽钢组成的简支梁,受四个集中荷载作用。已知 $F_1=110\text{kN}$, $F_2=30\text{kN}$, $F_3=40\text{kN}$, $F_4=12\text{kN}$,材料的 $[\sigma]=170\text{MPa}$, $[\tau]=100\text{MPa}$, $E=210\text{GPa}$,梁的许可挠度 $[w]=5\text{mm}$。试确定槽钢的型号。

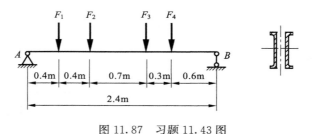

图 11.87　习题 11.43 图

11.44　图 11.88 所示木梁的右端由钢拉杆支承。已知木梁的横截面为边长等于 0.20m 的正方形, $q=40\text{kN/m}$, $E_1=10\text{GPa}$;钢拉杆的横截面面积 $A_2=250\text{mm}^2$, $E_2=210\text{GPa}$。设结构最大的允许位移 $[w]=8\text{mm}$,试校核结构的刚度。

11.45　图 11.89 所示起重滑轮支架,由两根直径为 $d=10\text{mm}$ 的钢杆 AB 和两根边长为 $a=30\text{mm}$ 的方形截面的木杆 AC 组成,四根杆的长度均为 $l=1\text{m}$。已知钢杆的许用应力 $[\sigma]_s=160\text{MPa}$,弹性模量 $E_s=200\text{GPa}$,木杆为大柔度细长杆,其抗拉和抗压许用应力分别为 $[\sigma_t]_w=8\text{MPa}$, $[\sigma_c]_w=12\text{MPa}$,弹性模量 $E_w=10\text{GPa}$。支架 A 点的许可垂直位移 $[\Delta]_A=2\text{mm}$,压杆的稳定安全系数 $[n_{st}]=4$,试确定该起重滑轮支架的许可起重量 $[W]$。

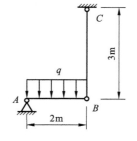

图 11.88　习题 11.44 图

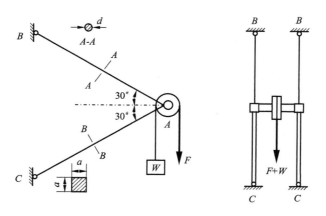

图 11.89　习题 11.45 图

11.46　图 11.90 所示由杆系和梁组成的混合结构,杆和梁均由 Q235 钢制成,弹性模量 $E=200\text{GPa}$,杆 BC 和杆 BD 的直径均为 $d=50\text{mm}$ 的圆截面杆,梁 AB 为 10 号工字钢,其弯曲刚度 $EI=490\text{kN}\cdot\text{m}^2$,结构尺寸 $a=1\text{m}$,今有一重量为 $P=8\text{kN}$ 的物体,自高度 $h=10\text{mm}$ 处自由下落冲击到梁的中点 K 处。已知 Q235 钢的 $\lambda_\text{p}=100$,$[\sigma]=170\text{MPa}$;杆 BC 的稳定安全因数 $n_\text{st}=2$。试校核结构的安全性。

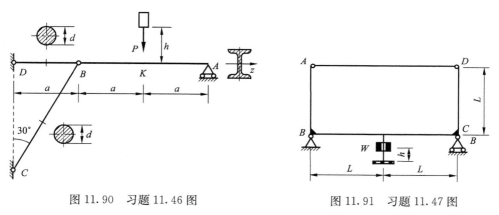

图 11.90　习题 11.46 图　　　　　　　図 11.91　习题 11.47 图

11.47　如图 11.91 所示,刚架 $ABCD$ 顶部两端铰接一根圆截面杆 AD,直径为 d,两者材料相同,弹性模量均为 E。刚架的抗弯刚度为 EI。在刚架底端中点处,悬有一不计变形的刚性杆及刚性托盘。托盘上方 $h=1\text{cm}$ 处,有一重为 $W=8\text{kN}$ 的物体由静止释放。已知 $I=\dfrac{\pi d^2 l^2}{24}$,$d=0.02\text{m}$,$l=0.2\text{m}$,$E=200\text{GPa}$,$\sigma_\text{p}=200\text{MPa}$,$\sigma_\text{s}=240\text{MPa}$,$a=304\text{MPa}$,$b=1.12\text{MPa}$,$[n_\text{st}]=2$,$[\sigma]=170\text{MPa}$,试校核结构的安全性。

附录 A 截面的几何性质

杆件的强度、刚度和稳定性与杆件横截面的几何性质密切相关。杆件在拉伸与压缩时,强度、刚度与其横截面的面积 A 有关;杆件在扭转变形时,强度、刚度与横截面图形的极惯性矩 I_P 有关;在弯曲问题中,杆件的强度、刚度和稳定性还与杆件截面图形的静矩、惯性矩和惯性积等有关。

A.1 静矩和形心的位置

任意形状的截面如图 A.1 所示,其截面面积为 A,y 轴和 z 轴为截面所在平面内的坐标轴。在截面中坐标为 (y,z) 处取一面积元素 $\mathrm{d}A$,则 $y\mathrm{d}A$ 和 $z\mathrm{d}A$ 分别称为该面积 $\mathrm{d}A$ 对于 z 轴和 y 轴的**静矩**,静矩也称作**面积矩**或**截面一次矩**。整个截面对 z 轴和 y 轴的静矩用以下两积分表示

$$S_z = \int_A y\mathrm{d}A, \quad S_y = \int_A z\mathrm{d}A \tag{A.1}$$

此积分应遍及整个截面的面积 A。

截面的静矩是对于一定的轴而言的,同一截面对于不同的坐标轴其静矩是不同的。静矩可能为正值或负值,也可能等于零,其常用的单位为 m^3 或 mm^3。

如果图 A.1 是一厚度很小的均质薄板,则此均质薄板的重心与该薄板平面图形的形心具有相同的坐标 y_C 和 z_C,由力矩定理可知,均质等厚薄板重心的坐标 y_C 和 z_C 分别是

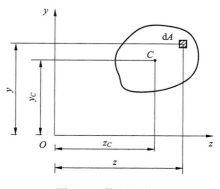

图 A.1 静矩和形心

$$y_C = \frac{\int_A y\mathrm{d}A}{A}, \quad z_C = \frac{\int_A z\mathrm{d}A}{A} \tag{A.2}$$

这也是确定该薄板平面图形的形心坐标的公式。由于上式中的 $\int_A y\mathrm{d}A$ 和 $\int_A z\mathrm{d}A$ 就是截面的静矩,于是可将上式改写成为

$$y_C = \frac{S_z}{A}, \quad z_C = \frac{S_y}{A} \tag{A.3}$$

因此,在知道截面对于 z 轴和 y 轴的静矩以后,即可求得截面形心的坐标。若将上式写为

$$S_z = Ay_C, \quad S_y = Az_C \tag{A.4}$$

则在已知截面的面积 A 和截面形心的坐标 y_C, z_C 时,就可求得该截面对于 z 轴和 y 轴的静矩。

由式(A.4)可见,若截面对于某一轴的静矩等于零,则该轴必通过截面的形心;反之,截面对于通过其形心的轴的静矩恒等于零。

当截面由若干简单图形例如矩形、圆形或三角形等组成时,由于简单图形的面积及其形心位置均为已知,而且,从静矩的定义可知,截面各组成部分对于某一轴的静矩的代数和,就等于该截面对于同一轴的静矩,于是,得整个截面的静矩为

$$S_z = \sum_{i=1}^n A_i y_{Ci}, \qquad S_y = \sum_{i=1}^n A_i z_{Ci} \qquad (A.5)$$

式中,A_i 和 y_{Ci}、z_{Ci} 分别代表任一简单图形的面积及其形心的坐标;n 为组成截面的简单图形的个数。

若将按式(A.5)求得的 S_z 和 S_y 代入式(A.2),可得计算组合截面形心坐标的公式为

$$y_C = \frac{\sum_{i=1}^n A_i y_{Ci}}{\sum_{i=1}^n A_i}, \qquad z_C = \frac{\sum_{i=1}^n A_i z_{Ci}}{\sum_{i=1}^n A_i} \qquad (A.6)$$

【例 A.1】 试计算图 A.2 所示三角形截面对于与其底边重合的 z 轴的静矩。

解:取平行于 z 轴的狭长条(图 A.2)作为面积元素,因其上各点到 z 轴的距离 y 相同,故 $dA = b(y)dy$。由相似三角形关系,可知 $b(y) = \dfrac{b}{h}(h-y)$,因此有 $dA = \dfrac{b}{h}(h-y)dy$。将其代入式(A.2),即得

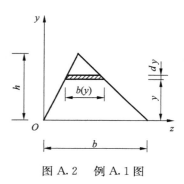

图 A.2 例 A.1 图

$$S_z = \int_A y dA = \int_0^h \frac{b}{h}(h-y)ydy$$
$$= b\int_0^h ydy - \frac{b}{h}\int_0^h y^2 dy = \frac{bh^2}{6}$$

【例 A.2】 试计算图 A.3 所示 T 型截面的形心位置。

解:由于 T 型截面关于 y 轴对称,形心必在 y 轴上,因此 $z_C = 0$,只需计算 y_C。T 型截面可看作由矩形 I 和矩形 II 组成,C_I 和 C_{II} 分别为两矩形的形心。两矩形的截面面积和形心纵坐标分别为

$$A_I = A_{II} = 20\text{mm} \times 60\text{mm} = 1200\text{mm}^2$$
$$y_{C_I} = 10\text{mm}, \quad y_{C_{II}} = 50\text{mm}$$

由式(A.6)得

$$y_C = \frac{\sum A_i y_{C_i}}{\sum A_i} = \frac{A_I y_{C_I} + A_{II} y_{C_{II}}}{A_I + A_{II}}$$
$$= \frac{1200\text{mm}^2 \times 10\text{mm} + 1200\text{mm}^2 \times 50\text{mm}}{1200\text{mm}^2 + 1200\text{mm}^2} = 30\text{mm}$$

【例 A.3】 求图 A.4 所示半径为 r 的半圆形心位置。

解:取图示参考坐标轴 Oyz,由于 z 轴是半圆的对称轴,形心 C 一定位于 z 轴上,因此只需确定形心的纵坐标 z_C。

取平行半圆底边(y 轴)的窄条为微面积 $dA = b(z)dz$。根据半圆方程 $y^2 + z^2 = r^2$,得 $b(z) = 2y = 2\sqrt{r^2 - z^2}$,于是得微面积 dA 对 y 轴的静矩为 $dS_y = zdA = 2z\sqrt{r^2 - z^2}dz$,而半圆面积

$A = \dfrac{\pi r^2}{2}$，由式（A.6），得

$$z_C = \frac{S_y}{A} = \frac{\displaystyle\int_0^r 2z\,\sqrt{r^2 - z^2}\,\mathrm{d}z}{\pi r^2/2} = \frac{\dfrac{2}{3}r^3}{\pi r^2/2} = \frac{4r}{3\pi}$$

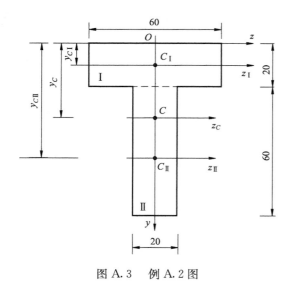

图 A.3　例 A.2 图

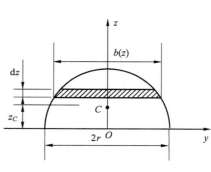

图 A.4　例 A.3 图

A.2　惯性矩、极惯性矩、惯性积、惯性半径

设一面积为 A 的任意形状截面如图 A.5 所示。从截面中取一微面积 $\mathrm{d}A$，则 $\mathrm{d}A$ 与其至 z 轴或 y 轴距离平方的乘积 $y^2\,\mathrm{d}A$ 或 $z^2\,\mathrm{d}A$ 分别称为该面积元素对 z 轴或 y 轴的**惯性矩**或**截面二次轴矩**。而以下两积分

$$I_z = \int_A y^2\,\mathrm{d}A, \quad I_y = \int_A z^2\,\mathrm{d}A \tag{A.7}$$

则分别定义为整个截面对于 z 轴或 y 轴的惯性矩。上述积分应遍及整个截面面积 A。

微面积 $\mathrm{d}A$ 与其至坐标原点距离平方的乘积 $\rho^2\,\mathrm{d}A$，称为该微面积对 O 点的极惯性矩。而以下积分

$$I_\mathrm{P} = \int_A \rho^2\,\mathrm{d}A \tag{A.8}$$

则定义为整个截面对于 O 点的**极惯性矩**或**截面二次极矩**。同样，上述积分应遍及整个截面面积 A。显然，惯性矩和极惯性矩的数值均恒为正值，其单位为 m^4 或 mm^4。

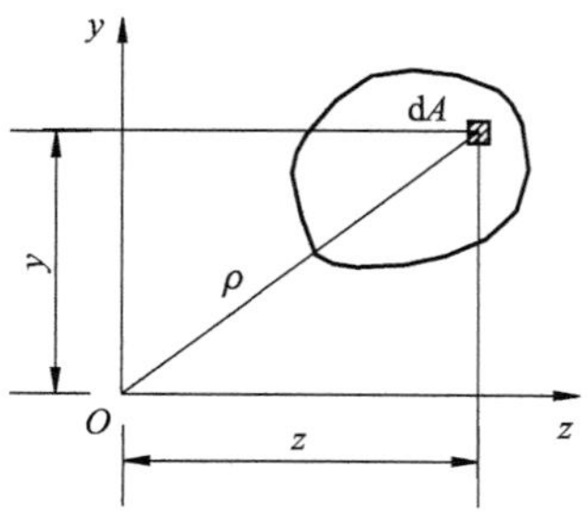

由图 A.5 可见，$\rho^2 = y^2 + z^2$，故有

图 A.5　惯性矩和极惯性矩

$$I_\mathrm{P} = \int_A \rho^2\,\mathrm{d}A = \int_A (y^2 + z^2)\,\mathrm{d}A = I_z + I_y \tag{A.9}$$

即任意截面对一点的极惯性矩的数值，等于截面以该点为原点的任意两正交坐标轴的惯性矩之和。

微面积 $\mathrm{d}A$ 与其分别至 z 轴和 y 轴距离的乘积 $yz\,\mathrm{d}A$，称为该微面积对于两坐标轴的惯性积。而将以下积分

$$I_{yz} = \int_A yz\,\mathrm{d}A \tag{A.10}$$

定义为整个截面对于 z、y 两坐标轴的**惯性积**，其积分也应遍及整个截面的面积。

从上述定义可见，同一截面对于不同坐标轴的惯性矩或惯性积一般是不同的。惯性矩的数值恒为正值，而惯性积则可能为正值或负值，也可能等于零。若 z、y 两坐标轴中有一为截面的对称轴，则其惯性积 I_{yz} 恒等于零。如图 A.6 所示，图中 y 轴是对称轴，在对称轴的两侧是处于对称位置的两微面积 $\mathrm{d}A$，这两个微面积对 y 轴和 z 轴的惯性积正、负号相反，而数值相等，其和为零，所以整个截面对 y 轴和 z 轴的惯性积必等于零。惯性积的单位与惯性矩的单位相同，也为 m^4 或 mm^4。

在某些应用中，将惯性矩除以面积 A，再开方，定义为**惯性半径**，用 i 表示，其单位为 m 或 mm。所以对 z 轴和 y 轴的惯性半径分别表示为

$$i_z = \sqrt{\frac{I_z}{A}}, \quad i_y = \sqrt{\frac{I_y}{A}} \tag{A.11}$$

【例 A.4】　试计算图 A.7 所示矩形截面对于其对称轴（即形心轴）z 和 y 的惯性矩 I_z 和 I_y，及其惯性积 I_{yz}。

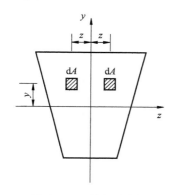

图 A.6　y 轴是对称轴
时 I_{yz} 恒等于零

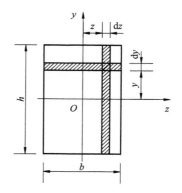

图 A.7　例 A.4 图

解：取平行于 z 轴的狭长条作为面积元素 $\mathrm{d}A$，则 $\mathrm{d}A = b\mathrm{d}y$，根据式（A.7）的第一式，可得

$$I_z = \int_A y^2\,\mathrm{d}A = \int_{-\frac{h}{2}}^{\frac{h}{2}} by^2\,\mathrm{d}y = \frac{bh^3}{12}$$

同理，在计算对 y 的惯性矩 I_y 时，取平行于 y 轴的狭长条作为面积元素 $\mathrm{d}A$，则 $\mathrm{d}A = h\mathrm{d}z$，根据式（A.7）的第二式，可得

$$I_y = \int_A z^2\,\mathrm{d}A = \int_{-\frac{b}{2}}^{\frac{b}{2}} hz^2\,\mathrm{d}z = \frac{b^3 h}{12}$$

因为 z 轴（或 y 轴）为对称轴，故惯性积

$$I_{yz} = 0$$

【例 A.5】　试计算图 A.8 所示圆形截面对 O 点的极惯性矩 I_{P} 和对于其形心轴（即直径轴）的惯性矩 I_y 和 I_z。

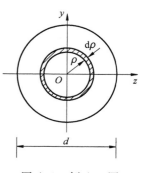

图 A.8　例 A.5 图

解：以圆心为原点，选坐标轴 z、y 如图 A.5 所示。在离圆心 O 距离为 ρ 处，取厚度为 $\mathrm{d}\rho$ 的圆环作为面积元素 $\mathrm{d}A$，即 $\mathrm{d}A = 2\pi\rho\mathrm{d}\rho$，故

$$I_P = \int_A \rho^2\,\mathrm{d}A = \int_0^{\frac{d}{2}} \rho^2 (2\pi\rho\mathrm{d}\rho) = \frac{\pi d^4}{32}$$

由于圆截面对任意方向的直径轴都是对称的，故

$$I_y = I_z$$

于是，利用公式 $I_P = I_z + I_y$，并将 $I_P = \dfrac{\pi d^4}{32}$ 代入，得

$$I_y = I_z = \frac{I_P}{2} = \frac{\pi d^4}{64}$$

由此可知，对于矩形和圆形截面，由于 z、y 两轴都是截面的对称轴，故其惯性积 I_{yz} 均等于零。

A.3　惯性矩和惯性积的平行移轴公式·组合截面的惯性矩和惯性积

A.3.1　惯性矩和惯性积的平行移轴公式

设一面积为 A 的任意形状截面如图 A.9 所示。截面对任意的 z、y 两坐标轴的惯性矩和惯性积分别为 I_z、I_y 和 I_{yz}。另外，通过截面的形心 C 有分别与 z、y 两轴平行的 z_C、y_C 轴，称为形心轴。截面对于形心轴的惯性矩和惯性积分别为 I_{z_C}、I_{y_C} 和 $I_{y_C z_C}$。

由图 A.9 可见，截面上任一微面积 $\mathrm{d}A$ 在两坐标系内的坐标 (y, z) 和 (y_C, z_C) 之间的关系为

$$y = y_C + a, \quad z = z_C + b \tag{a}$$

式中，a、b 是截面形心在 Oyz 坐标系内的坐标值。将式（a）中的 y 代入式（A.7）中的第一式，经展开并逐项积分后，可得

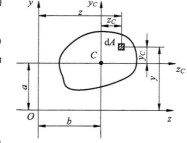

图 A.9　平行移轴公式

$$\begin{aligned}I_z &= \int_A y^2\,\mathrm{d}A = \int_A (y_C + a)^2\,\mathrm{d}A\\&= \int_A y_C^2\,\mathrm{d}A + 2a\int_A y_C\,\mathrm{d}A + a^2\int_A \mathrm{d}A\end{aligned} \tag{b}$$

根据惯性矩和静矩的定义，上式右端的各项积分分别为

$$\int_A y_C^2\,\mathrm{d}A = I_{z_C}, \quad \int_A y_C\,\mathrm{d}A = S_{z_C}, \quad \int_A \mathrm{d}A = A$$

其中，S_{z_C} 为截面对 z_C 轴的静距，但由于 z_C 轴通过截面形心 C，因此 S_{z_C} 等于零。于是，式（b）可写作

$$I_z = I_{z_C} + a^2 A \tag{A.12a}$$

同理

$$I_y = I_{y_C} + b^2 A \tag{A.12b}$$

$$I_{yz} = I_{y_C z_C} + abA \tag{A.12c}$$

注意，上式中的 a、b 两坐标值有正负号，可由截面形心 C 所在的象限来确定。

式（A.12）称为惯性矩和惯性积的**平行移轴公式**。应用上式即可根据截面对于形心轴

的惯性矩或惯性积,计算截面对于与形心轴平行的坐标轴的惯性矩或惯性积,或进行相反的运算。

A. 3. 2　组合截面的惯性矩和惯性积

在工程中常遇到组合截面。根据惯性矩和惯性积的定义可知,组合截面对某坐标轴的惯性矩(或惯性积)就等于其各组成部分对同一坐标轴的惯性矩(或惯性积)之和。若截面是由 n 个部分组成,则组合截面对 y、z 两轴的惯性矩和惯性积分别为

$$I_y = \sum_{i=1}^{n} I_{yi}, \quad I_z = \sum_{i=1}^{n} I_{zi}, \quad I_{yz} = \sum_{i=1}^{n} I_{yzi} \tag{A.13}$$

式中,I_{zi}、I_{yi} 和 I_{xyi} 分别为组合截面中组成部分 i 对 x、y 两轴的惯性矩和惯性积。

【例 A. 6】　试计算例 A. 2 中图 A. 3 所示截面对于其形心轴 z_C 的惯性矩 I_{z_C}。

解:由例 A. 2 的结果可知,截面的形心坐标 y_C 和 z_C 分别为

$$z_C = 0$$
$$y_C = 30\text{mm}$$

然后用平行移轴公式,分别求出矩形 Ⅰ 和 Ⅱ 对 z_C 轴的惯性矩 $I_{z_C}^{\text{I}}$ 和 $I_{z_C}^{\text{II}}$,最后相加,即得整个截面的惯性矩 I_{z_C}。

$$I_{z_C}^{\text{I}} = \left[\frac{1}{12} \times 60 \times 20^3 + (30-10)^2 \times 60 \times 20 \right] \text{mm}^4 = 52 \times 10^4 \text{mm}^4$$

$$I_{z_C}^{\text{II}} = \left[\frac{1}{12} \times 20 \times 60^3 + (50-30)^2 \times 20 \times 60 \right] \text{mm}^4 = 84 \times 10^4 \text{mm}^4$$

整个截面的惯性矩 I_{z_C} 为

$$I_{z_C} = I_{z_C}^{\text{I}} + I_{z_C}^{\text{II}} = (52+84) \times 10^4 \text{mm}^4 = 136 \times 10^4 \text{mm}^4$$

【例 A. 7】　图 A. 10 示截面由一个 25c 号槽钢截面和两个 90mm× 90mm×12mm 角钢截面组成。试求组合截面分别对形心轴 y 和 z 的惯性矩 I_y 和 I_z。

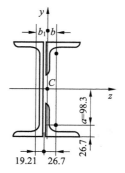

图 A. 10　例 A. 7 图

解:(1)型钢截面的几何性质。

由附录型钢表 B. 3 查得 25c 号槽钢截面

$A = 44.92 \times 10^2 \text{mm}$, $I_{z_C} = 3690 \times 10^4 \text{mm}^4$, $I_{y_C} = 218 \times 10^4 \text{mm}^4$

由附录型钢表 B. 1 查得 90mm×90mm×12mm 角钢截面

$A = 20.306 \times 10^2 \text{mm}$, $I_{z_C} = I_{y_C} = 149.22 \times 10^4 \text{mm}^4$

(2)组合截面的形心位置。

如图 A. 10 所示,为便于计算,以两角钢截面的形心连线作为参考轴,则组合截面形心 C 离该轴的距离 b 为

$$\bar{z} = \frac{\sum A_i \bar{z_i}}{\sum A_i} = \frac{2 \times (2030.6\text{mm}^2) \times 0 + (4492\text{mm}^2) \times [-(19.21\text{mm}+26.7\text{mm})]}{2 \times (2030.6\text{mm}^2) + 4492\text{mm}^2}$$

$$= -24.1\text{mm}$$

由此得 $b = |\bar{z}| = 24.1\text{mm}$

(3) 组合截面的惯性矩。

按平行移轴公式(A. 12),分别计算槽钢截面和角钢截面对于 y 轴和 z 轴的惯性矩。

槽钢截面：

$I_{z1} = I_{z_C} + a_1^2 A = 3690 \times 10^4 \text{mm}^4 + 0 = 3690 \times 10^4 \text{mm}^4$

$I_{y1} = I_{y_C} + b_1^2 A = 218 \times 10^4 \text{mm}^4 + (19.21\text{mm} + 26.7\text{mm} - 24.1\text{mm})^2 \times 4492\text{mm}^2$

$\qquad = 431 \times 10^4 \text{mm}^4$

角钢截面：

$I_{z2} = I_{z_C} + a^2 A = 149.22 \times 10^4 \text{mm}^4 + (98.3\text{mm})^2 \times 2030.6\text{mm}^2 = 2110 \times 10^4 \text{mm}^4$

$I_{y2} = I_{y_C} + b^2 A = 149.22 \times 10^4 \text{mm}^4 + (24.1\text{mm})^2 \times 2030.6\text{mm}^2 = 267 \times 10^4 \text{mm}^4$

按式(A.13)，可得组合截面的惯性矩为

$I_z = 3690 \times 10^4 \text{mm}^4 + 2 \times (2110 \times 10^4 \text{mm}^4) = 7910 \times 10^4 \text{mm}^4$

$I_y = 431 \times 10^4 \text{mm}^4 + 2 \times (267 \times 10^4 \text{mm}^4) = 965 \times 10^4 \text{mm}^4$

A.4　惯性矩和惯性积的转轴公式·主惯性轴和主惯性矩

A.4.1　惯性矩和惯性积的转轴公式

设一面积为 A 的任意形状截面如图 A.11 所示。截面对于通过其上任意一点 O 的两坐标轴 z、y 的惯性矩和惯性积已知为 I_z、I_y 和 I_{yz}。若坐标轴 z、y 绕 O 点旋转 α 角（α 角以逆时针向旋转为正）至 z_1、y_1 位置，则该截面对于新坐标轴 z_1、y_1 的惯性矩和惯性积分别为 I_{z_1}、I_{y_1} 和 $I_{y_1 z_1}$。

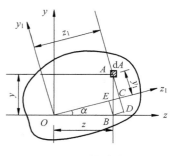

图 A.11　转轴公式

由图 A.11 可见，截面上任一微面积 dA 在新、老两坐标系内的坐标 (y_1, z_1) 和 (y, z) 之间的关系为

$$y_1 = \overline{AC} = \overline{AD} - \overline{EB} = y\cos\alpha - z\sin\alpha$$
$$z_1 = \overline{OC} = \overline{OE} + \overline{BD} = z\cos\alpha + y\sin\alpha$$

将 y_1 代入式(A.7)中的第一式，经过展开并逐项积分后，即得该截面对于坐标轴 z_1 的惯性矩 I_{z_1} 为

$$I_{z_1} = \cos^2\alpha \int_A y^2 \, dA + \sin^2\alpha \int_A z^2 \, dA - 2\sin\alpha\cos\alpha \int_A yz \, dA \qquad \text{(a)}$$

根据惯性矩和静矩的定义，上式右端的各项积分分别为

$$\int_A y^2 \, dA = I_z, \quad \int_A z^2 \, dA = I_y, \quad \int_A yz \, dA = I_{yz}$$

将其代入式(a)并改用二倍角函数的关系，即得

$$I_{z_1} = \frac{I_z + I_y}{2} + \frac{I_z - I_y}{2}\cos 2\alpha - I_{yz}\sin 2\alpha \qquad \text{(A.14a)}$$

同理

$$I_{y_1} = \frac{I_z + I_y}{2} - \frac{I_z - I_y}{2}\cos 2\alpha + I_{yz}\sin 2\alpha \qquad \text{(A.14b)}$$

$$I_{y_1 z_1} = \frac{I_z - I_y}{2}\sin 2\alpha + I_{yz}\cos 2\alpha \qquad \text{(A.14c)}$$

以上三式就是惯性矩和惯性积的**转轴公式**。

将式(A. 14a)和(A. 14b)中的 I_{z_1} 和 I_{y_1} 相加,可得

$$I_{z_1} + I_{y_1} = I_z + I_y \tag{b}$$

上式表明,截面对于通过同一点的任意一对相互垂直的坐标轴的两惯性矩之和为一常数,并等于截面对该坐标原点的极惯性矩(见式 A. 9)。

利用惯性矩和惯性积的转轴公式可以计算截面的主惯性轴和主惯性矩。

A. 4. 2　主惯性轴和主惯性矩

由式(A. 14c)可知,当坐标轴旋转时,惯性积 $I_{y_1 z_1}$ 将随着 α 角作周期性变化,并且有正有负。因此,必有一特定角度 α_0,使截面对于新坐标轴 y_0、z_0 的惯性积等于零。若截面对某一对坐标轴的惯性积等于零,则称该对坐标轴为**主惯性轴**。截面对于主惯性轴的惯性矩,称为**主惯性矩**。通过截面形心的主惯性轴,称为**形心主惯性轴**。截面对于形心主惯性轴的惯性矩,称为**形心主惯性矩**。杆件横截面上的形心主惯性轴与杆件轴线所确定的平面,称为**形心主惯性平面**。

为确定主惯性轴位置,设 α_0 角为主惯性轴与原坐标轴之间的夹角(参阅图 A. 11),将 α_0 角代入惯性积的转轴公式(A. 14c)并令其等于零,即

$$\frac{I_z - I_y}{2} \sin 2\alpha_0 + I_{yz} \cos 2\alpha_0 = 0$$

上式可改写成为

$$\tan 2\alpha_0 = -\frac{2I_{yz}}{I_z - I_y} \tag{A. 15}$$

由上式可求出两个角度 α_0 和 $\alpha_0 + 90°$ 的数值,从而确定两主惯性轴 z_0 和 y_0 的位置。

将由式(A. 15)所得的 α_0 值代入式(A. 14a)和(A. 14b),可求出截面的主惯性矩的数值。为计算方便,下面导出直接计算主惯性矩数值的公式。将公式(A. 15)变形,可得

$$\cos 2\alpha_0 = \frac{1}{\sqrt{1 + \tan^2 2\alpha_0}} = \frac{I_z - I_y}{\sqrt{(I_z - I_y)^2 + 4I_{yz}^2}} \tag{a}$$

$$\sin 2\alpha_0 = \frac{\tan 2\alpha_0}{\sqrt{1 + \tan^2 2\alpha_0}} = \frac{-2I_{yz}}{\sqrt{(I_z - I_y)^2 + 4I_{yz}^2}} \tag{b}$$

将以上两式代入式(A. 14a)和(A. 14b),经简化后即得**主惯性矩的计算公式**

$$\begin{cases} I_{z_0} = \dfrac{I_z + I_y}{2} + \dfrac{1}{2}\sqrt{(I_z - I_y)^2 + 4I_{yz}^2} \\ I_{y_0} = \dfrac{I_z + I_y}{2} - \dfrac{1}{2}\sqrt{(I_z - I_y)^2 + 4I_{yz}^2} \end{cases} \tag{A. 16}$$

另外,由惯性矩的表达式也可导出上述主惯性矩的计算公式。由式(A. 14a)和(A. 14b)可见,惯性矩 I_{z_1} 和 I_{y_1} 都是 α 角的正弦和余弦函数,而 α 角可在 0° 到 360° 的范围内变化,故 I_{z_1} 和 I_{y_1} 必然有极值。由于截面对通过同一点的任意一对相互垂直的坐标轴的两惯性矩之和为一常数,因此,此两惯性矩中的一个将为极大值,另一个则为极小值。故将式(A. 14a)和(A. 14b)对 α 求导,且使其等于零,即

$$\frac{\mathrm{d}I_{z_1}}{\mathrm{d}\alpha} = 0 \quad \text{和} \quad \frac{\mathrm{d}I_{y_1}}{\mathrm{d}\alpha} = 0$$

由此解得的使惯性矩取得极值的坐标轴位置的表达式与式(A. 15)完全一致。从而可知,截面

对于通过任一点的主惯性轴的主惯性矩之值,也就是通过该点所有轴的惯性矩中的极大值 I_{max} 和极小值 I_{min}。从式(A.16)可见,I_{z_0} 就是 I_{max},而 I_{y_0} 则为 I_{min}。

式(A.15)和式(A.16)也可用于确定形心主惯性轴的位置和用于形心主惯性矩的计算,但此时式中的 I_z、I_y 和 I_{yz} 应为截面对于通过其形心的某一对轴的惯性矩和惯性积。

若通过截面形心的一对坐标轴中有一个为对称轴(如 T 形、槽形截面),则该对称轴就是形心主惯性轴。对于这种具有对称轴的组合截面,则包括此轴在内的一对互相垂直的形心轴就是形心主惯性轴。此时,只需利用移轴公式(A.12)即可求得截面的形心主惯性矩。

对于无对称轴的组合截面,必须首先确定其形心的位置,然后通过该形心选择一对便于计算惯性矩和惯性积的坐标轴,算出组合截面对于这一对坐标轴的惯性矩和惯性积。将结果代入式(A.15)和式(A.16),即可确定表示形心主惯性轴位置的角度 α_0 和形心主惯性矩的数值。

若组合截面具有对称轴,则包含对称轴的一对互相垂直的形心轴就是形心主惯性轴。此时,利用式(A.12)和式(A.13),即可得截面的形心主惯性矩。

例如 Z 形和 L 形截面,其形心主惯性轴的方位角 α_0 可由公式(A.15)求出,其形心主惯性矩的数值可由式(A.16)求出。Z 形和 L 形截面的形心主惯性轴大致位置见图 A.12。

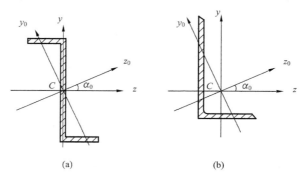

(a)　　　　　　　　　　(b)

图 A.12　Z 形和 L 形截面的形心主惯性轴的位置

表 A.1 中为常见截面的几何性质,供读者使用时查询。

表 A.1　常用截面的几何性质

	截面形状	形心位置	惯性矩
1		截面中心	$I_z = \dfrac{bh^3}{12}$
2		截面中心	$I_z = \dfrac{bh^3}{12}$

	截面形状	形心位置	惯性矩
3		$y_C = \dfrac{h}{3}$	$I_z = \dfrac{bh^3}{36}$
4		$y_C = \dfrac{h(2a+b)}{3(a+b)}$	$I_z = \dfrac{h^3(a^2+4ab+b^2)}{36(a+b)}$
5		圆心处	$I_z = \dfrac{\pi d^4}{64}$
6		圆心处	$I_z = \dfrac{\pi(D^4-d^4)}{64} = \dfrac{\pi D^4}{64}(1-\alpha^4)$ $\alpha = d/D$
7		圆心处	$I_z = \pi R_0^3 \delta$
8		$y_C = \dfrac{4R}{3\pi}$	$I_z = \dfrac{(9\pi^2-64)R^4}{72\pi} = 0.109\,8R^4$
9		$y_C = \dfrac{2R\sin\alpha}{3\alpha}$	$I_z = \dfrac{R^4}{4}\left(\alpha + \sin\alpha\cos\alpha - \dfrac{16\sin^2\alpha}{9\alpha}\right)$
10		椭圆中心	$I_z = \dfrac{\pi ab^3}{4}$

【例A.8】 试确定图 A.13 所示图形的形心主惯性轴的位置，并计算形心主惯性矩。

解: 把图形看作由 I、II、III 三个矩形所组成。选取通过矩形 II 形心的水平轴及铅垂轴作为 y 轴和 z 轴。

矩形 I 的形心坐标为 $(-35,74.5)$mm;

矩形 II 的形心坐标为 $(0,0)$mm;

矩形 III 的形心坐标为 $(35,-74.5)$mm。

故矩形 I、III 组合图形的形心与矩形 II 的形心重合在坐标原点 C。

利用平行移轴公式分别求出各矩形对 y 轴和 z 轴的惯性矩和惯性积。

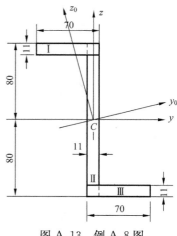

图 A.13　例 A.8 图

矩形 I:

$$I_y^{\mathrm{I}}=I_{y_C}^{\mathrm{I}}+a_1^2A_1=\frac{1}{12}\times0.059\times0.011^3\mathrm{m}^4+0.0745^2\times0.011\times0.059\mathrm{m}^4=3.607\times10^{-6}\mathrm{m}^4$$

$$I_z^{\mathrm{I}}=I_{z_C}^{\mathrm{I}}+b_1^2A_1=\frac{1}{12}\times0.011\times0.059^3\mathrm{m}^4+(-0.035)^2\times0.011\times0.059\mathrm{m}^4=0.982\times10^{-6}\mathrm{m}^4$$

$$I_{yz}^{\mathrm{I}}=I_{y_Cz_C}^{\mathrm{I}}+a_1b_1A_1=0+0.0745\times(-0.035)\times0.011\times0.059\mathrm{m}^4=-1.69\times10^{-6}\mathrm{m}^4$$

矩形 II:

$$I_y^{\mathrm{II}}=\frac{1}{12}\times0.011\times0.16^3\mathrm{m}^4=3.607\times10^{-6}\mathrm{m}^4$$

$$I_z^{\mathrm{II}}=\frac{1}{12}\times0.16\times0.011^3\mathrm{m}^4=0.0178\times10^{-6}\mathrm{m}^4$$

$$I_{yz}^{\mathrm{II}}=0$$

矩形 III:

$$I_y^{\mathrm{III}}=I_{y_C}^{\mathrm{III}}+a_3^2A_3=\frac{1}{12}\times0.059\times0.011^3\mathrm{m}^4+(-0.0745)^2\times0.011\times0.059\mathrm{m}^4=3.607\times10^{-6}\mathrm{m}^4$$

$$I_z^{\mathrm{III}}=I_{z_C}^{\mathrm{III}}+b_3^2A_3=\frac{1}{12}\times0.011\times0.059^3\mathrm{m}^4+0.035^2\times0.011\times0.059\mathrm{m}^4=0.982\times10^{-6}\mathrm{m}^4$$

$$I_{yz}^{\mathrm{III}}=I_{y_Cz_C}^{\mathrm{III}}+a_3b_3A_3=0+(-0.0745)\times0.035\times0.011\times0.059\mathrm{m}^4=-1.69\times10^{-6}\mathrm{m}^4$$

整个图形对 y 轴和 z 轴的惯性矩和惯性积分别为

$$I_y=I_y^{\mathrm{I}}+I_y^{\mathrm{II}}+I_y^{\mathrm{III}}=(3.607+3.76+3.607)\times10^{-6}\mathrm{m}^4=10.97\times10^{-6}\mathrm{m}^4$$

$$I_z=I_z^{\mathrm{I}}+I_z^{\mathrm{II}}+I_z^{\mathrm{III}}=(0.982+0.0178+0.982)\times10^{-6}\mathrm{m}^4=1.98\times10^{-6}\mathrm{m}^4$$

$$I_{yz}=I_{yz}^{\mathrm{I}}+I_{yz}^{\mathrm{II}}+I_{yz}^{\mathrm{III}}=(-1.69+0-1.69)\times10^{-6}\mathrm{m}^4=-3.38\times10^{-6}\mathrm{m}^4$$

把求得的 I_y、I_z、I_{yz} 代入式(A.15)

$$\tan2\alpha_0=\frac{-2I_{yz}}{I_y-I_z}=\frac{-2(-3.38\times10^{-6})\mathrm{m}^4}{10.97\times10^{-6}\mathrm{m}^4-1.98\times10^{-6}\mathrm{m}^4}=0.752$$

得

$$2\alpha_0\approx37°\text{ 或 }217°$$

$$\alpha_0\approx18°30'\text{ 或 }108°30'$$

α_0 的两个值分别确定了形心主惯性轴 y_0 和 z_0 的位置。随后，由式(A.16)求得形心主惯性矩为

$$\left.\begin{array}{c} I_{y_0} \\ I_{z_0} \end{array}\right\} = \frac{I_z + I_y}{2} \pm \frac{1}{2} \sqrt{(I_z - I_y)^2 + 4I_{yz}^2}$$

$$= \frac{(10.97 + 1.98) \times 10^{-6}}{2} \mathrm{m}^4 \pm \frac{1}{2} \sqrt{(10.97 - 1.98)^2 + 4(-3.38)^2} \times 10^{-6} \mathrm{m}^4$$

$$= \begin{cases} 12.1 \times 10^{-6} \mathrm{m}^4 \\ 0.85 \times 10^{-6} \mathrm{m}^4 \end{cases}$$

习　题

A.1　试求图 A.14 所示各图形的阴影线面积对 z 轴的静矩,图中尺寸单位:mm。

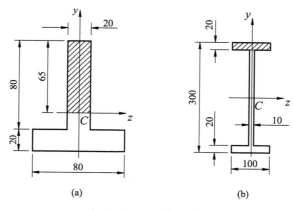

(a)　　　　　(b)

图 A.14　习题 A.1 图

A.2　试确定图 A.15 所示各截面的形心位置,图中尺寸单位:mm。

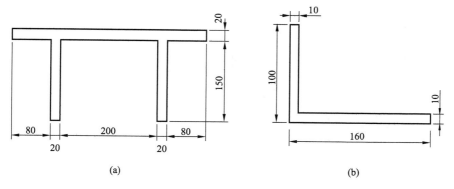

(a)　　　　　(b)

图 A.15　习题 A.2 图

A.3　由半圆和槽形组合而成的横截面如图 A.16 所示,尺寸如图(单位 mm)。试求该组合截面的形心位置 C。并求该截面对图示坐标轴 y 和 z' 的静矩 S_y 和 $S_{z'}$。

A.4　试求图 A.17 所示各截面对其对称轴 z 的惯性矩,图中尺寸单位:mm。

A.5　试求图 A.18 所示各截面对其形心轴 z_C 的惯性矩 I_{z_C}。

A.6　画出图 A.19 所示各图形形心主惯性轴的大致位置,并在每个图形中区别两个形心主惯性矩的大小。

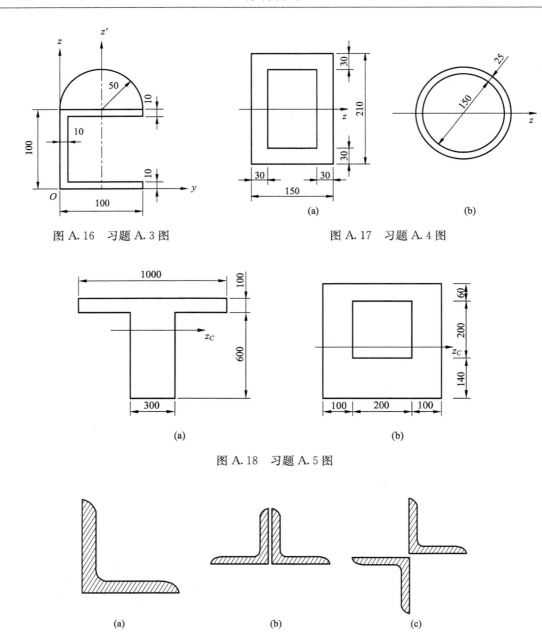

图 A.16　习题 A.3 图

图 A.17　习题 A.4 图

图 A.18　习题 A.5 图

图 A.19　习题 A.6 图

附录 B 型 钢 表

表 B.1 热轧等边角钢(GB 9787—1988)

符号意义：b——边宽度；
d——边厚度；
r——内圆弧半径；
r_1——边端内圆弧半径；
I——惯性矩；
i——惯性半径；
W——截面系数；
z_0——重心距离。

角钢号数	尺寸/mm			截面面积 /cm²	理论重量 /(kg·m⁻¹)	外表面积 /(m²·m⁻¹)	参考数值												
							x-x			x0-x0			y0-y0			x1-x1	z0/cm
	b	d	r				I_x/cm⁴	i_x/cm	W_x/cm³	I_{x_0}/cm⁴	i_{x_0}/cm	W_{x_0}/cm³	I_{y_0}/cm⁴	i_{y_0}/cm	W_{y_0}/cm³	I_{x_1}/cm⁴	
2	20	3	3.5	1.132	0.889	0.078	0.40	0.59	0.29	0.63	0.75	0.45	0.17	0.39	0.20	0.81	0.60
		4		1.459	1.145	0.077	0.50	0.58	0.36	0.78	0.73	0.55	0.22	0.38	0.24	1.09	0.64
2.5	25	3		1.432	1.124	0.098	0.82	0.76	0.46	1.29	0.95	0.73	0.34	0.49	0.33	1.57	0.73
		4		1.859	1.459	0.097	1.03	0.74	0.59	1.62	0.93	0.92	0.43	0.48	0.40	2.11	0.76
3.0	30	3		1.749	1.373	0.117	1.46	0.91	0.68	2.31	1.15	1.09	0.61	0.59	0.51	2.71	0.85
		4	4.5	2.276	1.786	0.117	1.84	0.90	0.87	2.92	1.13	1.37	0.77	0.58	0.62	3.63	0.89
3.6	36	3		2.109	1.656	0.141	2.58	1.11	0.99	4.09	1.39	1.61	1.07	0.71	0.76	4.68	1.00
		4		2.756	2.163	0.141	3.29	1.09	1.28	5.22	1.38	2.05	1.37	0.70	0.93	6.25	1.04
		5		3.382	2.654	0.141	3.95	1.08	1.56	6.24	1.36	2.45	1.65	0.70	1.09	7.84	1.07

续表

角钢号数	b	d	r	截面面积/cm²	理论重量/(kg·m⁻¹)	外表面积/(m²·m⁻¹)	I_x/cm⁴	i_x/cm	W_x/cm³	I_{x_0}/cm⁴	i_{x_0}/cm	W_{x_0}/cm³	I_{y_0}/cm⁴	i_{y_0}/cm	W_{y_0}/cm³	I_{x_1}/cm⁴	z_0/cm
							\(x\)-\(x\)			\(x_0\)-\(x_0\)			\(y_0\)-\(y_0\)			\(x_1\)-\(x_1\)	
4.0	40	3	5	2.359	1.852	0.157	3.59	1.23	1.23	5.69	1.55	2.01	1.49	0.79	0.96	6.41	1.09
		4		3.086	2.422	0.157	4.60	1.22	1.60	7.29	1.54	2.58	1.91	0.79	1.19	8.56	1.13
		5		3.791	2.976	0.156	5.53	1.21	1.96	8.76	1.52	3.10	2.30	0.78	1.39	10.74	1.17
4.5	45	3	5	2.659	2.088	0.177	5.17	1.40	1.58	8.20	1.76	2.58	2.14	0.89	1.24	9.12	1.22
		4		3.486	2.736	0.177	6.65	1.38	2.05	10.56	1.74	3.32	2.75	0.89	1.54	12.18	1.26
		5		4.292	3.369	0.176	8.04	1.37	2.51	12.74	1.72	4.00	3.33	0.88	1.81	15.25	1.30
		6		5.076	3.985	0.176	9.33	1.36	2.95	14.76	1.70	4.64	3.89	0.88	2.06	18.36	1.33
5	50	3	5.5	2.971	2.332	0.197	7.18	1.55	1.96	11.37	1.96	3.22	2.98	1.00	1.57	12.50	1.34
		4		3.897	3.059	0.197	9.26	1.54	2.56	14.70	1.94	4.16	3.82	0.99	1.96	16.69	1.38
		5		4.803	3.770	0.196	11.21	1.53	3.13	17.79	1.92	5.03	4.64	0.98	2.31	20.90	1.42
		6		5.688	4.465	0.196	13.05	1.52	3.68	20.68	1.91	5.85	5.42	0.98	2.63	25.14	1.46
5.6	56	4	6	3.343	2.624	0.221	10.19	1.75	2.48	16.14	2.20	4.08	4.24	1.13	2.02	17.56	1.48
		5		4.390	3.446	0.220	13.18	1.73	3.24	20.92	2.18	5.28	5.46	1.11	2.52	23.43	1.53
		6		5.415	4.251	0.220	16.02	1.72	3.97	25.42	2.17	6.42	6.61	1.10	2.98	29.33	1.57
		8		8.367	6.568	0.219	23.63	1.68	6.03	37.37	2.11	9.44	9.89	1.09	4.16	47.24	1.68
6.3	63	4	7	4.978	3.907	0.248	19.03	1.96	4.13	30.17	2.46	6.78	7.89	1.26	3.29	33.35	1.70
		5		6.143	4.822	0.248	23.17	1.94	5.08	36.77	2.45	8.25	9.57	1.25	3.90	41.73	1.74
		6		7.288	5.721	0.247	27.12	1.93	6.00	43.03	2.43	9.66	11.20	1.24	4.46	50.14	1.78
		8		9.515	7.469	0.247	34.46	1.90	7.75	54.56	2.40	12.25	14.33	1.23	5.47	67.11	1.85
		10		11.657	9.151	0.246	41.09	1.88	9.39	64.85	2.36	14.56	17.33	1.22	6.36	84.31	1.93

参考数值

续表

角钢号数	尺寸/mm b	d	r	截面面积/cm²	理论重量/(kg·m⁻¹)	外表面积/(m²·m⁻¹)	I_x/cm⁴	i_x/cm	W_x/cm³	I_{x_0}/cm⁴	i_{x_0}/cm	W_{x_0}/cm³	I_{y_0}/cm⁴	i_{y_0}/cm	W_{y_0}/cm³	I_{x_1}/cm⁴	z_0/cm
							x-x			x₀-x₀			y₀-y₀			x₁-x₁	
7	70	4	8	5.570	4.372	0.275	26.39	2.18	5.14	41.80	2.74	8.44	10.99	1.40	4.17	45.74	1.86
		5		6.875	5.397	0.275	32.21	2.16	6.32	51.08	2.73	10.32	13.34	1.39	4.95	57.21	1.91
		6		8.160	6.406	0.275	37.77	2.15	7.48	59.93	2.71	12.11	15.61	1.38	5.67	68.73	1.95
		7		9.424	7.398	0.275	43.09	2.14	8.59	68.35	2.69	13.81	17.82	1.38	6.34	80.29	1.99
		8		10.667	8.373	0.274	48.17	2.12	9.68	76.37	2.68	15.43	19.98	1.37	6.98	91.92	2.03
7.5	75	5	9	7.412	5.818	0.295	39.97	2.33	7.32	63.30	2.92	11.94	16.63	1.50	5.77	70.56	2.04
		6		8.797	6.905	0.294	46.95	2.31	8.64	74.38	2.90	14.02	19.51	1.49	6.67	84.55	2.07
		7		10.160	7.976	0.294	53.57	2.30	9.93	84.96	2.89	16.02	22.18	1.48	7.44	98.71	2.11
		8		11.503	9.030	0.294	59.96	2.28	11.20	95.07	2.88	17.93	24.86	1.47	8.19	112.97	2.15
		10		14.126	11.089	0.293	71.98	2.26	13.64	113.92	2.84	21.48	30.05	1.46	9.56	141.71	2.22
8	80	5	9	7.912	6.211	0.315	48.79	2.48	8.34	77.33	3.13	13.67	20.25	1.60	6.66	85.36	2.15
		6		9.397	7.376	0.314	57.35	2.47	9.87	90.98	3.11	16.08	23.72	1.59	7.65	102.50	2.19
		7		10.860	8.525	0.314	65.58	2.46	11.37	104.07	3.10	18.40	27.09	1.58	8.58	119.70	2.23
		8		12.303	9.658	0.314	73.49	2.44	12.83	116.60	3.08	20.61	30.39	1.57	9.46	136.97	2.27
		10		15.126	11.874	0.313	88.43	2.42	15.64	140.09	3.04	24.76	36.77	1.56	11.08	171.74	2.35
9	90	6	10	10.637	8.350	0.354	82.77	2.79	12.61	131.26	3.51	20.63	34.28	1.80	9.95	145.87	2.44
		7		12.301	9.656	0.354	94.83	2.78	14.54	150.47	3.50	23.64	39.18	1.78	11.19	170.30	2.48
		8		13.944	10.946	0.353	106.47	2.76	16.42	168.97	3.48	26.55	43.97	1.78	12.35	194.80	2.52
		10		17.167	13.476	0.353	128.58	2.74	20.07	203.90	3.45	32.04	53.26	1.76	14.52	244.07	2.59
		12		20.306	15.940	0.352	149.22	2.71	23.57	236.21	3.41	37.12	62.22	1.75	16.49	293.76	2.67

参考数值

续表

角钢号数	尺寸/mm			截面面积/cm²	理论重量/(kg·m⁻¹)	外表面积/(m²·m⁻¹)	参考数值											
	b	d	r				x-x			x_0-x_0			y_0-y_0			x_1-x_1	z_0/cm
							I_x/cm⁴	i_x/cm	W_x/cm³	I_{x_0}/cm⁴	i_{x_0}/cm	W_{x_0}/cm³	I_{y_0}/cm⁴	i_{y_0}/cm	W_{y_0}/cm³	I_{x_1}/cm⁴	
10	100	6	12	11.932	9.366	0.393	114.95	3.10	15.68	181.98	3.90	25.74	47.92	2.00	12.69	200.07	2.67
		7		13.796	10.830	0.393	131.86	3.09	18.10	208.97	3.89	29.55	54.74	1.99	14.26	233.54	2.71
		8		15.638	12.276	0.393	148.24	3.08	20.47	235.07	3.88	33.24	61.41	1.98	15.75	267.09	2.76
		10		19.261	15.120	0.392	179.51	3.05	25.06	284.68	3.84	40.26	74.35	1.96	18.54	334.48	2.84
		12		22.800	17.898	0.391	208.90	3.03	29.48	330.95	3.81	46.80	86.84	1.95	21.08	402.34	2.91
		14		26.256	20.611	0.391	236.53	3.00	33.73	374.06	3.77	52.90	99.00	1.94	23.44	470.75	2.99
		16		29.627	23.257	0.390	262.53	2.98	37.82	414.16	3.74	58.57	110.89	1.94	25.63	539.80	3.06
11	110	7	12	15.196	11.928	0.433	177.16	3.41	22.05	280.94	4.30	36.12	73.38	2.20	17.51	310.64	2.96
		8		17.238	13.532	0.433	199.46	3.40	24.95	316.49	4.28	40.69	82.42	2.19	19.39	355.20	3.01
		10		21.261	16.690	0.432	242.19	3.38	30.60	384.39	4.25	49.42	99.98	2.17	22.91	444.65	3.09
		12		25.200	19.782	0.431	282.55	3.35	36.05	448.17	4.22	57.62	116.93	2.15	26.15	534.60	3.16
		14		29.056	22.809	0.431	320.71	3.32	41.31	508.01	4.18	65.31	133.40	2.14	29.14	625.16	3.24
12.5	125	8	14	19.750	15.504	0.492	297.03	3.88	32.52	470.89	4.88	53.28	123.16	2.50	25.86	521.01	3.37
		10		24.373	19.133	0.491	361.67	3.85	39.97	573.89	4.85	64.93	149.46	2.48	30.62	651.93	3.45
		12		28.912	22.696	0.491	423.16	3.83	41.17	671.44	4.82	75.96	174.88	2.46	35.03	783.42	3.53
		14		33.367	26.193	0.490	481.65	3.80	54.16	763.73	4.78	86.41	199.57	2.45	39.13	915.61	3.61
14	140	10	14	27.373	21.488	0.551	514.65	4.34	50.58	817.27	5.46	82.56	212.04	2.78	39.20	915.11	3.82
		12		32.512	25.522	0.551	603.68	4.31	59.80	958.79	5.43	96.85	248.57	2.76	45.02	1099.28	3.90
		14		37.567	29.490	0.550	688.81	4.28	68.75	1093.56	5.40	110.47	284.06	2.75	50.45	1284.22	3.98
		16		42.539	33.393	0.549	770.24	4.26	77.46	1221.81	5.36	123.42	318.67	2.74	55.55	1470.07	4.06

续表

角钢号数	尺寸/mm			截面面积/cm²	理论重量/(kg·m⁻¹)	外表面积/(m²·m⁻¹)	参考数值											
	b	d	r				$x\text{-}x$			$x_0\text{-}x_0$			$y_0\text{-}y_0$			$x_1\text{-}x_1$	z_0/cm
							I_x/cm⁴	i_x/cm	W_x/cm³	I_{x_0}/cm⁴	i_{x_0}/cm	W_{x_0}/cm³	I_{y_0}/cm⁴	i_{y_0}/cm	W_{y_0}/cm³	I_{x_1}/cm⁴	
16	160	10	16	31.502	24.729	0.630	779.53	4.98	66.70	1237.30	6.27	109.36	321.76	3.20	52.76	1365.33	4.31
		12		37.441	29.391	0.630	916.58	4.95	78.98	1455.68	6.24	128.67	377.49	3.18	60.74	1639.57	4.39
		14		43.296	33.987	0.629	1048.36	4.92	90.05	1665.02	6.20	147.17	431.70	3.16	68.24	1914.68	4.47
		16		49.067	38.518	0.629	1175.08	4.89	102.63	1865.57	6.17	164.89	484.59	3.14	75.31	2190.82	4.55
18	180	12		42.241	33.159	0.710	1321.35	5.59	100.82	2100.10	7.05	165.00	542.61	3.58	78.41	2332.80	4.89
		14		48.896	38.383	0.709	1514.48	5.56	116.25	2407.42	7.02	189.14	621.53	3.56	88.38	2723.48	4.97
		16		55.467	43.542	0.709	1700.99	5.54	131.13	2703.37	6.98	212.40	698.60	3.55	97.83	3115.29	5.05
		18		61.955	48.634	0.708	1875.12	5.50	145.64	2988.24	6.94	234.78	762.01	3.51	105.14	3502.43	5.13
20	200	14	18	54.642	42.894	0.788	2103.55	6.20	144.70	3343.26	7.82	236.40	863.83	3.98	111.82	3734.10	5.46
		16		62.013	48.680	0.788	2366.15	6.18	163.65	3760.89	7.79	265.93	971.41	3.96	123.96	4270.39	5.54
		18		69.301	54.401	0.787	2620.64	6.15	182.22	4164.54	7.75	294.48	1076.74	3.94	135.52	4808.13	5.62
		20		76.505	60.056	0.787	2867.30	6.12	200.42	4554.55	7.72	322.06	1180.04	3.93	146.55	5347.51	5.69
		24		90.661	71.168	0.785	3338.25	6.07	236.17	5294.97	7.64	374.41	1381.53	3.90	166.65	6457.16	5.87

注:截面图中的 $r_1=1/3d$ 及表中 r 的数据用于孔型设计,不做交货条件。

表 B.2　热轧不等边角钢（GB 9788—1988）

符号意义：B——长边宽度；
b——短边宽度；
d——边厚度；
r——内圆弧半径；
r_1——边端内圆弧半径；
I——惯性矩；
i——惯性半径；
W——截面系数；
x_0——重心距离；
y_0——重心距离

角钢号数	尺寸/mm B	b	d	r	截面面积/cm²	理论重量/(kg·m⁻¹)	外表面积/(m²·m⁻¹)	I_x/cm⁴	i_x/cm	W_x/cm³	I_y/cm⁴	i_y/cm	W_y/cm³	I_{x_1}/cm⁴	y_0/cm	I_{y_1}/cm⁴	x_0/cm	I_u/cm⁴	i_u/cm	W_u/cm³	tanα
2.5/1.6	25	16	3	3.5	1.162	0.912	0.080	0.70	0.78	0.43	0.22	0.44	0.19	1.56	0.86	0.43	0.42	0.14	0.34	0.16	0.392
			4		1.499	1.176	0.079	0.88	0.77	0.55	0.27	0.43	0.24	2.09	0.90	0.59	0.46	0.17	0.34	0.20	0.381
3.2/2	32	20	3	3.5	1.492	1.171	0.102	1.53	1.01	0.72	0.46	0.55	0.30	3.27	1.08	0.82	0.49	0.28	0.43	0.25	0.382
			4		1.939	1.522	0.101	1.93	1.00	0.93	0.57	0.54	0.39	4.37	1.12	1.12	0.53	0.35	0.42	0.32	0.374
4/2.5	40	25	3	4	1.890	1.484	0.127	3.08	1.28	1.15	0.93	0.70	0.49	5.39	1.32	1.59	0.59	0.56	0.54	0.40	0.385
			4		2.467	1.936	0.127	3.93	1.26	1.49	1.18	0.69	0.63	8.53	1.37	2.14	0.63	0.71	0.54	0.52	0.381
4.5/2.8	45	28	3	5	2.149	1.687	0.143	4.45	1.44	1.47	1.34	0.79	0.62	9.10	1.47	2.23	0.64	0.80	0.61	0.51	0.383
			4		2.806	2.203	0.143	5.69	1.42	1.91	1.70	0.78	0.80	12.13	1.51	3.00	0.68	1.02	0.60	0.66	0.380
5/3.2	50	32	3	5.5	2.431	1.908	0.161	6.24	1.60	1.84	2.02	0.91	0.82	12.49	1.60	3.31	0.73	1.20	0.70	0.68	0.404
			4		3.177	2.494	0.160	8.02	1.59	2.39	2.58	0.90	1.06	16.65	1.65	4.45	0.77	1.53	0.69	0.87	0.402
5.6/3.6	56	36	3	6	2.743	2.153	0.181	8.88	1.80	2.32	2.92	1.03	1.05	17.54	1.78	4.70	0.80	1.73	0.79	0.87	0.408
			4		3.590	2.818	0.180	11.45	1.79	3.03	3.76	1.02	1.37	23.39	1.82	6.33	0.85	2.23	0.79	1.13	0.408
			5		4.415	3.466	0.180	13.86	1.77	3.71	4.49	1.01	1.65	29.25	1.87	7.94	0.88	2.67	0.78	1.36	0.404

续表

角钢号数	尺寸/mm B	b	d	r	截面面积/cm²	理论重量/(kg·m⁻¹)	外表面积/(m²·m⁻¹)	I_x/cm⁴	i_x/cm	W_x/cm³	I_y/cm⁴	i_y/cm	W_y/cm³	I_{x_1}/cm⁴	y_0/cm	I_{y_1}/cm⁴	x_0/cm	I_u/cm⁴	i_u/cm	W_u/cm³	$\tan\alpha$
6.3/4	63	40	4	7	4.058	3.185	0.202	16.49	2.02	3.87	5.23	1.14	1.70	33.30	2.04	8.63	0.92	3.12	0.88	1.40	0.398
			5		4.993	3.920	0.202	20.02	2.00	4.74	6.31	1.12	2.71	41.63	2.08	10.86	0.95	3.76	0.87	1.71	0.396
			6		5.908	4.638	0.201	23.36	1.96	5.59	7.29	1.11	2.43	49.98	2.12	13.12	0.99	4.34	0.86	1.99	0.393
			7		6.802	5.339	0.201	26.53	1.98	6.40	8.24	1.10	2.78	58.07	2.15	15.47	1.03	4.97	0.86	2.29	0.389
7/4.5	70	45	4	7.5	4.547	3.570	0.226	23.17	2.26	4.86	7.55	1.29	2.17	45.92	2.24	12.26	1.02	4.40	0.98	1.77	0.410
			5		5.609	4.403	0.225	27.95	2.23	5.92	9.13	1.28	2.65	57.10	2.28	15.39	1.06	5.40	0.98	2.19	0.407
			6		6.647	5.218	0.225	32.54	2.21	6.95	10.62	1.26	3.12	68.35	2.32	18.58	1.09	6.35	0.98	2.59	0.404
			7		7.657	6.011	0.225	37.22	2.20	8.03	12.01	1.25	3.57	79.99	2.36	21.84	1.13	7.16	0.97	2.94	0.402
(7.5/5)	75	50	5	8	6.125	4.808	0.245	34.86	2.39	6.83	12.61	1.44	3.30	70.00	2.40	21.04	1.17	7.41	1.10	2.74	0.435
			6		7.260	5.699	0.245	41.12	2.38	8.12	14.70	1.42	3.88	84.30	2.44	25.37	1.21	8.54	1.08	3.19	0.435
			8		9.467	7.431	0.244	52.39	2.35	10.52	18.53	1.40	4.99	112.50	2.52	34.23	1.29	10.87	1.07	4.10	0.429
			10		11.590	9.098	0.244	62.71	2.33	12.79	21.96	1.38	6.04	140.80	2.60	43.43	1.36	13.10	1.06	4.99	0.423
8/5	80	50	5	8	6.375	5.005	0.255	41.96	2.56	7.78	12.82	1.42	3.32	85.21	2.60	21.06	1.14	7.66	1.10	2.74	0.388
			6		7.560	5.935	0.255	49.49	2.56	9.25	14.95	1.41	3.91	102.53	2.65	25.41	1.18	8.85	1.08	3.20	0.387
			7		8.724	6.848	0.255	56.16	2.54	10.58	16.96	1.39	4.48	119.33	2.69	29.82	1.21	10.18	1.08	3.70	0.384
			8		9.867	7.745	0.254	62.83	2.52	11.92	18.85	1.38	5.03	136.41	2.73	34.32	1.25	11.38	1.07	4.16	0.381
9/5.6	90	56	5	9	7.212	5.661	0.287	60.45	2.90	9.92	18.32	1.59	4.21	121.32	2.91	29.53	1.25	10.98	1.23	3.49	0.385
			6		8.557	6.717	0.286	71.03	2.88	11.74	21.42	1.58	4.96	145.59	2.95	35.58	1.29	12.90	1.23	4.13	0.384
			7		9.880	7.756	0.286	81.01	2.86	13.49	24.36	1.57	5.70	169.60	3.00	41.71	1.33	14.67	1.22	4.72	0.382
			8		11.183	8.779	0.286	91.03	2.85	15.27	27.15	1.56	6.41	194.17	3.04	47.93	1.36	16.34	1.21	5.29	0.380

参考数值：x-x、y-y、x₁-x₁、y₁-y₁、u-u

续表

角钢号数	尺寸/mm				截面面积/cm²	理论重量/(kg·m⁻¹)	外表面积/(m²·m⁻¹)	参考数值														
								x-x			y-y			x_1-x_1		y_1-y_1		u-u				
	B	b	d	r				I_x /cm⁴	i_x /cm	W_x /cm³	I_y /cm⁴	i_y /cm	W_y /cm³	I_{x_1} /cm⁴	y_0 /cm	I_{y_1} /cm⁴	x_0 /cm	I_u /cm⁴	i_u /cm	W_u /cm³	$\tan\alpha$
10/6.3	100	63	6	10	9.617	7.550	0.320	99.06	3.21	14.64	30.94	1.79	6.35	199.71	3.24	50.50	1.43	18.42	1.38	5.25	0.394
	100	63	7		11.111	8.722	0.320	113.45	3.20	16.88	35.26	1.78	7.29	233.00	3.28	59.14	1.47	21.00	1.38	6.20	0.394
	100	63	8		12.584	9.878	0.319	127.37	3.18	19.08	39.39	1.77	8.21	266.32	3.32	67.88	1.50	23.50	1.37	6.78	0.391
	100	63	10		15.467	12.142	0.319	153.81	3.15	23.32	47.12	1.74	9.98	333.06	3.40	85.73	1.58	28.33	1.35	8.24	0.387
10/8	100	80	6	10	10.637	8.350	0.354	107.04	3.17	15.19	61.24	2.40	10.16	199.83	2.95	102.68	1.97	31.65	1.72	8.37	0.627
	100	80	7		12.301	9.656	0.354	122.73	3.16	17.52	70.08	2.39	11.71	233.20	3.00	119.98	2.01	36.17	1.72	9.60	0.626
	100	80	8		13.944	10.946	0.353	137.92	3.14	19.81	78.58	2.37	13.21	266.61	3.04	137.37	2.05	40.58	1.71	10.80	0.625
	100	80	10		17.167	13.476	0.353	166.87	3.12	24.24	94.65	2.35	16.12	333.63	3.12	172.48	2.13	49.10	1.69	13.12	0.622
11/7	110	70	6	10	10.637	8.350	0.354	133.37	3.54	17.85	42.92	2.01	7.90	265.78	3.53	69.08	1.57	25.36	1.54	6.53	0.403
	110	70	7		12.301	9.656	0.354	153.00	3.53	20.60	49.01	2.00	9.09	310.07	3.57	80.82	1.61	28.95	1.53	7.50	0.402
	110	70	8		13.944	10.946	0.353	172.04	3.51	23.30	54.87	1.98	10.25	354.39	3.62	92.70	1.65	32.45	1.53	8.45	0.401
	110	70	10		17.167	13.467	0.353	208.39	3.48	28.54	65.88	1.96	12.48	443.13	3.07	116.83	1.72	39.20	1.51	10.29	0.397
12.5/8	125	80	7	11	14.096	11.066	0.403	227.98	4.02	26.86	74.42	2.30	12.01	454.99	4.01	120.32	1.80	43.81	1.76	9.92	0.408
	125	80	8		15.989	12.551	0.403	256.77	4.01	30.41	83.49	2.28	13.56	519.99	4.06	137.85	1.84	49.15	1.75	11.18	0.407
	125	80	10		19.712	15.474	0.402	312.04	3.98	37.33	100.67	2.26	16.56	650.09	4.14	173.40	1.92	59.45	1.74	13.64	0.404
	125	80	12		23.351	18.330	0.402	364.41	3.95	44.01	116.67	2.24	19.43	780.39	4.22	209.67	2.00	69.35	1.72	16.01	0.400
14/9	140	90	8	12	18.038	14.160	0.453	365.64	4.50	38.48	120.69	2.59	17.34	730.53	4.50	195.79	2.04	70.83	1.98	14.31	0.411
	140	90	10		22.261	17.475	0.452	445.50	4.47	47.31	140.03	2.56	21.22	931.20	4.58	245.92	2.12	85.82	1.96	17.48	0.409
	140	90	12		26.400	20.724	0.451	521.59	4.44	55.87	169.79	2.54	24.95	1096.09	4.66	296.89	2.19	100.21	1.95	20.54	0.406
	140	90	14		30.456	23.908	0.451	594.10	4.42	64.18	192.10	2.51	28.54	1279.26	4.74	348.82	2.27	114.13	1.94	23.52	0.403

续表

角钢号数	尺寸/mm				截面面积/cm²	理论重量/(kg·m⁻¹)	外表面积/(m²·m⁻¹)	参考数值													
								x-x			y-y			x_1-x_1		y_1-y_1		u-u			
	B	b	d	r				I_x /cm⁴	i_x /cm	W_x /cm³	I_y /cm⁴	i_y /cm	W_y /cm³	I_{x_1} /cm⁴	y_0 /cm	I_{y_1} /cm⁴	x_0 /cm	I_u /cm⁴	i_u /cm	W_u /cm³	tanα
16/10	160	100	10	13	25.315	19.872	0.512	668.69	5.14	62.13	205.03	2.85	26.56	1362.89	5.24	336.59	2.28	121.74	2.19	21.92	0.390
			12		30.054	23.592	0.511	784.91	5.11	73.49	239.06	2.82	31.28	1635.56	5.32	405.94	2.36	142.33	2.17	25.79	0.388
			14		34.709	27.247	0.510	896.30	5.08	84.56	271.20	2.80	35.83	1908.50	5.40	476.42	2.43	162.23	2.16	29.56	0.385
			16		39.281	30.835	0.510	1003.04	5.05	95.33	301.60	2.77	40.24	2181.79	5.48	548.22	2.51	182.57	2.16	33.44	0.382
18/11	180	110	10	14	28.373	22.273	0.571	956.25	5.80	78.96	278.11	3.13	32.49	1940.40	5.89	447.22	2.44	166.50	2.42	26.88	0.376
			12		33.712	26.464	0.571	1124.72	5.78	93.53	325.03	3.10	38.32	2328.38	5.98	538.94	2.52	194.87	2.40	31.66	0.374
			14		38.967	30.589	0.570	1286.91	5.75	107.76	369.55	3.08	43.97	2716.60	6.06	631.95	2.59	222.30	2.39	36.32	0.372
			16		44.139	34.649	0.569	1443.06	5.72	121.64	411.85	3.06	49.44	3105.15	6.14	726.46	2.67	248.94	2.38	40.87	0.369
20/12.5	200	125	12	14	37.912	29.761	0.641	1570.90	6.44	116.73	483.16	3.57	49.99	3193.85	6.54	787.74	2.83	285.79	2.74	41.23	0.392
			14		43.867	34.436	0.640	1800.97	6.41	134.65	550.83	3.54	57.44	3726.17	6.62	922.47	2.91	326.58	2.72	47.34	0.390
			16		49.739	39.045	0.639	2023.35	6.38	152.18	615.44	3.52	64.69	4258.86	6.70	1058.86	2.99	366.21	2.71	53.32	0.388
			18		55.526	43.588	0.639	2238.30	6.35	169.33	677.19	3.49	71.74	4972.00	6.78	1197.13	3.06	404.83	2.70	59.18	0.385

注：(1) 括号内型号不推荐使用。
(2) 截面图中的 $r_1=1/3d$ 及表中 r 的数据，用于孔型设计，不做交货条件。

表 B.3　热轧槽钢（GB 706—2016）

符号意义：h——高度；
b——腿宽度；
d——腰厚度；
t——平均腿厚度；
r——内圆弧半径；
r₁——腿端圆弧半径；
I——惯性矩；
W——截面系数；
i——惯性半径；
z₀——y-y 轴与 y₁-y₁ 轴间距。

型号	尺寸/mm						截面面积/cm²	理论重量/(kg·m⁻¹)	参考数值							
									$x\text{-}x$			$y\text{-}y$			$y_1\text{-}y_1$	
	h	b	d	t	r	r_1			W_x/cm^3	I_x/cm^4	i_x/cm	W_y/cm^3	I_y/cm^4	i_y/cm	I_{y1}/cm^4	z_0/cm
5	50	37	4.5	7	7.0	3.5	6.928	5.438	10.4	26.0	1.94	3.55	8.30	1.10	20.9	1.35
6.3	63	40	4.8	7.5	7.5	3.8	8.451	6.634	16.1	50.8	2.45	4.50	11.9	1.19	28.4	1.36
8	80	43	5.0	8	8.0	4.0	10.248	8.045	25.3	101	3.15	5.79	16.6	1.27	37.4	1.43
10	100	48	5.3	8.5	8.5	4.2	12.748	10.007	39.7	198	3.95	7.8	25.6	1.41	54.9	1.52
12.6	126	53	5.5	9	9.0	4.5	15.692	12.318	62.1	391	4.95	10.2	38.0	1.57	77.1	1.59
14a	140	58	6.0	9.5	9.5	4.8	18.516	14.535	80.5	564	5.52	13.0	53.2	1.70	107	1.71
14b	140	60	8.0	9.5	9.5	4.8	21.316	16.733	87.1	609	5.35	14.1	61.1	1.69	121	1.67
16a	160	63	6.5	10	10.0	5.0	21.962	17.240	108	866	6.28	16.3	73.3	1.83	144	1.80
16	160	65	8.5	10	10.0	5.0	25.162	19.752	117	935	6.10	17.6	83.4	1.82	161	1.75

续表

型号	尺寸/mm						截面面积/cm²	理论重量/(kg·m⁻¹)	参考数值							
									x-x			y-y			y₁-y₁	
	h	b	d	t	r	r_1			W_x/cm³	I_x/cm⁴	i_x/cm	W_y/cm³	I_y/cm⁴	i_y/cm	I_{y1}/cm⁴	z_0/cm
18a	180	68	7.0	10.5	10.5	5.2	25.699	20.174	141	1 270	7.04	20.0	98.6	1.96	190	1.88
18	180	70	9.0	10.5	10.5	5.2	29.299	23.000	152	1 370	6.84	21.5	111	1.95	210	1.84
20a	200	73	7.0	11	11.0	5.5	28.837	22.637	178	1 780	7.86	24.2	128	2.11	244	2.01
20	200	75	9.0	11	11.0	5.5	32.837	25.777	191	1 910	7.64	25.9	144	2.09	268	1.95
22a	220	77	7.0	11.5	11.5	5.8	31.846	24.999	218	2 390	8.67	28.2	158	2.23	298	2.10
22	220	79	9.0	11.5	11.5	5.8	36.246	28.453	234	2 570	8.42	30.1	176	2.21	326	2.03
25a	250	78	7.0	12	12.0	6.0	34.917	27.410	270	3 370	9.82	30.6	176	2.24	322	2.07
25b	250	80	9.0	12	12.0	6.0	39.917	31.335	282	3 530	9.41	32.7	196	2.22	353	1.98
25c	250	82	11.0	12	12.0	6.0	44.917	35.260	295	3 690	9.07	35.9	218	2.21	384	1.92
28a	280	82	7.5	12.5	12.5	6.2	40.034	31.427	340	4 760	10.9	35.7	218	2.33	388	2.10
28b	280	84	9.5	12.5	12.5	6.2	45.634	35.823	366	5 130	10.6	37.9	242	2.30	428	2.02
28c	280	86	11.5	12.5	12.5	6.2	51.234	40.219	393	5 500	10.4	40.3	268	2.29	463	1.95
32a	320	88	8.0	14	14.0	7.0	48.513	38.083	475	7 600	12.5	46.5	305	2.50	552	2.24
32b	320	90	10.0	14	14.0	7.0	54.913	43.107	509	8 140	12.2	49.2	336	2.47	593	2.16
32c	320	92	12.0	14	14.0	7.0	61.313	48.131	543	8 690	11.9	52.6	374	2.47	643	2.09
36a	360	96	9.0	16	16.0	8.0	60.910	47.814	660	11 900	14.0	63.5	455	2.73	818	2.44
36b	360	98	11.0	16	16.0	8.0	68.110	53.466	703	12 700	13.6	66.9	497	2.70	880	2.37
36c	360	100	13.0	16	16.0	8.0	75.310	59.118	746	13 400	13.4	70.0	536	2.67	948	2.34
40a	400	100	10.5	18	18.0	9.0	75.068	58.928	879	17 600	15.3	78.8	592	2.81	1 070	2.49
40b	400	102	12.5	18	18.0	9.0	83.068	65.208	932	18 600	15.0	82.5	640	2.78	1 140	2.44
40c	400	104	14.5	18	18.0	9.0	91.068	71.488	986	19 700	14.7	86.2	688	2.75	1 220	2.42

注:截面图和表中标注的圆弧半径 r、r_1 的数据用于孔型设计,不做交货条件。

表 B.4　热轧工字钢（GB 706—2016）

符号意义：h——高度；
b——腿宽度；
d——腰厚度；
t——平均腿厚度；
r——内圆弧半径；
r_1——腿端圆弧半径；
I——惯性矩；
W——截面系数；
i——惯性半径；
S——半截面的静力矩。

型号	尺寸/mm						截面面积/cm²	理论重量/(kg·m⁻¹)	参考数值						
									x-x				y-y		
	h	b	d	t	r	r_1			I_x/cm⁴	W_x/cm³	i_x/cm	I_x/S_x/cm	I_y/cm⁴	W_y/cm³	i_y/cm
10	100	68	4.5	7.6	6.5	3.3	14.345	11.261	245	49.0	4.14	8.59	33.0	9.72	1.52
12.6	126	74	5.0	8.4	7.0	3.5	18.118	14.223	488	77.5	5.20	10.8	46.9	12.7	1.61
14	140	80	5.5	9.1	7.5	3.8	21.516	16.890	712	102	5.76	12.0	64.4	16.1	1.73
16	160	88	6.0	9.9	8.0	4.0	26.131	20.513	1 130	141	6.58	13.8	93.1	21.2	1.89
18	180	94	6.5	10.7	8.5	4.3	30.756	24.143	1 660	185	7.36	15.4	122	26.0	2.00
20a	200	100	7.0	11.4	9.0	4.5	35.578	27.929	2 370	237	8.15	17.2	158	31.5	2.12
20b	200	102	9.0	11.4	9.0	4.5	39.578	31.069	2 500	250	7.96	16.9	169	33.1	2.06
22a	220	110	7.5	12.3	9.5	4.8	42.128	33.070	3 400	309	8.99	18.9	225	40.9	2.31
22b	220	112	9.5	12.3	9.5	4.8	46.528	36.524	3 570	325	8.78	18.7	239	42.7	2.27
25a	250	116	8.0	13.0	10.0	5.0	48.541	38.105	5 020	402	10.2	21.6	280	48.3	2.40
25b	250	118	10.0	13.0	10.0	5.0	53.541	42.030	5 280	423	9.94	21.3	309	52.4	2.40

续表

型号	尺寸/mm						截面面积/cm²	理论重量/(kg·m⁻¹)	参考数值						
									x-x				y-y		
	h	b	d	t	r	r_1			I_x/cm⁴	W_x/cm³	i_x/cm	I_x/S_x/cm	I_y/cm⁴	W_y/cm³	i_y/cm
28a	280	122	8.5	13.7	10.5	5.3	55.404	43.492	7 110	508	11.3	24.6	345	56.6	2.50
28b	280	124	10.5	13.7	10.5	5.3	61.004	47.888	7 480	534	11.1	24.2	379	61.2	2.49
32a	320	130	9.5	15.0	11.5	5.8	67.156	52.717	11 100	692	12.8	27.5	460	70.8	2.62
32b	320	132	11.5	15.0	11.5	5.8	73.556	57.741	11 600	726	12.6	27.1	502	76.0	2.61
32c	320	134	13.5	15.0	11.5	5.8	79.956	62.765	12 200	760	12.3	26.8	544	81.2	2.61
36a	360	136	10.0	15.8	12.0	6.0	76.480	60.037	15 800	875	14.4	30.7	552	81.2	2.69
36b	360	138	12.0	15.8	12.0	6.0	83.680	65.689	16 500	919	14.1	30.3	582	84.3	2.64
36c	360	140	14.0	15.8	12.0	6.0	90.880	71.341	17 300	962	13.8	29.9	612	87.4	2.60
40a	400	142	10.5	16.5	12.5	6.3	86.112	67.598	21 700	1 090	15.9	34.1	660	93.2	2.77
40b	400	144	12.5	16.5	12.5	6.3	94.112	73.878	22 800	1 140	15.6	33.6	692	96.2	2.71
40c	400	146	14.5	16.5	12.5	6.3	102.112	80.158	23 900	1 190	15.2	33.2	727	99.6	2.65
45a	450	150	11.5	18.0	13.5	6.8	102.446	80.420	32 200	1 430	17.7	38.6	855	114	2.89
45b	450	152	13.5	18.0	13.5	6.8	111.446	87.485	33 800	1 500	17.4	38.0	894	118	2.84
45c	450	154	15.5	18.0	13.5	6.8	120.446	94.550	35 300	1 570	17.1	37.6	938	122	2.79
50a	500	158	12.0	20.0	14.0	7.0	119.304	93.654	46 500	1 860	19.7	42.8	1 120	142	3.07
50b	500	160	14.0	20.0	14.0	7.0	129.304	101.504	48 600	1 940	19.4	42.4	1 170	146	3.01
50c	500	162	16.0	20.0	14.0	7.0	139.304	109.354	50 600	2 080	19.0	41.8	1 220	151	2.96
56a	560	166	12.5	21.0	14.5	7.3	135.435	106.316	65 600	2 340	22.0	47.7	1 370	165	3.18
56b	560	168	14.5	21.0	14.5	7.3	146.635	115.108	68 500	2 450	21.6	47.2	1 490	174	3.16
56c	560	170	16.5	21.0	14.5	7.3	157.835	123.900	71 400	2 550	21.3	46.7	1 560	183	3.16
63a	630	176	13.0	22.0	15.0	7.5	154.658	121.407	93 900	2 980	24.5	54.2	1 700	193	3.31
63b	630	178	15.0	22.0	15.0	7.5	167.258	131.298	98 100	3 160	24.2	53.5	1 810	204	3.29
63c	630	180	17.0	22.0	15.0	7.5	179.858	141.189	102 000	3 300	23.8	52.9	1 920	214	3.27

注:截面图和表中标注的圆弧半径 r、r_1 的数据,用于孔型设计,不做交货条件。

习 题 答 案

第 1 章

1.1　$\varepsilon_m = 2.5 \times 10^{-4}$，$\gamma = 2.5 \times 10^{-4}$ rad

1.2　$\varepsilon_周 = \varepsilon_径 = 3.75 \times 10^{-5}$

第 2 章

2.1　$E = 70$GPa，$\mu = 0.327$

2.2　$\delta = 16.6\%$，$\psi = 61.6\%$

2.3　$\varepsilon = 2.5 \times 10^{-3}$

2.4　$\sigma_s = 289.5 \times 10^{-6}$Pa，$\sigma_b = 414.3 \times 10^{-6}$Pa

2.5　$\delta = 27\%$，$\psi = 57.1\%$，$\varepsilon = 0.5 \times 10^{-3}$

2.6　$\sigma = 100$MPa$< \sigma_P$，$F = 7.85 \times 10^3$N

2.7　$\varepsilon_e = 1 \times 10^{-3}$，$\varepsilon_p = 2.5 \times 10^{-3}$

第 3 章

3.1　(a)$F_{N1} = 68.2$kN(拉)，$F_{N2} = 85.1$kN(压)

　　(b)$F_{Bx} = 18$kN($\leftarrow$)

　　　$F_{Ax} = 18$kN($\rightarrow$)，$F_{Ay} = 20$kN($\uparrow$)

　　　$F_{BC} = 37.5$kN(拉)

　　　$F_{N1} = 22.5$kN(压)，$F_{S1} = 12$kN，$M_1 = 0$

　　　$F_{N2} = 30$kN(压)

　　　$F_{S2} = -2.5$kN，$M_2 = 47.5$kN·m

　　(c)$F_{N1} = 2$kN(压)，$F_{N2} = 5$kN(拉)

　　(d)$F_{N1} = -\dfrac{qL}{2}$(压)，$F_{N2} = 0$

　　(e)$F_{N1} = -\dfrac{q_0 L}{8}$，$F_{N2} = -\dfrac{q_0 L}{2}$

　　(f)$F_{N1} = \sqrt{2}F$(拉)，$F_{N2} = -F$(压)

　　(g)$F_{N1} = \sqrt{2}F$(拉)，$F_{N2} = 0$

　　(h)$F_{N1} = -\sqrt{2}F$(压)，$F_{N2} = 0$

3.2　(a)$M_{x\max} = 3T$；(b)$M_{x\max} = 700$kN·m

　　(c)$M_{x\max} = 500$N·m

3.3　$m_e = 5000$kN·m/m

3.4　(a)$T_{\max} = 10$kN·m

　　(b)$M_e = 5000$kN·m/m

　　(c)$T_{\max} = 65$kN/m

3.5　(a)$F_{S1} = -ql/2$，$M_1 = -ql^2/8$

　　　$F_{S2} = -ql/2$，$M_2 = -ql^2/8$

　　(b)$F_{S1} = 2ql$，$M_1 = -3ql^2/2$

　　　$F_{S2} = 3ql/2$，$M_2 = -5ql^2/8$

　　(c)$F_{S1} = -ql/2$，$M_1 = -ql^2/8$

　　　$F_{S2} = ql/8$，$M_2 = -ql^2/8$

　　(d)$F_{S1} = M_e/l$，$M_1 = M_e/3$

　　　$F_{S2} = M_e/l$，$M_2 = -2M_e/3$

　　(e)$F_{S1} = -F/2$，$M_1 = -Fl/2$

　　　$F_{S2} = 1$kN，$M_2 = -Fl/2$

　　(f)$F_{S1} = 1$kN，$M_1 = -1$kN·m

　　　$F_{S2} = 1$kN，$M_2 = -1$kN·m

3.6　(a)$F_{S\max} = \dfrac{ql}{2}$，$M_{\max} = \dfrac{1}{8}ql^2$

　　(b)$|F_{S\max}| = qa$，$M_{\max} = \dfrac{1}{2}qa^2$

　　(c)$F_{S\max} = F$，$|M_{\max}| = Fa$

　　(d)$F_{S\max} = qa$，$M_{\max} = qa^2$

　　(e)$F_{S\max} = \dfrac{ql}{2}$，$M_{\max} = \dfrac{9}{8}ql^2$

　　(f)$F_{S\max} = 20$kN，$|M_{\max}| = 20$kN·m

3.7　(a)$F_{S\max} = -\dfrac{19}{6}qa$，$M_{\max} = \left(\dfrac{17}{12}\right)^2 qa^2$

　　(b)$F_{S\max} = -\dfrac{3}{4}qa$，$M_{\max} = \dfrac{qa^2}{4}$

　　(c)$F_{S\max} = 2qa$，$M_{\max} = -qa^2$

　　(d)$F_{S\max} = -\dfrac{M_e}{a}$，$M_{\max} = -M_e$

　　(e)$F_{S\max} = F$，$M_{\max} = -2Fa$

　　(f)$F_{S\max} = -2qa$，$M_{\max} = 3qa^2$

3.8　(a)$F_{S\max} = F$，$M_{\max} = Fa$

　　(b)$|F_{S\max}| = 12$kN，$|M_{\max}| = 8$kN·m

　　(c)$|F_{S\max}| = \dfrac{M_e}{l}$，$M_{\max} = \dfrac{5M_e}{3}$

　　(d)$|F_{S\max}| = 25$kN，$M_{\max} = 31.5$kN·m

3.9　(a)$|M_{\max}| = 0.1$kN·m

　　(b)$|M_{\max}| = 2Fa$

　　(c)$|M_{\max}| = Fa$

3.10　当 $L > c \geqslant \dfrac{2L}{3}$ 时，$x = 0$ 处，$M_{\max} = \dfrac{Fc(L-c)}{L}$

　　　当 $c \leqslant \dfrac{2L}{3}$ 时，$x = \dfrac{2l-c}{4}$ 处，$M_{\max} = \dfrac{F(2l-c)^2}{8l}$

3.11　$a = 0.207l$

3.12　$\varphi=0°$

3.13　(a)$F_{Smax}=qa,M_{max}=qa^2$

　　　(b)$F_{Smax}=qa,M_{max}=qa^2/2$

3.14　$\dfrac{qa^2}{2}$(逆时针)

3.15　(a)$F_{P1}=2F,F_{P2}=F,F_{Smax}=\dfrac{5F}{3}$

　　　(b)$q=10kN/m,F_P=10kN,F_{Smax}=20kN$

3.16　(a)$F_{RA}=\dfrac{7F}{4},F_{RB}=\dfrac{F}{4}$

　　　(b)$F_{RC}=6.5kN$

3.17　$T=1003N\cdot m,M=1003N\cdot m$

3.18　$F_{Ay}=2F_2(\uparrow),F_{By}=F_2$

　　　$F_{Az}=F_2(\swarrow),F_{Bz}=4F_2(\nearrow)$

第 4 章

4.1　$\sigma_{1\text{-}1}=175MPa,\varepsilon_{1\text{-}1}=2500\times10^{-6}$

　　　$\sigma_{2\text{-}2}=350MPa,\varepsilon_{2\text{-}2}=5000\times10^{-6}$

4.2　(1)$F_{NB}=17.3kN$(拉)

　　　销钉处 $\sigma_t=24MPa,\sigma_t=18MPa$

　　　(2)$F_{NB}=-30kN$(压),$\sigma_c=-31.3MPa$

4.3　$F=13.14kN,\sigma_{BC}=29.5MPa$

4.4　$F_{NBE}=27kN,F=3.8kN,A=285mm^2$

4.5　$F=12.6kN$

4.6　$\varepsilon=-49.8\times10^{-6}$

4.7　$F=18.4kN$

4.8　$\theta=59.64°,F=2.24kN$

4.9　$x=1079mm,\sigma_{钢}=44MPa,\sigma_{铜}=33MPa$

4.10　$F=13.7kN$

4.11　$F=16.96kN$

4.12　(1)$\tau_{max}=60MPa,\tau_{min}=47MPa$

　　　(2)$d_0=78mm$

4.13　$\tau_{max}=23.7MPa$

4.14　$\tau_{Bmax}=17.9MPa,\tau_{Hmax}=17.5MPa$

　　　$\tau_{Cmax}=16.6MPa$

4.15　$d=22mm;\quad D=26mm,d=21mm$

　　　实心轴重量是空心轴重量的 2.06 倍

4.16　$M_e=\dfrac{n\pi^2D^2d^2\tau}{8L}$

4.17　(1)$T_方=910N\cdot m,T_矩=738N\cdot m$

　　　(2)$\varphi_{方BA}=0.48°,\varphi_{矩BA}=0.5°$

4.18　(a)$d=29.4mm;$　(b)$d=28.9mm$

　　　(c)$d=21.7mm$

4.19　$\sigma_{max}=100MPa$

4.20　$R=1m$

4.21　实心 $\sigma_{max}=159MPa$,空心 $\sigma_{max}=94MPa$

4.22　$\sigma_A=-6MPa,\sigma_B=13MPa$

4.23　$M=8kN\cdot m$(实心),$M'=6.3kN\cdot m$(空心)

　　　减小承载弯矩 21.3%

4.24　$M=128kN\cdot m$

4.25　$\sigma_{max}=27.4MPa$

4.26　翼缘承受总弯矩的 90.4%

　　　腹板承受总弯矩的 9.6%

4.27　$h=416mm,b=277mm$

4.28　$F=56.9kN$

4.29　$b=510mm$

4.30　$[F]=44.2kN$

4.31　$M=107kN\cdot m$

4.32　(a)$\sigma_{tBmax}=24.1MPa,\sigma_{tCmax}=26.2MPa$

　　　最大拉应力在 C 截面底部

　　　(b)$\sigma_{cBmax}=-53.4MPa,\sigma_{cCmax}=-12.1MPa$

　　　最大压应力在 B 截面底部

4.33　矩形 $b=39mm,h=78mm,A=bh=3042mm^2$

　　　工字形　取 10 号工字钢

　　　$W_z=49cm^3,A=14.3cm^2=1430mm^2$

　　　圆形　$d=74mm,A=4250mm^2$

　　　环形　$D=74mm,d=D/2=37mm$

　　　$A=3250mm^2$

　　　工字形面积最小、重量轻

　　　圆形面积最大、最重。应力分布工字形最优

4.34　$q=11.2kN/m$

4.35　$\sigma_B=3MPa,\tau_B=0.225MPa$

4.36　$\sigma_{max}=102MPa$

　　　位于梁跨中圆截面上(下)顶点

　　　$\tau_{max}=3.4MPa$

　　　位于 $A(B)$ 支座圆截面的中性轴上

4.37　$\sigma_{max}=142MPa,\tau_{max}=18MPa$

4.38　$\tau_{max}=\dfrac{3ql}{2bh},\sigma_{max}=\dfrac{3ql^2}{bh^2}$

4.39　$F_{max}=3.8kN$

4.40　$x=0.207l$

4.41　$x=l/5$

4.42　$h/b=\sqrt{2}$

4.43　$\Delta l=\dfrac{ql^3}{2Ebh^2}$

4.44　$M_e=\dfrac{EI_z}{h}(\varepsilon_1+\varepsilon_2)$

*4.45 $\dfrac{1}{\rho}=\dfrac{M_e}{E_1(I_z)_1+E_2(I_z)_2}$

第5章

5.1 $\sigma_{max}=127\text{MPa},\Delta l=0.573\text{mm}$

5.2 $\Delta l_{B_{Al}}=-0.5143\text{mm}(\uparrow),\Delta l_{D_{st}}=0.3\text{mm}(\downarrow)$

$\Delta l_E=1.93\text{mm}(\downarrow)$

5.3 $F=13.74\text{kN}$

*5.4 (1)$\sigma=735\text{MPa}$,(2)$\delta_C=83.7\text{mm}$

(3)$F=96.5\text{N}$

5.5 (1)$\tau_{max}=16.6\text{MPa}$,(2)$\varphi_{AD}=-0.46°$

5.6 $\varphi_B=2.5°,M_e=3.6\text{kN·m}$

5.7 $\varphi_E=\dfrac{32M_el}{G\pi d^4}$

5.8 (1)$M_{BA}=53.3\text{N·m}$;(2)$\varphi_A=10.6°$

5.9 $\varphi=0.447\dfrac{Tl}{Ga^4}$;$\varphi_m=0.435\dfrac{Tl}{Ga^4}$;误差2.7%

5.10 $\tau_{max}=54.7\text{MPa},\varphi=0.001336\text{rad}=0.077°$

5.11 $m_e=2.75\text{kN·m/m}$

5.12 $\varphi_B=\dfrac{2m_el^2}{\pi GD^3\delta}$

5.13 $m_e=13.3\text{N·m/m},\varphi_B=31.7°$

5.14 (1)$M_e=2.2\text{kN·m}$,(2)$\varphi_B=9.17°$

5.15 (1)$\varphi_{AD}=1.23°$,(2)$\varphi_{AD}=1.65°$

5.16 (1)$M_{e(a)}=910\text{N·m},M_{e(b)}=738\text{N·m}$

(2)$\varphi_{B(a)}=0.24°,\varphi_{B(b)}=0.25°$

5.17 (1)$\rho=132.3\text{m},w=15.12\text{mm}(\uparrow)$

5.18 (a) $\theta_B=-\dfrac{M_el}{6EI},w_c=\dfrac{M_el^2}{16EI}$

(b) $\theta_A=\dfrac{5qa^3}{6EI}$, $w_A=\dfrac{-41qa^4}{24EI}$

(c) $\theta_B=\dfrac{ql^3}{6EI}$, $w_B=\dfrac{ql^4}{8EI}$

(d)$\theta_A=\dfrac{-M_e}{6EI(a+b)}(a^2+2ab-2b^2)$,

$\theta_B=\dfrac{-M_e}{6EI(a+b)}(b^2+2ab-2a^2)$

(e) $\theta_B=\dfrac{9Fl^2}{8EI}$, $w_B=\dfrac{29Fl^2}{48EI}$

(f)$\theta_A=\dfrac{8a^3}{6EI}$, $\theta_B=0$

$w_C=\dfrac{qa^3}{8EI}$, $w_D=\dfrac{8a^4}{12EI}$

5.19 选18号

5.20 $w''=\dfrac{q_0l}{6EI}x-\dfrac{q_0(x)^3}{6lEI}$

$w'=\dfrac{q_0}{EI}\left(\dfrac{lx^2}{12}-\dfrac{x^4}{24l}-\dfrac{7l^3}{360}\right)$

$\theta_A=\dfrac{7q_0l^3}{360EI}$(顺时针),$\theta_B=\dfrac{q_0l^3}{45EI}$(逆时针)

$w_{(x=0.52l)max}=0.00652\dfrac{q_0l^4}{EI}(\downarrow)$

5.21 $w_A=\dfrac{F(L+a)^2}{L^2K}+\dfrac{F(a^3+a^2L)}{3EI}$

5.22 最大挠度在 F 力作用处,$w_{max}=\dfrac{Fl^3}{24EI}(\uparrow)$

5.23 (a)$w_A=\dfrac{Fa(2a^2+6ab+3b^2)}{6EI}(\downarrow)$

$\theta_B=\dfrac{Fa(2b+a)}{2EI}$(逆时针)

(b)$w_C=\dfrac{Fl^3}{48EI}+\dfrac{M_el^2}{16EI}(\downarrow)$

$\theta_B=\dfrac{Fl^2}{16EI}+\dfrac{M_el}{3EI}$

(c)$w_A=\dfrac{Fl^3}{12EI}(\downarrow)$,$\theta_B=\dfrac{9Fl^2}{16EI}$(逆时针)

(d)$\theta_B=\dfrac{b^3-4a^2b}{24EI}$(逆时针)

$w_C=\dfrac{q(b^3a-4a^3b-3a^4)}{24EI}$

5.24 (1)$w_{1max}=\dfrac{5ql^4}{384EI}(\downarrow)$

(2)$w_{2max}=\dfrac{7ql^4}{24\cdot(4)^4EI}=\dfrac{7ql^4}{6144EI}(\uparrow)$

$\dfrac{w_{1max}}{w_{2max}}=11.43$

5.25 $w_D=\dfrac{qa^2}{2EA}+\dfrac{5q(2a)^4}{384EI}=\left(\dfrac{1}{2A}+\dfrac{5a^4}{24I}\right)\dfrac{qa^2}{E}(\downarrow)$

$\theta_D=\dfrac{qa}{2EA}$(逆时针)

5.26 $w_C=\dfrac{Fa^3}{3EI}(\uparrow)$,$\theta_{C左}=\dfrac{Fa^2}{2EI}$(逆时针)

$\theta_{C右}=\dfrac{Fa^2}{2EI}$(顺时针)

5.27 $w_E=\dfrac{9Fa^3}{48EI}$

5.28 $b=90\text{mm},h=180\text{mm}$

5.29 $d=112\text{mm}$

5.30 $a/b=1/2$

5.31 $F=\dfrac{3}{4}qL$

5.32 $\dfrac{M_{e1}}{M_{e2}}=\dfrac{1}{2}$

5.33 $V_\varepsilon=\dfrac{1}{2}F_1\Delta x+\dfrac{1}{2}F_2\Delta y$

5.34　　$w=\dfrac{24q}{EI}(x^4-4l^3x+3l^4)$

5.35　　$\alpha=\dfrac{\pi}{2}\left(\dfrac{1}{4}+n\right)n$ 为整数

5.36　　$\left(\dfrac{d}{R}\right)_{\max}=0.097$

第 6 章

6.1　　$F=13.4\text{kN}$

6.2　　$(1)F_1=8\text{kN},F_2=24\text{kN};(2)\Delta_A=1.46\times10^{-3}\text{m}$

6.3　　$\sigma_t=40.3\text{MPa}$

6.4　　$(1)\ \sigma_{\text{Al}}=11.8\text{MPa}\ (2)\ l'_{\text{Al}}=300.322\text{mm}$

6.5　　$(1)\ \Delta t=82.3°,(2)l=250.189\text{mm}$

6.6　　$(1)\ F_{NAB}=\dfrac{F}{2(1+\sqrt{2})}=F_{NBC}=F_{NCD}=F_{NAD}$;

　　　　$F_{NBD}=-\dfrac{\sqrt{2}F}{2(1+\sqrt{2})},F_{NAC}=\dfrac{2+\sqrt{2}}{2(1+\sqrt{2})}F$

　　　　$(2)\ \Delta_{B/D}=\dfrac{Fa}{(1+\sqrt{2})EA}$

6.7　　$F_1=F_4=Fh^2l/[l^3+h^3+(l^2+h^2)\sqrt{l^2+h^2}]$

　　　　$F_2=F_5=-Fh^2(l^2+h^2)/[(l^3+h^3)\sqrt{l^2+h^2}$
　　　　　　　　　　$+(l^2+h^2)]$

　　　　$F_3=F_6=Fh^3/[(l^3+h^3)+(l^2+h^2)\sqrt{l^2+h^2}]$

6.8　　$\sigma_{AB}=\sigma_{BC}=\sigma_{CD}=\sigma_{DA}=E\delta/2(2+\sqrt{2})a$

　　　　$\sigma_{BD}=\sigma_{AC}=E\delta/2(2+\sqrt{2})a$

6.9　　$\tau_{\text{I max}}=76\text{MPa},\tau_{\text{II max}}=32\text{MPa}$

6.10　　$\tau_{\text{I max}}=90.5\text{MPa},\tau_{\text{II max}}=37.5\text{MPa}$

6.11　　$M_e=6.2\text{kN}\cdot\text{m}$

6.12　　$\tau_{\text{II Bmax}}=16.4\text{MPa}$

6.13　　$\tau_{Smax}=80.4\text{MPa},\tau_{Cmax}=29.7\text{MPa}$

6.14　　$\varphi_S=0.02\text{rad}=1.15°,\varphi_C=0.015\text{rad}=0.86°$

6.15　　$(a)\ F_{Ay}=\dfrac{3}{32}F(\downarrow),F_{By}=\dfrac{11}{16}F(\uparrow)$

　　　　　　$F_{Cy}=\dfrac{13}{32}F(\downarrow)$

　　　　$(b)\ F_{Ay}=-F_{Cy}=\dfrac{F}{2}(\downarrow),F_B=0$

　　　　$(c)\ F_{Ay}=F_{By}=\dfrac{5Aql}{12I+4Al^2}(\uparrow),F_{Cy}=\dfrac{1}{12}ql$

　　　　$(d)\ M_A=\dfrac{ql^2}{8}(逆时针),F_{Ay}=\dfrac{5}{8}ql(\uparrow)$

　　　　　　$M_B=0,F_{By}=\dfrac{3}{8}ql(\uparrow)$

　　　　$(e)\ M_A=-\dfrac{M_e}{4},M_B=\dfrac{1}{2}M_e,M_C=\dfrac{M_e}{4}$

　　　　$(f)\ F_{Ay}=F_{Cy}=\dfrac{5}{8}ql(\uparrow)$

　　　　　　$M_A=M_C=\dfrac{16}{128}ql^2(逆时针)$

6.16　　$b=\sqrt{2}a$

6.17　　$F_{Ay}=F_{By}=\dfrac{12EI\Delta}{l^3},M_A=M_B=\dfrac{6EI\Delta}{l^2}$

6.18　　$(a)\ F_{Ax}=0,F_{Ay}=\dfrac{17}{32}ql(\uparrow),F_{Cy}=\dfrac{15}{32}ql(\uparrow)$

　　　　　　$M_C=\dfrac{1}{32}ql^2(顺时针)$

　　　　$(b)\ F_{Cy}=\dfrac{15}{32}ql\uparrow,M_C=\dfrac{1}{2}ql^2-hl(顺时针)$

　　　　$(c)\ F_{Cy}=F(\leftarrow),F_{Cy}=0,F_{Ax}=F_{Ay}=0$

　　　　$(d)\ F_{NCD}=\dfrac{-5Fl^2A}{2(5Al^2+3I)}$

　　　　$(e)\ M_A=-M_E=Fl/24(顺时针)$

　　　　$(f)\ M_A=M_E=2Fl(顺时针)$

　　　　$(g)\ M_A=-M_B=Fl/2(逆时针)$

　　　　$(h)\ M_A=Fl/8(逆时针)$

　　　　$(i)\ M_B=\dfrac{Fl}{2\sqrt{2}}(逆时针)$

6.19　　由于 $M(\varphi)=0$,
　　　　故小曲率曲杆只有轴力 $F_N(\varphi)=qR(压)$

6.20　　当 $x=\dfrac{l}{\sqrt{3}}=0.5774l$ 时,

　　　　得 $M_{\max}=\dfrac{Fl}{16\sqrt{3}}=0.036Fl$

6.21　　$(c)B$ 不随 CD 杆而下移,$w_B=0$;

　　　　　　B 随 CD 杆而下移,$w_B=\dfrac{5}{24}\dfrac{ql^4}{EI}(\downarrow)$

　　　　　　$\theta_B=\dfrac{17ql^3}{48EI}(逆时针)$

　　　　$(f)w_B=0,w_C=0,\quad \theta_B=0$

6.22　　$(a)\Delta_{Bx}=\dfrac{ql^4}{6EI}(\leftarrow),\theta_B=\dfrac{ql^3}{4EI}(逆时针)$

　　　　$(b)\Delta_{Bx}=\dfrac{ql^4}{64EI}(\leftarrow),\theta_B=\dfrac{ql^3}{32EI}(逆时针)$

　　　　$(c)\Delta_{Bx}=\dfrac{Fl}{EA}(\rightarrow),\theta_B=0$

6.23　　$(h)\Delta_{B/A}=\dfrac{Fl^3}{3EI}(分开)$

　　　　$(i)\Delta_{B/A}=\dfrac{Fl^3}{6EI}(靠近)$

第 7 章

7.1　　$(1)\ \sigma_{60°}=-61\text{MPa},\quad \tau_{60°}=11\text{MPa}$

　　　　$(2)\ \sigma_{45°}=-50\text{MPa},\quad \tau_{45°}=30\text{MPa}$

(3) $\sigma_{150°}=-21\mathrm{MPa}$, $\tau_{60°}=-11\mathrm{MPa}$

7.2 应力圆只有一点，$\sigma_1=\sigma_2=150$，$\sigma_3=0$，$\tau_1=75$，$\tau_2=\tau_3=0$（单位 MPa）

7.3 (1)$\sigma_{50°}=-59.6\mathrm{MPa}$，$\tau_{50°}=28.1\mathrm{MPa}$
　(2)$\sigma_{110°}=-107\mathrm{MPa}$，$\tau_{110°}=-0.7\mathrm{MPa}$
　(3)$\sigma_{20°}=-43\mathrm{MPa}$，$\tau_{60°}=0.7\mathrm{MPa}$

7.4 $\sigma_1=40(1+\sqrt{10})$，$\sigma_2=0$，$\sigma_3=40(1-\sqrt{10})$
　$\tau_{max}=40\sqrt{10}$，$\theta=-9.2°$（顺时针）

7.5 $\sigma_{30°}=40-30\sqrt{3}\mathrm{MPa}$，$\tau_{30°}=30+60\sqrt{3}$ MPa

7.6 $\sigma_3=-2$ MPa，$\tau_{xy}=2\sqrt{5}$ MPa
　$|\tau_{max}|=6$ MPa

7.7 $\sigma_x=-127.5\mathrm{MPa}$，$\sigma_y=-22.5\mathrm{MPa}$，$\tau_{xy}=52.5\sqrt{3}\mathrm{MPa}$，$\tau_{max}=105\mathrm{MPa}$，$\sigma_{zmax}=-75\mathrm{MPa}$

7.8 (a) $\sigma_{-75°}=-4$ MPa，$\tau_{-75°}=-3.75\mathrm{MPa}$
　　$\alpha_0=0°$，$\sigma_1=10$ MPa，$\sigma_2=0$，$\sigma_3=-5\mathrm{MPa}$
　(b) $\sigma_{-30°}=-0.17\mathrm{MPa}$，$\tau_{-30°}=5.1\mathrm{MPa}$
　　$\alpha_0=59°$（逆时针），$\sigma_1=2.83\mathrm{MPa}$，$\sigma_2=0$
　　$\sigma_3=-5\mathrm{MPa}$
　(c) $\sigma_{-60°}=17.9\mathrm{MPa}$，$\tau_{-60°}=50.3\mathrm{MPa}$
　　$\alpha_0=-48.8°$（顺时针），$\sigma_1=88.2\mathrm{MPa}$
　　$\sigma_2=0$，$\sigma_3=-18.2\mathrm{MPa}$
　(d) $\sigma_{-45°}=-40\mathrm{MPa}$，$\tau_{-45°}=60\mathrm{MPa}$
　　$\alpha_0=-45°$（顺时针），$\sigma_1=104.85\mathrm{MPa}$
　　$\sigma_2=0$，$\sigma_3=-64.85\mathrm{MPa}$
　(e) $\sigma_{30°}=48.4\mathrm{MPa}$，$\tau_{30°}=41.3$ MPa
　　$\alpha_0=-67.4°$（顺时针），$\sigma_1=132$ MPa
　　$\sigma_2=28$ MPa，$\sigma_3=0$
　(f) $\sigma_{30°}=35$ MPa，$\tau_{30°}=-5\sqrt{3}$ MPa
　　$\alpha_0=0°$，$\sigma_1=50$ MPa，$\sigma_2=30$ MPa，$\sigma_3=0$

7.9 第一种情况：$\tau_{xy}=60$ MPa，$\sigma_1=40$ MPa，$\sigma_2=0$，$\sigma_3=-160\mathrm{MPa}$，$\alpha_0=-18.4°$（顺）；
　第二种情况：$\tau_{xy}=-60$ MPa，$\sigma_1=40\mathrm{MPa}$，$\sigma_2=0$，$\sigma_3=-160$ MPa，$\alpha_0=18.4°$（逆）

7.10 $\sigma_x=-160$ MPa，$\tau_{xy}=-10\sqrt{13}$ MPa，
　τ_{max} 作用面 $\sigma=-100\mathrm{MPa}$
　平行于 z 轴的另一个主应力 $\sigma_3=-170\mathrm{MPa}$，
　$\alpha_0=-15.5°$（顺）
　($\sigma_1=0\mathrm{MPa}$，$\sigma_2=-30\mathrm{MPa}$，$\sigma_3=-170\mathrm{MPa}$)

7.12 $\Delta AB=0.13\mathrm{mm}$，$\Delta CD=0.39\mathrm{mm}$
　$\Delta t=-0.023\mathrm{mm}$

7.13 $\Delta AB=0.06\mathrm{mm}$，$\Delta BC=0.02\mathrm{mm}$
　$\Delta AC=0.06\mathrm{mm}$

7.15 (1)$\sigma_x=\mu\sigma_0$，(2)$\dfrac{\sigma_z}{\varepsilon_z}=\dfrac{E}{1-\mu^2}$

7.16 (1)$\sigma_x=70.9\mathrm{MPa}$，$\sigma_y=35.6\mathrm{MPa}$，
　　$\tau_{xy}=30.5\mathrm{MPa}$；
　(2)$\sigma_1=88.5$ MPa，$\sigma_2=18.1\mathrm{MPa}$，$\sigma_3=0$
　(3)xy 面：$\tau_{max}=35.2\mathrm{MPa}$
　(4)$\tau_{max}=44.25\mathrm{MPa}$

7.17 (1)$E=18.75\mathrm{GPa}$，(2)$\mu=0.3$
　(3)$|\tau_{max}|=75\mathrm{MPa}$，(4)$|\gamma_{max}|=1.04\times10^{-2}$

7.18 (1)$|\gamma_{max}|=1.25\times10^{-3}$
　(2)$\sigma_1=100\mathrm{MPa}$，$-45°$方向，$\sigma_3=-100\mathrm{MPa}$，$45°$方向
　(3)$\varepsilon_1=0.625\times10^{-3}$，$-45°$方向，
　　$\varepsilon_3=-0.625\times10^{-3}$，$45°$方向

7.19 (a)$\sigma_1=100\mathrm{MPa}$，$\sigma_2=0$，$\sigma_3=-100\mathrm{MPa}$
　(b)$\sigma_1=5P\mathrm{MPa}$，$\sigma_2=1P$ MPa，$\sigma_3=0$

7.20 (a)$\sigma_1=24.3\mathrm{MPa}$，$\sigma_2=0$，$\sigma_3=-34.6\mathrm{MPa}$
　　$\alpha_0=-24.5°$（顺）
　　$\tau_{max}=29.4\mathrm{MPa}$，$\alpha_1=65.5°$
　　$\varepsilon_1=0.48\times10^{-3}$，$\varepsilon_3=-0.58\times10^{-3}$
　　$\gamma_{max}=1.06\times10^{-3}$
　(b)$\sigma_1=90.4$ MPa，$\sigma_2=22.8\mathrm{MPa}$，$\sigma_3=0$
　　$\alpha_0=-27.5°$（顺）
　　$\tau_{max}=33.8\mathrm{MPa}$，$\alpha_1=62.5°$
　　$\varepsilon_1=1.16\times10^{-3}$，$\varepsilon_3=-0.06\times10^{-3}$
　　$\gamma_{max}=1.22\times10^{-3}$
　(c)$\sigma_1=7\mathrm{MPa}$，$\sigma_2=0$，$\sigma_3=-37.8\mathrm{MPa}$
　　$\alpha_0=14.9°$（逆）
　　$\tau_{max}=22.4$ MPa，$\alpha_1=104.9°$
　　$\varepsilon_1=0.25\times10^{-3}$，$\varepsilon_3=-0.55\times10^{-3}$
　　$\gamma_{max}=0.81\times10^{-3}$

7.22 (a)$\varepsilon_{30°}=0.26\times10^{-3}$
　(b)$\varepsilon_{0°}=0.4\times10^{-3}$，$\varepsilon_{45°}=0.075\times10^{-3}$
　　$\varepsilon_{90°}=0.12\times10^{-3}$

7.23 $\varepsilon_{45°}=\varepsilon_{135°}=\dfrac{1-\mu}{2E}\sigma$

7.24 $\sigma_1=176.4$ MPa，$\sigma_2=0$，$\sigma_3=-26.4\mathrm{MPa}$
　$\alpha_0=37.9°$（逆），$\tau_{max}=101.4\mathrm{MPa}$
　$\varepsilon_1=0.92\times10^{-3}$，$\varepsilon_3=-0.4\times10^{-3}$

7.25 a 点：单向应力状态，$\sigma_1=46.15$ MPa，
　$\sigma_2=\sigma_3=0$，$\tau_{max}=23.1$ MPa；
　d 点：单向应力加剪切状态，$\sigma_1=34.17$ MPa，
　$\sigma_2=0$，$\sigma_3=-16.86\mathrm{MPa}$，$\tau_{max}=25.51\mathrm{MPa}$；

c 点:纯剪状态,$\sigma_1=\sigma_2=\tau_{max}=24.35$MPa,
$\sigma_3=0$;

b 点:单向应力状态,$\sigma_1=136.5$ MPa,

$\sigma_2=\sigma_3=0,\tau_{max}=68.3$MPa;

倒着放为不利状态,应正着放

第 8 章

8.1 $\sigma_{tmax}=\sigma_q+\sigma_F=13$MPa

中性轴 $y=\dfrac{2Fh^2}{3ql^2}=46.9$mm

8.2   (1)$\sigma_{max}=7.25+2.6=9.9$MPa

(2)$f_{max}=6$mm,$\alpha=25.5°$

8.3 $\sigma_{max}=6$MPa

8.4 $b=87$mm,h=174mm

8.5   (a)$F_N=350$kN,$M=17.5$kN・m,

$\sigma_{max}=-11.7$,压弯杆承受压应力较大

(b)$F_N=350$kN,$\sigma_{max}=-8.8$MPa,压杆

8.6 $\sigma_c=77.8$MPa,$\sigma_a=65.7$MPa,$\sigma_b=90$MPa

8.7 $\sigma_{max}=-39.8$MPa 在 1−1 截面右翼缘边

8.8 $h=27$mm

8.9 $s=\dfrac{l}{2}+\dfrac{d}{8}\tan\alpha$

8.10 $\sigma_{max}=6.67$MPa,$\tau_{max}=11.81$MPa

8.11 $\sigma_1=4.38$MPa,$\sigma_2=0$,$\sigma_3=-53.3$MPa,

$\tau_{max}=28.84$MPa

8.12 $\sigma_1=359.65$MPa,$\sigma_2=0$,$\sigma_3=-2.95$MPa,

$\tau_{max}=181.3$MPa

8.13 K 点处:$\sigma_{1K}=48.8$MPa,$\sigma_{2K}=0$,

$\sigma_{3K}=-1.6$MPa,$\tau_{Kmax}=25.2$MPa

危险点 B、C 处:$\sigma_1=52.2$MPa,$\sigma_2=0$,

$\sigma_3=-1.5$MPa,$\tau_{max}=26.85$MPa

8.14 $\sigma=236$MPa,$\tau=87.9$MPa,$\sigma'=265.1$MPa,

$\sigma''=-29.1$MPa,$\tau_M=147.1$ MPa

8.15   (1)危险截面位于 B 左 1.25m 处

(2)$\tau_{max}=59$MPa;(3)$\delta_C=30$mm

8.16   (1)$\sigma_{max}=-96.7$MPa

(2)$\sigma_{max}=-97.7$MPa

(3)误差 1.02%,可不计构件的变形

8.17 $\Delta F=11.43$kN,$e=15$mm

8.18 $F=128$kN,$M_e=0.853$kN・m

8.19 $\sigma_{max}=0.926$MPa,$\tau_{max}=0.044$MPa

$w_{max}=28.8$mm

第 9 章

9.1 $F_{cr1}=2536.2$kN, $F_{cr2}=4702.5$kN

$F_{cr3}=4823.04$kN

9.2   e 杆承受的轴向压力最大

b 杆承受的轴向压力最小

9.3   (a)$F_{cr}=37.39$kN;   (b)$F_{cr}=52.58$kN

(c)$F_{cr}=458.96$kN

9.4 $F_{cr}=319.32$kN

9.5 $F_{cr}=127.75$kN

9.6   (1)杆长与外径 D 的最小比值为 125:2,

此时的临界压力为 $6.8×10^4 D^2$ kN

(2)实心圆截面杆与空心圆截面杆的重量之比

为 7.6:1

9.7   (a)矩形截面:$F_{cr}=373.93$kN

(b)正方形截面:$F_{cr}=636.8$kN

(c)圆形截面:$F_{cr}=636.8$kN

(d)环形截面:$F_{cr}=752$kN

9.8   (a)情况下的极限荷载为 71.32kN

(b)情况下的极限荷载为 54.15kN

9.9 $\theta=\arctan(\cot^2\beta)$

9.10 $P_{cr矩形}:P_{cr实心圆}:P_{cr正方形}:P_{cr空心圆}=$
1:1.91:2.0:5.6

9.11   当 $a=9.48$cm 时,立柱的临界压力最大,
其值 $F_{cr}=442.68$kN。

9.12   当温度升至 77.1℃时管子将失稳

*9.13   失稳温度为 135.4℃

*9.14   当温度升至 944.95℃时圆轴将失稳

9.15 CF 杆失稳时的荷载 $F=666.57$kN

9.16   结构的临界荷载 $F_{cr}=\dfrac{5\pi^2 EI}{8L^2}$

第 10 章

10.1 $\sigma_d=60.4$MPa

10.2   吊索 $\sigma_d=58$MPa,工字钢 $\sigma_{dmax}=88.48$MPa

10.3   绳 $F_d=96.73$kN,梁 $\sigma_{max}=106.6$MPa

10.4 $\sigma_{max}=71$MPa

10.5 $\sigma_{dmax}=180.9$MPa

10.6   (1)$\sigma_d(x)=\dfrac{\rho\omega^2(l^2-x^2)}{2}$,(2)$\Delta l=\dfrac{2\rho\omega^2 l^3}{3E}$

10.7 $\sigma_{max}=\dfrac{4\rho\delta(d_1 a\omega)^2}{d^3}$

10.8 $\tau_{max}=\dfrac{32nJ}{td^3}$

10.10 $\sigma_{dmax}=58.68$MPa,$w_{Bdmax}=3.73$mm

10.11 $\sigma_{dmax}=163$MPa

10.13 $\Delta_d=50$mm,$\sigma_{dmax}=150$MPa

10.14 $\sigma_{1d}=\sigma_{2d}=147\text{MPa},\sigma_{3d}=204\text{MPa}$

10.15 $\dfrac{\sigma'}{\sigma''}=\sqrt{2}$

10.16 $K_d=\dfrac{1}{l}\sqrt{\dfrac{6Eh}{\rho g}}$

10.17 $\Delta_{d\max}=\left(1+\sqrt{1+\dfrac{8h_0Ebh^3}{Pl^3}}\right)\left(\dfrac{3Pl^3}{8Ebh^3}\right)$

10.18 $(\Delta_{Dr})_d=2.18\text{mm}$

10.19 $\tau_{d\max}=\dfrac{\omega}{W_t}\sqrt{\dfrac{GI_pJ}{l}}$

10.20 $K_d=1+\sqrt{1+\dfrac{h\pi d^4}{16Pa^3\left(\dfrac{4}{3E}+\dfrac{1}{G}\right)}}$

10.21 $\sigma_d=\left(1+\sqrt{1+\dfrac{6EI\upsilon^2}{gPl^3}+\dfrac{3EI}{Pl^2}}\right)\dfrac{Pl}{2W}$

10.22 $\sigma_d=144\text{MPa}$

10.23 $\sigma_d=\dfrac{2P}{A}\left(1+\sqrt{1+\dfrac{EAh}{32Pa}}\right)$

10.25 (1)$\sigma_{d\max}=\dfrac{Pa}{W}\sqrt{\dfrac{3EI\upsilon_0^2}{gPa^3}}$

(2)$\sigma_{d\max}=\dfrac{Pa}{W}\sqrt{\dfrac{\upsilon_0^2}{g\left(\dfrac{P}{k}+\dfrac{Pa^3}{3EI}\right)}}$

10.26 $\sigma_{d\max}=v\left(\dfrac{4}{d}+\dfrac{1}{2h}\right)\sqrt{\dfrac{3PE}{\pi g(h+3a)}}$

10.27 $v_0=\dfrac{2\Delta}{5l}\sqrt{\dfrac{3EI}{ml}}$

10.28 $\Delta=\dfrac{3\pi\rho\omega^2R^5A}{EI}$

10.30 $\sigma_{\max}=120\text{MPa},\sigma_{\min}=-40\text{MPa},\sigma_a=80\text{MPa},$
$\sigma_m=40\text{MPa},r=-\dfrac{1}{3}$

10.31 $r=0.67,\sigma_{\max}=40\text{MPa},\sigma_{\min}=26.67\text{MPa}$
$\sigma_m=33.3\text{MPa},\sigma_a=6.67\text{MPa}$

10.32 $\sigma_{\max}=80\text{MPa},\sigma_a=60\text{MPa}$

10.33 (1)$\sigma_{\max}=40\text{MPa},\sigma_{\min}=0,r=0$,脉冲循环
(2)$\sigma_{\max}=50\text{MPa},\sigma_{\min}=-50\text{MPa},r=-1$,
对称循环
(3)$\sigma_{\max}=40\text{MPa},\sigma_{\min}=40\text{MPa},r=1$,静应力
(4)$\sigma_{\max}=70\text{MPa},\sigma_{\min}=-30\text{MPa},r=-\dfrac{7}{3}$,
非对称循环

10.34 $\sigma_{\max}=-\sigma_{\min}=75.48\text{MPa},r=-1$

10.35 (a)$r=0$, (b)$r=0.5$, (c)$r=-0.5$
(d)$r=-1$

第 11 章

11.1 (1)$\sigma_{AC}=\dfrac{F_1}{A}=7\text{MPa}<[\sigma_c]$,
$\sigma_{BC}=5\text{MPa}<[\sigma_t]$
(2)$\Delta_A=0.32\text{mm}$

11.2 $n\approx38$

11.3 $F=138.56\text{kN},\theta=60°$

11.4 (1) $M_e=17.8\text{kN·m}$
(2)$\tau_{\max}=90.76\text{MPa},>[\tau]=70\text{MPa}$,
强度不足

11.5 $[\tau]\geqslant63.7\text{MPa},\dfrac{A_1}{A_2}=1.78,\dfrac{\tau_{1\max}}{\tau_{2\max}}=1.15$

11.6 $\sigma_{r4}=264.6\text{MPa}<[\sigma]$,满足强度条件

11.7 $[p]=\dfrac{2t[\sigma]}{D}=1.2\text{MPa}$

11.8 $\sigma=158\text{MPa}<[\sigma],\tau_{\max}=24.9\text{MPa}<[\tau]$,
梁安全

11.9 $\dfrac{h}{b}=\sqrt{2},d_{\min}=227\text{mm}$

11.10 $d\geqslant50\text{mm}$, $b\geqslant100\text{mm}$

11.11 $L\geqslant127\text{mm}$

11.12 $F\geqslant771\text{kN}$

11.13 切口许可深度 $x=5.2\text{mm}$

11.14 $\sigma_{r4}=96.8\text{MPa}<[\sigma]$,满足强度条件

11.15 $\sigma_{r2}=\sigma_1-\mu(\sigma_2+\sigma_3)=26.6\text{MPa}<[\sigma_t]$,满足强度条件

11.16 $\sigma_{r3}=71.4\text{MPa}<[\sigma]$,满足强度条件

11.17 $d\geqslant114\text{mm}$

11.18 $d\geqslant72.7\text{mm}$

11.19 (1)危险截面在固定端 A 处
(2)强度条件 $\sigma_{r3}=$
$$\sqrt{\left(\dfrac{8F}{\pi d^2}+\dfrac{32\sqrt{10}Fl}{\pi d^3}\right)^2+4\left(\dfrac{48Fl}{\pi d^3}\right)^2}\leqslant[\sigma]$$

11.20 $d\geqslant\sqrt[3]{\dfrac{32\sqrt{2}FR}{\pi[\sigma]}}$

11.21 (3)$\sigma_K=-\dfrac{32Fh}{\pi d^3}-\dfrac{4\times2F}{\pi d^2}$
$\tau_K=-\dfrac{16FD}{2\pi d^3}=\dfrac{8FD}{\pi d^3}$
(4)$\sigma_{r3}=\sqrt{\sigma_K^2+4\tau_K^2}\leqslant[\sigma]$

*11.22 $\sigma_{r3}=\sqrt{\sigma^2+4\tau^2}=123.8\text{MPa}<[\sigma]$,
满足强度条件
$F_N=\dfrac{\pi d^2}{4}\sigma=97.9\text{kN}$,

$$M_e = \frac{\pi d^3}{16}$$

$$\tau = 0.6 \text{kN·m}$$

*11.23 杆端部横截面上：$F_S = \dfrac{M_e a}{a^2 + \dfrac{2G}{3E} l^2}$

$$T = \frac{M_e}{2 + 3\left(\dfrac{a}{l}\right)^2 \dfrac{E}{G}}$$

$$M = \frac{M_e}{2\left(\dfrac{a}{l}\right) + \dfrac{4}{3}\left(\dfrac{l}{a}\right)\dfrac{G}{E}}$$

11.24 $[F] = 64.3 \text{kN}$

11.25 $[F] = 268.75 \text{kN}$

11.26 $\sigma = 141.8 \text{MPa} < \dfrac{\sigma_s}{1.4} = 167.9 \text{MPa}$，梁安全；

$n = 4 > [n_{st}]$，立柱稳定

11.27 $b \geqslant 100.9 \text{mm}, h \geqslant 141.3 \text{mm}$，

$\sigma = 77.2 \text{MPa} < [\sigma]$，安全

11.28 AB 杆 $\sigma_{max} = 69.87 \text{MPa} < [\sigma]$，

CD 杆 $\sigma_{max} = 2.28 \text{MPa} < [\sigma]$，安全

11.29 $A \geqslant \dfrac{2Pl\omega^2}{2g[\sigma] - \rho g \omega^2 l^2}$

11.30 $h \leqslant 61.40 \text{ mm}$

11.31 $\sigma_d = 151.77 \text{MPa} < [\sigma]$，安全

*11.32 $n_\sigma = 1.48 > 1.4$，安全

*11.33 $n_\tau = 2.16 > 2$，安全

*11.34 $n_\sigma = 2.79 > 1.9$，安全

*11.35 $M \leqslant 3.57 \text{kN·m}$。

11.36 (1)$\sigma = 32.7 \text{MPa} < [\sigma]$，安全

(2)$D = 77.6 \text{mm}$

(3)$d_L \geqslant 6.65 \text{mm}$

11.37 (1)$d_{max} \leqslant 17.8 \text{mm}$

(2)$A_{CD} \geqslant 833 \text{mm}^2$

(3)$F_{max} \leqslant 15.7 \text{kN}$

11.38 $\sigma_{max} = 9.67 \text{MPa} < [\sigma]$；$\tau_{max} = 0.72 \text{MPa} < [\tau]$；

$\tau_{j,a} = 0.34 \text{MPa} < [\sigma_j]$；$\tau_{j,b} = 0.32 \text{MPa} < [\sigma_j]$；

安全

11.39 (1)$F_3 = 15 \text{kN}$

(2)$F_F = 2.5 \text{kN}, \sigma_{max} = 90 \text{MPa} < [\sigma]$，安全

11.40 $P = 161.5 \text{kW}$

11.41 $d = 112 \text{mm}$

11.42 选用 20a 号槽钢

11.43 选用 20 号槽钢

11.44 梁中点沿铅垂方向的位移

$\Delta = 7.39 \text{mm} \leqslant [w]$，安全

11.45 $[W] = 1.67 \text{kN}$

11.46 $n = 8.44 > [n_{st}]$，满足稳定性要求

11.47 $n_{st} = 14.1 > [n_{st}]$，稳定性满足要求；

刚架结构安全

附录 A

A.1 (a)$S_z = 42.25 \times 10^3 \text{mm}^3$

(b)$S_z = 280 \times 10^3 \text{mm}^3$

A.2 (a)距上边 $y_C = 46.4 \text{mm}$

(b)距下边 $y_C = 23 \text{mm}$，距左边 $z_C = 53 \text{mm}$

A.3 (1)$y_C = 44.7 \text{mm}, z_C = 91.5 \text{mm}$

(2)$S_y = 616000 \text{mm}^3, S_{z'} = -36000 \text{mm}^3$

A.4 (a)$I_z = 9.05 \times 10^7 \text{mm}^4$

(b)$I_z = 5.37 \times 10^7 \text{mm}^4$

A.5 (a)$I_{z_C} = 1.337 \times 10^{10} \text{ mm}^4$

(b)$I_{z_C} = 1.915 \times 10^9 \text{ mm}^4$

参 考 文 献

范钦珊,蔡新. 2006. 材料力学(土木类). 北京:高等教育出版社

刘成云. 2006. 建筑力学. 北京:机械工业出版社

刘鸿文. 2011. 材料力学(Ⅰ)(Ⅱ). 5版. 北京:高等教育出版社

刘鸿文. 1985. 高等材料力学. 北京:高等教育出版社

单辉祖. 2009. 材料力学(Ⅰ)(Ⅱ). 5版. 北京:高等教育出版社

孙训方,方孝淑,关来泰. 2009. 材料力学(Ⅰ)(Ⅱ). 5版. 北京:高等教育出版社

王世斌,亢一澜. 2008. 北京:高等教育出版社

王永廉. 2008. 材料力学. 北京:机械工业出版社

吴永端,邓宗白,周克印. 2011. 材料力学. 北京:高等教育出版社

徐道远,朱为玄,王向东. 2006. 南京:河海大学出版社

杨伯源. 2001. 材料力学. 北京:机械工业出版社

Gere J M. Mechanics of materials. 5th Edition. Beijing:China Machine Press.